EGMONT COLERUS

VOM EINMALEINS ZUM INTEGRAL

EGMONT COLERUS

VOM EINMALEINS ZUM INTEGRAL

MATHEMATIK FÜR JEDERMANN

WELTBILD VERLAG

Genehmigte Lizenzausgabe für
Weltbild Verlag GmbH, Augsburg 1989
ISBN 3-89350-150-9
© Paul Zsolnay Verlag, Wien
Alle Rechte, insbesondere das der Übersetzung, vorbehalten
Offsetdruck: Wiener Verlag, Himberg
Printed in Austria

VOM EINMALEINS
ZUM INTEGRAL

Inhalt

			Seite
Vorwort			9
1. Kapitel	„Wahre Kabbala"		14
2.	„	Das Zehnersystem	21
3.	„	Nichtdekadische Ziffernsysteme	27
4.	„	Symbole und Befehle	39
5.	„	Kombinatorik	44
6.	„	Permutation	46
7.	„	Kombination im engeren Sinne	53
8.	„	Variation	63
9.	„	Erste Schritte in der Algebra	73
10.	„	Algebraische Schreibweise	78
11.	„	Algebraische Operationen	91
12.	„	Gemeine Brüche	115
13.	„	Gleichungen	125
14.	„	Unbestimmte Gleichungen	142
15.	„	Negative und Bruchpotenzen	152
16.	„	Irrationalzahlen	157
17.	„	Systembrüche	163
18.	„	Funktionen (Algebraische Ableitung)	178
19.	„	Pythagoräischer Lehrsatz	192
20.	„	Winkel-Funktionen	200
21.	„	Imaginäre Zahlen	207
22.	„	Koordinaten	224
23.	„	Analytische Geometrie	235
24.	„	Problem der Quadratur	248
25.	„	Das Differential und das Problem der Rektifikation	262

			Seite
26. Kapitel	Beziehungen zwischen Differentialquotient und Integralbefehl		269
27.	„	Drei Arten des Nichts	273
28.	„	Binomischer Lehrsatz	277
29.	„	Parabelquadratur des Archimedes	285
30.	„	Reihen	293
31.	„	Technik der Differentialrechnung	297
32.	„	Maxima und Minima	305
33.	„	Technik der Integralrechnung	315
34.	„	Mittelwert und bestimmtes Integral	321
35.	„	Weitere Quadratur-Probleme	330
36.	„	Logarithmen	338
37.	„	Interpolation, Extrapolation, Schluß	352
Nachwort:		Ratschläge für eine Weiterbildung in der Mathematik von Dr. Walther Neugebauer	359

Vorwort

Die Mathematik ist eine Mausefalle. Wer einmal in dieser Falle gefangensitzt, findet selten den Ausgang, der zurück in seinen vormathematischen Seelenzustand leitet. Es würde viel zu weit führen, den Grund dieser typischen Erscheinung bloßzulegen. Wir wollen uns daher nur mit der Feststellung ihrer Folgen befassen.

Die erste Folge der „Mausefallen-Eigenschaft" der Mathematik ist ein großer Mangel an mathematischen Pädagogen. Nur sehr selten treffen mathematisches Können und leicht faßliche Darstellung zusammen. Dadurch aber ergibt sich als zweite Folge der „mathematische Minderwertigkeitskomplex" breiter Schichten Gebildeter und Bildungsfreundlicher.

Man mißverstehe mich nicht. Ich will nicht angreifen, sondern das Gegenteil: ich befinde mich selbst im Zustand der Verteidigung. Denn es ist durchaus nicht gewöhnlich, daß ein Laie sich anmaßt, die strengste aller Wissenschaften vorzutragen.

Da ich aber die eigenen Leiden und die Leiden meiner Mitschüler seit jeher beobachtete, reifte in mir der Plan, gleichsam mein Erlebnis der Mathematik noch in einem verhältnismäßig niedrigen Bildungsstadium aufzuzeichnen. Denn ich muß nach meiner eigenen Erkenntnis der „Mausefalle" befürchten, daß ich in einigen Jahren selbst den Rückweg nicht mehr finden würde.

Es kam aber noch ein anderer triftiger Grund dazu, der mich zu meinem Unternehmen veranlaßte. Es ist handgreiflich, daß Mathematik, mathematische Methoden und die Begriffswelt der Mathematik zunehmend in alle Wissenschaften, ja sogar ins Alltagsleben eindringen. Und es ist ein durchaus unbefriedigender Zustand, beinahe ein Kulturskandal, daß sich der Leser einer halbwegs ernsten Abhandlung plötzlich einem Reich von Hieroglyphen gegenübersehen kann, das ihn erschreckt und vertreibt; oder daß er sich gar mit einem ironischen Achselzucken einer kleinen Schar Eingeweihter abspeisen lassen muß. Ich meine da durchaus nicht die Höhen der Relativitäts- oder Quantentheorie, sondern Dinge, die in jeder Zeitschrift für Volkswirtschaft oder Medizin stehen können. Von der Statistik ganz zu schweigen, die insbesondere in den angelsächsischen Ländern heute schon durch und durch mathematisiert ist. Zudem tritt die Mathematik noch viel versteckter im täglichen Sprachgebrauch auf. Wir lesen in der Zeitung von der „Integration", von „Mittelwerten", von „Durchschnittstemperaturen", von „optimalen Leistungen", von „kritischen Kurvenpunkten", von „Kraftfeldern" u. dgl.: Ausdrücke, die unmittelbar der Mathematik und der mathematischen Physik entlehnt sind.

Es ist nun durchaus unnötig, daß man solche Worte bloß als leeren Schall empfängt oder gar sich selbst dadurch minderwertig oder ungebildet erscheint. Denn der Inhalt solcher Worte ist ebenso großartig als sinnbildhaft und ebenso faßlich als erlernbar.

Eines natürlich ist Voraussetzung: Eine gewisse, ganz unerläßliche Mühe des Lernens. Als etwa um 300 v. Chr. der größte Geometriker Griechenlands, Euklid, in Alexandrien von seinem König Ptolemaeus Philadelphus nach einer „bequemen" Unterrichtsmethode der Mathematik gefragt wurde, erwiderte er kühn: „Zur Mathematik führt kein Königsweg." Jeder oberflächliche Kenner des Wesens dieser Wissenschaft, die sich, rein im Geistigen wurzelnd, Stufe über Stufe aufbaut, muß diesen Worten des großen Griechen beistimmen. Es folgt aus solcher Erkenntnis aber durchaus keine Notwendigkeit defaitistischer Verzweiflung, denn zwischen „Königswegen" und „Himalajabesteigungen" gibt es nach dem Gesetz des stetigen Übergangs, dem Prinzip der Kontinuität, unzählige Zwischenmöglichkeiten.

Verdienstvolle und ausgezeichnete Gelehrte wie Georg Scheffers, S. P. Thompson und Gerhard Kowalewski haben diese Situation voll erfaßt und versucht, solche Zwischenstufen zu bauen. Die Einführungswerke dieser drei großen Pädagogen sind eine dauernde Bereicherung der Kultur. Und nichts liegt mir ferner als die Vermessenheit, etwa mit der wunderbaren Plastik eines Scheffers, mit der berauschenden Präzision und Eleganz Kowalewskis oder mit dem göttlichen Humor und der Reichhaltigkeit Thompsons wetteifern zu wollen. Aber — und dieses „Aber" ist entscheidend: Alle die drei angeführten Standardwerke setzen etwas voraus, was nicht vorausgesetzt werden kann, wenn man den mathematischen Minderwertigkeitskomplex restlos beseitigen will: nämlich Gymnasialbildung oder zumindest eine Beherrschung der Elementarmathematik. Wie sehr aber oft gerade elementare Begriffe trotz aller Liebe zur Mathematik und trotz seinerzeit genossenem Mittelschulunterricht fehlen, habe ich am eigenen Leibe gefühlt, als ich mich weiterzubilden begann und den Kurs für höhere und statistische Mathematik besuchte, der im Österreichischen Bundesamt für Statistik gehalten wird. Dieses Erlebnis war auch die eigentliche Auslösungsursache meines — in voller und betonter Ehrfurcht vor wirklicher Wissenschaft unternommenen, besser gewagten — Versuchs. Denn ich lernte, daß es dreierlei Notwendigkeiten gibt, ein solches Buch entweder sich selbst zusammenzustellen oder es als Behelf von einem „Mitschüler" geliefert zu bekommen. Erstens kann es Ziel eines „Beflissenen", etwa eines Arztes, Volkswirtschaftlers, Kaufmanns, Industriellen, Tagesschriftstellers, Naturwissenschaftlers — aber auch eines Militärs, Beamten, Angestellten, Arbeiters, jungen Mädchens oder Schülers sein, die Begriffswelt der „unheimlichen" Mathematik in einer anderen als der schulmäßigen Weise vom Einmaleins bis zum Integral kennenzulernen, um sich dabei das Allgemeinste anzueignen und dadurch eine gewisse innere Beruhigung zu erhalten. Es kann aber auch sein, daß der „Beflissene" mehr will. Er wird dann nach meiner bescheidenen Einführung sich getrost der starken Führerhand eines Scheffers, Thompson oder Kowalewski anvertrauen und über diese Brücke so weit vordringen, als er nur will; bis er in der „Mausefalle" sitzt und meine Wortverschwendung und Naivität gar nicht mehr begreift. Solche Leser werden mein besonderer Stolz sein, wenn sie mich auch nachträglich gründlich verachten sollten. Schließlich kann es aber auch vorkommen, daß Lernende sich meines Buches gleichsam als verfemten Hilfsmittels bedienen. Dafür bitte ich alle Pädagogen um Verzeihung und ersuche, mir keinen Ankläger zu senden, weil ich „die Jünglinge verderbe". Ich erkläre diesen Jünglingen auch an dieser Stelle apodiktisch, daß sie bei Widersprüchen nicht mir, sondern dem berufenen Lehrer zu glauben haben.

Weil ich eben von Lehrern sprach: Es ist mir eine ebenso angenehme wie unabweisliche Pflicht, dem ausgezeichneten Mathematiker Dr. Walther Neugebauer zu danken, der mich als Leiter des schon erwähnten Kurses in das eigentliche Zentrum der Mathematik geführt hat und mir die wahre Größe dieser Wissenschaft erst voll zum Bewußtsein brachte. Der Dichter Novalis hat gesagt: „Das Leben der Götter ist Mathematik. Alle göttlichen Gesandten müssen Mathematiker sein. Reine Mathematik ist Religion. Die Mathematiker sind die einzig Glücklichen. Der echte Mathematiker ist Enthusiast aus sich selbst. Ohne Enthusiasmus keine Mathematik."

Sollte es mir gelungen sein, dieses Geistes einen Hauch meinen Lesern zu vermitteln, dann wäre ich sehr glücklich. Denn leider erzeugt der „mathematische Minderwertigkeitskomplex" wie jeder solche Komplex Gefühle des Hasses und Ressentiments. Die herrliche griechische Mathematikerin Hypatia, die einzige Frau, der in der Geschichte der Mathematik Rang zuerkannt wird, ist sicher nicht allein aus religiösem Fanatismus vom Pöbel gesteinigt worden; und auch dem großen Leibniz habe ich in den Augen einiger konsequenter und unerbittlicher Antimathematiker dadurch keinen Dienst erwiesen, daß ich den Mittelpunkt seines Genies, die Mathematik, herauszustellen und nach dem lauten Zeugnis wirklich Berufener mit Erfolg zu gestalten mich erkühnte.

Diesen Abscheu vor der reinsten, fast möchte ich sagen heiligsten aller Wissenschaften soll eben dieses Buch bekämpfen helfen. Oberflächliche Geistesnäscher halten Mathematik für den Gipfel des Materialismus. Diesen sei gesagt, daß nicht nur für indische, babylonische und ägyptische Priester Religion und Mathematik in Nachbarschaft lebten und wirkten. Auch Pythagoras, Platon, Cusanus, Pascal, Newton, Leibniz — um nur einige Namen zu nennen — schöpften eben aus der Mathematik die Erkenntnis, daß die „sicherste" aller Wissenschaften, an ihren Grenzen verschwimmend, wahren Glauben und wahre Demut vor dem Göttlichen erweckt.

Doch wir werden noch oft im Gange unseres gemeinsamen Vordringens Gelegenheit haben, solche Probleme zu streifen. Jetzt sei noch kurz die „Rollenverteilung" in meinem Buche berichtet: Soweit dies in der Mathematik, die ja durch die Zusammenarbeit von Jahrtausenden sich aufbaut, möglich ist, habe ich das vorliegende Buch allein verfaßt. Der Mathematiker Dr. Walther Neugebauer ging es zwar — dies zur Beruhigung kritischer Leser — nach Fertigstellung genau durch und gab mir einige wertvolle Winke. Ich wollte diesem Fachmann jedoch keinerlei Mitverantwortung aufbürden und ließ ihn deshalb selbständig zu Worte kommen, um so mehr, als ich den Rat des französischen Mathematikers Pierre Boutroux, beim Unterrichte die Darstellungsmethode zu wechseln, vielleicht allzu reichlich befolgt habe.

Großen Dank muß ich auch dem Mitglied des Wiener Künstlerhauses, Herrn Maler Hans Strohofer, abstatten, der es nicht unter der Würde seiner erprobten Kunst fand, nach meinen Angaben sämtliche Textfiguren zu zeichnen.

Daß aber mein ganzes Unternehmen in sehr schwerer und beschränkender Zeit wirklich in die Tat umgesetzt werden konnte, habe ich der opferwilligen und unentwegten Kulturbereitschaft meines Freundes und Verlegers Paul Zsolnay und der tatkräftigen Unterstützung durch meinen Freund und Berater in artibus, Direktor Felix Costa, zu verdanken. Die gewissenhafte Herstellung des Buches und die große Mühe, ihm ein schmuckes und freundliches Gesicht zu geben, bleibt auch dann ein Verdienst, wenn sich meine zeitweilige Desertion aus dem Gebiet reiner Kunst als Mißgriff herausstellen sollte.

Und nun — es geht nicht anders, da zur Mathematik bekanntlich kein Königsweg führt — müssen wir, der Leser und ich, gemeinsam arbeiten, intensiv arbeiten, um vom Einmaleins bis zum Integral zu gelangen. Die prinzipielle Möglichkeit hoffe ich geboten zu haben. Das Weitere werden mir die Widersacher sagen.

EGMONT COLERUS

Erstes Kapitel

„Wahre Kabbala"

Im Wartezimmer des Arztes sitzt ein Patient. Er ahnt, daß er nicht so bald vorgelassen werden wird. Daher beschließt er, sich die Zeit mit Lektüre zu vertreiben. Auf dem Tisch liegen allerlei Prospekte von Heilanstalten und von Dampferlinien. Besonders angelockt wird er durch ein Bild, das gleichsam die ganze Pracht südlicher Meere und tropischer Städte offenbart. Er schlägt das Büchlein neugierig auf und ist sehr enttäuscht. Denn er versteht kaum ein Wort. Der Prospekt, der allem Anschein nach eine Dampferlinie nach Südamerika anpreist, ist — der Patient weiß nicht einmal das genau — in portugiesischer Sprache verfaßt. Gleichwohl gibt er das Studium nicht auf. Die Bilder der Kajüten, der Speisesäle, der Zwischenhäfen sind ebenso schön wie verständlich. Aber noch etwas anderes versteht der Leser, ohne einer Übersetzung zu bedürfen: die langen Ziffernkolonnen, Ziffernzusammenstellungen, eingestreuten Berechnungen, Angaben von Ankunfts- und Abfahrtszeiten.

Ich bin darauf gefaßt, daß Sie mein Beispiel für kindisch, für selbstverständlich, wenn nicht gar für läppisch ansehen. Wer auch hat je daran gezweifelt, daß heute sich fast alle Kulturvölker derselben Ziffernschrift bedienen? Was soll daran verwunderlich oder gar problematisch sein? Schade also um den Einleitungssatz. Die Ziffer 3 bedeutet in einem portugiesischen Text dasselbe wie die Ziffer 3 in einem deutschen oder englischen Text. Und die Berechnung $5214 \times 7 = 36498$ ist ebenfalls unabhängig von dem Land, in dem sie angestellt wird. Und damit Schluß!

Ich gebe gerne und willig zu, daß sich gegen diese erzürnte Beweisführung und gegen ihr Ergebnis wenig oder nichts einwenden läßt. Ich protestiere ausschließlich dagegen, daß diese Beweisführung jede weitere Erörterung abschneiden will. Ja, ich behaupte sogar, daß uns gerade eine nähere Durchleuchtung eben unseres läppischen Beispieles sehr geradlinig in innerste Rätsel der Mathematik hineinführen und uns die Kenntnis einer großen Anzahl wichtigster Grundbegriffe vermitteln wird.

Mein Gegner hat nämlich einiges übersehen. Vor allem ist es nur vorstellungsmäßig dasselbe, wenn ein Deutscher oder wenn ein Portugiese den Prospekt liest und sich dabei mit den Ziffern beschäftigt. Denn der Portugiese gebraucht andere Wörter für die Ziffern als der Deutsche. Und ein Engländer, ein Franzose, ein Schwede wieder andere. Diese Aussprache der Ziffern greift bis in die Geheimnisse des Ziffernsystems. So etwa sagen wir für 24 vier-und-zwanzig, der Engländer dagegen sagt twenty-four, also zwanzig-vier. Der Franzose sagt für achtzig nicht octante, was eine logische Fortsetzung von trente, quarante usw. bedeutete, sondern überrascht uns mit der multiplikativen Bildung quatre-vingt, was sich etwa mit „viermalzwanzig" übersetzen ließe.

Bevor wir aber in diese Geheimnisse näher hineinleuchten, möchte ich noch auf die große Gefahr hinweisen, die das Sprechen von Ziffergruppen mit sich führen kann. Es ist z. B. ein beliebter Aufsitzer, einen Nebenmenschen zur schriftlichen Festlegung der Zahl Elftausendelfhundertelf zu veranlassen. Jeder, der diese Zahl hört, schreibt beherzt 11.111 hin, was bekanntlich Elftausendeinhundertelf zu lesen ist. Elftausendelfhundertelf aber müßte man richtig 12.111 schreiben, da es sich ja dabei um die Summe von 11.000, von 1100 und von 11 handelt.

Wir stellen also als erstes Ergebnis fest, daß unsere zugegeben internationale Ziffernschrift mit unserer anderen, der Buchstabenschrift, nur sehr mittelbar zusammenhängt und vor allem ganz anderen Grundsätzen untersteht. Die Ziffernschrift ist nämlich an sich eine reine Begriffsschrift, während die Buchstaben von vornherein nicht Symbole für Begriffe, sondern Symbole für Laute sind, aus denen sich erst später, in den Wörtern, Symbole für Begriffe bilden. Der Begriff 3 erfordert in Ziffernschrift eben nur ein einziges Zeichen. In Buchstabenschrift gewinnt man die Drei im Deutschen durch eine ganz bestimmte Zusammensetzung der Buchstaben d, e, i und r. Und im französischen Trois sogar erst durch Kombination von fünf Buchstaben.

Das alles ist jedoch erst der Beginn unserer Erörterung. Wir stehen am Fuß des Zahlenberges, den wir besteigen wollen. Wir haben nämlich bisher von Ziffern und Zahlen gesprochen, durchaus aber noch nicht von dem wunderbaren Gebilde, das man als Ziffernsystem bezeichnet und das der größte Stolz des menschlichen Geistes sein sollte.

Mein Widersacher wird mir jetzt wieder einen naheliegenden Einwand machen. Er wird nämlich sagen: „Wenn du mit deinem Ziffernsystem das meinst, was jedes Kind in den ersten Klassen der Volksschule beherrscht, also die sogenannte dekadische Schreibweise oder das Zehnersystem, dann laß uns gefälligst in Ruhe. Wir kennen diese Schreibweise, wenden sie täglich an und sind durchaus nicht gesonnen, dein Schreibbedürfnis durch unser Interesse zu unterstützen. Solltest du aber mit Zahlentheorie, mit Forschungen von Gauß, Dirichlet, Dedekind, Kronecker und anderen großen Gelehrten anrücken wollen, dann wisse, daß wir das Buch schon hier zuschlagen und dem Buchhändler zurückgeben werden. Du hast nämlich in diesem Fall dein Versprechen der Voraussetzungslosigkeit und der Beschränkung auf das wirklich Notwendige nicht erfüllt."

„Wieder vortrefflich, lieber Gegner", muß ich darauf antworten. „Du hast aber nur nicht daran gedacht, daß meine Erörterung der Geheimnisse des Ziffernsystems durchaus nicht Selbstzweck ist. Es fällt mir nicht im entferntesten ein, wirklich Zahlentheorie zu dozieren. Es fällt mir aber auch nicht ein, bloß zu erklären, warum man Zweitausendfünfhundertvierzehn eben 2514 schreibt. Oder besser, ich will es bei solchen Erklärungen nicht bewenden lassen. Eben weil ich nichts voraussetzen darf, muß ich an das allgemein Bekannte anknüpfen, um schon im ersten Kapitel sehr hohe Begriffe der Mathematik faßbar zu machen. Aber ich will jetzt unser Zwiegespräch unterbrechen und die Untersuchung zusammenhängend fortsetzen."

Wir wollen einen der größten Männer zitieren, den die Geschichte des Geistes hervorgebracht hat: Gottfried Wilhelm Leibniz (1646—1716), den Panhistor, den Alleswisser. Leibniz war bekanntlich auch einer der ganz großen Mathematiker und der eigentliche Bahnbrecher der Unendlichkeitsanalysis, der sogenannten Infinitesimalrechnung oder „höheren Mathematik". Leibniz also hat seine allgemeine Lehre von den Symbolen (von den „bedeutungsvollen Zeichen", könnte man populär sagen) eine „cabbala vera", eine wahre Kabbala, genannt. Was Kabbala, kabbalistisch usw. bedeutet, dürfte bekannt sein. Magie, Zauber, Beschwörungsformeln, mystische Kräfte, entfesselt durch Worte und Symbole, liegen in diesem Begriffskreis der Kabbala. Nun sind aber die mathematischen Zeichen als sehr maßgebende Bestandteile in jenem Leibnizschen Symbol-Kalkül, in jener allgemeinen Lehre von den Symbolen, enthalten.

Ich bin mir bewußt, daß diese erste Andeutung Leibnizscher Geistesflüge nicht sofort verständlich sein kann. Wir wollen also den Ausspruch Leibnizens für unsere Zwecke möglichst vereinfachen und festhalten, daß in der mathematischen Schreibweise selbst eine Art von Zauberkunst, eine „wahre Kabbala" steckt. Wir können uns aber den Gedanken noch durch einen kleinen Ausflug in die Geschichte der Mathematik, besser, in die Geschichte des Ziffernrechnens verdeutlichen. Mein Gegner hat unrecht gehabt, wenn er über unser übliches Zehnersystem so verächtlich sprach. Es ist das ungeheuerste und gar nicht ausdrückbare Verdienst dieses Systems, daß es für einen Elementarschüler erlernbar ist. Geschichtlich sieht die Angelegenheit weit anders aus. Was heute Schulaufgabe des Elementarschülers ist, war vor wenigen Jahrtausenden Preisrätsel für allergrößte Mathematiker. Denn es fehlte damals eben die gleichsam selbsttätige Maschine des Ziffernsystems, die wahre Kabbala der richtigen Schreibweise.

Gestatten Sie mir hier vorerst eine kleine Abschweifung. Ich sprach von der richtigen Schreibweise. Das war auf das System als Ganzes gemeint. Unterhalb dieser schon höheren Bedeutung des Wortes „Schreibweise" möchte ich darauf aufmerksam machen, daß auch der Kenner aller mathematischen Zauberzeichen nur dann leicht und sicher mit diesen Zeichen umgehen wird, wenn er zwei scheinbar banale Regeln befolgt. Zuerst soll er so nett und übersichtlich wie möglich schreiben. Nicht herumstreichen, nicht Verschiedenes durcheinandermengen, nicht irgendwohin an den Rand oder in Zwischenräume Nebenrechnungen hinkritzeln. Zweitens aber soll der Anfänger — und dieses Anfängerstadium reicht sehr, sehr hoch hinauf in unsere Wissenschaft — nie aus Ungeduld Zwischenstufen überspringen und Zwischenoperationen im Kopf durchführen. Wir haben uns auf die „Kabbala" festgelegt und die Zauberzeichen wollen aufgeschrieben sein. Wenn aber jemand besonderen Wert darauf legt, Rechnungen jeder Höhenstufe im Kopf auszuführen, um seine Vorstellungskraft zu üben und zu prüfen, dann möge er, etwa vor dem Einschlafen, Berechnungen anstellen, die Ergebnisse notieren und diese dann am folgenden Tag sauber und Schritt für Schritt mittels der wahren Kabbala nachprüfen. Es ist dies ein fast sportlicher Ratschlag. Der Fechtlehrer, der Tennistrainer, der Boxlehrer läßt den Schüler zuerst jeden Schlag und Hieb beinahe zeitlupenmäßig in größter Präzision Phase für Phase durchführen. Der persönliche Stil und das individuelle Tempo entwickelt sich von selbst als Verschleifung der Grundformen. Leider auch die Flüchtigkeit und die Schlamperei.

Wir wollen aber wieder zum Hauptgegenstand zurückleiten. Ich erwähnte, daß das heute so selbstverständliche Ziffernrechnen durchaus nicht stets eine Selbstverständlichkeit war. Erst im zwölften Jahrhundert nach Christi Geburt wurde die wahre Kabbala Gemeingut des Abendlandes. Wiederum sehr vereinfachend sei erwähnt, daß damals zwei Schulen des Rechnens um den Rang stritten. Die Schule der Abazisten und die Schule der Algorithmiker. Abacus ist das uralte, schon im Altertum gebräuchliche Rechenbrett. Man stelle sich eine Tafel vor, die durch senkrechte Linien geteilt ist. Jede der Kolonnen bedeutet eine sogenannte Stufenzahl, also Einer, Zehner, Hunderter, Tausender usw. Um nun mit dem „Abacus" zu rechnen, legt man in jede Kolonne die entsprechende Anzahl von Marken oder Täfelchen. Wir hätten etwa 504.723 und 609.802 zusammenzuzählen, zu addieren.

Wie man sieht, ergibt sich durch Zusammenzählung der weißen Täfelchen (erste Zahl) und der schwarzen Täfelchen (zweite Zahl) das richtige Resultat 1,114.525. Eine Null wird in diesem Abacusrechnen noch nicht verwendet. Außerdem mußten wir berücksichtigen, daß 15 Hunderter gleich einem

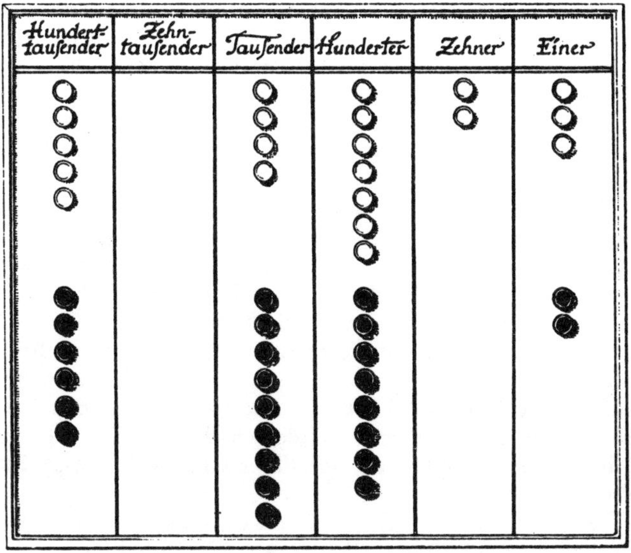

Hunderttausender	Zehntausender	Tausender	Hunderter	Zehner	Einer
○○○○○		○○○○	○○○○○	○○	○○○
●●●●●●		●●●●●●●●●	●●●●		●●

Fig. 1

Tausender und 5 Hundertern, daß 14 Tausender gleich einem Zehntausender und 4 Tausendern und daß 11 Hunderttausender gleich einer Million und einem Hunderttausender sind. Näher soll auf die Spielarten der „Abazisten-Kunst", des Rechnens mit dem Rechenbrett, nicht eingegangen werden. Man wird aber unschwer erkennen, daß die „wahre Kabbala" der anderen Schule, der Algorithmiker, den Sieg erringen mußte.

Nun sind wir an einem Punkt angelangt, der unsere stärkste Aufmerksamkeit erregen soll. Vorweg noch eine Worterklärung. Algorithmus (Algorithmiker) ist eine Verballhornung eines Namens. Des Namens Muhammed ibn Musa Alchwarizmi. Dieser arabische Mathematiker Alchwarizmi stammte aus Choresmien und lebte dann in Bagdad. Zwischen 800 und 825 n. Chr. schrieb er unter anderem ein grundlegendes Werk über das Rechnen mit den indischen (den sogenannten arabischen) Zahlzeichen oder Ziffern. Und zwar unter Verwendung des Stellenwertsystems. Er kannte auch schon die Null und schrieb sie als kleinen Kreis. Auf verschiedenen Wegen, durch die Kreuzzüge, aber auch durch die arabischen Hochschulen in Toledo, Sevilla und Granada, gelangten die arabischen Werke in lateinischen Übersetzungen zur Kenntnis der abendländischen Gelehrten und unter diesen Werken auch das Buch Alchwarizmis über die indischen Ziffern.

Wir wiederholen: Die Algorithmiker führten unter dem Namen „Algorithmus" das indische Ziffernsystem mit Stellenwertberücksichtigung im Abendland ein. Damit war der erste Schritt zur „wahren Kabbala" getan. Denn nicht mehr unbeholfene Rechenbretter lieferten die Ergebnisse von Rechenoperationen, sondern eine recht geheimnisvolle Zauberschrift gestattete es, die verwickeltsten und größten Rechnungen mit unfehlbarer Sicherheit durchzuführen. Für den ganzen großen Zauber war nichts anderes erforderlich als zehn Zeichen von 0 bis 9, ein Stück Papier, eine Feder und die Kenntnis des kleinen Einmaleins.

Es ist heute kaum mehr möglich, sich in die Stimmung von Rechnern zurückzuversetzen, die etwa 85.243 mit 9621 nicht mehr auf dem Rechenbrett, sondern auf einem Fetzchen Papier zu multiplizieren hatten. Magische Schauer der Beglückung müssen damals diese Rechner überkommen haben. Und wie so oft schien ihnen wahrscheinlich die oberste Spitze des Turmes von Babel erklommen, von der man unmittelbar den Himmel berühren kann.

Wir sind aber gezwungen, aus dieser geschichtlichen Rückversetzung wieder in kühlere Bereiche zurückzukehren. Es ist uns nämlich erst zur Not klar, daß das Wort Algorithmus soviel wie schriftliches Rechenverfahren auf Grund einer bestimmten Zeichenschrift bedeutet. Und dies noch außerdem innerhalb eines geschlossenen Systems, das gleichsam für uns einen Teil der Denkarbeit selbsttätig leistet und uns dabei Gebiete zugänglich macht, in die unsere Vorstellungskraft überhaupt nicht reicht oder wo sich diese Vorstellungskraft zumindest sehr leicht verirren kann. Wir müssen also die Ursachen der Zauberkraft dieses speziellen Algorithmus, genannt dekadisches oder Zehnersystem, genauer untersuchen.

Zweites Kapitel

Das Zehnersystem

Dabei stoßen wir zuerst auf die schon angedeutete ungeheure Einfachheit des Systems. Zehn Ziffernsymbole sind eigentlich das ganze Material, womit wir es zu tun haben. Wenn wir weiters ein paar Verknüpfungssymbole wie die Zeichen „plus", „minus", „mal" und „dividiert durch" ($+$, $-$, $\times$, :) und endlich das Gleichheitszeichen ($=$) hinzunehmen, beherrschen wir als tüchtige Algorithmiker bereits eine ganze Welt des Zahlenrechnens. Allerdings gehört als eine der wichtigsten Voraussetzungen noch etwas Weiteres zu unserer algorithmischen Kunst, das uns selbstverständlich scheint, aber gerade der Schlüssel des Geheimnisses ist: das sogenannte Stellenwertsystem.

Als drastisches Beispiel einer Schreibung ohne Stellenwert sollen die sogenannten römischen Ziffern herangezogen werden. Ein „Algorithmiker" Roms würde aufgefordert werden, etwa die Zahlen MDCCCXLIX und MMCXXIV auch nur zu summieren. Er wird bei den Zehnern und Einern in größte Verlegenheit kommen, zum Abacus, zum Rechenbrett, greifen und zugeben müssen, daß er eigentlich keinen Algorithmus besitzt. Der Algorithmiker des indischen Systems findet es nicht einmal der Mühe wert, diese Zahlen 1849 und 2124 untereinanderzuschreiben. Nach wenigen Sekunden verkündet er das Ergebnis 3973 als Summe.

Jetzt wollen wir aber unmittelbar auf das Problem losgehen. Unter Stellenwertsystem verstehen wir eine Schreibweise von Zahlen, die jeder Ziffer einen anderen Wert zuteilt, wenn sie an anderer Stelle steht. Auch wenn es dieselbe Ziffer ist. Und zwar bedeutet, da das Gesetz der Größenfolge von links nach rechts eingehalten wird, etwa eine 3 an letzter Stelle 3, an vorletzter Stelle 30, an drittletzter Stelle 300, an viertletzter Stelle 3000 usw. Von sogenannten Dezimalbruchstellen sprechen wir noch nicht. Wir behandeln vorläufig nur ganze Zahlen, eingedenk des Ausspruchs Kroneckers, daß die ganzen Zahlen von Gott stammen und alles übrige Menschenwerk sei.

An unserem Beispiel mit der Drei sehen wir schon, daß der Stellenwert sich von rechts nach links jeweils verzehnfacht.

Daher der Name Zehnersystem oder dekadisches System. Die Zehn heißt dabei die Grundzahl des Systems.

Obwohl wir damit gewaltig vorgreifen, wollen wir zur Vereinfachung der folgenden Ausführungen einen neuen Begriff einführen. Nämlich den der Potenz. Es handelt sich dabei eigentlich um nichts anderes als um eine Multiplikation einer Zahl mit sich selbst, für die man ein besonderes abgekürztes Zeichen schreibt. Wir wollen aber vorläufig über das sogenannte „potenzieren" oder „zur Potenz erheben" uns in keiner Weise verbreiten, sondern an Hand weniger Beispiele bloß die Schreibart klarmachen. Zehn mal zehn nennt man zehn zur zweiten Potenz und schreibt 10^2. Zehn mal zehn mal zehn heißt „zehn der Dritten" oder „zehn zur Dritten" oder „zehn zur dritten Potenz" und wird 10^3 geschrieben. $10 \times 10 \times 10 \times 10 = 10^4$; $10 \times 10 \times 10 \times 10 \times 10 = 10^5$ usw. Natürlich kann man diese Zahlen auch ausrechnen. So ist $10^2 = 100$, $10^5 = 100.000$, $5^2 = 5 \times 5 = 25$, $6^3 = 6 \cdot 6 \cdot 6 = 216$ usf. Als erste Potenz einer Zahl bezeichnet man die Zahl selbst, weil sie gleichsam nur einmal in der Multiplikation auftritt. Also $10^1 = 10$, $5^1 = 5$, $29^1 = 29$ usw. Die erste Potenz, also der kleine Einser rechts oben, wird gewöhnlich nicht geschrieben. Wir müssen aber noch eine Potenz einführen, deren merkwürdiges Ergebnis an dieser Stelle nicht erklärt werden kann. Nämlich die sogenannte nullte Potenz. Wir stellen also die Forderung, daß eine Zahl überhaupt nicht als Faktor in einer Multiplikation mit sich selbst vorkommt. Das bedeutet etwa 10^0 oder in Worten: zehn zur nullten Potenz. Jeder wird mit Recht erklären, daß eine solche Forderung ein vollendeter Unsinn ist. „Multipliziere etwas überhaupt nicht mit sich selbst, mache eine Rechnung (noch dazu eine Multiplikation), in der der einzige erlaubte Faktor, nämlich die bestimmte Zahl, nullmal, also überhaupt nicht vorkommt. Und sage mir das Ergebnis." Das ist die Fragestellung. Ich muß, wie erwähnt, vorläufig höflichst um Entschuldigung bitten und mitteilen, daß jede, aber auch jede Zahl[1]), zur nullten Potenz erhoben, das Resultat eins gibt. Also ist $10^0 = 1$, $25^0 = 1$, $275.859^0 = 1$ usf. bis zu jeder Größe.

---

[1]) 0^0 ist davon ausgenommen, da 0 in diesem Zusammenhang nicht als Zahl zu betrachten ist.

Also wiederholt: Irgendeine Zahl zur nullten Potenz gibt eins. Zur ersten Potenz sich selbst. Zur zweiten Potenz die Zahl mit sich selbst multipliziert. Zur dritten Potenz die Zahl mit sich selbst und noch einmal mit sich selbst multipliziert usw. Insbesondere für die Zahl zehn: $10^0 = 1$, $10^1 = 10$, $10^2 = 100$, $10^3 = 1000$, $10^4 = 10.000\ldots$

Ein Mensch mit gutem Blick wird bei Betrachtung dieser Zahlenfolge sogleich merken, daß bei der Zehn die kleine Ziffer rechts oben (der sogenannte Potenzanzeiger oder Potenzexponent) die Anzahl der Nullen angibt, die die betreffende Zehnerpotenz besitzt. Sicherlich ein wichtiger und für das Ziffernsystem aufschlußreicher Zusammenhang. Wir wollen uns aber nicht weiter verlieren, sondern jetzt beherzt in die Tiefen und Höhen der Zahlensysteme vorstoßen. Denn wir haben bereits das ganze Rüstzeug zur Durchforschung unseres Ziffern-Algorithmus in der Hand.

Bei Betrachtung des Rechenbrettes wird es jedem klargeworden sein, daß sich eine beliebige Zahl des Zehnersystems aus einer gewissen Menge von Einern, von Zehnern, Hundertern usw. zusammensetzt. Wir werden uns nun bemühen, eine geeignete Schreibweise zu finden, die den inneren Bau jeder Zahl bloßlegt, ohne daß wir hierzu den ungelenken Abacus (das Rechenbrett) zu Hilfe nehmen müßten. Nach dem Vorhergegangenen dürfte es nicht allzu schwer sein, diese Schreibweise zu entdecken. Es ist die sogenannte additive oder summatorische Reihe[1]), und zwar eine Potenzreihe. Die gelehrten Ausdrücke mögen niemand abschrecken. Denn ein Beispiel wird den Vorgang sofort verdeutlichen. Nehmen wir etwa an, wir hätten die Zahl 1,483.706 in eine solche Reihe aufzulösen. Mit unseren bisherigen Kenntnissen sind wir dazu ohne weiteres imstande. Wir schreiben also zuerst noch primitiv:

$$6 \times 1 + 0 \times 10 + 7 \times (10 \times 10) + 3 \times (10 \times 10 \times 10) +$$
$$+ 8 \times (10 \times 10 \times 10 \times 10) + 4 \times (10 \times 10 \times 10 \times 10 \times 10) +$$
$$+ 1 \times (10 \times 10 \times 10 \times 10 \times 10 \times 10).$$

Dazu wird zuerst bemerkt, daß jede Zahl, mit der Null multipliziert, wieder 0 gibt und daß ich daher umgekehrt jede Null

---

[1]) In der Mathematik heißt „Reihe" stets eine additive oder subtraktive Aneinanderreihung von Zahlen oder Größen.

als Produkt irgendeiner Zahl mit der 0 auffassen kann. Wir benutzen diese Umkehrung hier bewußt zur systematischen Ergänzung der Reihe bezüglich der Zehnerstelle. Außerdem wollen wir nun weitere Vereinfachungen vornehmen. Zuerst werden wir das lästige schiefe Kreuz ($\times$) für die Multiplikation fallenlassen und dafür den Punkt anwenden, wie dies in der Mathematik allgemein üblich ist. Dann werden wir die Ausdrücke in den Klammern als richtige Potenzen darstellen. Und schließlich werden wir anmerken, daß man innerhalb einer solchen Reihe die Ziffern, die vor den Potenzen stehen, die „Koeffizienten" nennt. 6, 0, 7, 3, 8, 4, 1 — kurz die Ziffern, aus denen unsere Zahl besteht — erscheinen in der Potenzreihe nur mehr als „Koeffizienten". Dieser Begriff ist vorläufig zur Notiz zu nehmen. Mehr kann an dieser Stelle darüber noch nicht gesagt werden.

Wir schreiben also jetzt, mathematisch korrekt:
$$1{,}483.706 = 6 \cdot 10^0 + 0 \cdot 10^1 + 7 \cdot 10^2 + 3 \cdot 10^3 + 8 \cdot 10^4 + \\ + 4 \cdot 10^5 + 1 \cdot 10^6.$$

Damit ist der innere Bau des Zehnersystems mit Stellenwert vollständig und eindeutig bloßgelegt. Ich will aber die sogenannte „Diskussion", die Erörterung der Angelegenheit, auf die Gefahr hin zu langweilen, nicht dem Leser überlassen, sondern sie mit ihm gemeinsam durchführen. Wir sehen zuerst, daß die sogenannte Größenfolge eingehalten ist. Die Potenzen von zehn folgen einander in der Reihe als 10^0, 10^1, 10^2, 10^3 usf. Daran ändern auch die Koeffizienten nichts. Denn selbst $9 \cdot 10^0$ (also $9 \cdot 1 = 9$) muß stets kleiner sein als $0 \cdot 10^1$ (also $0 \cdot 10 = 0$), weil diese Null an der Zehnerstelle nichts anderes bedeutet, als daß in der Zahl mindestens 10 Zehner vorhanden sind, da ja eine Zahl nie mit der Null beginnen darf. Als Beispiel diene die Zahl 109, die als Reihe geschrieben $9 \cdot 10^0 + 0 \cdot 10^1 + 1 \cdot 10^2$ lauten würde. Daß 10^0 gleich 1 ist, wurde schon erwähnt. Es ist nun weiter klar, daß die Reihe theoretisch ins Unendliche fortsetzbar ist. Das heißt, es gibt keine noch so große Zahl, die nicht in Form einer solchen Reihe aufsteigender, mit Koeffizienten versehener Zehnerpotenzen geschrieben werden könnte. Natürlich ist umgekehrt jede solche Reihe wieder in eine dekadische Zahl rückübertragbar.

$5 \cdot 10^0 + 7 \cdot 10^1 + 0 \cdot 10^2 + 8 \cdot 10^3 + 9 \cdot 10^4 + 3 \cdot 10^5$ ist nichts anderes als die Zahl 398.075, nämlich noch einmal zum Überdruß in Worten: 5 Einer, 7 Zehner, 0 Hunderter, 8 Tausender, 9 Zehntausender und 3 Hunderttausender. Mit Absicht wird erst hier erwähnt, daß ein vollkommenes Ziffernsystem noch voraussetzt, daß die sogenannten Stufenzahlen (die Zehnerpotenzen) rein sprachlich mit eigenen Worten bezeichnet werden können (zehn, hundert, tausend usw.). Streng durchgeführt ist die Sache in unserem System nicht. Wir haben merkwürdigerweise eigene Worte bloß für 10^1, 10^2 und 10^3, also zehn, hundert und tausend. Zehntausend und hunderttausend sind multiplikative Zusammensetzungen. 10^6 oder die Million hat wieder ein eigenes Wort. Tausend Millionen (10^9) oder die Milliarde erscheint als nächste strenge Bezeichnung. Und dann folgen, nach Potenzen der Million, die Billion ($1,000.000^2 = 10^{12}$), die Trillion ($1,000.000^3 = 10^{18}$), die Quadrillion (10^{24}), die Quintillion (10^{30}) usf. Die Ursache dieser Unregelmäßigkeit dürfte meines Erachtens in praktischen Bedürfnissen liegen, die sich historisch ergeben haben. Geld und Heerwesen erforderten ursprünglich nur Obereinheiten bis tausend. Und es war angeblich erst der Reichtum Marco Polos, der den Begriff der Million notwendig machte. Die ganz hohen Einheiten (Billion usw.) nennt auch der gewöhnliche Sprachgebrauch „astronomische Zahlen" und zeigt so ihr Anwendungsgebiet und ihre Entstehung.

Wir wiederholen also endgültig: Das Zehnersystem oder das dekadische Ziffernsystem, verbunden mit dem Stellenwertsystem, ist ein Algorithmus. Es gestattet uns vorläufig, in der Addition, Subtraktion, Multiplikation und Division mit größter Leichtigkeit alle Rechnungsoperationen durchzuführen, deren Regeln wir heute schon in der Elementarschule beherrschen. Das Zehnersystem besteht aus eigenen, von den Buchstaben durchaus verschiedenen Begriffssymbolen, die die Zahlwerte von 0 bis 9 bedeuten. Grundzahl des Systems ist die auf die 9 folgende Zahl, die zehn heißt und 10 geschrieben wird. Für weitere Stufenzahlen (Zehnerpotenzen) existieren zum Teil eigene Wörter wie hundert, tausend, Million, Milliarde, Billion usf.

Nun sind wir so hoch auf unseren Zahlenberg gestiegen, daß

wir den Ausblick und die Übersicht über ein ins Unendliche verlaufendes, verästeltes Tal, das Tal des Zehnersystems, gewonnen haben. Wir bemerken aber, daß wir uns noch sehr tief unter dem Gipfel befinden. Was werden wir vom Gipfel aus erblicken? Gibt es noch andere Täler? Oder ist der Berg ein Hochplateau, eine beziehungslose Steinwüste?

Wir machen Rast und grübeln. Und dabei fällt uns allerlei Beunruhigendes ein. Was bedeutet es, daß wir die Wörter elf und zwölf gebrauchen, worauf dann dreizehn, vierzehn, fünfzehn, sechzehn usw. folgt? Was bedeutet das rätselhafte Quatre-vingt der Franzosen? Das sind, vom Zehnersystem aus betrachtet, Systemstörungen, Entgleisungen. Darüber gibt es keinen Zweifel. Quatre-vingt (vier mal zwanzig) hat eine verzweifelte strukturelle Ähnlichkeit mit vierzig. Und elf und zwölf sehen direkt wie eine Fortsetzung der Zahlen eins bis zehn aus. Sie sind, wenigstens oberflächlich betrachtet, unzusammengesetzt. Warum sagt man nicht statt elf einzehn und statt zwölf zweizehn? Warum ist überhaupt gerade die Zehn die Grundzahl unseres Systems? Ist zehn durch irgend etwas vor einer anderen Zahl ausgezeichnet? Ist das Zehnersystem gleichsam ein durch Gott gegebenes System? Oder ist gar nur die Tatsache, daß wir zehn Finger besitzen und unsere Urahnen einst an den Fingern zählten, daran schuld, daß wir das Zehnersystem bevorzugen?

Wir wollen aber unseren Zahlenbergwanderer nicht zu lange grübeln lassen. Und wir flüstern ihm daher zu: Das Zehnersystem ist theoretisch durch nichts, aber auch durch gar nichts vor einem System beliebig anderer Grundzahl bevorzugt. Es hat im Laufe der Geschichte schon Sechzigersysteme, Fünfersysteme, Zwanzigersysteme und Zwölfersysteme gegeben. Der große Leibniz hat im Jahre 1690 in Rom sogar das merkwürdigste aller Systeme, das Zweiersystem (Dyadik oder binarische Arithmetik) entdeckt, das sich überhaupt nur der 0 und der 1 als Ziffern bedient. Und unser Quatre-vingt ist tatsächlich ein unzeitgemäßer Rest eines keltischen Zwanzigersystems (Finger plus Zehen!), der sich in die französische Sprache hinübergeschlichen hat.

Drittes Kapitel

Nichtdekadische Ziffernsysteme

Da wir nun den Bau, die Struktur des Zehnersystems so gut kennengelernt haben, wollen wir kühn versuchen, irgendein anderes System selbständig aufzustellen[1]). Wir wählen zuerst eine Grundzahl, die kleiner ist als zehn, etwa die Zahl sechs. Und wir werden streng nach dem Muster des Zehnersystems unseren neuen Algorithmus aufbauen und zusehen, wie weit wir damit kommen. Zuerst ganz simpel und nach dem Gefühl: Wir haben im Zehnersystem zehn Zahlzeichen, zehn Ziffernsymbole, nämlich 0, 1, 2, 3, 4, 5, 6, 7, 8, 9, gebraucht. Folglich, so schließen wir, werden wir für unser Sechsersystem mit sechs Ziffern, also 0, 1, 2, 3, 4, 5, auskommen. Wie aber sollen wir die Sechs schreiben, die Sieben, die Acht, die Neun? Jetzt denken wir an unsere Potenzreihe. Die Grundzahl zur ersten Potenz wurde 10^1 geschrieben. Oder einfach 10. Es war also die erste zweistellige Zahl. Wir werden somit auch im Sechsersystem die Grundzahl 10 schreiben, nur daß sie hier nicht zehn, sondern sechs bedeutet.

Ich gebe zu, daß jetzt viele Leser verwirrt sein werden, weil sie noch an die Gottgegebenheit des Zehnersystems glauben. Darum wollen wir Schritt vor Schritt weiterwandern und uns zuerst die ersten zwanzig Zahlen des Zehnersystems aufschreiben. Darunter die gleichwertigen ersten zwanzig Zahlen des Sechsersystems.

1, 2, 3, 4, 5, 6, 7, 8, 9, 10, 11, 12, 13, 14, 15, 16, 17, 18, 19, 20
1, 2, 3, 4, 5, 10, 11, 12, 13, 14, 15, 20, 21, 22, 23, 24, 25, 30, 31, 32

Wie man sieht, ergibt sich die Schreibweise unmittelbar aus der Tatsache, daß man im jeweiligen System eben nicht anders schreiben kann. Denn mit fünf Ziffern und der Null kann ich den Begriff sechs nicht anders schreiben als eben 10. Ebenso wie ich mit neun Ziffernzeichen und der Null die Zwölf nie anders ausdrücken kann als eben durch 12.

Nun wollen wir uns die Stufenzahlen ansehen. Diese müssen (im Zehnersystem geschrieben) die Werte von 6^0, 6^1, 6^2, 6^3, 6^4

---

[1]) Der weniger geübte Leser darf die Einzelberechnungen in diesem Kapitel ohne Schaden für das Endziel überschlagen.

usw. haben. Also, noch immer im Zehnersystem, die Werte 1, 6, 36, 216, 1296 usw. Ich könnte somit in Reihenschreibung eine beliebige Zahl des Sechsersystems folgendermaßen ausdrücken:

$2 \cdot 6^0 + 4 \cdot 6^1 + 0 \cdot 6^2 + 3 \cdot 6^3 + 5 \cdot 6^4$, was bedeuten würde: $2 \cdot 1 + 4 \cdot 6 + 0 \cdot 36 + 3 \cdot 216 + 5 \cdot 1296$ und dekadisch geschrieben das Ergebnis 7154 lieferte. Bemerkt sei, daß auch in dekadischer Schreibart die „Koeffizienten" nie die Fünf überschreiten dürfen, da sonst die Größenfolge verletzt werden könnte und die Zahl im Sechsersystem nicht schreibbar wäre. Nun kommt ein kühner Griff. Wir wollen jetzt die besprochene Zahl im Sechsersystem aufschreiben. Dazu ist gar nichts nötig, als die Koeffizienten einfach nebeneinanderzustellen. Und zwar von der höchsten Potenz absteigend. Unsere Zahl lautet also im Sechsersystem geschrieben 53.042. Denn das heißt eben nichts anderes als $2 \cdot 6^0 + 4 \cdot 6^1 + 0 \cdot 6^2 + 3 \cdot 6^3 + 5 \cdot 6^4$! Und wir stellen fest: 53.042 (Sechsersystem) ist gleich 7154 (Zehnersystem). Wir wollen zum Überfluß noch die Probe machen und nun beide Zahlen in Reihen auflösen:

7.154 (Zehnersystem) $= 4 \cdot 10^0 + 5 \cdot 10^1 + 1 \cdot 10^2 + 7 \cdot 10^3$
53.042 (Sechsersystem) $= 2 \cdot 6^0 + 4 \cdot 6^1 + 0 \cdot 6^2 + 3 \cdot 6^3 + 5 \cdot 6^4$
oder $\quad 4 \cdot 1 + 5 \cdot 10 + 1 \cdot 100 + 7 \cdot 1000$ muß gleich sein
$\quad\quad 2 \cdot 1 + 4 \cdot 6 + 0 \cdot 36 + 3 \cdot 216 + 5 \cdot 1296$.

Natürlich stimmt die Rechnung. Denn sowohl die erste Reihe als die zweite Reihe ergeben (dekadisch geschrieben) als Resultat 7154.

Nun wollen wir uns aber von der Dekadik abwenden und unsere Zahl 53.042 (Sechsersystem) in eine Reihe des eigenen Systems auflösen. Wir erhalten dann:

$53.042 = 2 \cdot 10^0 + 4 \cdot 10^1 + 0 \cdot 10^2 + 3 \cdot 10^3 + 5 \cdot 10^4$, wobei 10 nicht mehr die Zehn des Zehnersystems, sondern dem Werte nach die 6 des Zehnersystems bedeutet.

Wir wollen aber noch viel mehr. Wir wollen sehen, ob sich auch das Sechsersystem als Algorithmus bewährt, das heißt, ob es geeignet ist, Rechenoperationen nach Art unserer vertrauten Addition, Multiplikation usw. zu gestatten. Zu diesem Behufe müssen wir uns aber noch ein Hilfsmittel bereitstellen. Nämlich das „Einmaleins" des Sechsersystems. Auf den ersten

Blick sieht es wie die Rechenübung eines soeben wahnsinnig Gewordenen aus. Einiges Nachdenken und ein Blick auf die Ziffernreihen sowie die Überlegung, daß wir eben nur mit sechs Ziffernzeichen operieren können, wird die Gemüter bald wieder beruhigen.

Wir wagen also unser Hexeneinmaleins:

$1 \cdot 1 = 1$	$2 \cdot 1 = 2$	$3 \cdot 1 = 3$	$4 \cdot 1 = 4$	$5 \cdot 1 = 5$
$1 \cdot 2 = 2$	$2 \cdot 2 = 4$	$3 \cdot 2 = 10$	$4 \cdot 2 = 12$	$5 \cdot 2 = 14$
$1 \cdot 3 = 3$	$2 \cdot 3 = 10$	$3 \cdot 3 = 13$	$4 \cdot 3 = 20$	$5 \cdot 3 = 23$
$1 \cdot 4 = 4$	$2 \cdot 4 = 12$	$3 \cdot 4 = 20$	$4 \cdot 4 = 24$	$5 \cdot 4 = 32$
$1 \cdot 5 = 5$	$2 \cdot 5 = 14$	$3 \cdot 5 = 23$	$4 \cdot 5 = 32$	$5 \cdot 5 = 41$

Wir werden nun addieren, subtrahieren, multiplizieren und dividieren, als ob wir nie etwas vom Zehnersystem gehört hätten. Zuerst eine Addition:

$$\begin{array}{r} 4325 \\ 5041 \\ \hline 13410 \end{array}$$

Man muß stets, wenn zwei Zahlen zusammen 6 ergeben, die Zehn denken. Also 1 und 5 gibt 10, bleibt eins. Vier und eins sind fünf, plus zwei ist 11, bleibt eins. Null plus eins ist eins, plus drei ist vier. Fünf plus vier ist dreizehn. Natürlich dürfte man nicht zehn, elf und nicht dreizehn sagen, sondern etwa sechs, einsechs und dreisechs. Die Hauptschwierigkeit ist also eine sprachliche. Wenn wir einmal Worte für die Stufenzahlen haben, dann ist jedes System ebenso leicht zu handhaben wie das dekadische.

Nun eine Subtraktion:

$$\begin{array}{r} 5201 \\ -3544 \\ \hline 1213 \end{array}$$

In Worten: Elf (einsechs) weniger vier gibt drei, bleibt eins. Vier plus eins ist fünf. Fünf von zehn (sechs) abgezogen, gibt eins, bleibt eins. Fünf plus eins ist zehn (sechs). Dies abgezogen von zwölf (zweisechs) gibt zwei, bleibt eins. Drei plus eins ist vier. Abgezogen von fünf ist eins.

Jetzt die versprochene Multiplikation; wozu das „Einmaleins" als Hilfsmittel dienen soll.

$$\begin{array}{r} 3425 \cdot 31 \\ \hline 15123 \\ 3425 \\ \hline 155055 \end{array}$$

Zur Multiplikation wollen wir durch Umrechnung in das Zehnersystem die Probe machen.

3425 (Sechsersystem) $= 5 \cdot 6^0 + 2 \cdot 6^1 + 4 \cdot 6^2 + 3 \cdot 6^3 = 809$
(Zehnersystem),

31 (Sechsersystem) $= 1 \cdot 6^0 + 3 \cdot 6^1 = 19$ (Zehnersystem).

Die dekadische Multiplikation ergibt nun

$$\begin{array}{r} 809 \cdot 19 \\ \hline 7281 \\ \hline 15371 \end{array}$$

Wenn wir richtig gerechnet haben und wenn weiters unsere Behauptung wahr ist, daß die Gesetze des Algorithmus im Sechsersystem dieselben sind wie im Zehnersystem, dann muß 15.371 (Zehnersystem) gleich sein mit 155.055 (Sechsersystem), also in Reihen aufgelöst $1 \cdot 10^0 + 7 \cdot 10^1 + 3 \cdot 10^2 + 5 \cdot 10^3 + 1 \cdot 10^4 = 5 \cdot 6^0 + 5 \cdot 6^1 + 0 \cdot 6^2 + 5 \cdot 6^3 + 5 \cdot 6^4 + 1 \cdot 6^5$. Zu unserer Freude besteht die erforderliche Gleichheit der beiden Reihen, wovon sich jeder leicht überzeugen kann. Wir sind also nur noch die Division im Sechsersystem schuldig, die wir sogleich nachtragen wollen. Wir sind kühn und haben keine Scheu vor großen Zahlen. Also:

$$\begin{array}{l} 2004013 : 425 = 2413 \text{ (alles im Sechsersystem)} \\ 3100 \\ 1041 \\ 2123 \\ 000 \end{array}$$

Die Division ist, wie man sagt, aufgegangen. Natürlich mußten wir uns auch bei der Division die ganze Zeit über vor Augen halten, daß wir es mit dem Sechsersystem zu tun haben: schon bei der ersten Abschätzung, die in jedem System beim Dividieren notwendig ist. Wenn man beginnt, muß man sich bei der Division fragen, wie oft der Divisor im Dividenden enthalten sein kann bzw. im jeweiligen Teil der Zahl, die zu dividieren ist. Konkret: Wie oft war 425 in der ersten Gruppe 2004 enthalten? Im Zehnersystem hätte ich es mit vier probiert. Im Sechsersystem muß ich bedenken, daß die 20 wertmäßig soviel bedeutet wie 12, während die 4 in beiden Systemen 4 bedeutet. Da nun nach der 20 noch eine Null folgt, während nach der 4 eine 2 steht, lag die Sache für mich so, als ob ich (dekadisch geschrieben) 120 durch 42 zu teilen gehabt hätte. Ich mußte also zuerst mit 2 probieren. Für die zweite Stelle ist 31 durch 4 zu probieren. 31 bedeutet aber 19 des Zehnersystems. Also schreibe ich probeweise 4 an usf. Im übrigen kann und muß man, wie beim Zehnersystem, zu diesen Proben das jeweilige Einmaleins, in unserem Falle also unser „Hexeneinmaleins", heranziehen[1]).

Nun wollen wir aber, unersättlich wie wir schon geworden sind, als frischgebackene Zahlentheoretiker noch die unbedingte Gewähr haben, daß unsere Division auch stimmt. Dazu haben wir zwei Wege. Erstens, wie bei der Multiplikation, die Rückübertragung der ganzen Rechnung ins Zehnersystem, in dem wir uns begreiflicherweise sicherer fühlen. Wir sind aber diesmal zu stolz, diesen banalen Weg zu gehen. Wir wollen nämlich unserem Algorithmus noch stärker auf den Zahn fühlen, wenn dieses schreckliche Bild erlaubt ist. Und wir schließen so: Der geängstigte Elementarschüler, der nicht weiß, ob seine Division richtig ist, macht einfach die „Gegenprobe", indem er den Divisor mit dem Quotienten multipliziert und hierauf zusieht, ob er dadurch den Dividenden erhält. Schematisch:

Dividend : Divisor = Quotient,

Divisor × Quotient = Dividend.

Da wir, wie schon erwähnt, das Zehnersystem überhaupt nicht mehr heranziehen wollen und uns als Elementarschüler des Sechsersystems betrachten, multiplizieren wir (alles im Sechsersystem) die Zahlen

$$\begin{array}{r} 2413 \cdot 425 \\ \hline 14500 \\ 5230 \\ 21313 \\ \hline 2004013 \end{array}$$

Wir sind befriedigt. Denn die Gegenprobe ist gelungen und wir haben richtig den Dividenden erhalten. Unser Widersacher hat uns aber auf die Finger gesehen und bezichtigt uns einer Unkorrektheit. Er macht uns nämlich darauf aufmerksam, daß

---

[1]) Wodurch es sich erübrigt, jedesmal beim Probieren ins Zehnersystem zurückzurechnen!

wir nicht, wie im Schema, Divisor mal Quotient, sondern Quotient mal Divisor angeschrieben haben. Obwohl nun jeder uns beistehen und sagen wird, daß dies gleichgültig sei, weil ja auch 5 · 4 dasselbe Ergebnis liefert wie 4 · 5, sind wir unserem Widersacher gleichwohl dankbar und ergreifen die Gelegenheit zu einer kleinen Abschweifung.

Addition und Multiplikation sind die sogenannten aufbauenden Rechnungsarten. Sie fügen zusammen, vermehren. Erzeugen eine Zusammensetzung, eine Synthese. Und heißen deshalb, streng wissenschaftlich, die synthetischen oder einfacher die thetischen Operationen. Subtraktion und Division dagegen lösen auf, vermindern, bauen ab. Man nennt sie analytische oder, auch einfacher, die lytischen Operationen. Es ist klar oder, vorsichtiger gesagt, wahrscheinlich, daß sowohl die Gruppe der aufbauenden als auch die Gruppe der lösenden Rechnungsarten gewisse gemeinsame Gruppeneigenschaften haben werden. Wir wollen aber an dieser Stelle durchaus noch nicht tiefer dringen. Wir wollen den Einwand unseres Widersachers nur dazu benützen, festzustellen, daß Addition und Multiplikation im Gegensatz zu Subtraktion und Division eine sehr wichtige Gruppengemeinschaft besitzen, die jeder kennt: Ihre Einzelbestandteile, Glieder, Posten, oder wie man es nennen will, sind vertauschbar, ohne daß sich das Ergebnis ändert. $5 + 4 + 7 = 4 + 7 + 5 = = 7 + 4 + 5$ usw. Ebenso $4 \cdot 5 \cdot 7 = 5 \cdot 7 \cdot 4 = 7 \cdot 5 \cdot 4$ usw. Regel: Bei den aufbauenden (thetischen) Rechnungsarten herrscht das Prinzip der Vertauschbarkeit der Bestandteile (Prinzip der Kommutativität). Bei den auflösenden (lytischen) Rechnungsarten, die nebenbei bemerkt auf unserer Stufe auch stets nur aus zwei Posten bestehen, gilt dieses Prinzip auf keinen Fall. Sie sind gleichsam einseitig gerichtet. Es ist grundverschieden, ob ich von 5 die 4 oder von der 4 die 5 abziehe. Ebenso verschieden ist es, ob ich 12 durch 3 dividiere oder 3 durch 12. Ich gebe zu, daß diese Abschweifung auf unserer Stufe noch wie das überflüssige Breittreten einer Selbstverständlichkeit aussieht. Ich deute deshalb an, daß es noch einige höhere thetische (aufbauende) und lytische (lösende) Rechnungsarten gibt, bei denen alles nicht mehr so einfach liegt und deshalb der Untersuchung wert ist.

Wir wollen aber jetzt wieder zu unseren Zahlensystemen zurückkehren. Unsere Versuche im Sechsersystem haben uns neugierig gemacht. Und wir glauben zwar, daß mit einer Grundzahl unterhalb von zehn der ganze Zauber des Algorithmus, der wahren Kabbala, stimmt, daß es aber durch nichts bewiesen ist, ob sich eine Grundzahl, die größer als zehn ist, auch für ein Stellenwertsystem eignet. Wir dürfen aus rein rechenökonomischen Gründen nicht ins Uferlose schweifen und etwa 50 als Grundzahl wählen. Natürlich wäre es möglich. Aber die Potenzen von 50 wachsen so schwindelnd schnell, daß wir jeden Überblick verlieren würden. Außerdem brauchen wir bekanntlich stets soviel einzelne Zahlzeichen als die Grundzahl Einheiten anzeigt. Woher sollen wir diese Zeichen nehmen, wenn wir nicht allein Tage aufwenden wollen, um sie zu erfinden und zu erlernen?

Wir begnügen uns also mit der Tatsache, daß die Grundzahl größer als zehn sein soll, und wählen als echte Kabbalisten die Zahl 13. Mit der Nebenabsicht, zu zeigen, daß sich auch eine sogenannte Primzahl, eine durch keine andere ganze Zahl teilbare Zahl, zur Grundzahl eines Systems eignet. Hierzu sei wieder eine Bemerkung eingeschaltet. Unsere dekadische Grundzahl 10 ist nur durch 5 und durch 2 teilbar. Die Zahl 12 aber durch 2, 3, 4 und 6. Deshalb hat man schon mehr als einmal ganz ernsthaft vorgeschlagen, das Zehnersystem zu verlassen und zum Zwölfersystem überzugehen. Es hätte für das Münzwesen, die Maß- und Gewichtseinteilung geradezu unschätzbare Vorteile, abgesehen davon, daß die Einteilung des Tages (Ziffernblatt der Uhr) und die Winkelteilung des Kreises mit dem Zwölfersystem leicht zu vereinen wäre. Als Gegengründe gegen das Zwölfersystem sprechen hauptsächlich die Naturtatsachen unserer Fingerzahl und unseres sonstigen Körperbaues, der in groben Umrissen stets die Fünfheit und die Zweiheit bevorzugt (Augen, Ohren, Arme, Beine, Finger, Zehen). Außerdem ist das ganze Metermaßsystem mit all seinen Ausläufern in dezimaler Art mit der Erde verbunden, da der Meter seit der französischen Revolution als der zehnmillionste Teil des Erdmeridianquadranten definiert ist. Alle anderen Maße wie Liter, Kilogramm usw. sind aber wieder mit dem Meter dezimal gekoppelt. Und schließlich ist durch einen kosmischen Zufall die wichtigste Weltgröße, die sogenannte Lichtgeschwindigkeit, pro Zeitsekunde fast genau 300.000 Kilometer[1]).

Es ist sonach wenig Aussicht, daß wir in absehbarer Zeit auf ein anderes Ziffernsystem umlernen müssen. Gleichwohl werden wir uns weniger aus praktischen als aus sehr wichtigen prinzipiellen Gründen noch ein bißchen mit unserem Dreizehnersystem beschäftigen. Wieder wollen wir vorerst die ersten Zahlen, diesmal die ersten dreißig, im dekadischen und im Dreizehnersystem zu Vergleichszwecken untereinanderschreiben.

1, 2, 3, 4, 5, 6, 7, 8, 9, 10, 11, 12, 13, 14, 15
1, 2, 3, 4, 5, 6, 7, 8, 9, A, B, C, 10, 11, 12
16, 17, 18, 19, 20, 21, 22, 23, 24, 25, 26, 27, 28, 29, 30
13, 14, 15, 16, 17, 18, 19, 1A, 1B, 1C, 20, 21, 22, 23, 24

Wie man merkt, haben wir, da wir im Dreizehnersystem, einschließlich der Null, dreizehn einfache Ziffernzeichen brauchen, die großen lateinischen Buchstaben A, B und C als Ziffern herangezogen. Während beim Sechsersystem Ziffern des dekadischen Systems übersprungen wurden und einfach nicht vorkommen (6, 7, 8, 9), ist es hier genau umgekehrt. Das Zehnersystem überspringt drei Ziffern des Dreizehnersystems (A, B, C).

Wir könnten nun auch hier ein Hexeneinmaleins anschreiben, in dem etwa 5 · 8 = 31 und 7 · 7 = 3A usw. wäre, wollen aber diese Fleißaufgabe sowie die Erkenntnis, daß im Dreizehnersystem A · B = 86, jenen Lesern zur Durchführung überlassen, die tiefer in die Ziffernsysteme eindringen wollen.

Gleichwohl müssen wir unser Dreizehnersystem irgendwie rechtfertigen. Wir wählen hierzu eine Multiplikation. Und zwar die Multiplikation der Zahlen 92B und A7, was im Rotwelsch des Dreizehnersystems etwa Neunhundertbeundzwanzig mal Siebenundazig auszusprechen wäre. Also:

$$\begin{array}{r} 92B \cdot A7 \\ \hline 7126 \\ 4C6C \\ \hline 761CC \end{array}$$

---

[1]) Hätte ich selbst den Meter im Zwölfersystem als 10,000.000ten Teil des Meridianquadranten definiert, so wäre die Lichtgeschwindigkeit pro Sekunde im Zwölfersystem 26mal so groß, also 260.000 „Kilometer" des Zwölfersystems. Somit eine weniger „runde" Zahl.

In Worten: A mal B ist 86 bleibt 8, A mal 2 ist 17 plus 8 ist 22, bleibt 2. A mal 9 ist 6C plus 2 ist 71. Weiter: 7 mal B ist 5C, bleibt 5. 7 mal 2 ist 11 plus 5 ist 16, bleibt 1. 7 mal 9 ist 4B plus 1 ist 4C. Hierauf die Addition. Einerstelle: C. Zweite Stelle: 6 + 6 ist ebenfalls C. Dritte Stelle: C + 2 = 11, bleibt eins. Vierte Stelle: 4 + 1 = 5 plus 1 ist 6. Fünfte Stelle: 7. Also: 76.1CC als Ergebnis.

Da wir uns nicht allzu sehr abquälen wollen, riskieren wir jetzt die Banalität und machen diesmal die Gegenprobe im Zehnersystem. Und zwar durch Reihenauflösung.

$$92\,B\ (\text{Dreizehnersystem}) = B \cdot 13^0 + 2 \cdot 13^1 + 9 \cdot 13^2 =$$
$$= 11 \cdot 1 + 2 \cdot 13 + 9 \cdot 169 =$$
$$= 1558\ (\text{Zehnersystem}),$$
$$A\,7\ (\text{Dreizehnersystem}) = 7 \cdot 13^0 + A \cdot 13^1 = 7 \cdot 1 +$$
$$+ 10 \cdot 13 = 137\ (\text{Zehnersystem}).$$

Nun multiplizieren wir im Zehnersystem:

```
1558 · 137
 4674
10906
------
213446
```

Als Ergebnis der Multiplikation im Dreizehnersystem hatten wir 76.1CC erhalten. Diese Zahl muß 213.446 im Zehnersystem gleich sein.

Also: $C \cdot 13^0 + C \cdot 13^1 + 1 \cdot 13^2 + 6 \cdot 13^3 + 7 \cdot 13^4$ soll gleich sein 213.446 (Zehnersystem). Schreiben wir rein dekadisch mit gleichzeitiger Ausrechnung der Potenzen.

$$12 \cdot 13^0 + 12 \cdot 13^1 + 1 \cdot 169 + 6 \cdot 2197 + 7 \cdot 28561 =$$
$$= 12 + 156 + 169 + 13.182 + 199.927 = 213.446$$

Somit haben wir das erwartete Resultat erhalten und bewiesen, daß auch im Dreizehnersystem, also in einem System, dessen Grundzahl höher als zehn ist, die Rechenregeln des Stellenwertsystems anwendbar sind. Ich muß bemerken, daß der Mathematiker einen solchen „Beweis" durchaus nicht gelten läßt. Er nennt unser Vorgehen höchstens Bewahrheitung oder Verifikation. Wir wollen uns aber vorläufig mit unserem minderwertigen „Beweis"verfahren begnügen, da es in unserem Falle ungefährlich und eindeutig ist.

Nun stehen wir plötzlich auf dem Gipfel des Zahlenberges. Die Mühe des Anstieges, das dornige Gestrüpp von Ziffern und Rechnungen hatte unseren Blick bisher auf den Boden geheftet. Jetzt aber, nach all den Beschwerden, nach allem Schweiß und aller Geduld, dürfen wir in hoher Luft herumblicken. Was sehen wir? Wir sehen und ahnen unendlich viele Täler, die irgendwie dem Tal des Zehnersystems gleichen und doch wieder von ihm verschieden sind in Vielfalt und Größe ihres Beginnes. Alle leiten ins Unendliche, Unbegrenzte. Alle haben Platz und Plätzchen für sämtliche natürlichen Zahlen. Und dennoch wächst in jedem Tal jedes Zahlenpflänzchen gleichsam in anderer Farbe und Dicke...

Wir wollen aber unseren Vergleich nicht zu weit treiben. Begnügen wir uns mit dem bildlichen Gedanken, auf einem Gipfel zu stehen, von dem aus wir alle Zahlensysteme des Stellenwerttypus überblicken. Jedes dieser Systeme ist, so viel erkannten wir, ein unfehlbarer selbsttätiger Algorithmus, eine Denk- und Rechenmaschine. Bei allen Systemen ist der Bau derselbe: Eine Grundzahl; so viel Ziffernzeichen einschließlich der Null, als die Grundzahl Einheiten enthält; Stellenwert, in dem jeder Koeffizient, jede innerhalb der Zahl geschriebene Ziffer, mit der Potenz der Grundzahl multipliziert zu denken ist, die seiner Stelle zukommt. Und zwar kommt der Einerstelle die rätselhafte nullte, jeder folgenden Stelle eine je um eins höhere Potenz zu. Die ausgerechneten Potenzen nennt man Stufenzahlen. Und es ist nötig, wenn man praktisch rechnen will, daß die Stufenzahlen wenigstens in den ersten Stufen sprachlich mit eigenen Worten benannt sind. In jedem System gibt es einziffrige, zweiziffrige, dreiziffrige Zahlen usf. Die Ziffernanzahl einer Zahl ist stets um eins größer als die Potenz der Grundzahl, die dem höchsten Stellenwert zugeordnet ist. (Bei 1268, also einer vierziffrigen Zahl, ist die Potenz der höchsten Stelle, der Tausenderstelle, die dritte Potenz, da $10^3 = 10 \cdot 10 \cdot 10 = 1000$; bei 2,586.933, also bei sieben Ziffern, hat die Millionenstelle die Potenz sechs, da $10^6 = = 10 \cdot 10 \cdot 10 \cdot 10 \cdot 10 \cdot 10 = 1,000.000$ usw.). Ferner gelten in jedem Ziffernsystem mit Stellenwertschreibung dieselben Rechenregeln für die Rechnungsarten der Addition, Subtraktion, Multiplikation, Division.

Bevor wir zum letzten Ergebnis unserer Untersuchung der Ziffernsysteme vordringen, soll noch erwähnt sein, daß der Algorithmus, die wahre Kabbala, nicht nur Voraussetzung eines mühelosen schriftlichen Rechnens ist. Das indische Stellenwertsystem ist sogar die Voraussetzung für die Möglichkeit der allbekannten zauberkräftigen mechanischen Rechenmaschinen, die in ihrer verbreitetsten Form als Registrierkassen in Geschäften und als Taxameteruhren in Autodroschken zu sehen sind. Die eigentlichen Rechenmaschinen, wie sie in Banken, Buchhaltungen, technischen Büros usw. verwendet werden, basieren auf zahlentheoretischen Überlegungen. Und es ist durchaus kein Zufall, daß es gerade der große Leibniz, der Bahnbrecher und Durchdringer der wahren Kabbala, war, der im Jahre 1674 in Paris die erste Rechenmaschine konstruierte, die schon alle Grundbestandteile und Prinzipien der heutigen Wunderwerke (TIM, Mercedes-Euklid usw.) enthielt.

Wir wollen aber außer dem Begriff des Selbsttätigen eines richtig und zweckvoll erfundenen Algorithmus, dessen Wert nun jeder von uns voll begreifen wird, als Ergebnis unserer Mühen noch andere Grundbegriffe der Mathematik gewinnen und festhalten, die besonders in den höheren Gebieten unserer Kunst von ungeheurer Bedeutung sind: die Begriffe der Allgemeinheit, der Gestaltgleichheit und der Formbeharrung. Da wir aber keine Philosophie der Mathematik treiben wollen, werden wir auch diese sehr theoretischen Begriffe bildhaft aus unseren bisherigen Untersuchungen ableiten.

Wir gingen vom Zehnersystem aus, hielten es zuerst für gottgegeben, sahen aber schließlich, daß es nur ein zufälliges System unter unzähligen möglichen Systemen war. Dadurch fanden wir gleichsam die allgemeine Form eines Ziffernsystems mit Stellenwertschreibung. Wir stellten für dieses System, das irgendeine beliebige Zahl als Grundzahl haben kann, allgemeine Regeln auf, die nicht mehr an einen speziellen Fall gebunden sind, sondern für alle Systeme gelten, also allgemein sind. Die Systeme müssen sonach gestaltgleich sein. Gestaltgleichheit heißt in der gelehrten Sprache „Isomorphismus". Und die Formbeharrung oder die „Invarianz" bedeutet, daß bei gewisser Gestaltgleichheit sich eine Reihe von Regeln nicht ändert, obwohl die konkrete Erscheinungsform verschieden sein kann. Das Zehnersystem, das Sechsersystem, das Dreizehnersystem und alle unzähligen anderen Stellenwertsysteme sind gestaltgleich. Daher sind z. B. die Regeln der Multiplikation für alle Systeme dieselben. Die Stellenwertsysteme zeigen Formbeharrung gegenüber der Multiplikation oder sind gegen die Multiplikation invariant, gleichsam unempfindlich. Es ist der Multiplikation gleichgültig, in welchem System sie erfolgt. Sie geht stets denselben Weg und führt stets zum gleichen Ergebnis. So könnte man jede Rechenmaschine, ohne ihr Prinzip zu ändern, durch Auswechslung weniger Teile sofort auf ein Sechser- oder Dreizehnersystem umstellen. Sie würde dann gehorsam das Ergebnis, im anderen System geschrieben, liefern.

Wir wollen aber unsere Betrachtungen nicht zu weit treiben. Denn wir verletzen sonst die Genauigkeit, da unsere eigentlichen Kenntnisse der Mathematik, materiell betrachtet, die eines Elementarschülers von neun Jahren noch kaum übersteigen.

Außerdem sind uns plötzlich Zweifel gekommen. Wir haben uns der Dyadik, des Zweiersystems des großen Leibniz, erinnert und dabei entdeckt, daß das ganze Einmaleins dieses Systems, das ja nur die 0 und die 1 als Ziffern kennt, aus einem einzigen Ansatz, nämlich $1 \cdot 1 = 1$ besteht. Für Schüler ist ein solches Einmaleins sicherlich verlockend. Wir aber sind sehr verwirrt. Denn wir haben behauptet, man könne in jedem beliebigen System nach denselben Regeln rechnen. Wie soll ich aber multiplizieren, wenn ich nur weiß, daß 1 mal 1 gleich 1 ist?

Noch eine zweite Frage quält uns. Wir wollten mit unseren bisherigen Kenntnissen selbständig versuchen, zu berechnen, wieviel zweiziffrige, dreiziffrige, vierziffrige, zehnziffrige Zahlen es in einem System irgendeiner beliebigen Grundzahl gibt; und sind dabei auf allerlei Hindernisse gestoßen.

Wir werden uns also notgedrungen noch weiter mit Ziffern und ganzen Zahlen beschäftigen müssen, bevor wir endgültig der „Zahlentheorie" den Rücken kehren und uns der sogenannten Algebra, dem Rechnen mit allgemeinen Zahlen, zuwenden können; wo uns erst der wahre Formenzauber, die ganz große Kabbala der Mathematik erschauern lassen wird.

Viertes Kapitel

Symbole und Befehle

Nach unserem Rundblick vom unheimlichen Zahlenberg steigen wir in eines der Täler nieder und betreten damit ein neues Zauberland der Größen und Formen. Wir greifen beherzt eine der vielen Fragen auf, die uns stets zunehmend zu quälen begannen. Ist es nicht mehr als unerklärlich, so fragen wir uns, daß wir in jedem Zahlensystem imstande waren, aus einer sehr beschränkten Anzahl von Ziffernzeichen nach und nach die ganze Welt der natürlichen Zahlen bis hinauf zum Unendlichen aufzubauen? Und nun hat uns der große Leibniz sogar zugemutet, an diese Möglichkeit auch dann zu glauben, wenn wir gar nur die Null und die Eins besitzen?

Wir wandeln von jetzt an fast ausschließlich in unserem uns seit Kindheit vertrauten indisch-dekadischen Zahlental. Das wollen wir vorweg feststellen. Um uns aber weiter zurechtzufinden, will ich schon am Beginn unseres Weges auf irgendeine Tafel das magische Zeichen 3! schreiben. Was soll diese Ziffer mit dem Rufzeichen bedeuten? Fast wie ein harter Befehl sieht das aus. Aber was wird uns befohlen? Was soll ich mit einer einzelnen Ziffer weiter anfangen? Soll ich sie zerspalten, verändern, vergrößern, verkleinern? Bin ich im Negerland, wo ein Wilder mit herrischer Geste einen bösen unartikulierten Laut ausstößt?

Etwas Geduld! antworte ich. Ich wollte mit meinem Zauberzeichen zweierlei. Nämlich zuerst unseren Einblick in die innerste Eigenart mathematischer Formgebung vertiefen; weiter aber den Zauberschlüssel zur Bewältigung all unserer beängstigenden Probleme gleich am Anfang bereitstellen. Natürlich kann der Befehl nicht bloß 3!, sondern ebensogut 1! 5! 25! 273! 102077! oder irgendwie anders lauten.

Bevor wir aber auf diesen besonderen Befehl, der durch das Rufzeichen gekennzeichnet ist, näher eingehen, wollen wir uns ganz allgemein die Arten und Zwecke der mathematischen Befehle ansehen. Wir haben nämlich, ohne es zu bemerken, bisher schon eine ganze Reihe mathematischer Befehle gehorsam befolgt, da wir an diesen Gehorsam schon von der Elementarschule her gewöhnt waren. Wir haben festgestellt, daß die einzelnen Ziffern und die aus den Ziffern zusammengesetzten Zahlen Sinnbilder oder Zeichen oder, wie man auch sagen kann, Symbole für gewisse Mehrheitsbegriffe sind. Wir haben weiter von einem System und von einem kunstvollen Rechenverfahren, dem Algorithmus, gesprochen. Innerhalb dieser Welt liegt aber noch etwas anderes: Eben die Befehle! Und erst die Aufzeichnung und die allgemeine Verständlichkeit solcher Befehle setzt uns in den Stand, die Einzelziffer zum System und zum Algorithmus zu erweitern. Wenn man Rechnungsarten Operationen nennt, könnte man von Operationsbefehlen und deren schriftlicher Aufzeichnung, den Operationssymbolen, sprechen. Kurz ausgedrückt kann ein Befehl auch „Operator" heißen. Doch wir wollen im folgenden unser einfaches Wort „Befehl" gebrauchen, womit natürlich stets ein mathematischer Befehl, eine Aufforderung zu einer mathematischen Handlung gemeint ist.

Wie es den Rekruten im Kasernenhof oder auf dem Übungsplatz zuerst äußerst schwierig ist, auf ein kurzes Kommando eine Reihe verwickelter Gewehrgriffe oder durchaus nicht einfacher Marsch- oder Paradeformationen richtig und genau durchzuführen, so ist es die größte Schwierigkeit für uns Rekruten der Mathematik, den „Befehl" zu verstehen und präzise zu befolgen. In dieser „mathematischen Disziplin" aber besteht neun Zehntel der mathematischen Fertigkeit.

Wie es unser Vorsatz ist, wollen wir mit dem Einfachsten beginnen. Wir wollen die ersten Einzelschritte und Salutierübungen der Mathematik auf Befehl ausführen.

Man wird über solche Formulierungen vielleicht überrascht sein, und mein unentwegter Widersacher wird mich neuerlich überflüssigen Wortreichtums bezichtigen. Ich kann ihm aber nicht helfen. Denn ich habe die Absicht, den Integralbegriff ebenso deutlich zu machen wie das Additionszeichen. Und dieses Vorhaben ist ohne große anderweitige Voraussetzungen in keiner anderen Art als der meinen durchführbar. Übrigens haben wir ja schon von den „Befehlen" gesprochen. Das Pluszeichen ist ein Befehl. Das Integralzeichen ist auch ein Befehl. Ein bißchen komplizierter als das Pluszeichen, aber im Wesen nichts anderes.

Mein Widersacher hält sich die Ohren zu. Er argwöhnt, ich wolle schon jetzt das Integral behandeln. Ich will aber nur Mut machen. Und außerdem vorläufig die Addition nicht wesentlich überschreiten; soweit es nämlich die prinzipiellen Schwierigkeiten betrifft.

Wir stellen also fest, daß die Addition ein Befehl ist. $5 + 4 = 9$. Was heißt das? Das heißt: „Mein lieber Freund, nimm fünf Einheiten und zähle vier weitere Einheiten hinzu!" Kleine Pause für die Durchführung. Was dann? Nun, dann setzt man ein Symbol, das sogenannte Gleichheitszeichen, hinzu, was nichts anderes bedeutet als: „Melde gehorsamst, ich habe den Befehl befolgt." „Nun, und?" fragt der Befehlende. Darauf die Antwort: „Nach Ausführung des Befehls erscheint rechts ein neues Sinnbild, genannt die Neun." „Es ist gut, abtreten!"

Da meine militaristische Darstellungsart zartbesaitete Gemüter irritieren könnte, wollen wir jetzt den Kasernenhof verlassen und abstrakter reden. Auch die Subtraktion ist solch ein Befehl, auch die Multiplikation und die Division. Und jeder von uns weiß schon, daß ein mathematischer Befehl sehr verwickelte Durchführungsvoraussetzungen haben kann. Etwa die Division mehrstelliger Zahlen im Dreizehnersystem. Auch die Tatsache, daß in einem bestimmten Ziffernsystem gerechnet werden soll, ist ein mathematischer Befehl. Natürlich auch die Potenzierung.

Wir verfügen für unseren Begriff des mathematischen Befehls also schon über ein recht großes Anschauungs- oder Beispielmaterial, wenn man so sagen darf. Und deshalb wollen wir wieder zum Ausgangspunkt zurückkehren, zu dem Zeichen, das uns gleichsam rein äußerlich durch das Rufzeichen als Befehl erschien. Was also heißt 3! in der Kommandosprache der Mathematik? Vorgebildete werden antworten, es handle sich um die „Fakultät" von drei, oder (was nicht ganz richtig ist) um drei „Faktorielle". Gut, wir wollen Fachausdrücke nicht ignorieren. Es ist wirklich die „Fakultät" von drei. Aber wir wollen gleichwohl in unserer Kasernenhof- oder Kochbuchsprache den Befehl, der in dem Rufzeichen und nur in diesem Rufzeichen liegt, verdeutlichen. Er lautet allgemein: „Man nehme die Eins, multipliziere sie mit zwei, multipliziere das Erhaltene mit drei, multipliziere jetzt mit vier, alles dies mit fünf und so fort, bis der letzte Multiplikator, die letzte Vervielfachungszahl, dieselbe Zahl ist wie die, neben der das Rufzeichen steht." Steht also das Rufzeichen bei der Eins, dann hat man nichts weiter zu tun. Etwa wie bei einer Zahl, die zur ersten Potenz erhoben wird. Wir wollen aber jetzt nicht weiter erläutern, sondern ganz unbefangen die mysteriösen „Fakultäten" einer Reihe von Zahlen berechnen.

```
1! = 1                                                           1
2! = 1·2 =                                                       2
3! = 1·2·3 =                                                     6
4! = 1·2·3·4 =                                                  24
5! = 1·2·3·4·5 =                                               120
6! = 1·2·3·4·5·6 =                                             720
7! = 1·2·3·4·5·6·7 =                                         5.040
8! = 1·2·3·4·5·6·7·8 =                                      40.320
9! = 1·2·3·4·5·6·7·8·9 =                                   362.880
10! = 1·2·3·4·5·6·7·8·9·10 =                             3,628.800
11! = 1·2·3·4·5·6·7·8·9·10·11 =                         39,916.800
12! = 1·2·3·4·5·6·7·8·9·10·11·12 =                     479,001.600
13! = 1·2·3·4·5·6·7·8·9·10·11·12·13 =                6.227,020.800
14! = 1·2·3·4·5·6·7·8·9·10·11·12·13·14 =            87.178,291.200
15! = 1·2·3·4·5·6·7·8·9·10·11·12·13·14·15 =      1,,307.674,368.000
16! = 1·2·3·4·5·6·7·8·9·10·11·12·13·14·15·16 = 20,,922.789,888.000
```

Wie man sieht, führt unser Befehl, das Rufzeichen, bald zu ungeheuren Konsequenzen. Harmlos, fast heimtückisch, beginnt die Reihe der Ergebnisse und steigt plötzlich stets zunehmend zu Zahlen an, die bald jede Vorstellungsgrenze überschreiten. Eine Fakultät von 100 etwa ist schon ein Zahlenungeheuer gigantischer Größe. Und zwar eine 158ziffrige Zahl.

Wir wollen auf Feinheiten nicht allzu genau eingehen, sehen aber schon rein optisch, daß die Reihe der „Fakultäten" eine gewisse Ähnlichkeit mit Potenzen hat. Der Unterschied besteht darin, daß bei der Potenz stets dieselbe Zahl als Multiplikator erscheint, während bei der Fakultät der Multiplikator schrittweise wächst. An dieser Stelle wollen wir zum Vergleich eine möglichst niedrige Zahl potenzieren und an das altberühmte Beispiel vom Schachbrett erinnern. Sehr abgekürzt lautet die Fabel folgendermaßen: Irgendein Kalif von Bagdad stellt es einem Mathematiker frei, sich etwas Beliebiges zu wünschen. Dieser macht ein harmloses Gesicht und sagt: „Großer Kalif, mein Wunsch ist äußerst unbescheiden. Ich will in Weizenkörnern belohnt sein. Und zwar in folgender Art: Soviel Weizenkörner mögen mir zukommen, als sich auf dem letzten Felde ergeben, wenn man auf das erste Feld deines Schachbretts ein Korn und auf jedes folgende Feld die doppelte Zahl des Vorhergehenden legt." Der Kalif lacht schallend und sichert die Gewährung zu. Er ist überzeugt, daß sich der verrückte Mathematiker nicht einmal ein ganzes Brot aus den Weizenkörnern backen kann. Er erwacht allerdings sehr bald recht unsanft aus seiner Illusion. Denn die Zahl der Weizenkörner beträgt $1 \times 2 = 2, 2 \times 2 = 4, 4 \times 2 = 8, 8 \times 2 = 16$, $16 \times 2 = 32, \ 32 \times 2 = 64, \ 64 \times 2 = 128, \ 128 \times 2 = 256$ oder $(1 \cdot 2 \cdot 2 \cdot 2 \cdot 2 \cdot 2 ...)$ und so weiter bis zum letzten Feld des Schachbrettes. Da das Schachbrett 64 Felder hat, ist die Körnerzahl 2^{63}, weil ja auf dem ersten Feld nur ein Korn liegt. Das ist aber die Zahl

$$9,,,223.372,,036.854,775.808.$$

Was diese Zahl bedeutet, soll dadurch verdeutlicht werden, daß die Weizenmenge „auf dem letzten Felde des Schachbretts" einen Würfel von $7 \cdot 48$ Kilometer Seitenlänge füllen würde, wenn man den durchschnittlichen Raumbedarf eines Weizenkornes mit $45 \cdot 45$ Kubikmillimeter annimmt. In diesem, einer tatsächlichen Zählung entnommenen Falle besteht ein Liter Weizen aus 22.000 Körnern.

Unser Kalif läßt sich aber außerdem die Weizenmenge in Kamelladungen umrechnen. Dadurch wird das Bild noch erschreckender. Denn wenn man, in unserem Maßsystem ausgedrückt, jedem Kamel 140 kg Weizen auflädt und annimmt, ein Kamel benötige im „Gänsemarsch" fünf Meter Platz, dann wird die Kamelkarawane, die unseren Weizen transportiert, bei einer Beteiligung von $2,,303.539,469.744$ Kamelen nicht weniger als $11,,517.697,348.720$ Meter, also über $11^1/_2$ Milliarden Kilometer lang. Diese Karawanenlänge bedeutet aber etwa die 8fache Entfernung des Saturn oder die 50fache Entfernung des Mars von der Sonne.

Noch eine dritte Verdeutlichung: Die Weltweizenernte betrug im Durchschnitt der Jahre 1927 bis 1931 etwa 1236 Millionen Doppelzentner jährlich, das heißt, unser armer Kalif hätte dem Mathematiker ca. 2600 Weltweizenernten des zwanzigsten Jahrhunderts, die mit Traktoren und Kunstdünger erzielt wurden, zur Verfügung stellen müssen, um sein Versprechen einzulösen.

Unsere Körneranzahl ergab sich als 19stellige Zahl. Der Leser wird jetzt ein wenig ahnen, was etwa die 158stellige Zahl der ausgerechneten 100-Fakultät bedeutet.

Fünftes Kapitel

Kombinatorik

Nach diesem Exkurs über das Größenwachstum durch verschiedene mathematische, äußerlich harmlos aussehende „Befehle" wollen wir uns dorthin vortasten, wo man mit „Fakultäten" rechnet: In das Gebiet, für das der Begriff dieses $1 \cdot 2 \cdot 3 \cdot 4 \cdot 5 \cdot 6 \cdot 7 \cdot 8$ usw., also der Begriff des Rufzeichens neben der Zahl, eingeführt wurde. Es ist ein Teil des Algorithmus der sogenannten Kombinatorik, der Kombinationskunst im weiteren Sinne. Da das Wort „kombinieren" jedem geläufig ist, wollen wir uns nicht mit einer Verdeutschung abplagen. Man könnte allenfalls von Zusammensetzungs- oder Umstellungskunst sprechen, ich glaube aber, wir bleiben lieber beim Worte Kombinatorik.

Wieder fällt es uns nicht im entferntesten ein, etwa jetzt eine Reihe von Definitionen oder Festsetzungen voranzustellen, wie es mathematisch korrekt wäre. Wir sind Rekruten und Wildlinge und entdecken alles, was uns interessiert, auf erfahrungsmäßiger Grundlage. Wobei ich auf den entsetzten Seitenblick unseres Widersachers so weit nachgebe, feierlich zu erklären, daß das niemals heißen soll, die Mathematik sei eine Erfahrungswissenschaft. Mathematik stammt, grob gesagt, ausschließlich aus dem Kopf, kann ohne jede Erfahrung aufgebaut werden und wird auch in ihren Ergebnissen durch Erfahrung niemals bestätigt oder widerlegt. Sondern lediglich durch Überprüfung der Korrektheit ihrer logischen Operationen. Das aber nur nebenbei für philosophisch interessierte

Leser, die sich zu diesem Gegenstand das Wort „a priori" oder „aprioristisch" vormerken wollen.

Arbeiten wir also, ohne den Widersacher weiter zu beachten, zuerst mit dem uns schon bekannten mathematischen Material. Fragen wir zum drittenmal, wie es möglich ist, aus den zehn Zeichen des dekadischen Systems alle Zahlen der Welt zusammenzusetzen. Jeder, der sich etwa die Zahlen 123, 132, 213, 231, 312, 321 ansieht und halbwegs ein Fingerspitzengefühl für die Bedeutung von Worten hat, wird sagen, man „kombiniert" eben aus den einzelnen Ziffernzeichen die verschiedenen Zahlen. Vollständig richtig! Alle Zahlen der Welt in den von uns erörterten Systemen kommen „kombinatorisch" zustande. Wir verstellen die Ziffern, setzen die Zahlen durch Vertauschungen der Zeichen zusammen und geben so jeder Zahl gleichsam ein anderes Gesicht. Vom Stellenwert soll hier nicht gesprochen werden. Uns interessiert lediglich die Unterscheidungsmöglichkeit der äußeren „Zahlenbilder", wenn man so sagen darf. Ich entdecke aber, wenn ich alles recht überlege, große Unterschiede in der Art, wie ich zusammensetze. Bei Zahlen, deren Stellenzahl unter zehn liegt, verwende ich von den zehn Zeichen stets nur höchstens eines, zwei, drei usw. bis neun für jede Gruppe. Dabei darf ich noch, wie bei 1111 oder 1212 oder 1112, eine und dieselbe Ziffer mehrmals anschreiben. Bei zehnziffrigen Zahlen kann ich alle zehn Ziffern verwenden und sie bloß untereinander vertauschen. Etwa 1234567890 oder 1347658092 usf. Es gibt aber auch zehnziffrige Zahlen, bei denen Ziffernzeichen mehrfach vorkommen. Etwa 1.000,000.000 oder 2.322,234.777. Bei Zahlen mit mehr als 10 Ziffern müssen einzelne Ziffern mehrmals vorkommen, da ich einfach nicht fünfundzwanzig verschiedene Zeichen schreiben kann, wenn ich nur zehn Zeichen besitze.

Wir haben in ein wahres Wespennest gestochen. Und ich denke, unser erster Schritt hat uns mehr verwirrt als aufgeklärt. Wie soll man dieses ins Unendliche verlaufende Zahlenchaos mit einem Algorithmus packen? Was helfen da alle „Befehle", wenn einem der Kopf nur so schwirrt? Mit „Experimenten" ist nichts getan. Bei einigermaßen höherer Stellenzahl kommen wir — das wird bald offenbar werden — zu einer Anzahl von Möglichkeiten, deren Erschöpfung, auch wenn wir Tag und Nacht „kombinieren", Zeiten erforderte, die sich nur im Lebensalter von Sonnensystemen ausdrücken ließen. Unser erster „Algorithmus" (des Ziffernsystems) ist ein Zauberlehrling geworden und beginnt in den eigenen Wassern zu verschwimmen. Also doch ein Befehl! In die Ecke, Besen, sei's gewesen!

Die wahre Kabbala ist nur mit der Kabbala zu bändigen. Wortzauber, Symbolzauber kann nur wieder durch Wortzauber neutralisiert, unschädlich gemacht werden.

Und wir beginnen damit, daß wir die Kombinatorik kombinieren, also den Teufel mit dem Beelzebub austreiben. Um aber die Gegenständlichkeit nicht zu verlieren, wollen wir unsere Kombinatorik der Kombinatorik, unsere Kombinatorik zweiter Potenz, in Beispiele einkleiden. Zum Schluß aber werden wir prüfen, ob wir alle Möglichkeiten erschöpft haben und gleichsam ein geschlossenes System der Kombinatorik aufstellten.

Sechstes Kapitel

Permutation

Eine biedere Familie einer leider längst vergangenen Zeit besteht aus den beiden Eltern und zwölf wohlgeratenen, gesunden Kindern. Die Familie sitzt zufrieden um den Mittagstisch. Plötzlich wird ein Junge vorlaut. Er behauptet, stets nur den Rest der Suppe zu bekommen, da sein Platz bei Tisch ein ungünstiger sei. Die Familie ist verträglich und ist gewöhnt, Meinungsverschiedenheiten im Kompromißwege beizulegen. Kurz, es wird beschlossen, von nun an die Tischordnung jeden Tag zu verändern, da das Dienstmädchen nicht dazu zu bringen ist, ihren Rundgang beim Servieren irgendwie anders als seit jeher vorzunehmen. Aus dem Ereignis entwickelt sich ein allgemeines Gespräch, und man schätzt die Zeit, die es dauern kann, bis alle möglichen Tischordnungen erschöpft sind. „Nun, einige Tage", meint der eine Junge. „Sagen wir lieber einige Wochen", wirft ein Mädchen überlegen ein. Schließlich einigt man sich auf ein Jahr. „Es gibt doch dafür eine Formel", läßt sich der älteste Sohn vernehmen. „Nun, und wofür hältst du unseren Fall, mathematisch gesprochen?" prüft schmunzelnd der Vater. Der älteste Sohn sinnt eine kurze Weile. Dann sagt er: „Da es sich um die Umstellung einer Tischordnung handelt, ist es nicht gleichgültig, ob Eva neben Alphons oder ob Alphons neben Eva sitzt. Das sind hier zwei verschiedene Fälle. Außerdem werden keine Gruppen gebildet. Wir alle, wir vierzehn Personen, werden jedesmal in eine andere Reihenfolge gesetzt. Es ist dasselbe, als wenn ich vierzehn Dinge, vierzehn Elemente, wie man in der Mathematik sagt, nacheinander in alle möglichen Reihenfolgen bringen sollte. Diese Art der Durcheinanderwechslung heißt Permutation. Und ihre Formel lautet: Die Zahl der Elemente als Fakultät. In unserem Falle also die Vierzehn mit einem Rufzeichen. Vierzehn-Fakultät!" Der Vater nickt befriedigt. Papier und Bleistift werden in der Pause zwischen Suppe und Fleischgericht geholt und die älteren Kinder rechnen mit roten Köpfen. Wie groß ist diese 14!, diese Hexenzahl? Ein furchtbares Ergebnis! Die Zahl lautet: 87.178,291.200. Was soll man mit diesen Milliarden Möglichkeiten beginnen? Wie lang braucht man dazu? Ach, das Jahr hat ja 365 Tage! Dividieren wir also durch 365. Wieder wird gerechnet. Und ahnungslos, rein dem neuen „Algorithmus" folgend, verkündet Alphons, der Schnellrechner unter den Geschwistern: „Ich erhalte als Quotienten die Zahl 238,844.633." „Weißt du, was das heißt?" ruft entsetzt der Philosoph unter den Söhnen. „Es heißt, daß wir mit unserer Tischordnung erst in fast 239 Millionen Jahren fertig sind, wenn wir alle Möglichkeiten erschöpfen wollen. Und daß wir über 119 Millionen Jahre brauchen, wenn wir täglich zweimal und noch immer fast 60 Millionen Jahre, wenn wir bei Frühstück, Mittagmahl, Vesper und Abendessen die Tischordnung verändern!" „Und ich werde sterben, bevor ich eine anständige Suppe bekomme", jammert hilflos der Jüngste.

Wir haben an diesem Beispiel zugleich die geradezu dämonische Vielfalt der Vertauschungsmöglichkeiten, die Zauberkraft des „Fakultäts"-Befehls und die erste Art einer möglichen Kombinatorik darstellen wollen. Nun haben wir wieder neues „Material" und wollen es systematisch durchforschen.

Zuerst noch zur Beschwichtigung des Lesers: Unsere biedere Familie, abgeschreckt durch die Kombinatorik, ist auf einen einfacheren Ausweg verfallen, die berechtigte Klage des jüngsten Sohnes zu berücksichtigen. Das Dienstmädchen erhielt den Auftrag, ohne Rücksicht auf den Platzinhaber, mit dem Servieren stets bei einem und demselben Sessel zu beginnen. Die ganze Familie aber „versetzte" sich jeden Tag um einen Sessel, und zwar im Sinne der Drehung des Uhrzeigers. In bezug aufeinander, auf die jeweiligen Sitznachbarn, war also die Tischordnung unverändert. Wurde aber der Tisch als Bezugssystem betrachtet, dann änderte sie sich jeden Tag. Durch diese Lösung war jeder Tischgenosse alle fünfzehn Tage einmal der erste, der die Suppe erhielt.

Mathematisch betrachtet liegen auch bei dieser Anordnung vierzehn einzelne Permutationsfälle vor, von denen wir einige aufschreiben wollen:

1, 2, 3, 4, 5, 6, 7, 8, 9, 10, 11, 12, 13, 14 (erster Tag)
2, 3, 4, 5, 6, 7, 8, 9, 10, 11, 12, 13, 14, 1 (zweiter Tag)
3, 4, 5, 6, 7, 8, 9, 10, 11, 12, 13, 14, 1, 2 (dritter Tag)
usw.
14, 1, 2, 3, 4, 5, 6, 7, 8, 9, 10, 11, 12, 13 (vierzehnter Tag)
1, 2, 3, 4, 5, 6, 7, 8, 9, 10, 11, 12, 13, 14 (fünfzehnter Tag)

Nur sind die angedeuteten vierzehn Fälle (der erste und fünfzehnte sind ja gleich) nach einem anderen Prinzip, nämlich dem der sogenannten Kreisvertauschung oder zyklischen Vertauschung aus der Gesamtmenge der möglichen 87.178,291.200 Permutationsfälle künstlich herausgegriffen, weil die weitere Nebenbedingung der relativen Unveränderlichkeit der Tischordnung hinzugekommen ist.

Wir haben im obigen Beispiel die zu vertauschenden Sitzplätze mit Ziffern bezeichnet. Man könnte sie auch mit Buchstaben nach der Reihenfolge des Alphabets bezeichnen. Natürlich bedeutet an sich eine solche Numerierung ebensowenig eine größenmäßige Rangordnung wie etwa die Numerierung der Sitze einer Sitzreihe im Theater. Ich könnte die zu vertauschenden Dinge ebensogut durch Farben, durch Namen, durch irgendwelche Unterscheidungszeichen charakterisieren. Deshalb spricht man bei solchen „Anzeigern", bei solchen

Markierungen der Unterscheidung sonst vollkommen gleichwertiger Dinge, von „Indizes" (Einzahl: „Index" oder auf deutsch „Anzeiger"). Dieser pure Anordnungszweck von Zahlen oder Buchstaben spielt, besonders seit Leibniz, dessen Genie auch diesen „Algorithmus der Ordnung" einführte, eine zunehmend bedeutungsvolle Rolle in der Mathematik. Nun wollen wir uns etwas nicht ganz Leichtes verdeutlichen. Wir behaupteten apodiktisch, die Dinge seien gleichwertig und die Nummern oder Indizes, oder wie wir sie sonst nennen wollen, hätten keine Größenbedeutung. Gleichwohl spricht man ruhig davon, daß etwa das mit zwei bezeichnete Ding „höher" oder das „höhere Element" sei als das mit eins bezeichnete Ding. Man sollte korrekter sagen: Ding 2 ist das mit dem „höheren Index" bezeichnete Ding gegenüber dem Ding 1. Ansonst sind Ding 1 und Ding 2 gleich, vor allem gleich groß[1]). Es handelt sich hier wieder um eine Kabbala. Nämlich die Kabbala der Anordnung oder Zuordnung. Ich könnte einfach nicht sprechen, nicht schreiben, wenn ich die Indizes nicht nach einem Größenprinzip anreihen dürfte. Das Alphabet ist da vielleicht korrekter und weniger zweideutig als die Indizierung durch Ziffern, die ja ihre Größenbedeutung irgendwie unbewußt mitschleppen. Der Buchstabe d steht im Alphabet „höher" als der Buchstabe b. Folglich ist das Ding d in der Kombinationslehre „höher" gereiht als das Ding b[2]).

Durch diese Festlegung des „Platzranges" ergibt sich der für alle kombinatorischen Überlegungen grundlegende Begriff der „guten Ordnung" oder der „Wohlordnung". Eine Wohlordnung liegt dann vor, wenn ich z. B. bei der Permutation in folgender Art fortschreite:

abc, acb, bac, bca, cab, cba, oder in Ziffern
123, 132, 213, 231, 312, 321.

Durch diese Art des Fortschreitens, wobei stets das „tiefere" Element solange als nur irgend möglich an seinem Platz gehalten wird, kann uns kein kombinatorischer Fall entgehen,

---
[1]) Es ist auch denkbar, daß die Dinge verschieden groß sind, ohne daß ich auf die Größe achte. Es interessiert mich lediglich ihr „Dingsein", ihr Einheitscharakter.

[2]) Man nennt diese Anordnung auch die „lexikographische". (Wie in einem Lexikon!)

wir steigen, wie man sagt, von der „niedersten" zur „höchsten" Permutation in „guter Ordnung" auf und erhalten als Beweis der Beendigung unserer Bemühung am Schluß die Umkehrung der Ausgangspermutation. Während in der „niedersten" Permutation kein Element vor einem niederen stand, steht in der „höchsten" Permutation jedes Element vor einem niederen. Ich will nicht allzusehr verwirren, kann aber doch nicht umhin, zu bemerken, daß bei einer Auffassung der Permutationen als wirkliche Zahlen tatsächlich auch die niederste Permutation die niederste Zahl und die höchste Permutation die höchste Zahl darstellt (123 . . . . . 321). Dazwischen liegen, größenmäßig wohlgeordnet, alle anderen Zahlen, die sich aus 1, 2 und 3 bilden lassen.

Doch wir wollen energisch von diesem letzten Zusammenhang wegdenken und wieder zu unseren größenfremden Indizes zurückkehren. 123 bedeutet für uns jetzt dasselbe wie 321 oder 231, nämlich irgendeine beliebige Permutation der drei erwähnten Indizes.

Nun wollen wir das Problem lösen, wieso unser rätselhafter „Befehl", unsere „Fakultät", unsere 3 mit dem Rufzeichen, so treffsicher die Gesamtzahl möglicher Permutationen angibt. Zuerst behaupten wir der Vollständigkeit halber oder, wie man heute sagt, „zur Aufrechterhaltung des Systems" einen logischen Unsinn. Wir haben ähnliches schon bei den Potenzen, und zwar bei der nullten und ersten Potenz kennengelernt. Wir verlangen also zu wissen, wie groß die Permutationszahl ist, wenn wir nur ein Element besitzen. Deutlicher: „Stelle ein Element in Wohlordnung so lange um, bis du alle Möglichkeiten erschöpft hast." Nach gehöriger Überlegung formulieren wir den einen Unsinn mathematisch durch einen zweiten, womöglich noch größeren. Wir schreiben stolz hin: Zahl der Permutationen ist gleich 1! (Eins Fakultät.) Oder in Worten: Um das Resultat zu erhalten, soll man 1, von 1 beginnend, so lange mit den nächsthöheren Ziffern multiplizieren, bis man endlich zur Eins gelangt! Daß sich dabei wieder die Zahl Eins ergibt, ist kaum unklar.

Nach diesem logischen Exzeß wollen wir vorsichtig weiterkalkulieren. Was geschieht bei zwei Elementen? Schreiben wir in Wohlordnung an: a b   b a

Kein Zweifel: Wir haben die Zahl aller möglichen Permutationen von der niedersten zur höchsten durchlaufen. Und nun wollen wir messerscharf denken, um einen Übergang zu der uns schon als Behauptung bekannten Formel zu finden. Was haben wir gemacht? Wir haben a solange als möglich an seinem Platz gehalten und inzwischen gleichsam b permutiert. Als wir damit fertig waren, haben wir b an erste Stelle gerückt und a permutiert. Wir haben also die Permutation der Einzelelemente zweimal vorgenommen. Ein Einzelelement hat aber bloß eine Permutation, folglich ist die Permutationszahl aus zwei Elementen $1 \cdot 2$, oder in unserer Form geschrieben 2!, also gleich der Fakultät von zwei, was als Ergebnis die Zahl 2 liefert.

Bei drei Elementen ergibt sich:

```
a b c      b a c      c a b
a c b      b c a      c b a
```

Wenn wir wieder unsere Methode anwenden, können wir behaupten, daß wir dreimal das uns jeweils noch zur Verfügung stehende erste Element möglichst lange festgehalten und inzwischen die zwei anderen Elemente permutiert haben. Da aber die Permutationszahl zweier Elemente gleich $1 \cdot 2$ ist, so muß ich diese Zahl jetzt noch mit 3 multiplizieren. Also für 3 Elemente: Permutationszahl ist $1 \cdot 2 \cdot 3$ oder 3! oder drei Fakultät oder die Anzahl 6. Für 4 Elemente ergibt sich:

```
a b c d    b a c d    c a b d    d a b c
a b d c    b a d c    c a d b    d a c b
a c b d    b c a d    c b a d    d b a c
a c d b    b c d a    c b d a    d b c a
a d b c    b d a c    c d a b    d c a b
a d c b    b d c a    c d b a    d c b a
```

Wir wollen jetzt nicht mehr den ganzen Vorgang wiederholen. Wir haben, kurz gesagt, das erste Element jeweils so lange festgehalten, bis die Permutation der drei übrigen Elemente vollzogen war. Da ich aber vier Elemente habe, also vier Elemente an die erste Stelle setzen konnte, muß ich die Permutationszahl von drei Elementen mit vier multiplizieren. Also 4mal $1 \cdot 2 \cdot 3$ oder $1 \cdot 2 \cdot 3 \cdot 4$ oder 4! oder vier Fakultät oder 24.

Wenn wir jetzt weitergehen, müssen wir analog finden, daß jede Permutation aus verschieden indizierten Elementen soviel Umstellungsmöglichkeiten aufweist, als die Zahl der Elemente beträgt, zu welcher Zahl ich aber außerdem noch das Rufzeichen setze. Also Zahl der Permutationen aus 10 Elementen ist gleich 10!, aus 75 Elementen ist gleich 75!, aus 3124 Elementen ist gleich 3124! usw. bis ins Unendliche.

Nun könnte es aber vorkommen, daß nicht lauter verschiedene Elemente oder Indizes gegeben sind, sondern daß einige davon gleich sind. Ich soll, grob gesprochen, etwa drei Äpfel, zwei Birnen und eine Kirsche so vertauschen, daß alle möglichen Gruppierungen dieser drei Obstarten auftreten, wobei ich aber nicht darauf achten muß, ob ich die Birne 1 oder die Birne 2 nehme. Das heißt: der Permutationsfall „Birne 1, Birne 2, Birne 3, Apfel 1, Kirsche, Apfel 2" gilt als gleich mit dem Fall „Birne 3, Birne 1, Birne 2, Apfel 2, Kirsche, Apfel 1" und mit dem Fall „Birne 2, Birne 1, Birne 3, Apfel 2, Kirsche, Apfel 1" usw. Nennen wir der Einfachheit halber die Äpfel alle a, die Birnen b und die Kirsche c, dann hätten wir „wohlgeordnet" als erste Permutation

a a b b b c und als letzte c b b b a a.

Es ist zu zeitraubend, die Formel für solche Fälle, genannt „Permutationen mit mehrfachem Auftreten einzelner Elemente", abzuleiten. Ich bitte also um Kredit, wenn ich die Formel einfach anführe. Sie lautet in unserem Falle: Gesamtzahl der Permutationen, also 6!, dividiert durch die Fakultäten der wiederholten Elemente, die miteinander zu multiplizieren sind. Also 6! dividiert durch das Produkt von 2!, 3! und 1!, was als Bruch geschrieben gleich ist $\frac{6!}{2!\,3!\,1!} = \frac{1\cdot 2\cdot 3\cdot 4\cdot 5\cdot 6}{1\cdot 2\times 1\cdot 2\cdot 3\times 1} = 60$.

Ich werde unsere Obstarten also in 60 verschiedene Gruppierungen bringen können. Für mathematisch agilere Leser sei noch beigefügt, daß diese Formel eigentlich die allgemeinere ist. Ich könnte bei jeder Permutation fragen, wie oft jedes Element auftritt. Und dann etwa bei fünf verschiedenen Elementen beherzt schreiben: Zahl der Permutationen = $\frac{1\cdot 2\cdot 3\cdot 4\cdot 5}{1!\,1!\,1!\,1!\,1!}$, da ja jedes Element nur einmal auftritt. Wie man sieht, ergibt sich ein richtiges Resultat. Und unsere erste

Formel wird, wie man sagt, zu einem Spezialfall der zweiten, allgemeineren.

Zum Abschluß der Permutationsbetrachtung noch ein Beispiel. Wie hoch ist die Anzahl der Permutationen aus a b b b b c? Natürlich $\frac{6!}{1!\,4!\,1!} = \frac{1\cdot 2\cdot 3\cdot 4\cdot 5\cdot 6}{1\times 1\cdot 2\cdot 3\cdot 4\times 1} = 30$.

Der blicksichere Leser wird dabei noch merken, daß, wenn ich die Rufzeichen wegdenke, die Ziffernsummen oberhalb und unterhalb des Bruchstrichs stets gleich sein müssen; was ja klar ist, da ich zuerst die Fakultät der ganzen Elementenzahl als Bruchzähler und dann die Fakultäten der diese Elementenzahl zusammensetzenden Elementengruppen als Bruchnenner anschreibe.

Natürlich ließe sich über die Permutation noch viel sagen. Es gäbe auch noch eine große Anzahl von Problemen, die wir erörtern könnten. Da es sich aber bei der Permutation durchaus nicht um die für die Mathematik im allgemeinen und für unsere Absichten im besonderen wichtigste Form der Kombinatorik handelt, wollen wir mit der Feststellung schließen, daß bei der Permutation stets alle Elemente verwendet werden müssen und daß diese Elemente umgestellt werden, daß also die verschiedene Reihenfolge der Elemente dafür entscheidend ist, ob verschiedene Permutationsfälle vorliegen. Es gäbe ja stets nur einen einzigen Fall aus so und so vielen Elementen, wenn ich nur die Mischung und nicht die Reihenfolge beachten würde. Die Permutation ist also nichts als ein Umstellen der Reihenfolge, ein Durcheinandermischen.

Siebentes Kapitel

Kombination im engeren Sinne

Diese Feststellung wurde durchaus nicht ohne Absicht gemacht, wie wir gleich näher erfahren werden. Wir wollen uns der zweiten Art der Kombinatorik aber wieder nicht theoretisch, sondern bildlich nähern und kehren deshalb in den uns schon vertrauten Kreis der vierzehnköpfigen Familie zurück. Wir treffen sie eben an, wie sie nach dem Mittagessen — es ist ein Feiertag — auf harmlose Unterhaltung sinnt. Als ein Kartenspiel vorgeschlagen wird, erinnert man sich der verhexten Tischordnung, und die Frage wird laut, wie lange es wohl dauern würde, bis alle Möglichkeiten einer täglichen Tarockpartie erschöpft wären. Aber beileibe nicht in bezug auf die Vielfalt der Spiele, sondern in bezug auf die Zusammenstellung der Partner. Es ist an Spielpartien zu je vier Personen gedacht. Jeden Tag soll die Partie anders zusammengesetzt sein. Und alle vierzehn Personen kommen als Mitspieler in Betracht.

Man ist verschüchtert und wagt keine Voraussagen. Vielleicht dauert es wieder Millionen von Jahren? Auf jeden Fall ist es besser, man vertraut sich der Kabbala, dem Algorithmus der Kombinatorik an, bevor man fruchtlos herumrät. Und der mathematisch versierte Sohn behauptet sofort, es handle sich in diesem Fall um die sogenannte „Kombination im engeren Sinne". Vierzehn Personen heiße auf mathematisch soviel wie vierzehn Dinge oder vierzehn Elemente. Und die aus diesen Elementen zu bildenden Vierergruppen hießen Quaternen, ein Ausdruck, der ja von der Lotterie und von der Tombola her geläufig sei. Hier komme es durchaus nur auf die Zusammensetzung jeder Quaterne und nicht etwa auf die Reihenfolge, auf eine Umstellung innerhalb der Gruppe an. Denn die Gruppe Mutter, Vater, Alphons, Eva sei dieselbe Tarockpartie wie Vater, Alphons, Mutter, Eva oder Eva, Vater, Mutter, Alphons usf. Berechnen könne man die Sache äußerst schnell, denn es existiere dafür ein eigenes einfaches Zauberzeichen, der sogenannte „Binomial-Koeffizient". Nebenbei bemerkt, habe dieser Name mit unserem Beispiel nichts zu schaffen. Man schreibe einfach die Zahl der Elemente oben, die Größe der Gruppe unten, mache zwei Klammern, lese „14 über 4" oder umgekehrt „14 tief 4" und rechne den „Befehl" nach gewohnter Weise aus. Dann erhalte man $\binom{14}{4} = \frac{14 \cdot 13 \cdot 12 \cdot 11}{1 \cdot 2 \cdot 3 \cdot 4}$, das aber ergebe die Zahl 1001, und die Tarockpartien wären somit in 1001 Tagen, also in nicht einmal drei Jahren, durchgespielt.

Jetzt faßt man wieder Mut, da man zu einer vorstellbaren Zahl gelangt ist, und ein Mädchen wirft eine zweite Frage auf. „Der Zufall hat es gewollt", sagt das Mädchen, „daß unter uns zwölf Geschwistern sechs Jungen und sechs Mädchen sind. Es würde mich interessieren, wieviel voneinander verschiedene Tanzpaare man aus uns Geschwistern bilden kann. Das muß doch auch so eine Kombination sein. Denn es sind zwölf Dinge, wie es so schön heißt. Dann werden Zweiergruppen gebildet. Und schließlich ist es gleich, ob Alphons mit Eva oder ob Eva mit Alphons tanzt." „Du hast recht, Grete", meint der mathematische Bruder. „Es ist eine Kombination aus Amben. So heißen die Zweiergruppen. Wie das Ambo in der Lotterie, das ja auch nichts anderes ist als eine Gruppe aus zwei Zahlen. Nebenbei könnte man deine Aufgabe unelegant noch einfacher als kombinatorisch erledigen. Von den sechs Mädchen tanzt jedes mit jedem der sechs Brüder. Also sechsmal. Also gibt es sechsunddreißig verschiedene Tanzpaare." „Und wozu braucht man dann deine Zauberformel?" fragt Eva. „In diesem Fall konnte man einfach kalkulieren. Ich will dir aber zeigen, daß die verschmähte Zauberformel unsere Rechnung erst durchsichtig macht. Und daß sie unsere Hausverstandskalkulation bestätigt. Also: Alle Amben aus zwölf Elementen ergeben $\binom{12}{2}$ Kombinationsfälle. Nun wären unter diesen Amben aber Paare aus je zwei Brüdern und aus je zwei Schwestern. Also nicht das, was wir anstreben. Wir haben nämlich die weitere Bedingung gestellt, daß es richtige Tanzpaare sind. Müssen also die gleichgeschlechtlichen Paare abziehen. Diese gleichgeschlechtlichen Paare aber sind wieder Kombinationsfälle. Und zwar gibt es hier je 6 Elemente bei den Brüdern und 6 bei den Schwestern. Also je $\binom{6}{2}$ gleichgeschlechtliche Amben. Eigentlich ist die Rechnung schon fertig. Sie lautet:
$$\binom{12}{2} - \binom{6}{2} - \binom{6}{2} = \binom{12}{2} - 2 \cdot \binom{6}{2} = \frac{12 \cdot 11}{1 \cdot 2} - 2 \cdot \frac{6 \cdot 5}{1 \cdot 2} = 66 - 30$$
$= 36$, also genau das Ergebnis, das wir erwarteten."

Bevor wir die vom großen Mathematiker Leonhard Euler und späteren eingeführte Schreibart, den „Befehl" $\binom{14}{4}$, $\binom{12}{2}$ usw. näher erläutern, wollen wir, wie bei der Permutation, unsere „Indizes" hervorholen und uns die „wohlgeordneten"

Kombinationsfälle ansehen. Wieder sind wir unersättlich und behaupten, es gebe „Unionen", Einsergruppen. Das sind die Elemente selbst. a b c d e f hat also sechs „Unionen". Damit ist die Kombinationsmöglichkeit abgeschlossen. Zweiergruppen heißen Amben; Dreiergruppen Ternen; Vierergruppen Quaternen; Fünfergruppen Quinternen; Sechsergruppen Sexternen; Siebenergruppen Septernen; Achtergruppen Okternen. Weiter ist die sprachliche Möglichkeit nicht recht gegeben. Novernen, Dezernen, Undezernen usw. sind keine hübschen Worte. Vor allem sind sie ungebräuchlich. Man kann ja ruhig Neunergruppen, Zwanzigergruppen, Dreihundertfünfzehnergruppen usw. sagen.

Bilden wir zuerst aus den Elementen 1, 2, 3, 4, 5, 6 die Ternen (Dreiergruppen)

1 2 3	1 3 5	2 3 4	2 5 6
1 2 4	1 3 6	2 3 5	3 4 5
1 2 5	1 4 5	2 3 6	3 4 6
1 2 6	1 4 6	2 4 5	3 5 6
1 3 4	1 5 6	2 4 6	4 5 6

Das Zeichen der Beendigung der Operation ist hier der Umstand, daß soviel der letzten aller Elemente ohne Unterbrechung wohlgeordnet auftreten müssen, als die Gruppe Elemente hat. Hier also die letzten drei Elemente 4, 5 und 6. Hätten wir Amben von 1, 2, 3, 4, 5, 6, 7, 8, 9, so hieße die erste Ambe 12 und die letzte 89.

Wir sehen weiter, daß in der Kombination niemals ein „höheres" Element vor einem „tieferen" stehen darf. 42 als Ambe in einer Kombination ist unmöglich. Denn es muß vorher schon 24 als Ambe gegeben haben[1]), und dieselbe Zusammensetzung darf niemals mehrfach vorkommen.

Bilden wir noch zur Übung die Vierergruppen aus den Elementen a, b, c, d, e, f, g.

---

[1]) Dies gilt nur, wenn ich bei Aufstellung der Amben „synthetisch" vorgegangen bin. Für ein wahlloses Aufstellen von Amben genügt es, daß ich eine Ambe, etwa 42, nicht mehr wiederholen darf, wenn ich sie einmal angeschrieben habe. Auch nicht als 24.

abcd	acde	adef	aefg	bcde	bdef	befg	cdet	cefg	defg
abce	acdf	adeg		bcdf	bdeg		cdeg		
abcf	acdg	adfg		bcdg	bdfg		cdfg		
abcg	acef			bcef					
abde	aceg			bceg					
abdf	acfg			bcfg					
abdg									
abef									
abeg									
abfg									

Die Art und Weise, wie man vorzugehen hat, ist klar ersichtlich. Man schreibt aus den ersten vier Elementen die erste Quaterne an und wechselt, solange es geht, das jeweils letzte Glied gegen ein höheres um. Geht dies nicht mehr, dann erhöht man das vorletzte usw.

Die Gesamtzahl der möglichen Kombinationen findet man nun durch folgende Überlegung. Ich habe etwa 6 Elemente gegeben und soll daraus Amben bilden. Ich muß also jedes dieser sechs Elemente mit jedem der jeweils übrigbleibenden (6 — 1) Elemente, also mit 5 Elementen verbinden. Ich hätte also $6 \cdot 5 = 30$ Amben. Nun ist das zuviel. Denn bei diesem Vorgehen erhalte ich jede Ambe doppelt, nämlich einmal als „a b" und einmal als „b a", da ich ja jedes der Elemente mit den übrigen verbinde. Die richtige Zahl der Kombination ist also $\frac{6 \cdot (6-1)}{2}$ oder $\binom{6}{2}$, da dieser „Befehl" $\frac{6 \cdot 5}{1 \cdot 2}$ bedeutet. Wenn ich zu Ternen aufsteigen will, muß ich jede der schon gebildeten Amben mit den in der betreffenden Ambe nicht vorkommenden restlichen (6 — 2) Elementen verbinden. Ternenzahl ist also $\frac{6 \cdot (6-1)}{2} \cdot \frac{(6-2)}{3}$, da ich auch hier wieder die unfreiwillige Permutation durch eine Division durch 3 rückgängig machen muß.

Man kann in dieser Art weitergehen. Da aber das Bildungsgesetz der Rechnung schon jetzt klar ist, wollen wir etwa die Quinternenzahl aus 10 Elementen direkt anschreiben. Sie beträgt $\frac{10 \cdot (10-1) \cdot (10-2) \cdot (10-3) \cdot (10-4)}{1 \cdot 2 \cdot 3 \cdot 4 \cdot 5} = \binom{10}{5} = 252$.

Nun wollen wir uns den Zauberschlüssel, jenes $\binom{10}{5}$ oder $\binom{14}{4}$ oder wie es heißen mag, näher ansehen. Es ist klar, daß

es auch einen Befehl bedeutet. Nur hat dieser Kombinationsoperator oder Binomial-Koeffizient, oder wie wir ihn nennen mögen, sehr merkwürdige Eigenschaften. Man kann nämlich den Befehl auf verschiedene Art befolgen. Zuerst in der von uns bisher angewendeten. Vor allem bemerken wir, daß die obenstehende Zahl stets größer oder höchstens gleich groß mit der untenstehenden sein muß. Unter dieser Bedingung lautet der Befehl: „Verwandle das Zauberzeichen in einen gewöhnlichen Bruch oder in eine Division, indem du zuerst unten die Fakultät der untenstehenden Zahl anschreibst und dann oben, beginnend von der dort stehenden Zahl, so viele jeweils um eins verkleinerte Faktoren aufstellst, als die untere Zahl angibt."
Das sieht verwickelt aus. Daher rasch noch drei Beispiele:

$$\binom{17}{6} = \frac{17 \cdot 16 \cdot 15 \cdot 14 \cdot 13 \cdot 12}{1 \cdot 2 \cdot 3 \cdot 4 \cdot 5 \cdot 6} \text{ oder } \binom{8}{7} = \frac{8 \cdot 7 \cdot 6 \cdot 5 \cdot 4 \cdot 3 \cdot 2}{1 \cdot 2 \cdot 3 \cdot 4 \cdot 5 \cdot 6 \cdot 7} \text{ oder } \binom{19}{2} = \frac{19 \cdot 18}{1 \cdot 2}.$$

Kurz, ich beginne unten von eins bis zur untenstehenden Zahl. Und oben setze ich gleichviel Faktoren von der obenstehenden Zahl herunter an.

Zum gleichen Ergebnis gelange ich auch in anderer Art. Ich kann nämlich $\binom{17}{6}$ auch als $\frac{17!}{6!(17-6)!}$ ansetzen. Das hieße:

$$\frac{1 \cdot 2 \cdot 3 \cdot 4 \cdot 5 \cdot 6 \cdot 7 \cdot 8 \cdot 9 \cdot 10 \cdot 11 \cdot 12 \cdot 13 \cdot 14 \cdot 15 \cdot 16 \cdot 17}{1 \cdot 2 \cdot 3 \cdot 4 \cdot 5 \cdot 6 \times 1 \cdot 2 \cdot 3 \cdot 4 \cdot 5 \cdot 6 \cdot 7 \cdot 8 \cdot 9 \cdot 10 \cdot 11}$$

Jeder halbwegs Rechengewandte sieht, daß man durch 11! kürzen kann und daß dann dasselbe bleibt, wie nach dem ersten Verfahren. Nur sind die oberen Faktoren (12 bis 17) jetzt in aufsteigender Reihenfolge geschrieben.

Aber noch etwas anderes ergibt sich, das wir an einem übersichtlicheren Beispiel klarmachen wollen. $\binom{8}{3}$ ist nach der zweiten Lesart $\frac{8!}{3!(8-3)!}$, also $\frac{8!}{3! \times 5!}$ oder ausgeschrieben $\frac{1 \cdot 2 \cdot 3 \cdot 4 \cdot 5 \cdot 6 \cdot 7 \cdot 8}{1 \cdot 2 \cdot 3 \times 1 \cdot 2 \cdot 3 \cdot 4 \cdot 5}$, und es steht mir frei, ob ich durch $1 \cdot 2 \cdot 3$ oder durch $1 \cdot 2 \cdot 3 \cdot 4 \cdot 5$ kürzen will. Nebenbei bemerkt, könnte ich nicht entweder durch 3! oder durch 5! kürzen, sondern nach jeder dieser Kürzungen noch durch andere Größen. Wir wollen aber annehmen, daß man nur entweder durch 3! oder durch 5! kürzen soll. Kürze ich nun durch 5!, dann erhalte ich $\frac{6 \cdot 7 \cdot 8}{1 \cdot 2 \cdot 3}$ oder, wenn ich die Reihenfolge oben umkehre, $\frac{8 \cdot 7 \cdot 6}{1 \cdot 2 \cdot 3}$, also nichts anderes als die erste Lesart von $\binom{8}{3}$, was wir schon im ersten Beispiel feststellten. Wenn ich aber durch 3! kürze, dann erhalte ich zu meiner Überraschung etwas anderes. Nämlich

$$\frac{4\cdot 5\cdot 6\cdot 7\cdot 8}{1\cdot 2\cdot 3\cdot 4\cdot 5} \text{ oder } \frac{8\cdot 7\cdot 6\cdot 5\cdot 4}{1\cdot 2\cdot 3\cdot 4\cdot 5}$$

Was heißt das aber? Es muß da etwas nicht stimmen. Denn nach der ersten Lesart wäre das doch die Ausrechnung von $\binom{8}{5}$. Daran gibt es nichts zu deuteln. $\binom{8}{3}$ soll also gleich sein mit $\binom{8}{5}$? Ist so etwas möglich? Schließlich können wir es ja ausrechnen und verifizieren.

$$\binom{8}{3} = \frac{8\cdot 7\cdot 6}{1\cdot 2\cdot 3} = 56 \text{ und } \binom{8}{5} = \frac{8\cdot 7\cdot 6\cdot 5\cdot 4}{1\cdot 2\cdot 3\cdot 4\cdot 5} = 56.$$

Wir haben uns also nicht getäuscht. Kombinatorisch gesprochen gibt es aus 8 Elementen ebensoviel Ternen wie Quinternen. Und ebensoviel Amben wie Sexternen. Denn $\binom{8}{2}$ muß gleich sein $\binom{8}{6}$, da die zweite Lesart für $\binom{8}{2} = \frac{8!}{2!\,(8-2)!} = \frac{8!}{2!\,6!}$ und für $\binom{8}{6} = \frac{8!}{6!\,(8-6)!} = \frac{8!}{6!\,2!}$, somit das gleiche Resultat für beide Fälle liefert.

Wenn wir nun eine Reihe solcher „Befehle" anschreiben, etwa $\binom{9}{1}$ $\binom{9}{2}$ $\binom{9}{3}$ $\binom{9}{4}$ $\binom{9}{5}$ $\binom{9}{6}$ $\binom{9}{7}$ $\binom{9}{8}$, dann wissen wir jetzt, daß der erste Operator mit dem letzten, der zweite mit dem zweitletzten, der dritte mit dem drittletzten, der vierte mit dem viertletzten das gleiche Resultat liefert.

Denn stets gilt die Beziehung:

$$\binom{\text{Elementenzahl}}{\text{über Gruppengröße}} = \binom{\text{Elementenzahl}}{\text{über Elementenzahl minus Gruppengröße}}$$

Die Ausrechnung unserer obigen Reihe würde ergeben: 9 Unionen, 36 Amben, 84 Ternen, 126 Quaternen, 126 Quinternen, 84 Sexternen, 36 Septernen, 9 Okternen. Also genau wie vorausgesagt.

Diese sonderbare Symmetrie, diese Regelmäßigkeit wird uns später, beim sogenannten „binomischen Lehrsatz", noch beschäftigen, da sie uns einen zauberkräftigen Algorithmus zur Berechnung schwieriger Potenzierungen von Summen liefert.

Wir können jetzt also auch kombinieren im engeren Sinne. Und fügen nur noch hinzu, daß man die Ziffer, die angibt, ob Amben, Ternen usw. zu bilden sind, auch die „Klasse" der Kombination nennt. $\binom{5}{3}$ heißt also: „Rechne nach einer der zwei Lesarten diesen Zauberschlüssel aus und du erhältst die Zahl der Kombinationen dritter Klasse aus fünf Elementen." Damit erhalten wir nach obiger Beziehung gleichzeitig auch die Zahl der Kombinationen zweiter Klasse aus fünf Elementen, da ja $\binom{5}{3}$ gleich $\binom{5}{5-3}$, also gleich $\binom{5}{2}$ ist.

Nun gibt es, wie bei der Permutation, auch hier die Möglichkeit der sogenannten „Wiederholung". Nur bedeutet es bei der Kombination etwas anderes. Korrekt gesagt, gibt es bei der Permutation nur ein mehrfaches Vorkommen gleich indizierter oder gleich benannter Dinge (Birnen, Äpfel, mehrere a oder b, mehrere 1 oder 3). Bei der Kombination mit unbeschränkter Wiederholung dagegen erhalte ich die Erlaubnis, jedes Element so oft anzuwenden, als ich will. Ich darf also bei 5 Elementen a b c d e etwa solche Ternen bilden:

$$a\,a\,a,\ a\,b\,b,\ b\,b\,c,\ d\,e\,e,\ d\,d\,d \text{ usw.}$$

Die Ableitung der Formel, die uns die Zahl solcher Kombinationsmöglichkeiten angibt, ist schwierig und langwierig. Wir wollen daher bloß das Ergebnis anführen. Die Formel lautet:

$$\binom{\text{Zahl der Elemente plus Klassenzahl minus eins}}{\text{Klassenzahl}}$$

Hätten wir also etwa 8 Elemente, aus denen wir mit der Erlaubnis unbeschränkter Wiederholung Quaternen bilden sollen, dann schreiben wir $\binom{8+4-1}{4} = \binom{11}{4} = \frac{11 \cdot 10 \cdot 9 \cdot 8}{1 \cdot 2 \cdot 3 \cdot 4} = 330$, was naturgemäß viel mehr ist, als die Zahl unwiederholter Quaternen aus 8 Elementen, die bloß $\binom{8}{4} = \frac{8 \cdot 7 \cdot 6 \cdot 5}{1 \cdot 2 \cdot 3 \cdot 4} = 70$ betragen würde.

Als Abschluß unserer Betrachtungen über die Kombination im engeren Sinne wollen wir „zur Erhaltung und Vervollständigung des Systems" wie schon so oft wieder einmal einen sinnlosen Befehl erteilen. Wir Rekruten der Mathematik müssen uns zur Festigung unserer Disziplin an derartige Befehle gewöhnen. Denn beim Militär gibt es bekanntlich kein „unmöglich" und Befehl ist Befehl. Wir verlangen also zu wissen, wie groß irgendeine Zahl „über" Null ist. Natürlich nicht schlechtweg eine Zahl über Null. Sondern das „über" in unserer kombinatorischen Schreibweise ausgedrückt. Also wie groß ist etwa $\binom{9}{0}$? Selbstverständlich eine Aufgabe für das Irrenhaus oder für Spiritisten. Denn es wird ja bloß verlangt, ich solle (in der ersten Lesart) oben die 9 nullmal, um je eins bei jedem weiteren Faktor vermindert, als Faktor setzen. Als Erholung soll ich dann unten 0! anschreiben. Also alle Zahlen, beginnend mit der Eins, bis ich endlich zur Null gelange. Diese letzte Forderung gliche dem Befehl, so lange auf den Berg hinaufzusteigen, bis ich dadurch das darunterliegende Tal erreicht hätte. Wir treiben aber wieder den Teufel mit dem Beelzebub aus. Wir wenden die Gegen-Kabbala an. Es gibt noch eine zweite Irrenhausaufgabe, die allerdings harmloser ist. Nämlich die Zahl über sich selbst. In unserem Fall also $\binom{9}{9}$. Das läßt sich wenigstens berechnen, und zwar als $\frac{9 \cdot 8 \cdot 7 \cdot 6 \cdot 5 \cdot 4 \cdot 3 \cdot 2 \cdot 1}{1 \cdot 2 \cdot 3 \cdot 4 \cdot 5 \cdot 6 \cdot 7 \cdot 8 \cdot 9}$ und liefert offensichtlich 1 als Ergebnis. Es ist übrigens auch ohne Rechnung klar, daß es nur eine einzige Kombination aus allen Elementen gibt, wenn die Klassengröße der Elementenzahl gleich ist. Nun „erhalte ich das System". Ich habe vorhin gesehen, daß, wenn ich die Binomial-Koeffizienten (kombinatorische Arbeitsbefehle) einer und derselben Elementenzahl, geordnet nach der kontinuierlich je um eins erhöhten Klassengröße, in eine Reihe anschreibe, je zwei gleich weit von den beiden Enden abstehende Binomial-Koeffizienten das gleiche Ergebnis liefern. Da nun infolge dieser allgemeinen Eigenschaft dieser „Befehle" z. B. $\binom{9}{1}$ und $\binom{9}{8}$ gleich waren, brauchen wir nur noch nachzusehen, wo $\binom{9}{0}$ und $\binom{9}{9}$ stehen. Sie stehen, das ist offensichtlich, in unserer Reihe vor $\binom{9}{1}$ und nach $\binom{9}{8}$. Und zwar jeweils als unmittelbare Nachbarn. Da wir aber nun weiter schon wissen, daß $\binom{9}{9}$ gleich 1 ist, so muß $\binom{9}{0}$ an der entsprechenden Stelle auf dem entgegengesetzten Ende der Reihe auch gleich eins sein. $\binom{9}{0}$ ist also dem Wert gleich der Eins. Unser Algorithmus hat uns über Abgründe geleitet, auf deren Boden kein menschliches Auge mehr sieht. Wir sind auf einer Seite in die Gefilde rettungsloser Unvorstellbarkeit hineingeschritten und haben auf der anderen Seite plötzlich ein klares, einfaches, rundes, greifbares Resultat gewonnen. Diese Zwischenbemerkung nur zur weiteren Charakterisierung des Wesens eines tauglichen Algorithmus. Wenn wir diesen Begriff einmal durch und durch verstehen, dann wird uns — es sei noch einmal gesagt — die ganze Unendlichkeitsanalysis, die so sehr gefürchtete Differential- und Integralrechnung, nur wie ein Kinderspiel, und zwar ein sehr buntes, berauschend vergnügliches Kinderspiel anmuten.

Wir müssen aber von einer anderen Seite her erproben, ob unser Gewaltstreich mit dem $\binom{9}{0} = 1$ nicht das System zersprengt. Dazu verwenden wir eine weitere Eigenschaft unseres Befehls; daß nämlich, wie schon erwähnt, $\binom{9}{9}$ auch mit $\binom{9}{9-0}$ gleich sein muß, da ja etwa $\binom{9}{4}$ stets gleich ist $\binom{9}{9-4}$, also $\binom{9}{5}$. Schon der erste Anblick von $\binom{9}{9}$ und $\binom{9}{9-0}$ zeigt, daß Gleichheit vorliegt.

Zum Schluß wollen wir noch eine andere Eigentümlichkeit nur kurz erwähnen, die eine derartige vollständige Reihe von Binomial-Koeffizienten einer und derselben Elementenanzahl besitzt. Ihre sogenannte Quersumme ist nämlich stets die Zahl 2 zur Potenz der Elementenanzahl erhoben, in unserem Falle also 2^9 oder 512. Wenn wir nun alle Ergebnisse als additive Reihe nebeneinanderstellen, so erhalten wir:

$1 + 9 + 36 + 84 + 126 + 126 + 84 + 36 + 9 + 1 = 512.$

Hier waren, wie man sieht, $\binom{9}{0}$ und $\binom{9}{9}$ schon als Flügelleute mit von der Partie. Da nun — eine weitere Anmerkung — die Klassenzahl von 0 bis zur Elementenanzahl läuft, so ergibt sich bei ungerader Elementenzahl eine gerade Gliederzahl der Reihe und umgekehrt. Wir hatten die Klassen 0, 1, 2, 3, 4, 5, 6, 7, 8, 9, also 10 Klassen. Daher auch zehn Arbeitsbefehle und zehn Summenglieder. Bei 4 als Elementenanzahl ergäbe sich

$\binom{4}{0}$ $\binom{4}{1}$ $\binom{4}{2}$ $\binom{4}{3}$ $\binom{4}{4}$, also fünf (ungerade Anzahl!) Reihenglieder, und zwar 1, 4, 6, 4, 1. Die Quersumme ist wieder die entsprechende Potenz von 2, nämlich $2^4 = 16$. Wieder sind weiters die von beiden Enden gleich weit abstehenden Binomial-Koeffizienten gleich groß. Nur die Sechs in der Mitte oder $\binom{4}{2}$ spielt gleichsam eine Doppelrolle als eine Art von Doppelglied. Das ist aber auch aus dem Wesen der geraden Zahl zu erklären. Bei 10 über einer Klasse zwischen 0 und 10 muß einmal in der Reihe das Glied „10 über $\frac{10}{2}$" oder $\binom{10}{5}$ vorkommen. Das aber ist gleich $\binom{10}{10-5}$, also wieder gleich $\binom{10}{5}$. Bei ungerader Elementenzahl ist ein solches janusköpfiges Mittelglied nicht möglich, da etwa $\binom{11}{5}$ gleich ist $\binom{11}{11-5} = \binom{11}{6}$, $\binom{11}{6}$ aber schon mit $\binom{11}{11-6} = \binom{11}{5}$ wieder nach der anderen Richtung zurückschlägt. Es gibt eben kein „11 über $\frac{11}{2}$", da $\frac{11}{2} = 5\frac{1}{2}$ keine ganze Zahl ist und daher als kombinatorische Klassengröße nicht in Betracht kommt.

Achtes Kapitel

Variation

Im Zuge unserer kombinatorischen Durchforschung der Kombinatorik haben wir bisher zuerst den Fall untersucht, daß jedesmal alle Elemente verwendet werden müssen. Sie werden also bloß ausgewechselt, umgestellt, in andere Reihenfolge gebracht. Das war die Permutation. Dabei gab es noch den Unterfall, daß jedes der Elemente auch mehrfach oder wiederholt vorkommen dürfe. Natürlich höchstens bis zur Anzahl der Gesamtmenge der Elemente. Als zweite Möglichkeit betrachteten wir die Kombination im engeren Sinne, bei der nur ein gewisser Teil der Elemente in sogenannten Kombinationsgruppen oder Klassen verwendet werden durfte, wobei noch festgesetzt war, daß eine Gruppe nur dann als von einer anderen verschieden galt, wenn sie eine andere Mischung der Elemente enthielt, wenn sie anders zusammengesetzt war. Auch hier befaßten wir uns mit dem Unterfall der Wiederholung einzelner Elemente, und zwar der sogenannten unbeschränkten Wiederholung, was soviel bedeutete, wie die Möglichkeit, die Gruppen höchstens durchwegs aus ein und demselben Element in klassenhoher Wiederholung zusammenzustellen. Es bleibt also eigentlich bei unserer „Kombination der Kombinatorik", die selbst ein Kombinationsfall im engeren Sinne ist, nur mehr eines übrig, nämlich eine beschränkte, auf Gruppen oder Klassen abgestellte Verwendung von Elementen, wobei jedoch nicht nur die Mischung, die Zusammensetzung innerhalb der Klasse, sondern auch die Reihenfolge innerhalb der Klasse als Unterscheidungsmerkmal einer Gruppe von der anderen in Betracht kommt. Hätten wir etwa die Elemente a b c d e f, so wäre jetzt eine Ambe nicht nur a b oder d e, von deren Mischungsart es keine andere mehr gäbe, sondern es wären jetzt auch die Amben b a und e d möglich. Es handelt sich also gleichsam um eine permutierte Kombination oder — wie diese Art der Kombinatorik heißt — um die Variation: um die allgemeinste Art der Kombinierungskunst.

Unsere schon mehrfach zu Rechnungszwecken mißbrauchte Familie hätte etwa beschlossen, jede Woche fünf ihrer Kinder in eine Theaterloge zu schicken. An sich wäre das, wie die Tarockpartien, eine Kombination im engeren Sinne der Elementenanzahl zwölf und der Klassengröße fünf. Nun behaupten aber die Kinder, daß man von jedem Platz der Loge aus einen anderen Bühneneindruck hat. Und daß die Gerechtigkeit erst dann erfüllt sei, wenn jedes Kind innerhalb seiner Gruppe auf jedem Platz gesessen ist. Also Tarockpartie, verbunden mit Sitzordnung, um in früheren Bildern zu sprechen.

Wir sind, denke ich, mathematisch bereits gelenkig genug, unsere „Variation" rasch zu erledigen. Wir können uns den Variationsbefehl in zwei Etappen zerlegen: zuerst kombinieren, dann innerhalb der Kombinationsgruppe permutieren! Das heißt aber mathematisch nichts anderes, als den Kombinationsbefehl mit dem Permutationsbefehl durch Multiplikation verbinden. Also in unserem Beispiel $\binom{12}{5}$ mal 5! oder

$\frac{12\cdot 11\cdot 10\cdot 9\cdot 8}{1\cdot 2\cdot 3\cdot 4\cdot 5} \times 1\cdot 2\cdot 3\cdot 4\cdot 5$ oder, da sich die Fünf-Fakultät des Bruchnenners mit der Fünf-Fakultät der Permutation kürzt, einfach $12\cdot 11\cdot 10\cdot 9\cdot 8 = 95.040$. Unsere guten Geschwister würden also $260\frac{1}{3}$ Jahre brauchen, um ihren Theaterplan durchzuführen. Etwas weniger zeitraubend als die Tischordnung, aber immerhin selbst für geduldige Menschen eine gewisse Zumutung.

Wir hätten aber zur Variation auch direkt kommen können, wenn wir so vorgegangen wären wie bei der ersten Aufstellung des Arbeitsbefehls für die Kombination im engeren Sinne. Dort machten wir die schon erhaltene Variation durch eine Division durch die Klassen-Fakultät wieder geradezu rückgängig. Ich kann, um schon Gesagtes kurz zu wiederholen, folgendermaßen kalkulieren: Zwölf Elemente sind vorhanden. Zuerst die Unionen. Also Einsergruppen. Davon gibt es natürlich nur 12. Will ich daraus Amben (Zweiergruppen) bilden, dann muß ich jede Union mit den übrigen $12 - 1 = 11$ anderen Elementen verbinden. Ambenzahl ist also $12\cdot 11 = 132$ bei zwölf Elementen. Um Ternen zu gewinnen, habe ich jede Ambe mit den nunmehr restierenden $12 - 2 = 10$ anderen Elementen zu koppeln. Ternenzahl also $12\cdot 11\cdot 10 = 1320$ usw. Ich habe also, begonnen von der Elementenanzahl, um je eins bei jedem Faktor absteigend, so lange zu multiplizieren, bis die Zahl der Faktoren so groß ist wie die Klassengröße. Es ist nicht üblich, man könnte aber für diese „Anti-Fakultät"[1]) auch einen eigenen Befehl, etwa $12 +_5$ einführen, was soviel hieße wie $12\cdot 11\cdot 10\cdot 9\cdot 8$. Durch diese Neuerung hätte die Variation ihren eigenen Arbeitsbefehl, was sie auch, rein äußerlich, sofort kenntlich machen würde. Weiters würde sich der Kombinationsbefehl, etwa $\binom{10}{3}$ in der neuen Art geschrieben $\frac{10 +_3}{3!}$, sogleich selbsttätig als gleichsam entpermutationisierte Variation darstellen.

Doch das nur nebenbei. Wir sind jetzt noch eine Möglichkeit schuldig, nämlich die Variation mit unbeschränkter Wiederholung einzelner Elemente innerhalb der Variationsgruppen. Wir machen einen Augenblick halt. Denn wir sind, ohne es

---

[1]) Die „Anti-Fakultät" ist ebenso wie die Fakultät ein Spezialfall eines umfassenderen Arbeitsbefehls, der „Faktoriellen".

recht bemerkt zu haben, plötzlich an einem Markstein unserer Untersuchung angelangt. Auf einem Gipfel, der, noch weit höher als der Zahlenberg, es uns ermöglicht, riesige Zusammenhänge zu überblicken. Was heißt Variation mit unbeschränkter Wiederholung aus so und so vielen Elementen? Vorläufig heißt es für uns nichts anderes, als daß wir Amben, Ternen, Quaternen bilden sollen und innerhalb dieser Gruppen nicht nur permutieren, sondern auch ein und dasselbe Element beliebig oft anschreiben dürfen. So ergeben etwa Ternen aus den Elementen 1, 2, 3, 4, 5, 6, variiert mit Wiederholung, Formen wie 111, 123, 321, 211, 335, 616, 422 usw. Blicken wir ein wenig näher und schärfer hin, dann erschauern wir unvermittelt. Das sieht ja fast wie die Bildung aller Zahlen aus!? Es sieht nicht bloß so aus. Es ist das Grundgesetz der Bildung von Zahlen. Wir nehmen nur noch die Null hinzu, ergänzen die Elementenzahl auf zehn, geben den Variationsbefehl mit Wiederholung: und wir haben die ganze Dekadik vor uns ausgebreitet liegen. Mit einer einzigen Einschränkung: Nullen dürfen nicht vor anderen Ziffern stehen. Doch das werden wir später erörtern. Wir sagen jetzt, daß die Unionen die einziffrigen, die Amben die zweiziffrigen, die Ternen die dreiziffrigen Zahlen sind usw. Da wir aber nicht wissen, wie man die Anzahl der Variationen soundsovielter Klasse mit Wiederholung berechnet, müssen wir uns noch einige Augenblicke Disziplin auferlegen. Wir wollen also die Dekadik verlassen und ganz kühl untersuchen, wie viele solcher Variationen mit Wiederholung wir jeweils aus a b c d e, also aus 5 Elementen, bilden können. Ich beginne wieder mit den Unionen, den Einsergruppen. Da ich aber hier unbeschränkt wiederholen darf, benütze ich nicht die „Anti-Fakultät", sondern verbinde zur Ambenbildung jede der Unionen mit jedem Element. Also a a, a b, a c, a d, a e, b a, b b, b c, b d, b e, c a, c b, c c, c d, c e, d a, d b, d c, d d, d e, e a, e b, e c, e d, e e. Ich erhalte also $5 \times 5 = 25$ Amben. Zur Ternenbildung verbinde ich jetzt jede Ambe mit jedem Element, wodurch ich $5 \times 5 \times 5 = 125$ Ternen erhalte. Quaternenzahl ist $5 \times 5 \times 5 \times 5 = 625$ usw. Ich habe hier also weder Fakultäten, noch Binomial-Koeffizienten, noch Anti-Fakultäten vor mir, sondern einfach Potenzen. Dabei ist die Basis (wie man die zu potenzierende Zahl nennt) die Elementenanzahl, Potenzanzeiger die Klassengröße. In unserem Fall, wo aus fünf Elementen Variationen mit Wiederholung zu bilden waren, ist

die Unionenzahl $= 5^1 = 5$
die Ambenzahl $= 5^2 = 25$
die Ternenzahl $= 5^3 = 125$
die Quaternenzahl $= 5^4 = 625$ usf.

Nun wollen wir wieder zu unseren Zahlensystemen zurückkehren. Wir behaupten, daß alle Stellenwertsysteme nichts anderes sind als wohlgeordnete Variationssysteme mit unbeschränkter Wiederholung, wobei, wie schon erwähnt, als Nebenbedingung die Null nie vor einer Zahl erscheinen darf.

Wir wollen also jetzt zuerst einmal das Zehnersystem durch Variationsgruppen aufbauen. Es sei eingeschaltet, daß wir im folgenden der Einfachheit halber unter „Variation" nicht die Variation schlechthin, sondern die „Variation mit unbeschränkter Wiederholung" verstehen werden. Nach dieser Festsetzung, die wir aber bloß bei der Erörterung der Ziffernsysteme gelten lassen, beginnen wir unsere Aufgabe.

Daß die ersten zehn einziffrigen Zahlen die Unionen unseres Variationssystems sind, ist klar. Nach der Formel gibt es 10^1, also wirklich zehn solcher Unionen oder Einsergruppen. Denn die Elementenzahl ist hier und für die ganze Dekadik 10 und die Klassengröße für Unionen 1. Bei den Amben müssen wir schon vorsichtiger sein. Nach der Formel können aus unseren zehn Ziffernzeichen 10^2, also 100 Amben gebildet werden. Nun weiß aber jeder, daß es bloß 90 zweiziffrige Zahlen, nämlich 10 bis 99, gibt. Ist also das dekadische System doch kein vollständiges Variationssystem? Existieren am Ende Zahlen, die wir in unserer Dekadik übersehen haben? Jedenfalls ein höchst unheimlicher Gedanke. Wir antworten: Ja, es existieren solche Zahlen. Nur stellen sie sich als sehr harmlos heraus. Es sind nämlich die zehn Amben, die mit der Null beginnen. Also 00 bis 09, was rein größenmäßig nichts anderes bedeutet als die zehn einziffrigen Zahlen inklusive der Null und nur kombinatorisch einen Sinn hat, da ja in der Kombinatorik nur das Dingsein jedes Elementes und nicht seine Größenbedeutung beachtet wird. In der Kombinatorik ist daher die Ziffer, wie stets wieder betont wird, ein wertfremder Anzeiger, ein Index, eine

Unterscheidungsnummer, nie aber eine Größenbezeichnung oder ein Mengensymbol! Ternen, um weiterzubauen, müßte es $10^3 = 1000$ geben. Wieder existieren in Wirklichkeit weniger Ternenzahlen, dreiziffrige Zahlen. Nämlich 900, also die Zahlen von 100 bis 999 einschließlich. Und wieder stellt es sich heraus, daß sich das Rätsel sofort löst, wenn ich die aus Nullen bestehenden oder mit Nullen beginnenden Ternen abziehe, nämlich die Gruppen 000 bis 099. Dazwischen liegen Formen wie 003 und 054, also alle einziffrigen und zweiziffrigen Zahlen. 10^3 weniger der Anzahl einziffriger und zweiziffriger Zahlen, also 1000 weniger 90 weniger 10 ist aber 900, was wir eben erhalten wollten. In gleicher Art geht es weiter. 10^4 ist gleich 10.000. Vierziffrige Zahlen aber gibt es bloß 9000. Wieder handelt es sich um Subtraktion der Quaternen von 0000 bis 0999. Also um sämtliche einziffrige, zweiziffrige und dreiziffrige Zahlen. Und 10.000 weniger 900 weniger 90 weniger 10 ist die richtige Anzahl der vierziffrigen Zahlen, nämlich 9000.

Durch eine kleine Überlegung aber können wir uns die Formel noch vereinfachen. Wenn wir nämlich nach unseren obigen Aufstellungen bedenken, daß sich die Anzahl der zweiziffrigen Zahlen darstellt als
$$10^2 - 10^1 = 100 - 10 = 90,$$
die der dreiziffrigen als
$$10^3 - (10^2 - 10^1) - 10^1 = 10^3 - 10^2 + 10^1 - 10^1 =$$
$$= 10^3 - 10^2 = 900,$$
die der vierziffrigen als
$$10^4 - [10^3 - (10^2 - 10^1) - 10^1] - (10^2 - 10^1) - 10^1 =$$
$$= 10^4 - [10^3 - 10^2 + 10^1 - 10^1] - 10^2 + 10^1 - 10^1 =$$
$$= 10^4 - [10^3 - 10^2] - 10^2 = 10^4 - 10^3 + 10^2 - 10^2 =$$
$$= 10^4 - 10^3 = 9000,$$
die der fünfziffrigen als
$$10^5 - \{10^4 - [10^3 - (10^2 - 10^1) - 10^1] - (10^2 - 10^1) - 10^1\}$$
$$- [10^3 - (10^2 - 10^1) - 10^1] - (10^2 - 10^1) - 10^1 = 10^5 -$$
$$\{10^4 - [10^3 - 10^2 + 10^1 - 10^1] - 10^2 + 10^1 - 10^1\} -$$
$$- [10^3 - 10^2 + 10^1 - 10^1] - 10^2 + 10^1 - 10^1 = 10^5 -$$
$$- \{10^4 - 10^3 + 10^2 - 10^2\} - 10^3 + 10^2 - 10^2 = 10^5 - 10^4 +$$
$$+ 10^3 - 10^2 + 10^2 - 10^3 + 10^2 - 10^2 = 10^5 - 10^4 =$$
$$= 100.000 - 10.000 = 90.000, \text{ usw.,}$$

so sehen wir, daß wir, um die Anzahl der Zahlen der soundsovielten Gruppe oder Ziffernzahl zu erhalten, bloß die nächstniedere Potenz abzuziehen brauchen. Also etwa die Anzahl aller siebenstelligen Zahlen des Zehnersystems ist zu gewinnen durch die Formel $10^7 - 10^6 = 10,000.000 - 1,000.000 = 9,000.000$, nämlich von 1,000.000 wohlgeordnet als Variationssystem bis 9,999.999. Auf einfacherem Wege wären wir zu unserem Ergebnis dadurch gelangt, daß wir alle Zahlen bis etwa 1000 von vornherein als Ternen aufgefaßt hätten. Und uns gefragt hätten, bei welchen Ternen die Gruppen beginnen, die Eins an die Spitze zu stellen. Dies wird ab 100 der Fall sein, da diese Terne innerhalb der Wohlordnung die niederste ist, die mit der Eins beginnt. Da ich nun weiter Ternen mit einer oder mehreren Nullen an der Spitze nicht gebrauchen will, so habe ich von 10^3 die Ternen von 000 bis 099, also offensichtlich 10^2 oder 100 Ternen abzuziehen. Sie stellen vom Standpunkt des Zahlenwertes alle ein- und zweiziffrigen Zahlen einschließlich der Null dar. Es gibt aber noch eine dritte Art, zu kalkulieren. Ohne jede Heranziehung der Kombinatorik, rein aus dem Ziffernsystem heraus. Ich kann nämlich sagen: $10^3 = 1000$ ist die erste vierziffrige Zahl des Systems, da unter ihr 999 liegt. Die höchste zweiziffrige Zahl ist augenscheinlich 99, da nach ihr die 100 als erste dreiziffrige Zahl folgt. Also ist die Anzahl der dreiziffrigen Zahlen $999 - 99 = 900$.

Nun meldet sich mein Widersacher zum Wort, der schon die ganze Zeit mißtrauisch zugesehen hat. „Eben wollte ich auf diese Art der Bestimmung der Anzahl beliebigziffriger Zahlen aufmerksam machen", sagt er hämisch. „Es wurden mit deiner Variation Berge gewälzt und zum Schluß ein Mäuslein geboren. Du hast nämlich, von schlechtem Gewissen gepeinigt, zuletzt selbst schamhaft eingestanden, daß das Problem leichter ohne Kombinatorik zu lösen ist. Du bist eben dem berühmten Grundsatz treu geblieben: Warum einfach, wenn es auch kompliziert zu erreichen ist?"

Nun, lieber Widersacher, es ist eben doch nicht so einfach. Ich wollte ja doch einiges auf meinem Umweg vermitteln. Es war eine Serpentinenstraße der Erkenntnis. Denn wir haben nicht weniger geleistet als die Bewahrheitung des Ziffernsystems durch die Kombinatorik und die Bewahrheitung der Kombinatorik am Ziffernsystem. Unsere Dekadik hat sich weiter dabei als lückenloses Variationssystem mit unbeschränkter Wiederholung erwiesen. Der Algorithmus der Dekadik und der Algorithmus der Kombinatorik spielen wie zwei fein berechnete Zahnräderwerke ohne jeden „toten Gang" ineinander. Die großen Zusammenhänge unter den „von Gott geschaffenen ganzen Zahlen" werden immer klarer. Wir verstehen die Bedeutung und den Unterschied der Zahl als Größe und der Zahl als Index, als Ordnungsnummer. Und wir wollen jetzt noch einen Schritt weiter gehen, wieder einen Schritt höchster Verallgemeinerung. Wir verlassen das Zehnersystem und fragen, wieviel zweiziffrige Zahlen es im Sechsersystem gibt. Und dabei vertrauen wir uns ruhig dem Algorithmus der Kombinatorik an. Basis ist die Elementenzahl, Potenzanzeiger die Klassengröße. Also gibt es $6^2 - 6^1 = 30$ zweiziffrige Zahlen im Sechsersystem. Schreiben wir sie an: 10, 11, 12, 13, 14, 15, 20, 21, 22, 23, 24, 25, 30, 31, 32, 33, 34, 35, 40, 41, 42, 43, 44, 45, 50, 51, 52, 53, 54, 55, worauf die 100 folgen müßte.

Unsere Voraussage stimmt also. Und es stimmt ebenso, daß es im Dreizehnersystem $13^4 - 13^3 = 26.364$ vierziffrige Zahlen gibt.

Diese neue Zauberformel macht uns auf die Dyadik, das Zweiersystem Leibnizens, neugierig. Wie sieht es dort aus? Wir wollen nun untersuchen, wie viele ein-, zwei- usw. bis sechsziffrige Zahlen in diesem unheimlichen System, das nur die 0 und die 1 als Ziffern verwendet, vorkommen.

Einziffrige Zahlen: 2 (ohne die Null 1)
Zweiziffrige Zahlen: $2^2 - 2^1 = 4 - 2 = 2$
Dreiziffrige Zahlen: $2^3 - 2^2 = 8 - 4 = 4$
Vierziffrige Zahlen: $2^4 - 2^3 = 16 - 8 = 8$
Fünfziffrige Zahlen: $2^5 - 2^4 = 32 - 16 = 16$
Sechsziffrige Zahlen: $2^6 - 2^5 = 64 - 32 = 32$ usf.

Wie man erkennt, gibt es noch eine vierte Regel, die Zahlen bestimmter Ziffernanzahl zu berechnen. Man nimmt nämlich die Anzahl der Einziffrigen ohne die Null und multipliziert sie fortlaufend mit der Grundzahl des Systems. Also hier $1 \times 2 =$

= 2 (Zweiziffrige), 2 × 2 = 4 (Dreiziffrige), 4 × 2 = 8 (Vierziffrige) usw. Im Zehnersystem: 9 (Einziffrige) mal 10 gibt 90 Zweiziffrige. 90 × 10 gibt 900 Dreiziffrige usw. Im Sechsersystem: 5 Einziffrige mal 6 = 30 Zweiziffrige. 30 **Zweiziffrige** mal 6 = 180 Dreiziffrige usf. Das soll aber nur **angedeutet** werden, obgleich es auch in kombinatorische Tiefen führen würde.

Wir wollen jetzt endlich unsere Dyadik erledigen. Zuerst schreiben wir unsere Zahlen an.

Zehnersystem:	1,	2,	3,	4,	5,	6,	7,	8,	9,
Zweiersystem:	1,	10,	11,	100,	101,	110,	111,	1000,	1001,

Zehnersystem:	10,	11,	12,	13,	14,	15,	16
Zweiersystem:	1010,	1011,	1100,	1101,	1110,	1111,	10000

In eine Reihe aufgelöst, bedeutet etwa 1100 des Zweiersystems:

$$1100 \text{ (Zweiersystem)} = 0 \cdot 2^0 + 0 \cdot 2^1 + 1 \cdot 2^2 + 1 \cdot 2^3 =$$
$$= 0 + 0 + 4 + 8 = 12 \text{ (Zehnersystem)}.$$

Das also wäre in Ordnung. Als letzten Versuch wagen wir eine Rechnungsoperation im Zweiersystem, etwa eine Multiplikation. Dabei sind wir von vornherein verstört, da wir als ganzes Einmaleins nichts anderes besitzen als tatsächlich nur 1 × 1 = 1, also gleichsam das „allerkleinste Einmaleins". Wie sollen wir da multiplizieren? Wir sehen mit Schrecken voraus, daß wir uns bisher fruchtlos gemüht haben und daß jetzt unser gerühmter Algorithmus in Trümmer fliegen muß. Aber wir sind schon verantwortungsbewußte mathematische Forscher und beißen die Zähne aufeinander. Ohne zu wissen, was es bedeutet, schreiben wir zwei Mischungen aus Nullen und Einsern hin und multiplizieren drauflos: Mit unserem „allerkleinsten Einmaleins". Daß dabei 1 × 0 = 0 ist, ist selbstverständlich. Denn die Nullmultiplikation ist für alle Systeme „invariant", unveränderlich. Nichts mal irgend etwas ist überall nichts. Daß aber Zahlen des Zweiersystems nur die Eins und die Null enthalten dürfen, ist Voraussetzung. Wenn also unser Algorithmus ebenfalls „invariant" gegen alle Systeme ist, was wir schon

mehrmals behaupteten, dann muß die Multiplikation gelingen.
Also los:

$$\begin{array}{r} 101101011 \times 110 \\ \hline 101101011 \\ 101101011 \\ 000000000 \\ \hline 100010000010 \end{array}$$

Zur Probe lösen wir die sonderbaren Zahlen in Reihen auf.
Der Multiplikand ist

$1 \cdot 2^0 + 1 \cdot 2^1 + 0 \cdot 2^2 + 1 \cdot 2^3 + 0 \cdot 2^4 + 1 \cdot 2^5 + 1 \cdot 2^6 + 0 \cdot 2^7 +$
$+ 1 \cdot 2^8 = 1 + 2 + 0 + 8 + 0 + 32 + 64 + 0 + 256 = 363$.

Multiplikator ist

$$0 \cdot 2^0 + 1 \cdot 2^1 + 1 \cdot 2^2 = 0 + 2 + 4 = 6.$$

Jetzt steigt die Aufregung bis zum Siedepunkt. Denn 363×6, also 2178, soll gleich sein dem Zahlenmonstrum 100010000010, also der Reihe

$0 \cdot 2^0 + 1 \cdot 2^1 + 0 \cdot 2^2 + 0 \cdot 2^3 + 0 \cdot 2^4 + 0 \cdot 2^5 + 0 \cdot 2^6 + 1 \cdot 2^7 +$
$+ 0 \cdot 2^8 + 0 \cdot 2^9 + 0 \cdot 2^{10} + 1 \cdot 2^{11} = 0 + 2 + 0 + 0 + 0 + 0 +$
$+ 0 + 128 + 0 + 0 + 0 + 2048$,

was zu unserer staunenden Freude gleich 2178 ist.

Unser Algorithmus der Ziffernsysteme, der einfachen vier Rechnungsoperationen und der Kombinatorik, hat also trotz peinlicher Prüfung sich überall bewährt und auf allen Linien gesiegt. Nicht einmal die „Dyadik" mit ihrem „allerkleinsten Einmaleins" konnte ihn erschüttern. Das Multiplizieren in diesem System war sogar besonders leicht. Nur die Addition verursachte etwas Kopfzerbrechen, da im Zweiersystem $1 + 1 = 10$, bleibt eins, und $10 + 1 = 11$, und weiter $11 + 1 = 100$, bleibt 10 usf. Wenn ich aber meine Zahlenreihe, die wir uns angeschrieben haben, vor mich hinlege, dann ist auch das Addieren ein Kinderspiel. Ich verwende eben da eine Art „Eins plus Eins" statt des „Einmaleins", das ich bei diesem einfachsten System gar nicht brauche.

Jeder wird es jetzt verstehen, daß der große Leibniz das Zweiersystem mit der Erschaffung der Welt aus dem Nichts verglich. Bei einem Einsersystem hätte ich nur die Null als Ziffer. Also das pure Nichts. Ich kann in keiner Weise eine Zahl bilden. Nehme ich aber — Symbol für den Schöpfungsakt

Gottes — auch nur die Eins hinzu, dann ertönt das „es werde Licht" durch den Kosmos der Größen und Formen. Die unendliche Vielfalt aller ganzen Zahlen liegt plötzlich vor mir, ich kann sie bilden, anschreiben, hinauf bis zu jeder Größe. Ich kann ihren Algorithmus entdecken, kann rechnen, kombinieren, variieren — kurz, das ganze Reich der Zahl ist mir durch diesen einen Schritt untertänig geworden.

Trotzdem aber dürfen wir uns mit dieser Höhe, auf der wir schon stehen, nicht zufriedengeben. Neue Aufgaben, die an uns herantreten werden, fordern eine größere Allgemeinheit unserer Gedanken, erheischen wieder und wieder neue Algorithmen. Und die Dämonen der Mathematik, die wir zu wecken begannen, werden uns nicht ruhen lassen, bis wir im Besitz immer neuer Zauberzeichen der „wahren Kabbala" sind, mit denen wir uns, so ahnen wir, einen guten Teil der sichtbaren und der unsichtbaren Welt erschließen und unterjochen können.

Neuntes Kapitel

Erste Schritte in der Algebra

Nicht bloß an einer Stelle, sondern vielleicht zehnmal, vielleicht noch öfter, haben wir es bisher beinahe als quälend empfunden, daß wir zu höherer Allgemeinheit nicht aufsteigen durften. Wir hatten uns strenge Bindungen auferlegt. Wir hatten es uns verboten, das Gebiet der natürlichen Zahlen zu verlassen oder zu überschreiten. Gleichwohl begleitete uns der Schatten höherer Algorithmen auf Schritt und Tritt. Und an einer Stelle, wo sich das Ausdrucksbedürfnis nicht mehr zurückdämmen ließ, haben wir in verkappter und tückischer Art das Verbot übertreten. Und zwar in der Form eines besonders strafbaren Deliktes. Wir haben nämlich eine Rechnungsoperation mit dem Anspruch auf allgemeine Gültigkeit nicht in natürlichen Zahlen, sondern (man erschrecke!) in Worten durchgeführt. Wir sagten:

Dividend : Divisor = Quotient
Divisor $\times$ Quotient = Dividend.

Wie groß dieser Frevel war, werden wir erst viel später ermessen können. Und wir haben die Untat bei den Binomial-Koeffizienten sogar noch wiederholt, indem wir dort von $\begin{pmatrix} \text{Elementenzahl} \\ \text{über} \\ \text{Klassengröße} \end{pmatrix}$ sprachen und den Eulerschen Operationsbefehl der Kombinatorik anstatt mit Ziffern mit Worten versahen. Wir werden aber jetzt nicht bereuen, sondern im Sinne des Goethewortes „Fehlen kann jedermann, aber wie er des Fehlens Folgen trägt, unterscheidet den reinen vom gemeinen Geiste" versuchen, unseren Fehler in den Dienst des reinen Geistes zu stellen.

Dazu ist es aber notwendig, unsere anderen Vorsätze peinlich streng zu halten. Und zu diesen Vorsätzen gehört in erster Linie unsere Vereinbarung, alles mit dem Einfachsten und Konkretesten zu beginnen.

Wir hätten die Bodenfläche eines Zimmers auszumessen, um für dieses Zimmer einen Spannteppich zu kaufen. Das Zimmer ist nicht sehr groß. Es hat fünf Meter Länge und vier Meter Breite. Ohne viel zu grübeln, wird jeder behaupten, die Bodenfläche betrage zwanzig Quadratmeter, da man fünf Viererreihen oder vier Fünferreihen von Meterquadraten auf den Boden legen könne und legen müsse, um ihn vollständig zu bedecken. Wir können auch schreiben $5 \times 4 = 20$ oder $4 \times 5 = 20$. Man sagt sogar, das Zimmer sei 4×5 groß. Das also wäre in Ordnung. Wenn ich ein anderes Zimmer zu bespannen hätte, das 6×8 groß wäre, würde ich wieder multiplizieren und 48 Quadratmeter Spannteppich einkaufen usf. Was heißt aber dieses „und so fort" an dieser Stelle? Doch wohl nichts anderes als jedes „und so fort" in der Mathematik. Es heißt, daß jede weitere Rechnung nach dem gleichen „Bildungsgesetz" vorzunehmen ist. Was ist aber ein „Bildungsgesetz"? Wieder nichts anderes als ein höherer allgemeinerer Befehl. Er lautet in unserem Falle: „Wenn du die Fläche eines rechteckigen Vierseits gewinnen willst, dann multipliziere die Länge mit der Breite." „Welche Länge mit welcher Breite?" fragen wir zurück. „Nun, jede jeweils gegebene Länge mit der dazu gehörigen gegebenen Breite. Oder multipliziere auch in verkehrter Reihenfolge. Denn auch ganz allgemein ist die

Multiplikation durch Vertauschbarkeit der Faktoren (durch Kommutativität) ausgezeichnet." Jeder wird jetzt einwerfen, er wisse, um was es sich hier handle: Um eine Formel! Und zwar um die Formel zur Berechnung der Fläche des Rechtecks. Gewiß, es handelt sich um diese Formel, die man für gewöhnlich $F_R = a \cdot b$ anschreibt. F_R heißt Fläche des Rechtecks. Und $a \cdot b$ oder $b \cdot a$ heißt Länge mal Breite oder Breite mal Länge. Was aber in aller Welt haben wir jetzt wieder angestellt? Zuerst haben wir den Algorithmus und den Befehl auf Worte, hier sogar auf Buchstaben ausgedehnt.

Wir wollen nicht weiter forschen, sondern sogleich ein anderes Beispiel bringen. Jedermann ist es klar, daß ein Apfel plus zwei Äpfel die Summe von drei Äpfeln liefert. Vier Äpfel und drei Birnen dagegen sind entweder 7 Obststücke oder aber eine neue Mengeneinheit, etwa „Teller voll Obst". Ebenso sind 5 Äpfel mal drei gleich 15 Äpfel. Und 27 Birnen dividiert durch 9 sind 3 Birnen. Wenn ich für Äpfel a, für Birnen b und für Obststücke c schreibe; weiter für „Teller voll Obst" etwa d, so kann ich ansetzen:

$$1a + 2a = 3a; \quad 4a + 3b = 7c \quad \text{oder} \quad 4a + 3b = d;$$
$$5a \times 3 = 15a; \quad 27b : 9 = 3b.$$

Das sieht nun schon verzweifelt nach einem neuen Algorithmus, nach einer neuen selbsttätigen Denk- und Rechenmaschine aus. Nun gehe ich aber noch weiter und stelle mir ein neues Problem: Ich frage jetzt nach etwas. Etwa: „Wieviel Einheiten muß ich zu 28 addieren, um eine Zahl zu erhalten, die dreimal so groß ist wie die gesuchte Zahl der Einheiten?" Wie gesagt, wir kennen diese Zahl noch nicht, die ich zu 28 addieren soll. Sie ist mir unbekannt. Und heißt daher die „Unbekannte". Sie ist, wie man auch im gewöhnlichen Leben sagt, „das unbekannte x" in unserer Rechnung. Nennen wir sie also x. Ich soll also dieses x zu 28 addieren. Gut. Das kann ich schreiben. Damit ist der erste Befehl ausgeführt. Nun soll dieses $x + 28$ aber gleich sein der dreifachen unbekannten Zahl. Zu unserem Staunen hat sich hier plötzlich das bisher nur als Konstatierung oder als Vollzugsmeldung aufgetretene Gleichheitszeichen (=) plötzlich in einen Befehl verwandelt. Und zwar in den Befehl $x + 28 = 3x$, was soviel heißt wie:

x + 28 soll gleich sein oder soll gleichgemacht werden dem dreifachen x, dem 3 · x oder dem 3 x[1]). Aber wie? Nun, wir wollen so lange für das x Zahlen suchen, bis der Gleichmachungsbefehl ausgeführt ist. Und wir finden, daß bei x = 14 sich schreiben läßt: 14 + 28 = 3 · 14 oder 42 = 42, was offensichtlich richtig ist.

Aber auch hier wollen wir noch nicht verweilen. Wir merken bloß an, daß diese sonderbare „Gleichmachungs"maschine eine Gleichung heißt und daß zur „Auflösung" solcher Gleichungen die Kenntnis zahlreicher Regeln notwendig ist. Wir werden all das genau kennenlernen. An dieser Stelle aber wollen wir nicht vor-, sondern zurückblicken und überlegen, wodurch die Beispiele vom Bodenteppich, von den Äpfeln und Birnen und von der unbekannten Zahl x miteinander zu einer Art Verwandtschaft verbunden sind.

Vorläufig können wir nur etwas Äußerliches feststellen. Wir haben plötzlich unsere gleichsam nackten natürlichen Zahlen verlassen und Buchstaben mit Ziffern verbunden; wobei wir außerdem noch diese neuen Symbole durch unsere schon bekannten Verknüpfungssymbole oder durch die Befehle miteinander verbanden. Wir wenden also jetzt unsere algorithmischen Künste, unsere „wahre Kabbala", plötzlich nicht nur auf Ziffern, sondern auf irgendwelche Dinge an. Auf Dinge, von denen ich von vornherein oft gar nicht weiß, was sie bedeuten. Der Buchstabe a war einmal die Länge des Zimmers, dann ein Apfel. Er kann aber auch weder ein Apfel noch eine Länge, sondern eben das a selbst sein. Denn drei Buchstaben a mal 7 sind 21 Buchstaben a. Er kann aber noch weniger sein als der Buchstabe a. Nämlich irgend etwas. Gleichsam ein „Irgendetwas", bei dem nur gefordert wird, daß es in derselben Rechnung stets dasselbe vollkommen unbestimmte „Irgendetwas" bleibt. Denn auch drei noch unbestimmte „Irgendetwas" plus zwei noch unbestimmte „Irgendetwas" sind gleich fünf noch unbestimmte „Irgendetwas". Und das unbekannte x ist noch ärger. Es ist nicht nur unbestimmt, sondern muß erst gesucht

---

[1]) 3x kann ich für 3 · x deshalb schreiben, weil auch 3 Teller dreimal Teller oder dreimal ein Teller sind usw. Der „Koeffizient" ist in diesem Sinne nichts anderes als ein verkappter Multiplikator.

werden. Es ist die gesuchte Lösung eines mehr oder weniger verwickelten mathematischen Rätsels.

Auf jeden Fall haben wir eine neue Begriffsschrift eingeführt, bei der den Schriftzeichen recht nebulose Gegenstände oder Größen entsprechen. Sie sind noch chaotisch, ungeformt. Und durchaus nicht von Gott erschaffen wie die natürlichen Zahlen. Außerdem alles andere, nur nicht eindeutig.

Eben deshalb aber, weil sie nicht eindeutig sind, weil sie gleichsam eine Generalvollmacht darstellen, einen Blankowechsel, in den ich mir nach Belieben den Betrag einsetzen kann (mit Ausnahme des x, bei dem ich unter Umständen einen bestimmten Betrag einsetzen muß), erlauben mir diese Symbole, die Gestaltbilder gewisser Beziehungen vollkommen allgemein und für jeden Fall gültig hinzuzeichnen. $F_R = a \cdot b$ ist nicht nur der Flächeninhalt meines Zimmers, sondern die Bodenfläche jedes rechteckigen Zimmers. Mehr noch: Es ist der Flächeninhalt jedes Rechtecks überhaupt! Und $3a + 2a = 5a$ ist ebenso die richtige Summe von drei und zwei Äpfeln als von drei und zwei Linealen und von drei und zwei Lokomotiven. Es ist aber auch die richtige Summe von drei plus zwei Buchstaben a, von drei plus zwei Ziffern, von drei plus zwei Fünfern oder Dreizehnern, also überhaupt von drei plus zwei gleichartigen Dingen oder Größen. Aber auch, noch nebelhafter, von drei plus zwei „Irgendetwas".

Wieder hat uns eine „wahre Kabbala", eine bloße Art der Schreibung, einen neuen Zauber geliefert. Den Symbolzauber der allgemeinen Rechnung oder der Algebra. Korrekter gesagt, sind wir in den Besitz von allgemeinen Zahlen gelangt, die sich durch vorläufige Unbestimmtheit von den natürlichen oder konkreten Zahlen unterscheiden.

Bevor wir aber unseren neuen großen Zauber, diese „ars magna" (große Kunstfertigkeit) oder „artium ars" (Kunst der Künste), wie man sie auch genannt hat, näher untersuchen, wollen wir ein paar Worte über ihren Ursprung und über die Geschichte ihres Namens einfügen. Derselbe arabische Mathematiker Alchwarizmi, den wir schon als Paten des Wortes Algorithmus kennengelernt haben, verfaßte unter anderen eine Abhandlung, betitelt „Hisáb al dschabr w'al mukábalah". Diese Abhandlung bezog sich auf gewisse Rechenvorschriften für Gleichungen, die wir hier noch nicht erörtern können. Wir wollen aber feststellen, daß eine sonderbare Laune der Geschichte es fügte, Alchwarizmi doppelt zu verewigen: Sein verballhornter Name ergab den Ausdruck „Algorithmus", und der verballhornte Titel der erwähnten Abhandlung wurde zum Wort „Algebra".

Nun war der Tatbestand durchaus nicht etwa so, daß das Abendland eine vollständig fertige Kunst, eine feste Schreibweise oder ein geschlossenes System des Buchstabenrechnens von den Arabern übernommen hätte. In einer langen Entwicklung, die von den alten Indern über die Araber, über Vieta bis auf Descartes und Hudde reicht, vervollkommnete sich Schritt für Schritt unsere „große Kunst". Bis sie, so eigentlich erst am Ende des 17. Jahrhunderts, eine Allgemeinheit, Gelenkigkeit und Ausbildung erreichte, die der unseren halbwegs ähnlich ist. Erst bei Leonhard Euler aber finden wir fast durchweg eine Schreibweise, die von uns als voll gegenwärtig empfunden werden kann. Wir werden übrigens in anderem Zusammenhang noch mehr als einmal auf die Geschichte der Algebra zurückkommen, die hier nur allerflüchtigst angedeutet wurde.

Nun aber bitte ich, sich durch etwas philosophischere Erwägungen, die wir gemeinsam anstellen müssen, nicht abschrecken zu lassen. Ihre wirkliche Schwierigkeit wird weit geringer sein als etwa die Umrechnung von einem Ziffernsystem in ein anderes. Wir wollen uns aber eben durchaus nicht mit mechanischen Rechenregeln begnügen, sondern dem inneren Bau der Algebra auf den Grund gehen.

Zehntes Kapitel

Algebraische Schreibweise

Kehren wir zuerst zu unserer Zimmerbodenfläche und zum Spannteppich zurück. Nur daß wir auch hier einen Schritt der Verallgemeinerung machen wollen, und nicht mehr den Gegenstand, sondern nur mehr die Form betrachten werden. Wir werden also jetzt und in Zukunft vom „Rechteck" sprechen.

Von einer geometrischen Form, die dadurch gekennzeichnet ist, daß vier, paarweise parallele Gerade (Strecken) ein Viereck mit vier sogenannten rechten Winkeln bilden, also paarweise aufeinander senkrecht stehen, in senkrechter Art zusammenstoßen. Das ist die Flächengattung, für die unsere Formel $F_R = a \cdot b$ gilt; wobei (was wir willkürlich festsetzen) a die längere Seite, die Länge, b dagegen die kürzere Seite, die Breite, bedeutet. Daß also etwas „breiter als lang" ist, kommt für uns infolge dieser Definition nicht in Betracht. „Breiter als lang" hat nämlich, rein geometrisch und größenmäßig betrachtet, überhaupt keinen Sinn. Es ist vielmehr sinnvoll bloß in bezug auf die Lage eines Gegenstandes. Doch das nur nebenbei.

Nun kommen wir gleichsam zur „algebraischen" Bedeutung des Produktes $a \cdot b$, wenn wir uns die Allgemeinheit dieser Formel voll vergegenwärtigen. Das a kann jede beliebige Zahl bedeuten, die zwischen 0 und einer unendlich großen Zahl liegt. Vorausgesetzt, daß es unserer Nebenbedingung entspricht und jeweils größer ist als das danebenstehende b, das ebenfalls jede beliebige Zahl bedeuten kann. Ein Rechteck 2×1 ist ebenso denkbar wie ein solches von den Ausmaßen $1{,}994{.}373 \times 284{.}786$, und in beiden Fällen bedeutet das Ergebnis der Multiplikation den Flächeninhalt, ausgedrückt in Quadrat-(Geviert-)Einheiten, deren Bedeutung vorläufig nicht untersucht werden soll, da sie jedem von uns als Quadratmeter, Quadratzentimeter usw. hinlänglich bekannt sind. Nun wollen wir unseren algebraischen Algorithmus an den Grenzen seiner Anwendungsmöglichkeit prüfen. Und wollen zu diesem Behuf bei feststehender Länge die Breite so groß als möglich wachsen und so stark als möglich abnehmen lassen. Da gibt es nun, unter Beachtung unserer Festsetzungen, zwei „Grenzfälle", zwischen denen alle übrigen „Normalfälle" liegen. Es kann nämlich geschehen, daß die Breite ebenso groß wird wie die Länge, so daß man nicht mehr weiß, was Länge und was Breite ist. Also das b wird gleich dem a, die Breite ist bis zum Betrag der Länge gewachsen. Dazu wird bemerkt, daß unser Wachstum nicht kontinuierlich, sondern sprunghaft von Zahl zu Zahl weiterschreitet, da wir ja bisher nur die natürlichen, ganzen Zahlen gebrauchen.

Da nun b gleich wird mit a, kann ich schreiben: $F_R = a \cdot a$, was wir schon als Produkt gleicher Faktoren in der Form einer Potenz kennengelernt haben. $a \times a$ ist also gleich a^2, „a der Zweiten" oder auch „a zum Quadrat". Aus dem Rechteck ist

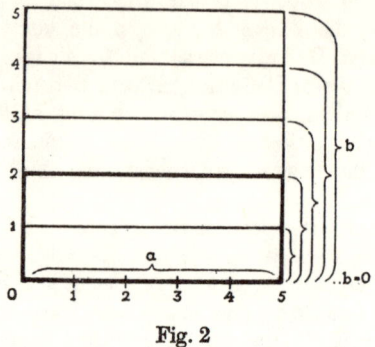

Fig. 2

ein Quadrat geworden. Ich gebe zu, daß wir unsere Bedingung, daß die Länge stets größer sein muß als die Breite, etwas weitherzig ausgelegt haben. Nämlich in ihrer negativen Form: „Die Breite darf nicht größer sein als die Länge." Wir haben also ein wenig geschwindelt und haben eine „Lücke des Gesetzes" benützt, um uns einzuschleichen. Das wollen wir jedoch auf uns nehmen und nun den zweiten „Grenzfall" suchen. Was geschieht, wenn die Breite so klein wie möglich, wenn sie Null wird? $F_R = a \cdot 0 = 0$! Also die Fläche des Rechtecks wird Null. Geometrisch gesprochen: Es bleibt als „Rechteck" nur eine Strecke a, und die ist nach den Regeln der Geometrie nur nach einer Richtung hin ausgedehnt, nämlich nach der Länge. Eine Breite besitzt sie durchaus nicht. Also habe ich nach der Flächenformel das Gegenteil einer Fläche errechnet. Fürwahr eine erstaunliche Kraftprobe unseres Algorithmus und ein guter Beweis des Ineinanderspielens mehrerer Algorithmen: des „algebraischen" und des puren Zahlenalgorithmus. Unsere Denkmaschine beginnt erfreulich sicher zu funktionieren. Wir wagen uns deshalb an eine weit schwerere Aufgabe. Wir stellen eine zweite Nebenbedingung. Daß sich nämlich die Länge zur Breite ganz allgemein verhalten soll wie 5 zu 2. Ob das fünf und das zwei Lichtjahre, Kilometer oder Kleineres sind, ob es überhaupt im Metersystem ausgedrückt wird, ist gleichgültig. Es könnten Zoll, Werst, Yards, altgriechische Parasangen, Kinder-Nasenlängen, Spannen, Fuß, Stadien, was immer sein. $F_R = a \cdot b = 5 \times 2 = 10$. Der Flächeninhalt unseres Rechtecks ist stets fünf mal zwei gleich zehn Geviertmaße des vorgeschriebenen Maßsystems. Nun wollen wir uns, ohne ein bestimmtes Maß zu fordern, die Sache in verschiedene Einheiten untergeteilt hinzeichnen (Fig. 3).

Jedes dieser Rechtecke hat, in seinem besonderen Maß gemessen, 10 Gevierteinheiten seiner Maßgröße an Flächeninhalt. Stets stimmt die Formel: $a = 5$, $b = 2$, folglich $a \cdot b = 5 \times 2 = 10$. Wenn ich mir nun, wieder nicht kontinuierlich, sondern mit einem letzten merkbaren Sprung, das kleinste aller möglichen Rechtecke erzeugt denke, in dem jetzt sowohl die Länge als die Breite Null werden, dann ergibt die Rechnung $F_R = a \cdot b = 0 \times 0 = 0$. Unser kleinstes Rechteck hat also wieder die Fläche Null, das heißt, es entbehrt überhaupt einer Flächenausdehnung. Während aber im vorhergeschilderten

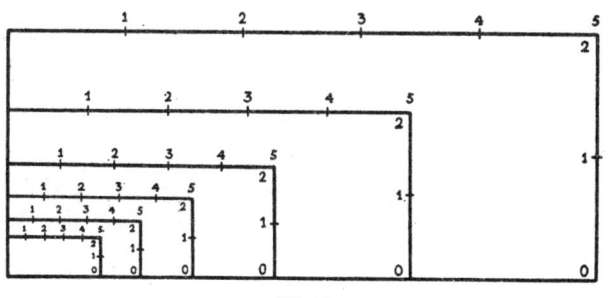

Fig. 3

Fall wenigstens die Länge zurückblieb (oder, was man bei Verletzung unserer ersten Bedingung: „Länge stets größer als Breite" auch hätte durchführen können, wenn man die Breite gelassen und die Länge auf Null gebracht hätte, so daß $0 \times b = 0$), sind in unserem jetzigen Fall die Fläche, die Länge und die Breite zugleich verschwunden. Zurückgeblieben ist ein pures Nichts, ein geometrischer Punkt, ein Gebilde ohne jede Ausdehnung. Es ist aber rätselhafterweise doch noch etwas anderes zurückgeblieben, was wir im ersten Schrecken übersehen haben. Nämlich die Bedingung, daß sich die Seiten des Rechtecks wie 5 zu 2 verhalten. Da sich diese Bedingung als vollkommen unempfindlich gegen Maßsystem und absolute Größe zeigte, da sie Formbeharrung (Struktur-Invarianz) gegen jede, aber auch jede Größen bewies, dürfen wir den Satz der griechischen klassischen Geometrie, das Gesetz Euklids, daß das Verhältnis zweier Größen von deren absoluten Größen unabhängig sei, als allgemeinsten Satz fordern. Und wir behaupten, natürlich durch keine Anschauung unmittelbar unterstützt, daß auch innerhalb unseres Punktes die nicht mehr vorhandene Länge des nicht mehr vorhandenen Rechtecks sich zu seiner nicht mehr vorhandenen Breite verhalte wie 5 zu 2. Kurz, das „Nichts fünf" mal dem „Nichts zwei" gibt als Fläche das „Nichts zehn". Also die Fläche eines bizarren nichtexistenten Rechtecks, das ein mathematischer ausdehnungsloser Punkt und doch ein Rechteck ist. Wenn wir das nämlich nicht annehmen, geraten wir von der anderen Seite, rein algebraisch und algorithmisch, in die Zwickmühle. Schreiben wir, der Denkmaschine und der wahren Kabbala blind vertrauend, einmal unsere Bedingung als sogenannte Proportion:

a verhält sich zu b so wie 5 sich zu 2 verhält, oder
$$a : b = 5 : 2,$$
eine Schreibart, die jedem von der Elementarschule her bekannt ist. Wenn ich nun a und b gleichzeitig bis auf Null verkleinere, erhalte ich
$$0 : 0 = 5 : 2.$$

Wenn nun weiter plötzlich die beiden Nullen das gleiche bedeuteten, dann würde 0 : 0 gleich eins. Denn jede Zahl durch sich selbst dividiert gibt eins. Dann müßte aber, damit der Gleichheitsbefehl zu Recht besteht, auch 5 dividiert durch 2 gleich 1 sein, was offenbar eine unsinnige Forderung ist. Ich habe also, nach dieser Überlegung, nur die Wahl, mir die sogenannte „Proportion" so vorzustellen, daß die beiden Nullen sich zueinander wie 5:2 verhalten. Und man sagt dann, daß 0 durch 0 dividiert an sich ein unbestimmter Wert sei, der von Fall zu Fall indirekt bestimmt werden müsse und auch bestimmt werden dürfe.

Wir sind aber jetzt in der zweiten Zwickmühle. Es gibt eine Regel für die Proportion, die besagt, daß das Produkt der beiden Außenglieder dem Produkt der Innenglieder gleich sein müsse. Wenn also

$0:0 = 5:2$, dann muß
0×2 gleich sein 0×5,

und das ist tatsächlich richtig, da ja 0×2 gleich 0, also dasselbe wie $0 \times 5 = 0$ ist. Der Deutlichkeit halber möge die Regel über die Produkte der äußeren und der inneren Glieder an einem anderen Beispiel demonstriert werden.

$13:39 = 7:21$, woraus folgt
$13 \times 21 = 39 \times 7$ oder $273 = 273$.

Nun sind wir aber noch nicht fertig mit unseren Zweifeln. Denn wir können die Richtigkeit der Proportion algebraisch auch auf andere Art erhalten. Indem wir schreiben:

$(5 \times 0):(2 \times 0) = (5 \times 1):(2 \times 1)$, was wieder
$0:0 = 5:2$ ergäbe.

Ich bin zu dieser Schreibweise berechtigt, da ich ja die ins Verhältnis zu setzenden Einheiten voraussetzungsgemäß so groß wählen darf als ich will. Also als Nullen oder als Einser oder als Zweier usw., da sich die Richtigkeit eines Verhältnisses nicht ändert, wenn ich beide Glieder mit einer beliebigen Zahl multipliziere.

Wir sind jetzt — mit voller Absicht — zu einer Zeit, wo wir noch nicht einmal die einfachsten Regeln der Algebra beherrschen, tief in die Grundlagen der höheren Mathematik, der Unendlichkeitanalysis, eingebrochen. Wir sind dabei, allerdings bloß ungefähr, einem Gedankengang des großen Leibniz gefolgt, der ähnliches unter dem Titel „Herleitung der Differentialrechnung aus dem gewöhnlichen algebraischen Kalkül" darlegte. Wir haben aber natürlich dadurch noch nicht die Grundwidersprüche, unsere „Zwickmühlen", aufgeklärt. Wir wissen nur, daß wir vor der Wahl stehen, entweder Unvorstellbares annehmen zu müssen, indem wir einen nach beiden Richtungen unausgedehnten Punkt als Rechteck unterschiedlicher Seitenlänge denken sollen; oder aber den Algorithmus, das Rechensystem, die Sicherheit der Proportion zum Teil aufzugeben. Auf jeden Fall macht uns die „verrückte" Annahme des verschieden großen Nichts nach Länge und Breite weniger Unannehmlichkeiten als die starre Leugnung solcher Möglichkeiten.

Nun verlassen wir aber, scharf von unserem Widersacher gerügt, unsere vorgreifenden Betrachtungen und wenden uns jetzt den Äpfeln und Birnen zu. Daß ein Apfel plus fünf Äpfel gleich sechs Äpfel ist, dürfte als Problem für uns vorläufig nicht in Betracht kommen. Böser sieht es schon aus, wenn wir einmal behaupten, 3 Äpfel plus 5 Birnen seien 8 Obststücke oder auch wieder ein Teller Obst. Wenn wir den Apfel mit a, die Birne mit b, das Obststück mit c und den „Teller voll Obst" mit d benennen, dann dürfen wir schreiben

$$3a + 5b = 8c \text{ oder}$$
$$3a + 5b = d.$$

Da es nun eine unanfechtbare Wahrheit der Mathematik ist, daß zwei Größen, die einer dritten gleich sind, auch untereinander Gleichheit aufweisen, ergibt sich

$$8c = d$$

oder 8 Obststücke bedeuten einen Teller voll Obst. Auch diese Schlußfolgerung wollen wir noch als unproblematisch hinnehmen, da wir sie ja eigentlich definitorisch vorausgesetzt haben, als wir aus der Addition von 3 Äpfeln und 5 Birnen den neuen Artbegriff eines Tellers voll Obst, und zwar eines bestimmten, eben so zusammengesetzten, bildeten. Viel mysteriöser ist die Behauptung, daß 3 Äpfel plus 5 Birnen 8 Obststücke seien; obgleich sie auf den ersten Blick selbstverständlicher erscheint als die Behauptung über den Teller. Sie hat nämlich eine schwerwiegende Folge. Wenn wirklich 3 Äpfel plus 5 Birnen gleich 8 Obststücken sein sollen, dann habe ich unbewußt eine Rechnungsoperation durchgeführt. Ich habe nämlich in gewissem Sinn durch Bildung eines Oberbegriffs eine Gleichheit der Äpfel und Birnen auf höherer Ebene erzeugt. Sobald ich in Obststücken zu rechnen beginne, brauche ich überhaupt nicht mehr a und b und c zu schreiben. Ich kann dann einfach $3 + 5 = 8$ schreiben und alle Bezeichnungen bis zum Endresultat vernachlässigen. Prinzipiell ist die Rechnung in Obststücken nichts anderes, als ob ich überhaupt nur Äpfel oder nur Birnen vor mir hätte. Jede einzelne Frucht ist ein Obststück und a wird gleich b und beides ist gleich c (a = = b = c). Ich rechne also nicht mehr mit den Buchstaben, sondern mit den „Koeffizienten".

Nun kann ich aus dieser Betrachtung einen sehr allgemeinen, alles Bisherige verbindenden Begriff der „Algebra" gewinnen. Bekanntlich bleibt jede Größe, wenn sie mit 1 multipliziert wird, sich selbst gleich. Daher kann ich, um die gewöhnliche Zahlenrechnung als Unterfall in die Algebra einzubeziehen, sämtliche möglichen Zahlen einfach als Koeffizienten betrachten, während an Stelle der Äpfel oder Buchstaben überall „Einser" treten. 5 Einser plus 17 Einser geben 22 Einser. Oder

$$5 + 17 = 22.$$

9348 Einser mal 15 = 140.220 Einser oder $9348 \times 15 =$ = 140.220. Alle Rechnungen mit unbenannten Zahlen in irgendeinem Zahlensystem sind also algebraische Operationen von Zahlen, die mit „Einsern" benannt sind. Oder Operationen mit Koeffizienten von „Einsern". Dadurch haben wir einen prächtigen ununterbrochenen Zusammenhang, einen kontinuierlichen, stetigen Übergang aus den Ziffernsystemen zur Algebra gewonnen. Es sei noch bemerkt, daß die Multiplikation mit der Eins natürlich in jedem, selbst im dyadischen System die multiplizierte Zahl selbst als Resultat liefert. Alle Ziffernsysteme sind formbeharrend, invariant gegenüber der Multiplikation mit eins.

Nach dieser Zusammenfassung alles Bisherigen, glaube ich, wird es jetzt keine grundsätzliche Schwierigkeit mehr geben, tiefer in die Algebra einzudringen. Zuerst eine Vorfrage. Muß man stets mit Buchstaben und Zahlen gemischt rechnen? Oder könnte man, wie man mit Zahlen allein rechnet, so auch mit Buchstaben allein rechnen? Eine sehr berechtigte Frage, die wir sofort näher untersuchen wollen. Wir wollen sie als das

„Problem der allgemeinen und konkreten Koeffizienten" formelmäßig für unseren eigenen Gebrauch umschreiben.

Was „konkrete Koeffizienten" sind, haben wir an mehr als einer Stelle schon gezeigt. Plump gesprochen, sind es die Bezeichnungen für die Mengen irgendwelcher Einheiten. Bei 5 a ist 5 der Koeffizient, a die Einheit, in der ich rechne. Bei 5 a + 7 b + 3 c + 8 d ... sind 5, 7, 3, 8 die Koeffizienten, a, b, c, d ... die verschiedenen Einheiten, derer ich mich bediene. In diese „Einheiten" oder „allgemeinen Größen" darf ich jede beliebige Zahl einsetzen, wenn ich diese eingesetzte Zahl nur durch die ganze Rechnung bis zum Ergebnis festhalte. Die eingesetzte Zahl bleibt in der ganzen Rechnung dieselbe, bleibt gleich, konstant, unveränderlich. Daher nennt man a, b, c, d ... auch „Unveränderliche" oder „konstante Größen" oder einfach „Konstante". Eine jahrhundertealte Entwicklung und Übereinkunft hat es mit sich gebracht, daß man die Konstanten im allgemeinen mit den kleinen Buchstaben des lateinischen Alphabets bezeichnet. Und zwar mit Buchstaben vom Anfang des Alphabets bis etwa zum u hinauf. Von u ab sind die Buchstaben für andere Zwecke reserviert, die wir später erörtern werden. r, s und t nehmen eine Art von Zwischenstellung ein und dürfen nur dann, wenn es unvermeidbar[1]) ist, als „Konstanten" benützt werden. Aber auch am Beginn des Alphabets sind mehrere Plätze konventionell besetzt. Der Buchstabe e dient seit Euler ausnahmslos zur Bezeichnung der Basis des sogenannten „natürlichen Logarithmensystems", der Buchstabe i seit Gauß als Schreibung der „imaginären Zahl", und der Buchstabe h wird in der höheren Mathematik gern als beliebig kleine Zuwachsgröße verwendet. Auch das d ist (als Operationssymbol der Differentialrechnung) bei Konstantenbezeichnungen in der höheren Mathematik zu vermeiden. Da wir nun in einer größeren Rechnung als Alphabet nur a, b, c, f, g, k, l, m ... hätten und diese unterbrochene Reihenfolge der wahren Eleganz und Übersicht widerspricht, bedient sich die modernste Algebra (auch noch aus anderen gewichtigen Gründen) der im Wesen von Leibniz vorgeschlagenen indizierten oder Indexschreibweise. Allgemeine Größen gleicher Art, etwa

---

[1]) Z. B. wenn zahlreiche Buchstaben in lexikographischer Anordnung erforderlich sind, wie bei Koeffizienten langer Potenzreihen.

Summanden einer additiven Reihe, werden mit dem gleichen Buchstaben geschrieben, dem rechts unten als Unterscheidungsmerkmal der sogenannte Index angefügt ist. Also a_1, a_2, a_3, a_{27} usw. Als Beispiel zeigen wir eine beliebige dekadische Zahl in dieser Schreibart, wobei wir sogar den Index 0 verwenden.

Dekadische Zahl = $a_0 \, 10^0 + a_1 \, 10^1 + a_2 \, 10^2 + a_3 \, 10^3 +$
$+ a_4 \, 10^4 +$ usw.

Mein Widersacher, den ich absichtlich provozierte, fährt sofort dazwischen und wirft mir ein, daß ich hier die Koeffizienten mit Buchstaben bezeichnete, während ich für die Einheiten Zahlen schrieb. Recht so! Wir wollen ja sehen, wie wir überhaupt ohne Zahlen auskommen können.

Wir müssen aber gründlicher antworten, um den Widersacher zum Schweigen zu bringen, denn er gestikuliert noch immer. Also zuerst: a_0, a_1, a_2, a_3 usw. bedeutet nur, daß an diesen Stellen, in der Reihenfolge der „Indizes", Ziffern stehen können. Sonst nichts. Hier bei der Dekadik natürlich nur Ziffern von 0 bis 9. Dabei darf außerdem neben der höchsten Potenz nur eine der Ziffern 1 bis 9 stehen, da ja die Zahl nicht mit Null beginnen soll. Also zwei „Nebenbedingungen". Innerhalb dieses Rahmens kann ich für jedes a stets die Ziffer setzen, die mir paßt. Also $a_0 = 5$, $a_1 = 7$, $a_2 = 1$, $a_3 = 4$, $a_4 = 0$, $a_5 = 2$. Ich hätte dann die dekadische Zahl 204.175. Ich könnte aber auch wählen: $a_0 = 0$, $a_1 = 2$, $a_2 = 5$, $a_3 = 9$, $a_4 = 8$, $a_5 = 9$ und hätte die Zahl 989.520; oder $a_0 = 0$, $a_1 = 0$, $a_2 = 0$, $a_3 = 0$, $a_4 = 0$, $a_5 = 6$ und hätte 600.000 usw. Ich habe also durch meine Schreibweise das Gestaltbild einer dekadischen Zahl gegeben, die natürlich auch nicht sechsstellig sein muß. Ich könnte ja a_6, a_7, a_8, a_9, a_{10} usw. durch irgendwelche Ziffern ausdrücken und erhielte dann irgendeine 7-, 8-, 9-, 10-, 11ziffrige Zahl. Ich darf natürlich auch anders indizieren. Etwa:

$$a_1 \, 10^0 + a_2 \, 10^1 + a_3 \, 10^2 + a_4 \, 10^3 + a_5 \, 10^4 + a_6 \, 10^5 + \ldots,$$

wodurch ich den Vorteil gewinne, daß mir der höchste Index sofort die Stellenanzahl der Zahl sagt, während der Potenzanzeiger die Nullenanzahl angibt. Wir sehen also, daß wir schon wieder eine selbsttätige Denkmaschine, einen Algorithmus der Ordnung, gewonnen haben.

Wie wir es schon gewohnt sind, wollen wir jetzt weiter verallgemeinern. Wir wollen jetzt nicht mehr eine dekadische, sondern eine Zahl irgendeines Systems schreiben, wobei wir wissen, daß die Grundzahl eines Stellenwertsystems mindestens zwei (Dyadik) betragen muß, während die Koeffizienten von der 0 bis zu einer Zahl laufen dürfen, die um eins kleiner ist als die Grundzahl. Die höchste Stellenziffer (der jeweils neben der höchsten noch verwendeten Potenz stehende Koeffizient) dagegen darf nur von 1 bis zu der um eins verminderten Grundzahl „laufen". „Laufen" heißt in der Mathematik, daß eine allgemeine Zahl alle Werte zwischen den jeweiligen Grenzen annehmen darf. Hier natürlich nur ganzzahlige.

Wohl vorbereitet, wollen wir noch eines feststellen: Die Grundzahl werden wir allgemein g nennen. Da sie stets gleichbleibt, das heißt, innerhalb des Systems sich nicht ändern kann und darf, erhält sie keinen Index. Wohl aber einen Potenzanzeiger, da ja das Steigen der Potenzen von Stelle zu Stelle das Wesen eines Stellenwertsystems ist. Nun können wir schon schreiben: Zahl des Systems $g = a_1 g^0 + a_2 g^1 + a_3 g^2 +$ $+ a_4 g^3 + a_5 g^4 + a_6 g^5 + \ldots$ Nun will ich daraus eine Zahl des Sechsersystems machen. g ist also gleich 6, während a_1, a_2 usw. nur von 0 bis einschließlich 5 laufen dürfen. a_6, die ich als höchste Stelle willkürlich festsetze, sogar nur von 1 bis 5. Also etwa: $a_1 = 2$, $a_2 = 3$, $a_3 = 0$, $a_4 = 5$, $a_5 = 1$, $a_6 = 2$.

Reihe $= 2 \cdot 6^0 + 3 \cdot 6^1 + 0 \cdot 6^2 + 5 \cdot 6^3 + 1 \cdot 6^4 + 2 \cdot 6^5$ (dekadisch) oder als Zahl des Sechsersystems 215.032.

Nun verwende ich dieselbe allgemeine Reihe für das Zweiersystem und wähle: $a_1 = 1$, $a_2 = 0$, $a_3 = 0$, $a_4 = 1$, $a_5 = 0$, $a_6 = 1$.

Zahl des Zweiersystems $= 101.001$ (g ist dabei 2). Oder ich will im Dreizehnersystem arbeiten, also mit $g = 13$. Dabei sei $a_1 = 9$, $a_2 = A$, $a_3 = 5$, $a_4 = 0$, $a_5 = C$, $a_6 = 7$. Also: Zahl des Dreizehnersystems $= 7C0.5A9$ (wobei wir A und C als Ziffern betrachten).

Man sieht, daß ich mit obiger Reihe $a_1 g^0 + a_2 g^1 + \ldots$ das allgemeine Gestaltbild jeder Stellenwertzahl vor mir habe

Ich brauche bloß unter Beachtung gewisser Bedingungen einzusetzen.

Wir können es an dieser Stelle noch gar nicht ermessen, was wir damit gewonnen haben. Es ist die allgemeinste Aufgabe, das Endziel der Algebra, nunmehr mit diesen Strukturbildern zu rechnen, als ob es wirkliche Zahlen wären. Das heißt, ich darf den Algorithmus konkreter Zahlen auf allgemeine Zahlen anwenden. Ich kann sie addieren, subtrahieren, multiplizieren, dividieren, potenzieren usw. Und brauche dann erst in das Ergebnis konkrete Zahlen einzusetzen, wenn es mir nicht überhaupt genügt, die allgemeine Formel, gleichsam ein neues Gesetz, als Ergebnis aufzubewahren, um es irgend einmal zu verwenden.

Nun haben wir aber noch immer nicht die Frage beantwortet, ob wir unter Umständen auch ganz ohne Ziffern auskommen können. Wir wissen zwar schon, daß man nicht nur „Einheiten", „Konstanten" mit Buchstaben schreiben kann, sondern sogar die Koeffizienten. Wir haben aber als „Anzeiger" noch immer Ziffern verwendet. Rechts unten bei den Koeffizienten als Platznummer, als Reihenfolgeanzeiger, rechts oben bei der Grundzahl als Potenzanzeiger. Denken wir nun energisch von den Zahlensystemen weg, vergessen wir sie einfach und schreiben wir uns eine summarische Aufeinanderfolge allgemeiner Zahlen, irgendeine, meinetwegen abgeschlossene Reihe an, in der überhaupt keine Ziffer vorkommt, und sehen wir dann zu, ob wir dieser Reihe einen konkreten Sinn abgewinnen können. Etwa:

$a_a g^a + a_b g^b + a_c g^c + a_d g^d + a_e g^e + a_f g^f + a_g g^g + a_h g^h$ [1]).

Was kann das heißen? Nun, es kann heißen, was wir wollen! Mit der einzigen Einschränkung, daß g stets gleichbleiben soll und daß die Indizes und die Potenzanzeiger steigend geordnet sind, da uns dies durch die alphabetische Reihenfolge nahegelegt wird. Fügen wir noch Ganzzahligkeit als Bedingung hinzu, dann kann unsere Reihe lauten:

$15 \cdot 7^5 + 8 \cdot 7^9 + 932 \cdot 7^{10} + 20 \cdot 7^{13} + 0 \cdot 7^{25} + 1 \cdot 7^{26} +$
$+ 10 \cdot 7^{49} + 42.535 \cdot 7^{1,000,000}$ oder $0 \cdot 0^0 + 0 \cdot 0^1 + 0 \cdot 0^2 +$
$+ 0 \cdot 0^{15} + 1 \cdot 0^{30} + 17 \cdot 0^{31} + 2 \cdot 0^{50} + 27 \cdot 0^{642}$.

---

[1]) Bei Indizierungen und Potenzanzeigern dürfen wir eher auch „verbotene" Buchstaben wie e, d, h usw. verwenden!

Kurz, wir können hier schon zu einer sehr großen Mannigfaltigkeit von Auslegungen unseres „Gestaltbildes" gelangen, weil es sich bei diesem Gestaltbild um nichts anderes als um eine Addition beliebig steigender Potenzen von g handelt, die mit ganz beliebigen Koeffizienten kombiniert werden dürfen.

Noch allgemeiner wäre die Reihe:

$$a_a\, b^a + a_b\, c^d + a_c\, d^f + a_d\, m^b + a_e\, o^h.$$

Hier habe ich überhaupt nur mehr die Bedingung, daß alle Koeffizienten beliebig sind, während die Grundzahlen der Potenzen voneinander verschieden sein sollen. Die Potenzanzeiger dagegen sind weder steigend noch fallend geordnet. Eine solche Reihe könnte in Ziffern etwa folgendermaßen lauten:

$$0 \cdot 2^7 + 25 \cdot 7^3 + 4 \cdot 9400^{18} + 74 \cdot 1^{10} + 1 \cdot 3^2.$$

Wir wollen aber durch Weitertreiben der Allgemeinheit nicht den Anschein erwecken, als ob nur solche Reihen, bestehend aus Koeffizienten mal Potenzen, die man dann addiert, möglich wären. Es gibt ungleich verwickeltere und zusammengesetztere Gestaltbilder, die nur aus Buchstaben bestehen. Wir wollten im Gegenteil nur an ganz einfachen Strukturen (Gestalten) zeigen, daß man sowohl Indizes als auch Koeffizienten, Grundzahlen, Potenzanzeiger usw. in Buchstaben schreiben darf. Ich darf jede Zahl, jede Größe als Buchstaben anschreiben, vorausgesetzt, daß mich ihr konkreter Wert vorläufig noch nicht interessiert. Das ist eben das „Allgemeine" an der Algebra. Nur werden mir trotz aller Allgemeinheit manchmal plötzlich konkrete Zahlen auftauchen, die ich einfach nicht vermeiden kann. Dies hat seinen Grund in der Gestalt der Rechnungsoperationen (der Befehle). Wenn ich verlange, man solle mir sagen, wieviel $a \cdot a \cdot a$ ist, kann niemand behaupten, es sei a^n, sondern man muß a^3 schreiben. Aber auch da gäbe es einen Ausweg, und zwar, wenn ich behauptete, ich wüßte noch nicht, in welchem Ziffernsystem ich das Resultat schreiben solle. Im Zweiersystem etwa wäre $a \cdot a \cdot a$ die Potenz a^{11} und im Dreiersystem a^{10}. Jetzt also kann ich antworten, $a \cdot a \cdot a$ sei a^n, da der Exponent n, der Potenzanzeiger, erst durch die Angabe des Ziffernsystems realisierbar wird. Ebenso wäre es bei einer Addition a + a + a + a + a = 5 a. Bei vorläufig unbestimmtem Ziffernsystem dürfte ich behaupten, a + a + + a + a + a sei vorläufig m a. Den Wert von m könnte ich erst sagen, wenn man mir mitteilte, in welchem System ich es schreiben solle. Und so fort.

Elftes Kapitel

Algebraische Operationen

Nun wissen wir aber schon so viel von der Algebra, daß wir uns mit ihren Rechenregeln befassen müssen. Vor allem leuchtet es uns ein, daß wir den Algorithmus der Ziffernsysteme nicht ohne weiteres auf unsere Buchstaben übertragen können. Wir können weder wirkliche Stellenwertsysteme bilden, da ja alles allgemein und unbestimmt bleiben soll, noch können wir etwa in der Art des Ziffernrechnens addieren, subtrahieren, multiplizieren und dividieren. Dies auch deshalb nicht, weil ja dieser Algorithmus direkt mit dem Stellenwertprinzip zusammenhängt. Wenn man sagte: a + b = c, bleibt eins — würde auch ein Nichtmathematiker mit Recht lachen.

Wir wollen uns jetzt also, stets unsere Äpfel, Birnen usw. vor dem inneren Auge, zuerst die Grundrechnungsarten zusammensuchen und dann etwas kühner werden.

a + b heißt, daß ich zwei zwar konstante aber beliebige, voneinander verschiedene Größen addieren soll. Verschieden sind sie, weil ich sie verschieden benannt habe. Was soll ich damit anfangen? a + b bleibt a + b, wenn ich bloß „ausrechnen" will. Höchstens kann ich sagen, es sei auch b + a, da bei der Addition das Gesetz der Kommutativität, der Vertauschbarkeit der Summanden, gilt. Weiter ist a + b + c + d natürlich auch nur a + b + c + d oder a + b + d + c oder b + c + a + d usw., a + a = 2 a, das wissen wir schon. Folglich ist etwa

a + a + a + b + b + c + c + c + c + d = 3 a + 2 b + 4 c + d.

Den Koeffizienten 1 schreibt man nicht. d heißt soviel wie 1 d oder 1 mal d. Indiziert geschrieben, wobei ich besser die verpönten Buchstaben vermeiden kann, hätte ich für das vorherige Gestaltbild:

$$a_1 + a_1 + a_1 + a_2 + a_2 + a_3 + a_3 + a_3 + a_3 + a_4 =$$
$$= 3\,a_1 + 2\,a_2 + 4\,a_3 + a_4.$$

Nun hätte ich zwei additive Ausdrücke vor mir, die ich addieren soll. Etwa:

$$\begin{array}{r} 3\,a + 27\,b + 10\,c + d + 15\,e + 8\,f \\ 7\,a + 0\,b + 9\,c + 13\,d + 6\,e + 101\,f \end{array}$$ und

Summe: $10\,a + 27\,b + 19\,c + 14\,d + 21\,e + 109\,f$.

Wie man sieht, addiert man einfach die Koeffizienten und hat (natürlich ohne Stellenwert) eine Art von Additionsschema aufgestellt. Ich hätte die beiden Ausdrücke, durch ein Pluszeichen verbunden, mit oder ohne Klammern, einfach in eine lange Reihe schreiben können. Etwa so:

$(3\,a + 27\,b + 10\,c + d + 15\,e + 8\,f) + (7\,a + 0\,b + 9\,c + 13\,d + 6\,e + 101\,f) = 3\,a + 27\,b + 10\,c + d + 15\,e + 8\,f + 7\,a + 0\,b + 9\,c + 13\,d + 6\,e + 101\,f = 10\,a + 27\,b + 19\,c + 14\,d + 21\,e + 109\,f$.

Natürlich kann man verschieden indizierte oder mit verschiedenen Potenzanzeigern versehene, daher nur scheinbar gleiche Größen nicht addieren, d. h. nicht durch neue Koeffizienten verschmelzen.

$a_1 + a_2 = a_1 + a_2 = a_2 + a_1$, was ich auch immer treibe. Ebenso ist $a^2 + a^0 + a^3$ nie etwas anderes als $a^2 + a^0 + a^3$ oder steigend geordnet $a^0 + a^2 + a^3$ oder fallend geordnet $a^3 + a^2 + a^0$ oder ungeordnet $a^2 + a^3 + a^0$ oder $a^3 + a^0 + a^2$ oder $a^0 + a^3 + a^2$.

Kurz, es sind im zweiten Beispiel zwar sechs Permutationen der Reihenfolge möglich, da drei Elemente vorliegen (Zahl der Permutationen also $3! = 1 \cdot 2 \cdot 3 = 6$), aber ansonsten ändert sich das Gestaltbild durchaus nicht.

Die Subtraktion, so sagten wir, sei einseitig gerichtet. $a - b$ ist also nichts als $a - b$. Und $2\,a - 6\,b + 7\,c - a + 4\,b - 2\,c$ ist soviel wie $2\,a - a + 4\,b - 6\,b + 7\,c - 2\,c$ oder a ...: hier stocken wir. Denn plötzlich steht ein neuer Begriff vor uns. Wir können zwar die a und die c behandeln, nicht aber die b. Denn wie soll ich von 4 Birnen 6 Birnen abziehen? Wir wollen uns simpel aus der Schlinge befreien. Ebenso, sagen wir, wie ein Kaufmann, der 100 Zechinen besitzt und 120 schuldet, diese Tatsache verbucht. Er bleibt eben 20 Zechinen schuldig, besitzt minus 20 Zechinen, wenn das Paradoxon gestattet ist. In der Mathematik ist es sicherlich gestattet. Unsere Rechnung ergibt als Abschluß a, 5 c und minus 2 b, oder angeschrieben $a - 2b + 5c$ oder $a + 5c - 2b$ oder $5c - 2b + a$ usw. Wenn wir aber nur $4b - 6b$ zu berechnen hätten, müßten wir schreiben $4b - 6b = -2b$. Damit sind wir zum Begriff der negativen Zahlen vorgestoßen, die wir als negative konkrete und negative allgemeine (algebraische) Zahlen betrachten wollen. Wir können sie uns als Abschnitte auf einer Linie aufgetragen denken.

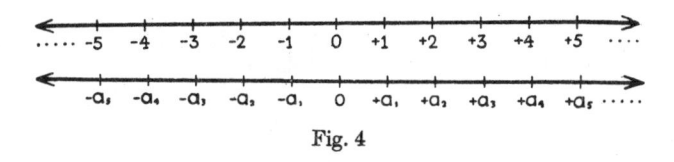

Fig. 4

Die Null ist an sich keine Zahl. Sie wird nur oft behandelt, als ob sie eine Zahl wäre. Sie ist das Nichts. Und ist deshalb weder allgemein noch konkret oder beides. Wie man will. Es ist unüblich, bei positiven (Plus-)Zahlen das Pluszeichen zu schreiben. Bei negativen Zahlen oder Minuszahlen muß man das Minuszeichen schreiben. Dies ist eine Analogie zur Schreibung der nächsthöheren zusammensetzenden und auflösenden Operation. Dreimal a schreibt man $3 \cdot a$ oder $3 \times a$ oder $3a$. Gewöhnlich $3a$. Die Operation $3 : a$ kann man nur $3 : a$ oder $\frac{3}{a}$ schreiben.

Nun müssen wir aber noch die Klammern einführen, um zu höherer Betrachtungsweise aufsteigen zu können. Die Klammern, die wir schon einige Male kommentarlos verwendeten, etwa beim Binomial-Koeffizienten, bedeuten, daß alles, was innerhalb der Klammern steht, gleichsam als eigenes Reich, zusammengehört. Wenn man den Inhalt der Klammern herausnimmt, kann man die Klammern weiter nicht beachten und mit dem Inhalt so verfahren, als ob es ein selbständiger Ausdruck wäre. Etwa

$$10.000 - (5020 + 23 - 448) = ?$$

Zuerst nehme ich den Inhalt der Klammern, rechne ihn aus, erhalte 4595 und kann jetzt ohne Klammern $10.000 - 4595 = 5405$ schreiben. Wenn ich jedoch gedacht hätte, die Klammer sei überflüssig, und sie vor der Berechnung ihres Inhaltes fortgelassen und geschrieben hätte: $10.000 - 5020 + 23 - 448$, würde ich 4555, also etwas durchaus Falsches erhalten haben. Versuchen wir noch ein anderes Beispiel

$$15.375 - 320 + \underbrace{(8220 - 26 + 400)}_{8594} =$$
$$15.055 + \qquad\qquad\qquad = 23.649.$$

Schreibe ich nun in unerlaubter Art:

$15.375 - 320 + 8220 - 26 + 400$, so erhalte ich merkwürdigerweise auch 23.649, also die richtige Zahl. Wie ist das zugegangen? Darf man also Klammern einfach fortlassen? Um es gleich zu verraten: Man darf sie fortlassen, wenn ein Pluszeichen unmittelbar vor der Klammer steht, und man darf sie nicht oder erst nach Ausrechnung oder nach bestimmten Veränderungen fortlassen, wenn ein Minuszeichen unmittelbar vor der Klammer steht. Um dies aber zu erklären, müssen wir tiefer in das Wesen der negativen Zahlen eindringen. Hierzu wollen wir sämtliche Zahlen mit „Vorzeichen" (+ oder —) versehen und in Klammern setzen, um die „Vorzeichen" von den „Operationsbefehlen" zu unterscheiden, die mit den gleichen Zeichen (+ oder —) geschrieben werden. $5 + 7$ heißt nämlich, sobald wir einmal nicht mehr nur mit natürlichen, sondern mit positiven und negativen Zahlen zu rechnen haben, eigentlich soviel wie $(+5) + (+7)$, was $(+12)$ ergibt. Eine Subtraktion wie $12 - 7 = 5$ heißt aber soviel wie $(+12) - (+7) = (+5)$.

Nun wollen wir uns den Sinn der beiden Rechnungsoperationen, Addition und Subtraktion, einmal auf der Zahlenlinie ansehen, bevor wir uns mit den Operationen mit negativen Zahlen befassen.

Es ist ohne viel Nachdenken einleuchtend, daß der „Additionsbefehl" auf dieser Zahlenlinie in verschiedener Art befolgt werden kann. Addieren wir von Null nach rechts, also lauter positive Zahlen, dann muß ich durch Addition stets weiter

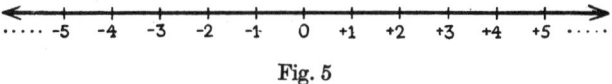

```
← ·····-5  -4  -3  -2  -1  0  +1  +2  +3  +4  +5 ····· →
```

Fig. 5

nach rechts rücken. Etwa: $(+1) + (+2) = (+3)$ und hierauf $(+3) + (+1) = (+4)$ usw. Addiere ich nun gleichsam das Spiegelbild, also links der Null $(-1) + (-2)$, so erhalte ich (-3). Und weiter $(-3) + (-1) = (-4)$. Denn ich habe gleichsam Schulden aufeinandergehäuft. Bei Subtraktionen, die entweder nur rechts oder nur links von der Null bleiben, muß die Richtung umgekehrt sein. Ich rücke von außen gegen die Null vor. Also etwa $(+4) - (+3) = (+1)$ oder im Spiegelbild: $(-4) - (-3) = (-1)$, in welchem Fall ich gleichsam von der Schuldsumme 4 die Schuldsumme 3 weggenommen, mich also entschuldet, d. h. näher an die Null (die Schuldenfreiheit) herangepürscht habe. Anders müssen die Verhältnisse liegen, wenn ich bei meinen Rechnungen die Null überschreite. Ich hätte etwa $(+3)$ und (-2) zu addieren. Hier muß ich sozusagen die Zahlenlinie bei der Null zerschneiden und die Teile entsprechend aneinanderlegen.

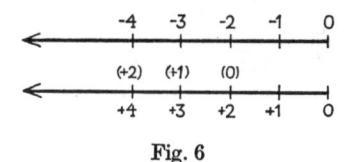

```
         -4    -3    -2    -1    0
    ←────┼─────┼─────┼─────┼─────┤
         (+2) (+1)  (0)
    ←────┼─────┼─────┼─────┼─────┤
         +4    +3    +2    +1    0
```

Fig. 6

Und zwar so weit, daß jede Minusgröße oberhalb der entsprechenden Plusgröße steht. Sind Schulden und Guthaben in dieser Art gleichgemacht, dann sehe ich zu, ob sich bei einer dieser beiden Kategorien ein Überschuß ergibt. Da ich aber weiters durch die gegenseitige Aufhebung der Schulden und der Guthaben einen neuen Nullpunkt erzeugt habe, schreibe ich ihn in Klammern zu dem Teil der Zahlenlinie, auf dem sich der Überschuß ergab. Hier also zu dem „Plus"-Teil. Und numeriere von dieser neuen Null weiter. Die untere Zahl (hier $+3$) zeigt an, wie weit ich vorrücke; die obere, eingeklammerte, zeigt das Ergebnis, hier also $(+1)$, an. Daher: $(+3) + (-2) = (+1)$. Hierzu wieder das Spiegelbild:

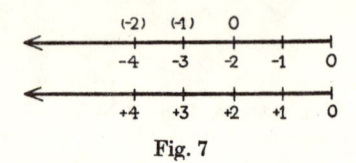

Fig. 7

Hier überragt der Minusteil den Plusteil. Plus 2 und Minus 2 heben sich zur neuen Null. Daher Ergebnis: die neue Zahl oberhalb der Minusdrei, also

$$(-3) + (+2) = (-1).$$

Nun hätten wir noch die Subtraktion mit Überschreitung der Nullgrenze. Hier müssen wir besonders aufmerksam vorgehen. Wir wählen etwa $(+2) - (-1)$.

Was mag das ergeben? Wir haben von einem Guthaben von 2 Schulden im Betrage von 1 wegzunehmen. Wir haben also nicht nur das Guthaben behalten, sondern noch Schulden weggenommen. Folglich ergibt unsere Rechnung: Guthaben 2, weggenommene Schuld 1, also Guthaben 3. Oder $(+2) - (-1) = (+3)$.

Nun wollen wir alle bisher behandelten und dazu noch andere mögliche Fälle untereinanderschreiben, um daraus Regeln ableiten zu können.

$(+1) + (+2) = (+3)$ $(+3) + (-2) = (+1)$
$(-3) + (-1) = (-4)$ $(-3) + (+2) = (-1)$
$(+4) - (+3) = (+1)$ $(+2) - (-1) = (+3)$
$(-4) - (-3) = (-1)$ $(-2) - (+1) = (-3)$

Wenn wir die Aufstellung sorgfältig betrachten und uns auszudenken versuchen, wie wir die Klammern vermeiden könnten, kommen wir zu folgendem Ergebnis:

$$+1+2=+3 \qquad +3-2=+1$$
$$-3-1=-4 \qquad -3+2=-1$$
$$+4-3=+1 \qquad +2+1=+3$$
$$-4+3=-1 \qquad -2-1=-3$$

Was bedeutet das nun? Wohl nichts anderes, als daß der „Befehl" sich mit dem „Vorzeichen" in einer merkwürdigen Art verbinden kann. Die erste Reihe, vor der kein Befehl stand, habe ich unverändert gelassen und einfach die Klammer fortgenommen, da sich durch dieses Fortnehmen durchaus nichts ändern kann, was auch ein Blick auf die Zahlenlinie bestätigt. Wo aber der Befehl vor der Klammer stand, sind nach Fortlassen der Klammer teils Veränderungen eingetreten, teils ist alles beim alten geblieben. Und zwar hat $+$ mit $+$ wieder $+$, $+$ mit $-$ ein $-$, $-$ mit $+$ ein $-$, $-$ mit $-$ ein $+$ ergeben. Noch zusammengefaßter: Sind Vorzeichen und Befehl gleich, dann resultiert Plus. Sind sie ungleich, dann resultiert Minus. Diese Regel gilt aber nicht nur für **eine** Zahl in einer Klammer, sondern auch für mehrere. Eine genaue Ableitung dieser Beziehungen würde sehr langwierig sein. Daher wollen wir uns mit dem Erkannten begnügen und es anzuwenden versuchen. Etwa:

$$20-(3+5-7+6-9)=20-3-5+7-6+9=22,$$

was auch das Resultat wäre, wenn ich den Klammerausdruck ausgerechnet, also $20-(-2)$, somit $20+2=22$ geschrieben hätte. Nun ist uns ein Rätsel klar, das uns vorhin undurchsichtig blieb. Warum wir nämlich bei einem Plus vor der Klammer die Klammer einfach weglassen können. Trifft nämlich Plus auf Plus, so bleibt das Plus. Trifft es dagegen auf Minus, dann bleibt das Minus. Etwa:

$$25+(6-8+4+12-3)=25+6-8+4+12-3=36$$

oder mit vorheriger Ausrechnung der Klammer $25+11=36$. Wir können aber nun auch Zahlen, die größer sind als andere, von diesen subtrahieren. Etwa: $13-20=(+13)-(+20)=$ $=(-7)$ oder $13-20=-7$, da ich hier gleichsam mit 13 Zechinen eine Schuld von 20 zahlen soll, also um 7 zu wenig oder 7 Zechinen Schulden habe.

Es wird ausdrücklich bemerkt, daß dies alles ein wenig beiläufig vorgetragen wurde. Weit eleganter könnte man auch das Vorzeichen als „Befehl" auffassen, nämlich als Befehl, auf der Zahlenlinie so weit vorzurücken, als die Zahl anzeigt. Und zwar in der Richtung, die das „Vorzeichen" befiehlt. Dann heißt (+ 3) soviel wie: „Rücke nach rechts bis 3 vor!" Und (— 7) hieße: „Rücke von der Null nach links bis 7 vor!" Nun kann dieser Vorrückungsbefehl mit einem Verknüpfungsbefehl (Addition oder Subtraktion) zusammentreffen. Man soll, wie wir es schon versuchten, auf der Zahlenlinie umherrücken und dabei verknüpfen. Wenn wir nun von den konkreten Zahlen ganz absehen und nicht einmal allgemeine Zahlen anschreiben, sondern bloß untersuchen, wie sich ein Zusammentreffen von „Befehlen" auswirkt, haben wir eine Operation nur mit Befehlen oder ein sogenanntes „Symbolkalkül" vor uns. Wir dürfen in diesen höchsten Zweig der Kabbala noch nicht näher eindringen. Aber wir wollen feststellen, daß wir einen simplen Fall der „Befehlsverbindung" oder des „Symbolkalküls" ausführen, wenn wir sagen, daß sich gleiche Plus- und Minusbefehle zu Plus, ungleiche dagegen zu Minus verknüpfen.

Nun wollen wir zu mehrfachen Klammern vorstoßen. Wir haben sie schon einmal ohne nähere Erklärung angeschrieben. Jetzt wollen wir uns einen Fall solcher ineinandergeschachtelter Klammern ansehen. Es wäre etwa gefordert, daß das Resultat von $(3+4-7+2)$ von 6 abzuziehen sei. Was hierbei herauskomme, sei von 15 abzuziehen und dazu noch 5 zu addieren. Das Ganze aber sei von $23-7+6$ zu subtrahieren. Und zwar all dies, ohne eine vorherige Ausrechnung vorzunehmen. Wir setzen an:

$$(23-7+6) - \{15 - [6 - (3+4-7+2)] + 5\} = ?$$

Die Regel lautet, daß Klammern, die ich äußerlich als sogenannte runde, eckige und geschwungene voneinander unterschied, am sichersten von innen nach außen aufgelöst werden. Ich könnte auch von außen nach innen auflösen, dies ist jedoch erfahrungsgemäß unsicherer in der Handhabung. Also zuerst die Auflösung der runden Klammern:

$$23 - 7 + 6 - \{15 - [6 - 3 - 4 + 7 - 2] + 5\} = ?$$

Dann werde die eckige Klammer aufgelöst:
$$23 - 7 + 6 - \{15 - 6 + 3 + 4 - 7 + 2 + 5\} = ?$$
Und endlich die geschwungene:
$$23 - 7 + 6 - 15 + 6 - 3 - 4 + 7 - 2 - 5 = 6,$$
ein Ergebnis, das ich natürlich auch durch Einzelausrechnung der Klammern erhalten hätte. Alles vor den Klammern ist nämlich 22, alles in den Klammern ergibt 16, die Differenz ist also 6. Wenn wir den Vorgang verfolgen, so sehen wir, daß bei der Klammerauflösung manche Ziffer mehr als einmal das Vorzeichen wechselt, bis sie schließlich, nachdem sie in dieser Rechenmaschine durch eine Vielzahl einander kreuzender Befehle hin und her gerissen wurde, im klammerlosen Ausdruck ihr endgültiges Vorzeichen erhält. Es sei nur angedeutet, daß dieser Wechsel eine Multiplikation der Befehle bedeutet, was wir später näher ausführen werden.

Es ist nämlich höchste Zeit, zur Algebra zurückzukehren, die wir bei der Erörterung der Subtraktion verwirrt verließen. Jetzt wird sie uns bei dieser Rechnungsoperation keine Rätsel mehr aufgeben. Denn wenn ich etwa zwei Äpfel besitze und zwei hergeben muß, habe ich 0 Äpfel oder nichts. Besitze ich aber 6 Äpfel und muß 4 hergeben, dann bleiben mir 2 Äpfel. Besäße ich aber 3 Äpfel und müßte 7 abgeben, so wäre ich 4 Äpfel schuldig. Und hätte ich endlich eine Schuld von 5 Äpfeln und dazu noch eine von 3 Äpfeln, so wäre die Gesamtschuld 8 Äpfel usw.

$(+ 5 \text{ a})$ sind 5 Äpfel Besitz, $(- 8 \text{ a})$ sind 8 Äpfel Schulden. Und ich denke, daß wir jetzt die Zwischenstufen nicht mehr zu durchforschen brauchen, sondern gleich zu Klammerausdrücken übergehen dürfen. Und dies sogar mit verschieden benannten Zahlen.

$$15a - \{6a + [3b + 5c - 2a] + [3c - (5a + 7b)] + c\} =$$
$$= 15a - \{6a + [3b + 5c - 2a] + [3c - 5a - 7b\ ] + c\} =$$
$$= 15a - \{6a + 3b + 5c - 2a + 3c - 5a - 7b + c\} =$$
$$= 15a - 6a - 3b - 5c + 2a - 3c + 5a + 7b - c =$$
$$= 16a + 4b - 9c.$$

Wie man merkt, ist in der Algebra ein sogenanntes „Ausrechnen" innerhalb der Klammern nur dann möglich, wenn innerhalb der Klammern gleichbenannte Größen stehen. Also etwa:

$17a - [6b + (9a - 3b + c + 5a - 2c + b) + 2b] = ?$

Hier könnte ich vor der Klammerauflösung

$17a - [8b + (14a - 2b - c)]$ schreiben, was schließlich
$17a - [8b + 14a - 2b - c] = 17a - 6b - 14a + c =$
$= 3a - 6b + c$ ergäbe.

Schon die ganze Zeit über hatten wir es auf der Zunge liegen, daß die Addition und auch die Subtraktion vertauschbar in den Einzelbestandteilen ist, wenn man bei jeder Zahl ihr „Vorzeichen", ihren Befehl, stehenläßt; oder auch das Ergebnis aller Befehle, die die Zahl etwa erhalten hätte. Wir gelangen auf diese Art zum Begriff der sogenannten algebraischen oder arithmetischen Summe. Es gibt nämlich, von einem gewissen Gesichtswinkel aus betrachtet, überhaupt keine Subtraktion, sondern nur eine Addition von Plus- oder Minuszahlen. $5 - 3 - 2 + 4$ kann ich schreiben $+(+5) + (-3) + (-2) + (+4)$. Man könnte natürlich ebensogut behaupten, es gebe nur Subtraktionen. Und hätte dann gleichsam die algebraische oder arithmetische Differenz. In unserem Fall $-(-5) - (+3) - (+2) - (-4)$, was wieder dasselbe, nämlich $(+4)$ als Ergebnis liefert. Es existiert also auch ein Gesetz der Kommutativität oder der Vertauschbarkeit der Befehle, wobei ich bei einer Pluszahl zudem nie weiß, ob sie ihr Plus aus Plus und Plus oder aus Minus und Minus erhalten hat. Doch dies nur nebenbei. Festgestellt soll werden, daß wir unser Beispiel als Summe, als Addition, schreiben und außerdem die Summanden vertauschen dürfen. Also etwa: $+(-2) + (+5) + (+4) + (-3)$, was natürlich wieder $(+4)$ ergibt.

Wir sind in der Allgemeinheit unserer Auffassungen wieder um ein gutes Stück weitergekommen und wollen daher (was nicht der Logik, aber unserer gesteigerten Waghalsigkeit entspringt) neben das Prinzip der Vertauschbarkeit ein der Multiplikation eigentümliches neues Prinzip, nämlich das der bezüglichen Zuteilung oder der „Distributivität", stellen. Wir behaupten, daß $5(7 + 4 - 3 + 9)$ gleich ist $5 \cdot 7 + 5 \cdot 4 - 5 \cdot 3 + 5 \cdot 9 = 35 + 20 - 15 + 45 = 85$, was augenscheinlich stimmt, da nach Ausrechnung der Klammer 5 · 17, also ebenfalls 85 resultiert.

Allgemein geschrieben ist

a(b + c − d + e − f) = ab + ac − ad + ae − af, was wir in diesem Beispiel natürlich nicht weiter prüfen können. Wir könnten es höchstens durch Einsetzen konkreter Ziffern verifizieren. Um das grundlegende Prinzip jedoch anschaulicher zu machen, bedienen wir uns in euklidischer Art eines geometrischen Beweises. Und zwar wollen wir vorläufig lauter Additionen in die Klammern stellen. Etwa:

a(b + c + d + e + f) = ab + ac + ad + ae + af.

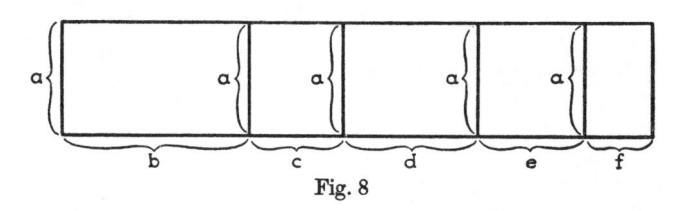

Fig. 8

Die Flächen der fünf Rechtecke, die wir aneinandergereiht haben, sind nach der uns schon bekannten „Spannteppich"-Formel: ab, ac, ad, ae und af. Die Summe aller Rechtecke also ab + ac + ad + ae + af. Diese Summe ist aber nichts anderes als das große dickgeränderte Rechteck. Wollen wir nämlich das große Rechteck unmittelbar in seiner Fläche ausdrücken, dann müssen wir die „Länge", die sich als (b + c + d + e + f) angeben läßt, mit der „Breite" a multiplizieren. Also a(b + c + d + e + f). Da beide Berechnungsarten dasselbe Ergebnis liefern müssen, ist a(b + c + d + e + f) = = ab + ac + ad + ae + af, womit unsere obige Behauptung auch allgemein verifiziert ist.

Wir überlassen es der Laune des Lesers, sich die einzelnen Teil-Rechtecke auszuschneiden und unser Prinzip auch für den Fall zu verifizieren, als innerhalb der Klammern Minuszeichen auftreten. Er wird dann die „positiven" Rechtecke nebeneinanderlegen und die „negativen" durch Darüberlegen abziehen. Und wird weiter beweisen, daß er als Ergebnis wieder dasselbe erhält, wie wenn er bei gleichbleibendem a die untere Linie, die aus b, c, d usw. besteht, unabhängig davon durch Addition und Subtraktion bestimmt hätte.

Nun können wir dieses „Prinzip der bezüglichen Zuteilung" oder „Distributivität" auch auf „Polynome", d.h. auf Ausdrücke, ausdehnen, die nicht bloß aus einer, sondern aus zwei oder mehreren Zahlen bestehen. Wir wollen diesmal euklidisch-geometrisch beginnen:

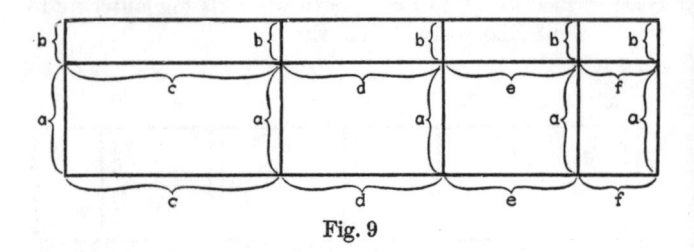

Fig. 9

Hier erhalten wir acht Rechtecke. Und zwar, gleich als Flächen ausgedrückt, ac, ad, ae, af und oben bc, bd, be, bf. Die Gesamtfläche ist aber $(a + b) \cdot (c + d + e + f)$. Also ist, verwechselt (kommutativ) geschrieben,

$(c + d + e + f) \cdot (a + b) = ac + ad + ae + af + bc + bd + be + bf$.

Damit haben wir das Grundgesetz oder die Grundrechnungsregel der algebraischen Multiplikation festgestellt. Sie lautet: Ist ein mehrgliedriger Ausdruck mit einem anderen mehrgliedrigen Ausdruck zu multiplizieren, dann multipliziere man (unter Vorzeichenberücksichtigung)[1] zuerst mit dem ersten Glied des zweiten Polynoms alle Glieder des ersten Polynoms und hierauf mit dem zweiten Glied des zweiten Polynoms alle Glieder des ersten Polynoms usw. oder umgekehrt. Denn hier gelten Vertauschbarkeit und Zuteilung nebeneinander. Die Regel sieht sehr kompliziert aus, ist aber nichts anderes, als das, was wir in der Elementarschule als Multiplikation lernten. Sogar noch etwas Einfacheres, da die Multiplikation der Ele-

---

[1] Dafür wieder gilt unser Gesetz der Befehlsverknüpfung: Gleiche Vorzeichen geben Plus, ungleiche Minus.

mentarschule neben Distributivität und Vertauschbarkeit der Faktoren noch den Stellenwert und die Größenfolge zu berücksichtigen hat. Auch das wollen wir später zeigen. Vorerst jedoch eine einfache Multiplikation algebraischer Polynome (Vielgliederausdrücke).

$(7\,a + 5\,b + 8\,c + 9\,d + e) \cdot (2\,f + 4\,g + 6\,h) = 14\,a\,f +$
$+ 10\,b\,f + 16\,c\,f + 18\,d\,f + 2\,e\,f + 28\,a\,g + 20\,b\,g +$
$+ 32\,c\,g + 36\,d\,g + 4\,e\,g + 42\,a\,h + 30\,b\,h + 48\,c\,h +$
$+ 54\,d\,h + 6\,e\,h.$

An diesem Ergebnis ist nichts weiter zu vereinfachen. Man könnte gewisse Umformungen vornehmen, das wollen wir jedoch jetzt nicht erörtern. Wie man sieht, haben wir die konkreten Zahlen, die Koeffizienten, einfach miteinander multipliziert. Es ist das natürlich im Wesen nichts anderes als die Multiplikation der allgemeinen Zahlen a, b, c usw. Nur konnten wir infolge eines eigenen Algorithmus die konkreten Zahlen miteinander zu neuen Zahlen verschmelzen. Wir hätten ja eigentlich zuerst anschreiben sollen: $7\,a \cdot 2\,f$ oder $7 \cdot 2 \cdot a \cdot f$, dann $5\,b \cdot 2\,f$ oder $5 \cdot 2 \cdot b \cdot f$ usw. Nun kann es auch vorkommen, daß infolge eines anderweitigen Algorithmus auch die allgemeinen Zahlen verschmelzbar sind. Haben wir etwa $(2\,a + 3\,b) \cdot (5\,a + 7\,a\,b)$ miteinander zu multiplizieren, so müßten wir anschreiben:

$(2a + 3b) \cdot (5a + 7ab) = 5a \cdot 2a + 5a \cdot 3b + 7ab \cdot 2a +$
$+ 7ab \cdot 3b = 10aa + 15ab + 14aab + 21abb.$

Nun wissen wir aber schon, was $a \cdot a$ und $b \cdot b$ bedeutet. Also Schlußergebnis: $10\,a^2 + 15\,a\,b + 14\,a^2\,b + 21\,a\,b^2$.

Wir wollen auf Grund des letzten Beispiels einen neuen Begriff gewinnen. Nämlich das sogenannte „Herausheben" von Faktoren. Dieses „Herausheben" ist eine Folge des Gesetzes der bezüglichen Zuteilung (Distributivität) oder auch seine Umkehrung. Äußerlich können wir dadurch einen ungeklammerten Ausdruck in Klammergruppen oder in einen Faktor, der mit einer Klammergruppe zu multiplizieren ist, verwandeln. Wir verwenden unser letztes Resultat:

$$10\,a^2 + 15\,a\,b + 14\,a^2\,b + 21\,a\,b^2.$$

Wenn wir fragen, welche Zahl überall enthalten ist, so sehen wir auf den ersten Blick, daß a dieser Bedingung genügt. Wir wollen also jetzt a als „Faktor" herausheben.

$$10\,a\,a + 15\,a\,b + 14\,a\,a\,b + 21\,a\,b\,b.$$

Was ist der andere Faktor? Natürlich $10\,a + 15\,b + 14\,a\,b + 21\,b\,b$. Also dürfen wir jetzt für das obige Resultat auch schreiben: $a\,(10\,a + 15\,b + 14\,a\,b + 21\,b\,b)$, da die Multiplikation ja wieder zum ersten Ausdruck zurückführen würde. Wir können aber auch in anderer Art „herausheben". Etwa:

$$2\,(5\,a^2 + 7\,a^2\,b) + 3\,(5\,a\,b + 7\,a\,b^2) \quad \text{oder}$$
$$10\,a^2 + b\,(15\,a + 14\,a^2 + 21\,a\,b) \quad \text{oder}$$
$$10\,a^2 + 15\,a\,b + 7\,a\,b\,(2\,a + 3\,b) \quad \text{oder}$$
$$10\,a^2 + a\,b\,[15 + 7\,(2\,a + 3\,b)] \quad \text{oder}$$
$$a\,\{10\,a + b\,[15 + 7\,(2\,a + 3\,b)]\} \quad \text{usw.}$$

Das „Herausheben" bei verwickelteren Ausdrücken ist eine Kunst, die geübt sein will. Das Herausheben ist oft von ungeheurer Bedeutung, da durch Umformungen besonders bei Brüchen, deren Zähler und Nenner algebraische Ausdrücke sind, das Kürzen ermöglicht werden kann. Doch wir wollen nicht vorgreifen. Wir wollen uns vielmehr das Gesetz der Zuteilung noch bei negativen Zahlen ansehen. Schreiben wir, vorläufig als „algebraische Summe", die Aufgabe $[(+\,a) + (-\,2\,b)]\,[(+\,c) + (-\,3\,d)]$, dann erhalten wir als Ergebnis:

$$(+c)(+a) + (+c)(-2b) + (-3d)(+a) + (-3d)(-2b) =$$
$$= a\,c \;-\; 2\,b\,c \;-\; 3\,a\,d \;+\; 6\,b\,d,$$

was wir auch erhalten hätten, wenn wir simpel $(a - 2\,b)(c - 3\,d) = a\,c - 2\,b\,c - 3\,a\,d + 6\,b\,d$ gerechnet hätten. Wieder gilt die Regel, daß die Multiplikation ungleicher Vorzeichen Minus, die Multiplikation gleicher Plus ergibt. Nun wird man fragen: Wo sind im zweiten Fall die Vorzeichen? Wir antworten: Sie sind als „Befehlsverschmelzung" vor den Zahlen zu suchen. Das $(a - 2\,b)$ heißt eben algebraisch $[+\,(+\,a) + (-\,2\,b)]$ oder $[-\,(-\,a) - (+\,2\,b)]$ oder $[+\,(+\,a) - (+\,2\,b)]$.

Bei der distributiven Multiplikation treffen neue Vorzeichen auf diese Vorzeichen, so daß etwa die erste Zahl des Resultats

so entstanden sein kann: $+(+a) \cdot +(+c)$ oder $(-a) \cdot -$
$-(+c)$, was stets a c ergibt. Das zweite Glied könnte dagegen in folgender Art zustande gekommen sein: $+(-2b) \cdot +$
$+(+c)$ oder $-(+2b) \cdot +(+c)$ oder $+(-2b) \cdot -(-c)$,
was stets $-2bc$ liefert.

Wir erweitern jetzt unsere Vorzeichen- oder Befehlsverknüpfungsregel und sagen: Treffen multiplikativ eine Anzahl von Vorzeichen zusammen, d. h. sind sie zu verknüpfen, dann gibt jede Anzahl von Plus stets wieder Plus. Bei Minus nur eine gerade Anzahl, da sich die Minuszeichen paarweise zu Plus verbinden. Eine ungerade Anzahl von Minus ergibt Minus. Treffen dagegen Plus und Minus in beliebiger Anzahl zusammen, dann erhalten wir ohne Rücksicht auf die Anzahl der Plusfaktoren ein positives Resultat, wenn die Minus in gerader Anzahl vorkommen. Sonst ein negatives Resultat. Also etwa:

$(+a) \cdot (+b) \cdot (+c) = (+abc)$ (ungerade Anzahl)
$(+a) \cdot (+b) \cdot (+c) \cdot (+d) = (+abcd)$ (gerade Anzahl)
$(-a) \cdot (-b) \cdot (-c) \cdot (-d) = (+abcd)$ (gerade Anzahl)
$(-a) \cdot (-b) \cdot (-c) = (-abc)$ (ungerade Anzahl)
$(+a) \cdot (+b) \cdot (+c) \cdot (-d) \cdot (-e) = (+abcde)$
(gerade Anzahl der Minus)
$(+a) \cdot (+b) \cdot (-c) \cdot (-d) \cdot (-e) = (-abcde)$
(ungerade Anzahl der Minus).

Wir sind nunmehr imstande, bei genügender Aufmerksamkeit jede ganzzahlige algebraische Multiplikation zu bewältigen. Wir wollen ein etwas verwickelteres Beispiel rechnen:

$$(5ab + 3ad + 9bc)(abc - 6de) =$$
$$= 5a^2b^2c + 3a^2bcd + 9ab^2c^2 - 30abde - 18ad^2e - 54bcde.$$

Ein weiteres Beispiel

$$(a-b)(2a+3b) = 2a^2 - 2ab + 3ab - 3b^2.$$

Hier taucht etwas auf, das wir noch nicht antrafen. Es kommt nämlich a b zweimal vor. Einmal als $(-2ab)$ und das zweitemal als $(+3ab)$. Wir dürfen hier addieren bzw. subtrahieren, da das a b ebenso eine algebraische Größe ist wie das a oder das b allein. Also: $(-2ab) + (+3ab) =$
$= 1ab$ oder a b. Folglich das Endresultat: $2a^2 + ab -$
$-3b^2$. Bei diesem Addieren (Subtrahieren) ist große Vorsicht

und Sauberkeit der Schrift notwendig, damit kein Irrtum vorfällt. Nur wenn die ganze Gruppe der allgemeinen Zahlen gleich ist, darf addiert und subtrahiert werden. Also etwa $7\,a^2 + 4\,a^2$ oder $5\,a\,b\,c^2 - 3\,a\,b\,c^2$. Dagegen wäre es unmöglich, die Zusammenziehung des Zweigliederausdruckes $5\,a\,b\,c^2 - 3\,a\,b^2\,c$ auf einen Einzelausdruck durchzuführen. Denn $a\,b\,c^2$ oder $a\,b\,c\,c$ ist der Gruppe $a\,b^2\,c$ oder $a\,b\,b\,c$ so fremd wie der Apfel der Birne, obgleich sie einander ähnlich sehen. Ähnlichkeit sagt gar nichts, nur durchgängige unbedingte Gleichheit entscheidet über die Addier(Subtrahier)barkeit!

Nun wollen wir einen weiteren Algorithmus allgemein durchforschen, nämlich den der Potenzierung. Was Potenzierung ist, wissen wir schon. Es ist eine aufbauende, zusammensetzende, synthetische oder thetische Rechnungsart, der Befehl, eine Zahl (die Basis) so oft als Faktor zu setzen, als der kleine Anzeiger (Exponent) oben rechts angibt.

$$a^2 = a \cdot a, \; a^3 = a \cdot a \cdot a, \; a^6 = a \cdot a \cdot a \cdot a \cdot a \cdot a \text{ usw.}$$

Wie multipliziere ich nun Potenzen miteinander? Etwa a^2 mit a^7. Schreiben wir es uns an:

$$(a \cdot a) \times (a \cdot a \cdot a \cdot a \cdot a \cdot a \cdot a).$$

Da nur Multiplikationen vorliegen, kann ich schreiben:

$$a \cdot a \cdot a \cdot a \cdot a \cdot a \cdot a \cdot a \cdot a = a^9.$$

Wie verhalten sich nun die Anzeiger 2 und 7 zum Anzeiger 9? Sehr einfach: 9 ist die Summe $2 + 7$. Die Angelegenheit ist eigentlich klar. Jeder Anzeiger befiehlt, so oft mit sich selbst zu multiplizieren, als seine Anzahl angibt. Verbinde ich mehrere Potenzen derselben Basis multiplikativ miteinander, dann habe ich so oft mit sich selbst zu multiplizieren, als alle Anzeiger zusammen, also ihre Summe, angeben. Also ist etwa $a^{15} \cdot a^6 = a^{15+6} = a^{21}$ und $b^{10} \cdot b^{11} \cdot b^7 = b^{10+11+7} = b^{28}$ usw. Wenn ich als Formel ganz allgemein diese Regel ausdrücken will, kann ich schreiben: $a^n \cdot a^m \cdot a^r \cdot a^s = a^{n+m+r+s}$ oder $b^c\,b^d\,b^f = b^{c+d+f}$ usw. Nun stelle ich mir eine andere Aufgabe. Was geschieht, wenn ich eine Potenz potenzieren will? Etwa a^3 zur fünften Potenz oder $(a^3)^5$. Hier müssen wir überlegen. Was heißt das? Doch nichts anderes als

$$a^3 \cdot a^3 \cdot a^3 \cdot a^3 \cdot a^3 = a^{3+3+3+3+3} = a^{5 \cdot 3}.$$

Also wieder eine höchst einfache Regel. Erhebe ich eine Potenz zur Potenz, dann sind die Anzeiger miteinander zu multiplizieren. Ganz allgemein $(a^n)^m = a^{nm}$ oder ein komplizierterer Fall $[(b^a)^m]^r = b^{amr}$ usw.

Zur Vervollständigung unserer Untersuchung sei wiederholt, daß jede Zahl zur nullten Potenz die Eins als Resultat liefert. Im Besitz der allgemeinen Schreibweise können wir jetzt behaupten: $a^0 = 1$, wobei a alle Werte von eins bis zu einer beliebig großen Zahl annehmen kann. Weiter ist $a^0 \cdot a^n = a^{0+n} = a^n$, da ja auch $1 \cdot a^n = a^n$, $a^n \cdot a$ ist selbstverständlich $a^n \cdot a^1 = = a^{n+1}$. Wenn wir uns schließlich fragen, wie groß $[(a^0)^3]^5$ ist, so ergibt sich $a^{0 \cdot 3 \cdot 5}$, also a^0 oder eins. Dies ist ebenfalls klar, da ja a^0 an sich schon eins ist, und eins zu jeder beliebigen Potenz wieder eins ergibt. Denn man kann 1 so oft als man nur will als Faktor setzen, ohne daß etwas anderes resultiert als 1.

Der tiefer blickende Leser wird hier eine sonderbare Verknüpfung aller drei uns bisher bekannten thetischen Rechnungsarten am Werke sehen. Potenzieren heißt multiplizieren mit sich selbst. Multiplikation von Potenzen hat Addition der Anzeiger zur Folge. Potenzieren der Potenz erzeugt Multiplikation der Anzeiger. Wir wollen hierzu nur andeuten, daß dieser ganze Algorithmus nichts ist als eine stets höher getürmte Addition mit gleichzeitiger Angabe, wie oft zu addieren ist. Denn $3^2 = 3 \cdot 3$ ist nichts anderes als die 3 dreimal als Summand gesetzt, also $3 + 3 + 3$. Und $3^2 \cdot 3^3 = 3^5 = 3 \cdot 3 \cdot 3 \cdot 3 \cdot 3$ ist wieder nichts anderes als die 3 dreimal-dreimal-dreimal-dreimal, also 81mal, als Summand gesetzt. Das aber ist 243 oder 3^5.

Kenner von Rechenmaschinen werden das gut verstehen. Denn jede sogenannte Multiplikationsmaschine beruht darauf, daß die gleiche Zahl additiv so lange aufsummiert wird, bis der Multiplikationsbefehl erfüllt ist. D. h. bis der gleiche Summand so oft aneinandergereiht ist, als der Multiplikator (der Multiplikations„anzeiger") angibt. Um nicht zu verwirren, brechen wir unsere Betrachtung ab und stellen nur fest, daß bisher jede thetische Operation aus der nächstniederen hervorging. So ist, wenn wir als Reihenfolge Addition, Multiplikation, Potenzierung annehmen, jede Multiplikation eine durch den Multiplikator befohlene Addition gleicher Summanden (die dem Multiplikanden gleich sind) und jede Potenzierung eine Multiplikation gleicher Faktoren (der Basis), wobei hier der Potenzanzeiger befiehlt, wie oft die Basis als Faktor gesetzt werden soll.

Wir dürfen nun vermuten, daß die Division in ähnlicher Art mit der Subtraktion zusammenhängt. Unsere Vermutung ist vollkommen berechtigt, wie ein einfaches Beispiel zeigt. Subtrahieren wir etwa von 120 fortlaufend 13, so erhalten wir

$120 - 13 = 107$ (1. Subtr.), $55 - 13 = 42$ (6. Subtr.),
$107 - 13 = 94$ (2. Subtr.), $42 - 13 = 29$ (7. Subtr.),
$94 - 13 = 81$ (3. Subtr.), $29 - 13 = 16$ (8. Subtr.),
$81 - 13 = 68$ (4. Subtr.), $16 - 13 = 3$ (9. Subtr.).
$68 - 13 = 55$ (5. Subtr.),

Jetzt geht es in positiven Zahlen nicht mehr weiter. Wir konnten neunmal subtrahieren und erhielten drei als Rest. Die „Division" ergibt

$$120 : 13 = 9, \text{ also genau dasselbe.}$$
$$3$$

Wir haben somit die Division als fortgesetzte Subtraktion entlarvt, was ebenfalls jeder Kenner von Rechenmaschinen weiß. Die Grundfrage der Division kann also nicht nur lauten: „Wie oft ist der Divisor im Dividenden enthalten und was bleibt für den Rest?", sondern ebenso berechtigt: „Wie oft kann ich dieselbe Größe von einer anderen abziehen und was bleibt schließlich übrig, wenn ich nicht ins Negative vorstoßen will?"

Nun sehen wir aber neuerlich an unserem Beispiel die geradezu ungeheure Überlegenheit des Divisionsalgorithmus gegenüber der fortgesetzten Subtraktion. Dort neun Subtraktionen mit ebenso vielen Fehlerquellen, hier ein einziger Griff, um zum Resultat zu kommen. Die mechanische Rechenmaschine kann sich die fortgesetzte Subtraktion erlauben. Erstens irrt sie nicht, weil ihre Zahnräder nur richtig arbeiten können. Zweitens ist die Umdrehungszahl ihrer Bestandteile fast beliebig zu steigern (heute schon durch Elektromotoren). Und drittens ist eine maschinelle Wiedergabe unseres schriftlichen Divisionsverfahrens überhaupt kaum möglich, da ja auf der Maschine die notwendige Gegenmultiplikation auch in Form fortgesetzter Addition erfolgt. Dies aber nur nebenbei.

Wir stehen jetzt, um in unseren algebraischen Forschungen zu einem vorläufigen Abschluß zu gelangen, vor dem Problem, wie man in allgemeinen Zahlen dividiert. Wir wollen beim einfachsten Fall beginnen. Was ergibt a : b ? Antwort: Nichts anderes als a : b. Denn die Division ist nicht verwechselbar, nicht kommutativ, da sie wie die Subtraktion nach einer Richtung hin auflöst, sie ist einseitig gerichtet. Wir könnten höchstens anders schreiben, etwa a : b = $\frac{a}{b}$. Das ist aber kein Gewinn, sondern nur eine andere Schreibart, ein anders notierter Befehl. Etwa wie a · b dasselbe heißt wie ab oder a × b. Wir könnten für die Division schließlich auch „a durch b" oder „a dividiert durch b". oder „a gebrochen durch b" schreiben. Oder gar „a verhält sich zu b" (wobei aber noch ein Nachsatz anzufügen wäre).

Wie bei der Multiplikation wollen wir drei Möglichkeiten der Division allgemeiner Zahlen untersuchen. Nämlich das Verhalten einzelner allgemeiner Größen mit und ohne Koeffizienten, das Verhalten von Potenzen und das Verhalten von „Vielgliederausdrücken" (Polynomen).

Bezüglich einzelner Größen wurde schon erwähnt, daß bei Ungleichnamigkeit (a : b) nichts weiter zu machen ist. Ich stehe dabei vor einem Befehl, den ich erst näher ausführen kann, sobald ich die allgemeinen Zahlen „einsetze". Etwa a = 12, b = 3. Dann ist natürlich a : b = 12 : 3 = 4. Es gibt aber auch andere Konstellationen. Was etwa ist 3a : a ? Wir fragen hier, wie sich die Menge von 3 Äpfeln zu einem Apfel verhält. Oder wie oft ein Apfel in einer Menge von drei Äpfeln enthalten ist. Die Antwort ist einleuchtend: 3a : a = 3. Und ganz allgemein n · a : a = n. Ebenso ist 15 a : 3 a = 5 und ba : a = b. Da weiter jede Zahl, durch sich selbst dividiert, als Ergebnis 1 liefert, so ist a : a = 1. Ich denke, wir dürften auch einsehen, daß 25 abcd : 5 ac gleich ist mit 5 bd. Man muß sich bloß bei jeder Division die „Probe" vor Augen halten. Im letzten Fall 5 bd · 5 ac = ? Ausmultiplizieren ergibt sofort 25 abcd und bestätigt unsere Behauptung. Das also böte weiter keinerlei Schwierigkeiten.

Nun wollen wir uns das Verhalten von Potenzen gelegentlich der Division näher ansehen. Und zwar zuerst als multiplikative Gruppen geschrieben. Was ergibt

$$(a \cdot a \cdot a \cdot a \cdot a \cdot a) : (a \cdot a \cdot a) = \,?$$

Ich habe zuerst den Ausdruck in der ersten Klammer durch a, dann noch einmal durch a und schließlich noch einmal durch a zu dividieren, da es ja gleich ist, ob ich etwa 27 durch 9 = 3 · 3 oder zuerst durch 3 und dann noch einmal durch 3 dividiere. Unsere obige Division der sechsmal als Faktor gesetzten a durch die dreimal als Faktor gesetzten a ergibt als Resultat nach unseren bisherigen Erkenntnissen

$$a \cdot a \cdot a \cdot 1 \cdot 1 \cdot 1 = a \cdot a \cdot a.$$

Oder $a^6 : a^3 = a^3$. Weiter ergäbe $(b \cdot b \cdot b \cdot b \cdot b \cdot b \cdot b) : (b \cdot b)$ soviel wie $b \cdot b \cdot b \cdot b \cdot b \cdot 1 \cdot 1$ oder $b \cdot b \cdot b \cdot b \cdot b = b^5$ und ich erhielte $b^7 : b^2 = b^5$. Die Regel ist uns schon offenbar. Wir haben wieder eine Art von Spiegelbild vor uns und sehen deutlich die Verknüpfung der beiden auflösenden (lytischen) Rechnungsarten der Division und der Subtraktion. Denn $a^6 : a^3 = a^{6-3} = a^3$ und $b^7 : b^2 = b^{7-2} = b^5$. Als alte Algebraiker brauchen wir nicht mehr lange herumzureden, sondern bilden die Formel $a^m : a^n = a^{m-n}$, was sich auch sofort bei $a^m : a^m = a^{m-m} = a^0 = 1$ bewährt und als tauglicher Algorithmus erweist. Natürlich ist $a^m : a = a^{m-1}$ und $a^m : a^0$ oder $a^m : 1 = a^{m-0} = a^m$. Allfällige Gegenproben müssen richtige Ergebnisse liefern. Z. B. $a^m : a = a^{m-1}$, Gegenprobe $a \cdot a^{m-1} = a^1 \cdot a^{m-1} = a^{1+m-1} = a^m$ usw. Zum Abschluß noch ein verwickelteres Beispiel, um das gleichzeitige Spiel mehrerer Algorithmen aufzuzeigen:

$$39\,a^7\,b^5\,c^r\,d^{m+2} : 13\,a^4\,c^s\,d^3 = 3\,a^{7-4} \cdot b^5 \cdot c^{r-s} \cdot d^{m+2-3} =$$
$$= 3\,a^3\,b^5\,c^{r-s}\,d^{m-1},$$

wozu bemerkt wird, daß wir uns das Nichtvorkommen einer Potenz im Divisor[1]) stets so vorstellen können, als ob die betreffende Basis dort in der nullten Potenz (ist gleich eins) gestanden wäre. In unserem Beispiel $39\,a^7\,b^5\,c^r\,d^{m+2} : 13\,a^4\,b^0\,c^s\,d^3$, was für die b-Potenz in der Ausrechnung $b^{5-0} = b^5$ ergibt, also das Resultat nicht ändert. Überhaupt — wir haben es schon bei den Zahlensystemen gesehen — bewährt sich die Einführung von nullten Potenzen oft zur eleganten Abrundung gesetzmäßig verlaufender Gestaltbilder.

---

[1]) Später werden wir auch vom Nichtvorkommen im Dividenden sprechen!

Nach einer kleinen Vorbemerkung werden wir uns an die vorläufig schwierigste algebraische Aufgabe, die Division von Vielgliederausdrücken, wagen. Es gibt bei derartigen Ausdrücken gewisse Ordnungsprinzipien, die in manchen Fällen unentbehrlich sind, obwohl sich durch das „Ordnen" an der Größe des Ausdrucks nichts ändert. Jeder Soldat weiß, daß die Mannschaftsanzahl einer Kompanie, auch ihre Kampfkraft, kaum dadurch verändert wird, daß ich die durcheinanderstehenden Soldaten für Marschformation oder Parade nach der Körpergröße antreten lasse. Ich habe dabei aber doch gewisse Vorteile. Lasse ich etwa aus entwickelter Reihe richtig in Marschformation übergehen, dann marschieren die größten Leute in den „Doppelreihen" (Viererreihen) an der Spitze der Truppe und reißen durch raumgreifendere Schritte ihre nach hinten zunehmend kleineren Kameraden im Tempo mit. Auch bei Schwenkungen entwickelter Linien wird der kleinste Mann als Drehpunkt gewählt, während der größte „Flügelmann" den längsten Weg zu machen hat. Kurz, fürs Marschieren bewährt sich unser Ordnungsprinzip, da es in gewisser Art klare Beziehungen schafft, die man für Sonderzwecke bewußt ausnützen kann.

Wir trafen schon einmal ein solches Ordnungsprinzip. Es war die „Größenfolge" in den Stellenwertsystemen. Sie ist nichts anderes als eine Entwicklung der Zahlen nach „steigenden" oder „fallenden" Potenzen der Grundzahl des Systems; „steigend" oder „fallend", je nachdem man die Zahl von vorn oder hinten ansieht. Sicherlich schreiben wir in unserem Zehnersystem fallende Zehnerpotenzen von links nach rechts an. Denn 91.435 heißt ja $9 \cdot 10^4 + 1 \cdot 10^3 + 4 \cdot 10^2 + 3 \cdot 10^1 + 5 \cdot 10^0$.

Dieses Anschreibeprinzip können wir nun auf algebraische Ausdrücke übertragen, sofern uns als Potenzanzeiger konkrete Zahlen gegeben sind oder wenn wir aus irgendwelchen Nebenbedingungen wissen, in welcher Größenfolge allgemeine Potenzanzeiger sich aneinanderreihen.

$a^3 + a^7 + a^4 - a^2 + a^{16} - a^5$ können wir nach fallenden Potenzen von a auch schreiben

$$a^{16} + a^7 - a^5 + a^4 + a^3 - a^2.$$

Hätten wir dagegen $a^m + a^r + a^s - a^b - a^d + a^h$ zu ordnen und wüßten wir weiter, daß der im Alphabet höher stehende Anzeiger stets irgendeine noch unbestimmte aber unzweifelhaft höhere Zahl darstelle als der im Alphabet an tieferer Stelle stehende Buchstabe, dann dürften wir fallend ordnen:

$$a^s + a^r + a^m + a^h - a^d - a^b.$$

Da wir aber gewohnt sind, uns alle algebraischen Dinge möglichst allgemein vorzustellen, treffen wir bei der Weiterführung unseres Gedankens auf gewisse Schwierigkeiten. Es können nämlich verschiedene Potenzen in multiplikativ verbundenen Gruppen vorliegen, wie $19\,a^2\,bc^7\,d^4$ oder $5\,a^7\,b^3\,c^5\,d^9$ usw. Und es kann sich weiters ergeben, daß, während wir nach Potenzen von a ordnen, die Potenzen von b durcheinandergeraten; wenn wir nach b ordnen, die von a; wenn wir nach c ordnen, die von a, b und d usw. Dafür gibt es natürlich keinen anderen Ausweg als den Entschluß, was wir als Ordnungsprinzip wählen wollen. Ordnen wir Bücher im Bücherkasten nach der Größe, dann können wir sie nicht gleichzeitig nach Materien ordnen, wenn Größe und Materie nicht schon von vornherein irgendwie zusammenhängen.

Nun wollen wir kühn die Division von Vielgliederausdrücken versuchen, da wir uns schon im Besitz aller Vorkenntnisse wissen. Es wäre etwa der bösartig aussehende Ausdruck

$(10\,a^4\,b + 35\,a^5\,h + 45\,a^6\,b^2\,h - 4\,abc^2\,h - 14\,a^2\,c^2\,h^2 -$
$- 18\,a^3\,b^2\,c^2\,h^2)$ durch $(-2\,c^2\,h + 5\,a^3)$

zu dividieren.

Erste Regel: Beide Ausdrücke sind nach fallenden Potenzen der ersten allgemeinen Zahl, also nach fallenden Potenzen von a, zu ordnen. Wir schreiben

$(45\,a^6\,b^2\,h + 35\,a^5\,h + 10\,a^4\,b - 18\,a^3\,b^2\,c^2\,h^2 - 14\,a^2c^2h^2 -$
$- 4\,a\,b\,c^2\,h) : (5\,a^3 - 2\,c^2\,h) = \,?$

Der weitere Vorgang ähnelt unserer dekadischen Division. Wir versuchen nämlich zuerst, wie oft das erste Glied des Divisors ($5\,a^3$) im ersten Glied des Dividenden ($45\,a^6\,b^2\,h$) enthalten ist. Dann machen wir die Gegenmultiplikation, indem wir das erste Resultat (Quotient) mit dem Divisor multiplizieren und vom Dividenden bzw. von einer dem Divisorpolynom entsprechenden Anzahl von Dividendengliedern subtrahieren. Finden wir im Dividenden kein weiteres Glied, von dem man subtrahieren kann, dann muß man dieses nichtsubtrahierbare Glied hinunterstellen und je nachdem additiv oder subtraktiv mit dem „Rest", der uns geblieben ist, verbinden. Nun sehen wir wieder zu, wie oft das erste Glied des Divisors in jenem Glied des Restes enthalten ist, das die höchste Potenz der ersten allgemeinen Zahl aufweist. Das Resultat kommt in den Quotienten. Hierauf Gegenmultiplikation. Und so fort. Wir rechnen also:

$$(45\,a^5b^2h + 35\,a^5h + 10\,a^4b - 18\,a^3b^2c^2h^2 - 14\,a^2c^2h^2 - 4\,abc^2h) : (5\,a^2 - 2\,c^2h) =$$
$$\pm 45\,a^5b^2h \qquad\qquad\qquad \mp 18\,a^3b^2c^2h^2 \qquad\qquad\qquad = 9\,a^3b^2h + 7\,a^2h + 2\,ab$$

$$\begin{array}{llll} 0 & +35\,a^5h & 0 & \\ & \pm 35\,a^5h & & \mp 14\,a^2c^2h^2 \\ \hline & 0 & +10\,a^4b & 0 \\ & & \pm 10\,a^4b & \mp 4\,abc^2h \\ \hline & & 0 & 0 \end{array}$$

Die Division ist aufgegangen (wie man sagt) und hat als Ergebnis ($9\,a^3\,b^2\,h + 7\,a^2\,h + 2\,a\,b$), also einen ebenfalls nach fallenden Potenzen von a geordneten Ausdruck geliefert. Zu obigem Schema wird angemerkt, daß wir die Subtraktion symbolisch einfach durch Vorzeichenänderung vollzogen haben, da ja bekanntlich das Minus die Vorzeichen ändert. Hierauf addieren wir algebraisch, wodurch wir das Resultat erhalten. Dabei gilt bei den Doppelvorzeichen nur das untere. Um noch deutlicher zu sein, hatten wir durch die erste Gegenmultiplikation ($45\,a^6\,b^2\,h - 18\,a^3\,b^2\,c^2\,h^2$) erhalten. Im Dividenden finden wir diese beiden Größen ebenfalls. Wir könnten jetzt schreiben: ($45\,a^6\,b^2\,h - 18\,a^3\,b^2\,c^2\,h^2$) des Dividenden minus dem Ergebnis der Gegenmultiplikation, also ($45\,a^6\,b^2\,h - 18\,a^3\,b^2\,c^2\,h^2$) − ($45\,a^6\,b^2\,h - 18\,a^3\,b^2\,c^2\,h^2$) = $45\,a^6\,b^2\,h - 18\,a^3\,b^2\,c^2\,h^2 - 45\,a^6\,b^2\,h + 18\,a^3\,b^2\,c^2\,h^2$, was offensichtlich die Null ergibt. Um weiterzudividieren, suchen wir jetzt die höchste, noch nicht durch Subtraktion verschwundene a-Potenz und finden $35\,a^5\,h$. Aus Übersichtlichkeitsgründen schreiben wir sie unter den Strich, als ob es sich um einen Rest handelte und verfahren analog weiter wie oben gezeigt.

Es ist nun durchaus nicht unsere Aufgabe, uns zu algebraischen Rechenkünstlern auszubilden. Beispiele zu Übungszwecken findet man in jedem Mittelschullehrbuch in sorgfältiger Auswahl. Auch die Algebra des großen Leonhard Euler[1]) ist für diesen Zweck ein ausgezeichnetes Übungsbuch. Da wir zu ganz anderen Zielen steuern und die Struktur, das Gefüge, die Gestalt der Mathematik bloßlegen wollen, um selbst der Integralrechnung gewachsen zu sein, begnügen wir uns, zum Abschluß dieses Teils der Algebra konstanter (bestimmter) allgemeiner Größen noch eine harmlose Divisionsaufgabe anzufügen:

$$\begin{array}{r} (a^2 - 2ab + b^2) : (a - b) = a - b \\ \underline{\pm\ a^2 \mp\ ab} \\ 0\ -\ ab + b^2 \\ \underline{\mp\ ab \pm b^2} \\ 0\quad 0 \end{array}$$

Weiter das Beispiel:

$$\begin{array}{r} (a^3 + b^3) : (a + b) = a^2 - ab + b^2 \\ \underline{\pm\ a^3 \pm\ a^2b} \\ 0\ - a^2b + b^3 \\ \underline{\mp\ a^2b \mp ab^2} \\ 0\ + ab^2 + b^3 \\ \underline{\pm\ ab^2 \pm b^3} \\ 0\quad 0 \end{array}$$

Damit wären wir zu einem weiteren Rastpunkt gelangt. Wir beherrschen jetzt die vier Grundrechnungsarten Addition, Subtraktion, Division und Multiplikation sowie die Potenzierung ganzzahlig in sämtlichen konkreten Ziffernsystemen und in allgemeinen (algebraischen) Größen. Und wir sind damit gerüstet, innerhalb gewisser Schranken uns jetzt dem mathematischen Rätselraten und Rätsellösen, der Lehre vom unbekannten x, der Lehre von den Gleichungen, zuzuwenden, die uns Brücke sein wird zum Anstieg in höhere und höchste Regionen unserer Kunst.

---

[1]) Reclam-Bibliothek.

Zwölftes Kapitel

Gemeine Brüche

Nur noch ein kleines Hügelchen haben wir zu übersteigen, um uns dann ungehindert in den Ebenen der mathematischen Rätsel bewegen zu können. Es handelt sich dabei mehr um eine besondere Schreibart für die Division als um eine prinzipielle Neuerung in unserem Algorithmus.

Historisch am spätesten wurde der Doppelpunkt als Divisionszeichen eingeführt, den wir bisher fast ausschließlich verwendeten. Es war die glückliche Hand des großen Leibniz, die dieses Symbol schuf[1]). Der sogenannte Bruchstrich als Zeichen der Division ist viel älteren Ursprungs.

Unter einem Bruch hat man vorerst nichts anderes zu verstehen, als eine noch unausgeführte oder eine mit ganzzahligem Ergebnis nicht weiter durchführbare Division.

Ausnahmsweise beginnen wir diesmal algebraisch mit allgemeinen Zahlen, deren Größe und Größenverhältnis in keiner Weise feststeht, und schreiben uns als Typus eines Bruches etwa $\frac{a}{b}$ an, was soviel heißt wie a gebrochen durch b, oder a durch b, oder a dividiert durch b, oder a : b, oder a im Verhältnis zu b. Die oberhalb des Bruchstriches stehende Zahl heißt der Bruchzähler, die unterhalb stehende Zahl der Bruchnenner. Ist der Zähler gleich eins, also allgemein $\frac{1}{a}, \frac{1}{b}, \frac{1}{c}$ usw., dann sprechen wir von Stammbrüchen. Ist der Zähler kleiner als der Nenner, dann heißt der Bruch ein echter; was man allgemein schreiben könnte $\frac{a}{b}$, wobei a < b. Das hier erstmalig vorkommende sogenannte Ungleichheitszeichen (>, <) deutet mit der Spitze stets auf die kleinere Größe, mit der Öffnung auf die größere Zahl. Natürlich darf man auch umgekehrt, d. h. von rechts nach links, lesen und kann sagen, wenn man etwa $(5 + 7 - 2) > (1 + 3 - 2 + 1)$ vor sich hat und die Klammerausdrücke ausrechnet: 10 ist größer als 3 oder 3 ist kleiner als 10.

---

[1]) In der Abhandlung „De maximis et de minimis" usw. Acta Eruditorum vom Jahre 1684.

Um aber wieder zu den Brüchen zurückzukehren, heißt also der Bruch $\frac{a}{b}$ dann ein echter, wenn a $<$ b. Und dann ein unechter, wenn a $>$ b. In konkreten Zahlen wäre $\frac{1}{3}$ ein Stammbruch und zugleich ein echter Bruch. $\frac{2}{3}$ ist ein echter Bruch. $\frac{6}{4}$ oder $\frac{3}{2}$ sind unechte Brüche, weil wir sie aus ganzen Zahlen und aus Brüchen zusammengesetzt schreiben können. Nämlich $1 + \frac{2}{4}$ oder $1 + \frac{1}{2}$ oder $1\frac{2}{4}$ bzw. $1\frac{1}{2}$.

Im Rechnungsverfahren der alten Ägypter und der Griechen spielten die Stammbrüche eine besondere Rolle. So etwa schrieb man bei den Ägyptern für $\frac{7}{29}$ die Stammbruchsumme $\frac{1}{6} + \frac{1}{24} + \frac{1}{58} + \frac{1}{87} + \frac{1}{232}$, und in Griechenland waren ähnliche Reihenbildungen an der Tagesordnung. Wir sind es heute gewohnt, die Stammbrüche eher zu vernachlässigen, da wir mit Brüchen aller Art und jeder Form leicht und sicher umgehen können. Nur in der Integralrechnung spielt das Verfahren der sogenannten Partialbruchzerlegung, das solchen Stammbruchauflösungen ähnelt, eine sehr große Rolle.

Der Begriff des Bruches lehrt uns aber noch anderes. Er gibt uns nämlich überhaupt erst den Begriff einer zerlegten ganzen Zahl. $\frac{1}{3}$ ist der dritte Teil der Eins. $\frac{5}{7}$ ist der siebente Teil der Fünf usw. Es tritt also hier etwas auf, und zwar bei den echten Brüchen, was über das Wesen der Division hinausgeht. Es wird nicht mehr gefragt, in welche ganze Zahlen ich eine ganze Zahl ganzzahlig zerlegen kann, wie etwa bei 12 : 3 = 4, wo eben vier Dreier die Zwölf ergeben oder 12 durch 3 die 4 hervorbringt; sondern das Problem lautet hier, welche Zwischenzahlen zwischen den ganzen Zahlen ich durch Teilung ganzer Zahlen gewinnen kann. $\frac{1}{3}$, $\frac{2}{3}$, $\frac{3}{4}$, $\frac{5}{7}$, $\frac{29}{38}$ liegen alle zwischen 0 und 1. Und wir könnten unendlich viele solcher Zahlen zwischen null und eins legen, wenn wir nur stets den Zähler kleiner wählen als den Nenner. Alle echten Brüche liegen sonach zwischen null und eins. Und ihr Wert wird bei gleichem Zähler desto kleiner, je größer der Nenner ist. $\frac{2}{25}$ sind größer als $\frac{2}{729}$, was jedem klar ist, der das Wesen der Teilung einigermaßen durchschaut. Sind Zähler und Nenner einander gleich, dann

handelt es sich um eine andere Schreibart für die Zahl eins.
Denn $\frac{a}{a}$ ist soviel wie a : a, was stets die Eins ergibt. Ist der
Zähler 0, dann liegt Nullmultiplikation mit dem betreffenden
Bruch vor. Wir könnten dann auch schreiben: $0 \cdot \frac{a}{b}$ oder
$\frac{0 \cdot a}{b} = \frac{0}{b}$, was selbstverständlich 0 liefert. Ist dagegen der
Nenner gleich 0, dann geraten wir in arge Verlegenheit. Wir
sollen etwas durch nichts dividieren. Also a : 0 = ? Wollten
wir die Gegenprobe machen, so müßten wir eine Größe suchen,
die mit 0 multipliziert a ergibt. Offensichtlich ein unmögliches
Verlangen, da jede Zahl, auch die größte, mit Null multipliziert
wieder 0 ergibt. Kalkulieren wir jedoch anders (ich möchte
sagen „dynamisch" und nicht „statisch"), dann dürfen wir
folgenden Schluß machen: Dividieren wir etwa 5 durch 100,
dann erhalten wir 5 Hundertel. Dividieren wir 5 durch 47,
dann erhalten wir schon viel mehr. Noch mehr erhalten wir
bei einer Division durch 21, noch mehr bei der Division durch
7, noch mehr bei der Division durch 5, welch letztere Operation
eins ergibt. Teilen wir durch 3, so erhalten wir $\frac{5}{3}$ oder $1\frac{2}{3}$.
Teilen wir durch 2, so erhalten wir $\frac{5}{2}$ oder $2\frac{1}{2}$, teilen wir durch
1, so erhalten wir 5. Würden wir jetzt weiter durch alle Zahlen,
die zwischen 1 und der 0 liegen, also durch alle echten Brüche
teilen, etwa $\frac{5}{\frac{1}{20}}$, $\frac{5}{\frac{1}{365}}$ usw., so erhielten wir rasch zunehmend
größere Werte. Denn $5 : \frac{1}{20}$ ist schon 100, 5 dividiert durch $\frac{1}{365}$
bereits 1825, 5 dividiert durch $\frac{1}{100.000}$ schon 500.000 usw. Die
Null selbst aber ist stets noch kleiner als der kleinste Bruch,
d. h. als der Bruch, der den größten Nenner hat. $\frac{5}{\frac{1}{\text{riesige Zahl}}}$
ergibt stets 5 × riesige Zahl, also eine fünffach riesige Zahl.
Die riesigste Zahl genügt aber noch nicht, um den Nenner, der
als Bruch auftritt, zur Null zu machen. Denn $\frac{1}{\text{riesigste Zahl}}$ ist
noch stets größer als Null. Daher muß $\frac{5}{0}$ fünfmal größer sein
als die allerriesigste Zahl, die ich mir überhaupt denken könnte.
Und eigentlich noch viel größer. Man sagt daher abgekürzt,
daß $\frac{5}{0}$ gleich sei unendlich. Oder mit Zeichen $\frac{5}{0} = \infty$.

Was wir eben nur so beiläufig kalkulierten, gehört eigentlich schon in die Unendlichkeitsanalysis und heißt ein „Grenzprozeß" oder eine „Limes-Bestimmung". Ich kann nämlich nicht sagen, daß $\frac{5}{0}$ gleich unendlich ist, sondern nur, daß es nach unendlich strebt. Daß es zu einer Grenze (lateinisch: Limes) hineilt, die schließlich durch die Unendlichkeit gegeben sein muß, da ich ja stets Steigerungen von riesig, riesiger, allerallerriesigst, mehrfach allerallerriesigst usw. bis ins Unbegrenzte vornehmen kann, wobei das „Bildungsgesetz", das Wachsen des Resultats, stets erhalten bleibt.

Wir zeigen absichtlich, trotz aller Warnungen des Widersachers, an passender Stelle Ausblicke auf das Endziel. Denn wir sind der Meinung, daß gerade die sogenannte „niedere Mathematik" ihren oft unheimlichen, sprunghaften und unbefriedigenden Charakter hauptsächlich dadurch erhält, daß man an solchen Stellen entweder Dogmen aufstellt oder sich wie die Katze um den heißen Brei schleicht. Wir schleichen nicht und sagen es heraus: Die Behauptung $a : 0 = \infty$ ist unmöglich, da auch ∞ mal 0 nur Null geben kann, wenn man die Sache rein statisch auffaßt. Wenn wir die Null jedoch als eine durch Annäherung gewonnene allerallerkleinste Zahl, also als sogenannte „Limes-Null", und das Unendlich als nebelhaft riesige Riesenzahl, also als „Limes-Unendlich", auffassen, dann dürfen wir, ohne unseren Algorithmus zu sprengen, ruhig behaupten $a : \lim 0 = \lim \infty$, was praktisch auf $a : 0 = \infty$ hinauskommt. Wir trafen auf ein ähnliches Mysterium schon bei unserem Rechteck, wo wir sogar $0 : 0$ als Verhältnis zu bestimmen hatten.

Außerdem gewinnen wir aber durch unseren Ansatz noch ein sonderbares Ergebnis. Da nämlich irgendeine beliebige Zahl (bei uns 5, die wir ganz willkürlich wählten) durch $\lim 0$ dividiert das Resultat $\lim \infty$ liefert, so muß auch die Gegenprobe stimmen. Also: $5 : \lim 0 = \lim \infty$, folglich $\lim 0 \cdot \lim \infty = 5$; dasselbe würde aber für $7 : \lim 0$ oder $530 : \lim 0$ oder für irgendeine beliebige endliche Zahl a gelten. Daher ist $\lim 0 \cdot \lim \infty$ gleich irgendeiner beliebigen endlichen Zahl. Es ist dies das erstemal, daß wir ein sogenanntes unbestimmtes Ergebnis einer Rechnungsoperation erhalten.

Nun sind wir sträflich weit von unseren „Brüchen" abgeirrt. Wir wollen aber noch weiter abirren, da wir eben früher das Wort „Verhältnis" ausgesprochen haben. Was soll das wieder für ein Nebensinn der Division sein, wenn ich sage „a verhält sich zu b" und dafür $\frac{a}{b}$ oder a : b schreibe? Am einfachsten werden wir es durchschauen, wenn wir der Sache einen Messungs-, einen geometrischen Sinn unterlegen. Die Kanten einer rechteckigen Tischplatte seien abgemessen und als 6 Meter Länge und 2 Meter Breite festgestellt worden. Jedes Kind sagt sofort, daß sich die Länge zur Breite wie 6 zu 2 verhält. Oder 6 : 2 = 3, d. h. der Tisch ist eben dreimal so lang als breit. Beim sogenannten Verhältnis mache ich also die eine der zu vergleichenden (ins „Verhältnis" zu setzenden) Größen zur Maßeinheit der anderen. Ich hätte nämlich auch sagen können: Breite verhält sich zur Länge wie 2 : 6 oder $\frac{2}{6}$ oder $\frac{1}{3}$ oder der Tisch ist ein Drittel mal so breit als lang. Maß-Bestimmen aber heißt suchen, wie oft die Einheit im Ganzen enthalten ist. Das heißt aber wieder: durch die Einheit dividieren. Im ersten Falle war die Breite die Einheit. Und die Länge enthielt drei Einheiten. Im zweiten Falle war die Länge die Einheit und die Breite enthielt eine Dritteleinheit. Wenn wir nun jedoch die Frage nach der Einheit vertagen und eine außenstehende Einheit, etwa das Meter, heranziehen, können wir sagen: Länge zur Breite wie sechs zu zwei Meter oder 6 : 2 oder $\frac{6}{2}$. Ganz allgemein: Länge zur Breite wie a : b oder $\frac{a}{b}$, in irgendeiner Einheit ausgedrückt.

Man nennt dieses doppelte Verhältnis, das durch das Gleichheitszeichen als identisch befohlen wird, eine Proportion. Etwa:
a : b = 6 : 2 oder
27 : 9 = 15 : 5 oder $\frac{27}{9} = \frac{15}{5}$ usw.

Da nun eine Proportion nichts anderes ist als eine konkret geschriebene Gleichung bestimmter Form, wollen wir uns mit den bisherigen Andeutungen begnügen und die nähere Untersuchung erst bei den Gleichungen durchführen.

Jetzt müssen wir aber endlich unsere Brüche vornehmen und vor allem ihren Algorithmus, die bei Brüchen geltenden Rechenverfahren, durchforschen.

Zuerst die Addition und Subtraktion. Brüche, so haben wir nebenbei festgestellt, sind neue Zwischenzahlen zwischen den ganzen Zahlen. Die echten Brüche liegen wertmäßig zwischen 0 und 1, die unechten irgendwo anders in der Zahlenreihe. Natürlich gibt es auch ein Vorzeichen vor Brüchen. Also existieren positive und negative Brüche.

Wenn wir gemeine Brüche[1]) ohne Rücksicht auf „Echtheit" oder „Unechtheit" als neue Zahlen ansehen, dann sind sie für uns soviel wie Äpfel, Birnen usw. Ein Drittel sei der Apfel, ein Viertel die Birne, ein Siebentel die Zitrone. Entscheidend für den Charakter eines Bruches ist bloß der Nenner. Er benennt den Bruch. $\frac{3}{4}$ heißt dreimal $\frac{1}{4}$. Der Zähler ist also ein Koeffizient, und $\frac{3}{4}$ könnte lauten $3\left(\frac{1}{4}\right)$, also drei Birnen neuer, gebrochener Gattung. Durch diese simple Überlegung ergibt sich der Algorithmus von Addition und Subtraktion für Brüche von selbst. Addierbar und subtrahierbar sind bloß gleichbenannte Brüche. D. h. wir dürfen sie verschmelzen, dürfen sie auf den gleichen Nenner bringen, und zwar in folgender Schreibweise:

$$\frac{1}{3}+\frac{5}{3}+\frac{7}{3}-\frac{2}{3}+\frac{0}{3}=\frac{1+5+7-2+0}{3}=\frac{11}{3}=3\frac{2}{3}.$$

Liegen dagegen verschiedene Nenner vor, dann muß ich erst einen neuen gemeinsamen Nenner suchen. Ich darf die Art, wie dies geschieht, als bekannt voraussetzen und daher bloß ein Beispiel für dieses „kleinste gemeinsame Vielfache" notieren.

$$\frac{1}{3}+\frac{2}{5}+\frac{5}{8}-\frac{4}{13}= \ ?$$

Der gemeinsame Nenner ist hier $3 \cdot 5 \cdot 8 \cdot 13$, also 1560. Um alle Brüche auf 1560tel zu bringen, muß ich natürlich jetzt die Zähler ändern, damit jeder Einzelbruch den ursprünglichen Wert behält. $\frac{1}{3}$ etwa lautet als 1560tel geschrieben gleich $\frac{520}{1560}$, da ich durch Kürzen wieder $\frac{1}{3}$ erhielte. Praktisch müßte ich fragen, womit ich den Zähler multiplizieren muß, um den gleichen Bruch wie früher zu erhalten. Da 1560 gleich ist

---

[1]) Die Abgrenzung von den sogenannten „Systembrüchen", die uns als Dezimalbrüche geläufig sind, erfolgt später.

$3 \cdot 5 \cdot 8 \cdot 13$, wäre $\frac{1}{3}$ gleich $\frac{1 \cdot 5 \cdot 8 \cdot 13}{3 \cdot 5 \cdot 8 \cdot 13}$ usw. Unsere Rechnung ergibt also:

$$\frac{1 \cdot 5 \cdot 8 \cdot 13}{3 \cdot 5 \cdot 8 \cdot 13} + \frac{2 \cdot 3 \cdot 8 \cdot 13}{5 \cdot 3 \cdot 8 \cdot 13} + \frac{5 \cdot 3 \cdot 5 \cdot 13}{8 \cdot 3 \cdot 5 \cdot 13} - \frac{4 \cdot 3 \cdot 5 \cdot 8}{13 \cdot 3 \cdot 5 \cdot 8} =$$

$$= \frac{520 + 624 + 975 - 480}{1560} = \frac{1639}{1560}.$$

Allgemein sähe eine Addition bzw. Subtraktion von Brüchen folgendermaßen aus:

$$\frac{2 a^2 b}{5 c} + \frac{3 d f^2}{7 b h} - \frac{19 a b c d^2}{3 h^2 m} =$$

$$= \frac{2 \cdot 7 \cdot 3 a^2 b^2 h^3 m + 3 \cdot 5 \cdot 3 c d f^2 h^2 m - 19 \cdot 5 \cdot 7 a b^2 c^2 d^2 h}{5 \cdot 7 \cdot 3 \cdot b \cdot c \cdot h^3 m} =$$

$$= \frac{42 a^2 b^2 h^3 m + 45 c d f^2 h^2 m - 665 a b^2 c^2 d^2 h}{105 b c h^3 m} =$$

$$= \frac{42 a^2 b^2 h^2 m + 45 c d f^2 h m - 665 a b^2 c^2 d^2}{105 b c h^2 m}.$$

Ich denke, daß durch obigen allgemeinen Fall die Struktur des Bruchaddierens und die Gewinnung des gemeinsamen Nenners vollkommen durchsichtig geworden ist. Falls der gemeinsame Nenner aus dem Produkt aller Nenner besteht, dann habe ich jeden einzelnen Zähler mit allen Nennern der anderen Brüche zu multiplizieren, um ihn gleichnamig (gleichnennerig) zu machen und dabei trotzdem gleichwertig zu erhalten.

Da wir Brüche als bestehend aus einem gleichsam Namen gebenden Stammbruch (1 durch Nenner) und einem Koeffizienten (Zähler) auffaßten, ergibt sich sofort eine Multiplikationsregel. Ich kann einen Bruch vervielfachen, wenn ich den Zähler (Koeffizienten) vervielfache. Dreimal ein Siebentel sind $3 \cdot \left(\frac{1}{7}\right) = \frac{3}{7}$. Oder 6 mal $\frac{4}{29} = 6 \cdot 4 \cdot \left(\frac{1}{29}\right) = 24 \left(\frac{1}{29}\right) = \frac{24}{29}$. Allgemein: $a \cdot \frac{b}{c} = \frac{ab}{c}$. Da aber ein Bruch nicht nur größer wird, wenn ich den Zähler vervielfache, sondern auch, wenn ich den Nenner verkleinere, kann ich auch auf andere Art multiplizieren. Zweimal ein Viertel ist auch einmal ein Halb. Oder $2 \cdot \left(\frac{1}{4}\right) = \frac{1}{4:2} = \frac{1}{2}$, was ich natürlich auch als $\frac{2}{4} = \frac{1}{2}$ erhalten hätte. Allgemein $a \cdot \left(\frac{b}{c}\right) = \frac{b}{c:a}$. Diese zweite Regel wird zum

„Kürzen" verwendet. Etwa $9 \cdot \frac{5}{27}$ kann man als $\frac{9 \cdot 5}{9 \cdot 3} = \frac{5}{(9 \cdot 3) : 9}$, also als $\frac{5}{3}$ anschreiben. Was dasselbe ist, wie wenn ich $\frac{9 \cdot 5}{9 \cdot 3}$ eben gleich durch 9 gekürzt hätte.

Sind Brüche mit Brüchen zu multiplizieren, dann geschieht dies, indem ich alle Nenner und alle Zähler miteinander multipliziere. Etwa:

$$\frac{a}{b} \cdot \frac{c}{d} \cdot \frac{e}{f} \cdot \frac{g}{h} = \frac{aceg}{bdfh} \text{ oder konkret}$$

$$\frac{1}{3} \cdot \frac{5}{4} \cdot \frac{2}{7} \cdot \frac{9}{12} = \frac{90}{1008} = \frac{45}{504} = \frac{5}{56}.$$

Ich hätte beim letzten Zahlenbeispiel schon „durchkürzen" können. Ich darf nämlich jeden Zähler mit jedem Nenner kürzen, da ja im Ergebnis alle Zähler als Faktoren den neuen Zähler und alle Nenner als Faktoren den neuen Nenner bilden. Doch das darf ich wohl als bekannt voraussetzen, da es zum elementarsten Ziffernrechnen gehört.

Wir hätten also nur noch die Division mit Brüchen und die Potenzierung von Brüchen zu besprechen. Nehmen wir die Potenzierung vor, da sie eine Abart der Multiplikation ist.

$\left(\frac{a}{b}\right)^5$ heißt $\frac{a}{b} \cdot \frac{a}{b} \cdot \frac{a}{b} \cdot \frac{a}{b} \cdot \frac{a}{b} = \frac{a \cdot a \cdot a \cdot a \cdot a}{b \cdot b \cdot b \cdot b \cdot b} = \frac{a^5}{b^5}$.

Die Regel ist also äußerst einfach und sagt, daß ich sowohl den Zähler als den Nenner mit dem gemeinsamen Anzeiger potenzieren muß.

Zur Ausführung der Division von Brüchen ist vorerst nichts Neues zu erläutern. Da der Zähler gleichsam die Menge der n-tel ist, so dividieren wir einfach den Zähler. $\frac{3}{4} : 3$ ist selbstverständlich $\frac{1}{4}$, ebenso wie 3 Äpfel durch 3 dividiert einen Apfel liefern. Verwickelter ist die Angelegenheit, wenn wir vor der Frage stehen, wie ein Bruch durch einen anderen oder wie eine ganze Zahl durch einen Bruch zu dividieren ist. $5 : \frac{3}{4}$ kann ich mir nicht sofort vorstellen. Jedenfalls ist das Ergebnis größer als 5, da $\frac{3}{4}$ kleiner als 1 ist. Aber wie groß ist dieses Ergebnis?

Wie die alten Ägypter und Griechen wollen wir uns zum „Stammbruch" flüchten. Allerdings in anderer Art. Wir überlegen nämlich so: Wenn ich etwa 30 durch 15 zu dividieren hätte, kann ich ruhig auch ansetzen 30 : (5 · 3), was ja dasselbe ist. Nun steht es mir frei, die Zahl 30 zuerst durch 5 zu teilen, was 6 ergibt, worauf ich dann 6 weiter durch 3 teile und das Endresultat 2 erhalte. Ich könnte 30 aber auch zuerst durch 3 dividieren und dann 10 durch 5 teilen, worauf ich wieder 2 erhielte. Mit unserem Bruch wollen wir ähnlich verfahren. Da wir 5 durch $\frac{3}{4}$ zu dividieren haben, schreiben wir an $5 : \left(3 \cdot \frac{1}{4}\right)$. Jetzt teilen wir zuerst durch $\frac{1}{4}$. Dieser Bruch ist in der Einheit viermal, folglich in 5 Einheiten zwanzigmal enthalten. Nun muß ich weiter die zwanzig durch drei teilen, was $\frac{20}{3}$ oder $6\frac{2}{3}$ ergibt. Versuchen wir ein anderes Beispiel: 7 wäre durch $\frac{5}{9}$ zu dividieren. Also $7 : \left(5 \cdot \frac{1}{9}\right)$. Der Bruch ist in 7 Einheiten 63mal enthalten. 63 ist weiter durch 5 zu dividieren. Das ergibt $\frac{63}{5}$ oder $12\frac{3}{5}$. Wenn wir uns den Vorgang näher ansehen, entdecken wir, daß dabei der Bruchnenner des Stammbruches mit dem Dividenden zu multiplizieren und hierauf durch den Bruchzähler, der ja in der Klammer als zweiter Faktor steht, zu teilen ist. Allgemein:

$$\text{Dividend} : \frac{\text{Zähler}}{\text{Nenner}} = \text{Dividend} : \left(\text{Zähler} \times \frac{1}{\text{Nenner}}\right) =$$
$$= (\text{Dividend} \times \text{Nenner}) : \text{Zähler}.$$

Nun könnte ich das letzte Ergebnis auch so schreiben, daß ich ansetze: $\text{Dividend} : \frac{\text{Zähler}}{\text{Nenner}} = \text{Dividend} \times \frac{\text{Nenner}}{\text{Zähler}}$, da ich ja das erste Schlußresultat auch $\frac{\text{Dividend} \times \text{Nenner}}{\text{Zähler}}$ hätte schreiben dürfen.

Damit sind wir zum Begriff des „Kehrwertes" oder „reziproken Wertes" eines Bruches gelangt. Der Kehrwert wird erhalten, wenn wir Zähler und Nenner vertauschen. Kehrwert von $\frac{3}{4}$ ist $\frac{4}{3}$, von $\frac{5}{9}$ der Bruch $\frac{9}{5}$ und allgemein von $\frac{a}{b}$ der Bruch $\frac{b}{a}$. Da wir weiter nur vom „Dividenden" sprachen und gar nicht behaupteten, dieser Dividend müsse eine ganze Zahl sein (da sich ja die Funktion des Dividierens hier lediglich in der Befehls- und Symbolveränderung im Divisor abspielt), dürfen wir jetzt ganz allgemein feststellen, daß irgendeine Zahl durch einen Bruch dadurch dividiert wird, daß wir mit dessen Kehrwert multiplizieren. Also $n : \frac{a}{b} = n \cdot \frac{b}{a}$, wobei n eine allgemeine oder konkrete, positive oder negative, ganze oder gebrochene Zahl sein darf. Daher ist auch

$$\frac{n}{m} : \frac{a}{b} = \frac{n}{m} \cdot \frac{b}{a} = \frac{nb}{ma}.$$

Wir versuchen nach der neuen Regel unsere ersten Beispiele zu behandeln: $5 : \frac{3}{4} = 5 \cdot \frac{4}{3} = \frac{20}{3} = 6\frac{2}{3}$; $7 : \frac{5}{9} = 7 \cdot \frac{9}{5} = \frac{63}{5} = 12\frac{3}{5}$. Unser Algorithmus stimmt also. Überdies ist er gleichsam durch den Naturverstand zu verifizieren. Allerdings ganz durchsichtig nur für Stammbrüche. Wenn ich nämlich eine Zahl durch etwa $\frac{1}{2}$ zu dividieren habe, ist es klar, daß der Quotient die verdoppelte Dividenduszahl sein muß, also die Zahl mal 2 oder mal $\frac{2}{1}$, da ich jede ganze Zahl als Bruch mit dem Nenner 1 schreiben kann. Im Vorübergehen wollen wir noch einige Zahlenbeispiele rechnen:

$$\frac{5}{3} : \frac{6}{8} = \frac{5}{3} \cdot \frac{8}{6} = \frac{40}{18} = \frac{20}{9} = 2\frac{2}{9}$$

$$\frac{17}{19} : \frac{9}{13} = \frac{17}{19} \cdot \frac{13}{9} = \frac{221}{171} = 1\frac{50}{171}.$$

Unsere Überlegungen führen uns zum Begriff des Doppelbruches, der ja nichts anderes ist als eine geänderte Schreibweise der Division eines Bruches durch einen Bruch. $\frac{a}{b} : \frac{c}{d}$ kann ich auch schreiben $\dfrac{\frac{a}{b}}{\frac{c}{d}}$[1]), und beides wird als Ergebnis $\frac{ad}{bc}$ liefern. Hätte ich jedoch $a : \frac{c}{d}$, so kann ich schreiben $\dfrac{a}{\frac{c}{d}}$ oder $\dfrac{\frac{a}{1}}{\frac{c}{d}}$ und erhalte $\frac{ad}{c}$. Wäre aber $\frac{a}{b}$ endlich durch c zu teilen, so müßte ich als Doppelbruch $\dfrac{\frac{a}{b}}{\frac{c}{1}}$ schreiben und $\frac{a}{b} \cdot \frac{1}{c}$,

---
[1]) Beim Doppelbruch ist der sogenannte „Hauptbruchstrich" entweder durch Verlängerung oder durch Verdickung zu markieren.

also $\frac{a}{b \cdot c}$ als Ergebnis berechnen. Der letzte Fall hat uns auch gezeigt, wie ein Bruch durch eine ganze Zahl zu dividieren ist[1]). Nämlich durch Multiplikation mit dem Kehrwert der als Bruch aufgefaßten ganzen Zahl. Also: $\frac{a}{b} : c = \frac{a}{b} : \frac{c}{1} = \frac{a}{b} \cdot \frac{1}{c} = \frac{a}{bc}$.

Diese Erkenntnis liefert uns eine weitere allgemeine Rechenregel. Da wir die Division zweier ganzer Zahlen auch als Bruchdivision ansetzen können, etwa $a : b = \frac{a}{1} : \frac{b}{1} = \frac{a}{1} \cdot \frac{1}{b} = a \cdot \frac{1}{b} = \frac{a}{b}$, ersehen wir, daß wir statt irgendeiner ganzzahligen Division stets mit dem Kehrwert des Divisors multiplizieren dürfen. Etwa

$$100 : 25 = 100 \cdot \frac{1}{25} = \frac{100}{25} = 4.$$

Dieser Algorithmus findet weitestgehende Anwendung im praktischen Rechnen und bei der Konstruktion und Handhabung mechanischer Rechenmaschinen.

Wir hätten nun, nicht zum Zweck vollkommener Ausbildung im Rechnen, sondern zum Zweck prinzipieller Durchleuchtung, auch so viel von den gewöhnlichen oder gemeinen Brüchen durchgenommen, daß wir uns den schon längst angekündigten „Gleichungen" zuwenden können.

Dreizehntes Kapitel

Gleichungen

Wir haben schon einmal angedeutet, daß in der Lehre von den Gleichungen das „unbekannte x" eine Rolle spielt. Wir haben weiter behauptet, die Gleichung sei ein Algorithmus, eine fein ersonnene schriftliche Denk- und Rechenmaschine, um allerlei Rätsel zu lösen. Schließlich stellten wir fest, daß das Gleichheitszeichen bei der Gleichung nicht einfach eine

---

[1]) Natürlich kann ein Bruch auch in der Weise durch eine ganze Zahl dividiert werden, daß man den Bruchzähler (Koeffizient) durch die ganze Zahl dividiert $\left(\frac{5}{6} : 5 = \frac{1}{6}\right)$.

Konstatierung, sondern geradezu einen Befehl bedeute. Den Befehl nämlich, den Wert für das x so zu wählen, daß, wie man sagt, die Gleichung erfüllt oder die Gleichheit tatsächlich hergestellt ist.

Ohne noch irgendwie zu theoretisieren, wollen wir uns solch ein Rätsel selbst stellen. Wir fragen also: „Wie groß ist eine Zahl x, eine mir durchaus unbekannte Zahl, die folgender Bedingung genügt: Ich soll sie zuerst mit 7 multiplizieren, 19 dazuzählen, 4 wegnehmen und soll dadurch wieder die Zahl x, diesmal mit 10 multipliziert, erhalten." Mathematisch geschrieben:

$$7x + 19 - 4 = 10x.$$

Ich kann selbstverständlich zuerst ausrechnen, was auszurechnen ist. Und erhalte

$$7x + 15 = 10x.$$

Dann könnte ich in das x die Zahlen, von 1 angefangen, einsetzen und probieren und erhielte bei $x = 5$ die Gleichheit

$$35 + 15 = 50.$$

Das Rätsel wäre also gelöst. Die Zahl x ist 5. Dieser Vorgang ist jedoch alles andere, nur nicht befriedigend. Erstens weiß ich ja noch gar nicht, ob die Zahl x eine ganze Zahl oder vielleicht gar ein Bruch ist. Ich weiß weiter nicht, ob sie positiv oder negativ ist. Und ich weiß zum Schluß nicht, ob nicht etwa außer der Fünf noch unendlich viel andere Lösungen vorhanden sind.

Bevor wir aber darangehen, den Algorithmus für unsere Gleichungen zu suchen, werden wir das Wort und das Wesen der Gleichung einer näheren Betrachtung unterziehen. Man verzeihe mir die Ketzerei, aber „Gleichung" ist kein ganz richtiges Wort für das, was hier vorgeht. Das lateinische „aequatio" war viel besser. Im Lateinischen bedeuten die Wörter, die aus Zeitwörtern und der Endsilbe „tio" zusammengesetzt sind, stets eine Tätigkeit. „Aequatio" ist also eine „Gleichmachung", eine „Gleichmacherei", wie etwa „privatio" (von privare = rauben) eine Beraubung, eine Wegnehmung ist. Die Wörter Angleichung, Ausgleichung usw. träfen schon besser den Sinn. „Gleichung" allein ist etwas blaß. Da wir aber nichts Besseres vorschlagen können, wollen wir nicht die Kritiker und Negativisten spielen. Wir haben ja auch unsere sprachliche Erörterung nur vorgenommen, um den Wortsinn genau zu umschreiben und sind uns bewußt, daß die Anfechtung allgemein gebräuchlicher Fachausdrücke stets etwas Mißliches an sich hat.

Wir stellen also fest, daß man unter Gleichung die Forderung versteht, etwas gleichzumachen, etwas ins Gleichgewicht zu bringen oder im Gleichgewicht zu halten. Diese Forderung wäre jedoch töricht und überflüssig, wenn die Gleichheit schon von vornherein da wäre. Sie soll eben nur dasein. Denn ich soll sie erst durch eine richtige Wahl für das unbekannte x erzeugen.

Wir sind noch nicht um einen Schritt weitergekommen. Wieder heißt es bloß: wir sollen für das x etwas Richtiges wählen. Das aber läuft letzten Endes aufs Probieren hinaus, was wir bereits ablehnten.

Nun gäbe es aber doch noch eine Möglichkeit, das unbekannte x rechnerisch und zwangsläufig zu finden: Wenn es mir nämlich gelänge, alle x auf die eine Seite der Gleichung zu bringen und alle übrigen Größen auf die andere, müßte ich schließlich eine Gleichung von der Form $x = a$ oder $nx = b$ finden.

Wenn ich einmal so weit wäre, hätte ich mein Problem gelöst. Denn $x = a$ ist direkt die Lösung der Gleichung und $nx = b$, in einem Zahlenbeispiel wie etwa $3x = 9$, könnte man leicht entwirren. Denn wenn $3x$ gleich 9 sind, dann ist x wohl gleich 3. Oder allgemein bei $nx = b$ ist $x = \frac{b}{n}$.

Bis ich jedoch zu dieser Endform gelange, die mir zudem noch die Sicherheit gewährt, daß es nur die eine Lösung gibt, muß eine nur halbwegs verwickelte Gleichung so viel Änderungen durchmachen, daß dazu die Kalkulation mit dem Hausverstand nicht genügt. Ich brauche dazu dringend einen allgemeingültigen und verläßlichen Algorithmus, da ich mich, besonders bei allgemeinen Zahlen, sofort in einem Labyrinth befinde, aus dem ich keinen Ausweg mehr sehe. Es war auch geschichtlich ein sehr langer Weg, bis dieser Algorithmus gefunden wurde. Volle Sicherheit über die Regeln der Gleichungslehre wurde erst durch die Ausbildung der Algebra im 16. und 17. Jahrhundert gewonnen.

Wir wollen, bevor wir den Algorithmus entdecken gehen, noch eine deutliche Feststellung machen. In jeder Gleichung gibt es zwei weltenweit verschiedene Arten von Größen oder Zahlen. Die Unbekannte, das x[1]) und die sogenannten Konstanten, die schon am Beginn der Rechnung bekannt sind oder doch so betrachtet werden, als ob sie bekannt wären. Wir wollen, ohne uns noch um Rechenregeln zu bemühen, diesen kardinalen Unterschied an Beispielen verdeutlichen. Wer ihn nicht gleichsam gefühlsmäßig macht, kann unmöglich in höhere Gebiete der Mathematik vordringen. Das x und die Konstanten sind geradezu verschiedene Rassen von Zahlen, wenn dieser Vergleich erlaubt ist. Die Konstanten sind beharrend, träge, konservativ. Das x ist beweglich und vieldeutig, bis es seine richtige Größe gefunden hat. Erst dann und nur dann wird auch das x zu einer eindeutigen und konstanten Zahl. Vorher ist es, wie ein Kartenspieler sagen würde, ein „jolly Joker". Allerdings nur prinzipiell. Denn in einer bestimmten Gleichung hat das x einen vorbestimmten, nur noch nicht gefundenen Wert. Hätte ich also etwa die Gleichung

$$7x + 19 - 4 = 10x,$$

dann sind 19 und 4 „Konstanten", 7 x und 10 x sind Vielfache der Unbekannten. Man könnte auch sagen, daß die Unbekannte mit zwei verschiedenen Koeffizienten auftritt. Hätte ich eine Gleichung

$$7x + 13x + 9x - 2x + 25 = 106,$$

dann darf ich selbstverständlich die Addition und die Subtraktion der Unbekannten durchführen. Es sind ja auch Äpfel, allerdings noch unbestimmt große. Und es besteht weiter die Forderung, daß das x in jedem Fall dasselbe bedeutet. Solche Forderungen sind unabhängig von der vorläufigen Unbekanntheit der Größe. Denn wenn ich etwa sage, daß 5 Fixsterne plus 3 Fixsterne minus 4 Fixsterne 4 Fixsterne sind, brauche ich durchaus nicht zu wissen, wie groß diese Fixsterne sein mögen.

---

[1]) Es wird mit Absicht vorläufig nur von einer Unbekannten gesprochen.

Es ist eine arithmetische Summe gleichnamiger Größen. Wir hätten also

7 x + 13 x + 9 x − 2 x + 25 = 106 oder 27 x + 25 = 106,

was schon einfacher aussieht, mir aber noch keine Lösung gibt. Im ersten Beispiel hatte ich alle Konstanten auf einer Seite des Gleichheitszeichens und die Unbekannten waren getrennt, hier stehen alle x auf einer Seite und die Konstanten sind durch das Gleichheitszeichen getrennt. Es ist einfach zum Verzweifeln! Wie eine Mauer hindert mich das Gleichheitszeichen, mein Vorhaben auszuführen und alle x auf die eine Seite, alle Konstanten dagegen auf die andere Seite zu bringen, was ja die Lösung oder zumindest die Zugänglichkeit einer Lösung durch den Hausverstand bedeutete.

Nun ist es aber auch noch möglich, daß Gleichungen überhaupt nur aus Buchstaben bestehen. Diese Gleichungsform ist sogar der häufigere Fall in der Mathematik. Also etwa

$$nx + a + b - c = d - mx.$$

Hier versagt meine Vorstellungskraft vollständig. Ich behaupte zwar, daß a, b, c, d, n und m von vornherein bekannt sind, und verlange nur, das x möge so ausgedrückt werden, daß es sich als Zusammensetzung dieser „Konstanten" präsentiert. Also etwa $x = \frac{d-a-b+c}{n+m}$, was, nebenbei bemerkt, die richtige Lösung der Gleichung ist. Aber wie kam ich zu diesem Monstrum von allgemeinem Ausdruck? Wie vor allem hätte ich durch Kalkulation darauf verfallen können? Und wodurch gewinne ich die Sicherheit, daß diese Behauptung, x sei eben $\frac{d-a-b+c}{n+m}$, auch tatsächlich den Gleichmachungsbefehl erfüllt?

Wir wollen uns, ohne dadurch etwas Mathematisches zu behaupten, mit einem Bild helfen. Wir stellen uns vor, die Gleichung sei eine Waage. Auf der einen Waagschale lägen soundso viele Unbekannte und Konstante. Da der Gleichmachungsbefehl erteilt wurde, ist die Gleichung nur dann eine richtige Gleichung, wenn sich die Waage im Gleichgewicht befindet. Ich muß sie also, auch wenn ich etwas am Gleichgewicht gestört habe, stets wieder ins Gleichgewicht bringen, weil ich sonst den Gleichmachungsbefehl verletzen würde: Bleiben wir vorläufig im Bilde und betrachten wir die Konstanten als Dinge bekannten Gewichtes, etwa Messinggewichte, die Unbekannten dagegen als Gegenstände unbekannten Gewichtes, etwa Äpfel[1]). Unsere Frage läuft also schließlich auf nichts hinaus, als wie ich es fertigbringe, das Gewicht eines Apfels festzustellen, wenn vorerst auf einer im Gleichgewicht befindlichen Waage kunterbunt auf beiden Waagschalen Äpfel und Gewichte durcheinanderliegen. Konstruieren wir aus der Gleichung $2x + 15 = 3x + 3$ unsere Waage.

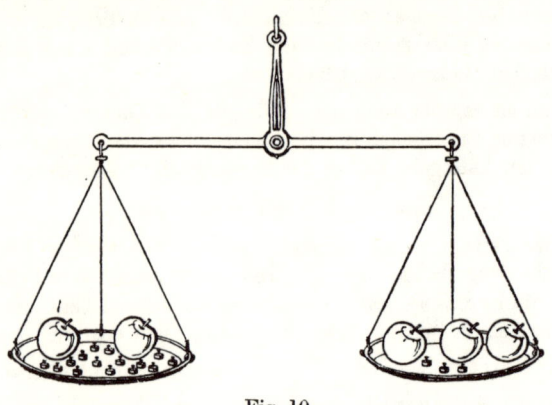

Fig. 10

Auf der einen Waagschale liegen 2 Äpfel und 15 Dekagramm-Gewichte, auf der anderen 3 Äpfel und 3 Dekagramm-Gewichte. Und ich soll jetzt so lange herumwechseln, ohne die Waage aus dem Gleichgewicht zu bringen, bis ich weiß, wie schwer ein einziger Apfel ist. Das „Züngelein an der Waage" zeigt mir stets an, ob der Gleichmachungsbefehl erfüllt ist. Das „Nicht aus dem Gleichgewicht bringen" heißt natürlich nur, daß ich ein allenfalls gestörtes Gleichgewicht wieder herstellen muß. Wenn ich das Gleichgewicht absolut erhalten müßte, dürfte ich ja überhaupt nichts ändern.

---

[1]) Natürlich müssen die Äpfel untereinander genau gleich sein, was man auch wissen kann, wenn man ihr Gewicht nicht kennt.

Nun will ich — das ist das Endziel — auf einer Seite nur Gewichte, auf der anderen nur Äpfel haben. Worauf ich endlich versuchen werde, auf der einen Seite nur einen Apfel liegen zu haben.

Machen wir uns zuerst an die Gewichte, die den „Konstanten" entsprechen. Es ist klar, daß sich nichts am Gleichgewichtszustand ändert, wenn wir auf beiden Seiten die gleiche Anzahl von Gewichten wegnehmen oder dazugeben. Nehmen wir also vorläufig aus der rechten Waagschale die drei Gewichte und aus der linken ebenfalls drei Gewichte. Die Waage hat hin- und hergeschwankt, hat aber das Gleichgewicht wieder erhalten.

Sie sieht jetzt so aus:

Fig. 11

Mathematisch ausgedrückt

$$2x + 12 = 3x.$$

Nun brauche ich bloß noch links die zwei Äpfel fortzubringen und habe mein Ziel erreicht. Wieder wende ich den gleichen Trick an und sage mir, daß ich je zwei Äpfel auf beiden Seiten entfernen muß, wenn ich die Gleichheit erhalten will.

Wir haben nun das Bild:

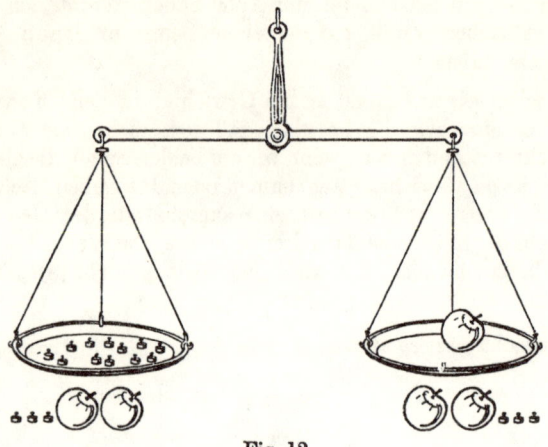

Fig. 12

was mathematisch $x = 12$ und damit die Lösung der Gleichung bedeutet. Ein Apfel ist 12 Dekagramm schwer.

Machen wir nun die Gegenprobe. Unsere ursprüngliche Gleichung lautete:
$$2x + 15 = 3x + 3.$$

Setze ich nun für x die zwölf, dann erhalte ich
$2 \cdot 12 + 15 = 3 \cdot 12 + 3$ oder $24 + 15 = 36 + 3$ oder $39 = 39$,
was offensichtlich stimmt.

Wir haben, rein aus der Anschauung, eine ungemein wichtige Regel gewonnen. Wir wissen, daß die Gleichheit erhalten bleibt, die Gleichung sich nicht ändert, wenn ich rechts und links des Gleichheitszeichens die gleiche Größe addiere oder subtrahiere. Präzis formuliert: Gleiches zu Gleichem addiert gibt Gleiches; Gleiches von Gleichem subtrahiert gibt Gleiches, was natürlich auch ohne Waage und ohne Anschauung einleuchtend ist. Aber noch einmal: All das gilt nur unter der Voraussetzung, daß für x der richtige Wert gewählt oder berechnet wird, da ja sonst von Beginn an keine Gleichheit bestanden hätte. Man sagt auch, daß die Gleichung unter der Bedingung des richtigen Wertes für die Unbekannte stehe.

Wir könnten unser Bild von der Waage noch weiter ausbauen. Wir wollen es aber nicht mehr zeichnen, sondern uns der Vorstellungskraft anvertrauen. Und da wird es uns klar, daß sich am Gleichgewicht der Waage auch nichts ändern kann, wenn wir den Inhalt der beiden Waagschalen gleichzeitig in beliebiger Weise mit derselben Zahl multiplizieren. Ob ich etwa auf der einen Seite einen Apfel und auf der anderen Seite zwölf Gewichte oder auf der einen Seite sieben Äpfel und auf der anderen 84 Gewichte habe, ist für das Gleichgewicht unter der Voraussetzung einerlei, daß Äpfel und Gewichte untereinander gleich sind. Weiters ist es ebenso gleichgültig für den Balancezustand, wenn ich beide „Seiten" der Gleichung durch die gleiche Zahl dividiere oder zur selben Potenz erhebe. Unter „Seiten" einer Gleichung verstehe ich die Gesamtheit aller bekannten und unbekannten Größen, die vor oder nach dem Gleichheitsbefehl stehen. Bei $5x - 4 + 16 = 2x - 8$ ist $(5x - 4 + 16)$ die linke und $(2x - 8)$ die rechte „Seite" der Gleichung.

Wir wollen uns nun mit dieser theoretischen Erkenntnis begnügen, daß eine gleichzeitige Anwendung jeder der uns bekannten Rechnungsoperationen auf beiden Seiten der Gleichung (und zwar in gleicher quantitativer Art) am Wesen der Gleichung, der Gleichheit beider Seiten, nichts ändert. In der Praxis wird aus dieser Regel ein eigener kabbalistischer Zauber, das sogenannte „Hinüberschaffen" von Größen und das „Isolieren" der Unbekannten x. Hätte ich etwa die Gleichung

$$5x - 4 + 16 = 2x + 8,$$

so werde ich zuerst auf der linken Seite aus $(-4 + 16)$ die Zahl 12 bilden und hätte dann

$$5x + 12 = 2x + 8.$$

Nun kann ich nach unserem Beispiel von der Waage versuchen, alle „Konstanten" auf die eine und alle „Unbekannten" auf die andere Seite zu bringen. Zu diesem Behuf subtrahiere ich zuerst auf beiden Seiten $(2x + 8)$ und erhalte

$$\begin{array}{rl} 5x + 12 = & 2x + 8 \\ -2x - 8 = & -2x - 8 \\ \hline 3x + 4 = & 0 \end{array}$$

Nun ist etwas passiert, was mich erschreckt. (3 x + 4) ist gleich 0. Heißt das etwa, daß jetzt alles in Dunst aufgegangen ist? Und daß das x auch gleich 0 wird? Geduld! Das kann es wohl nicht heißen. Denn es steht mir noch ein Ausweg offen. Vor allem habe ich ja noch gar nicht alle x auf einer und alle Konstanten auf der anderen Seite. Ich muß also jetzt entweder auf beiden Seiten 3 x oder 4 abziehen, um diese Trennung zu erzielen. Versuchen wir es mit 4.

$$\begin{array}{r} 3x + 4 = 0 \\ -4 = -4 \\ \hline 3x = 0 - 4 \end{array}$$

Ich erhalte also 3 x = — 4 und sehe, daß die verdächtige Null wieder verschwunden ist. Nun stehe ich knapp vor der „Lösung" der Gleichung. Ich muß bloß noch das x „isolieren". Da ich 3 x links stehen habe, erhalte ich x, indem ich durch 3 dividiere. Die gleiche Division muß ich aber nach meiner „Waage"regel auch rechts durchführen, um das Gleichgewicht zu erhalten. Also:

$$3x : 3 = (-4) : 3 \text{ oder}$$
$$x = (-4) : 3 = -\frac{4}{3} = -1\frac{1}{3}.$$

Die Gleichung ist gelöst. Nun wollen wir bloß noch zusehen, ob sie richtig gelöst ist. Dazu setze ich in die ursprüngliche Gleichung ein:

$$5 \cdot \left(-\frac{4}{3}\right) + 12 = 2 \cdot \left(-\frac{4}{3}\right) + 8$$

$$-\frac{20}{3} + \frac{36}{3} = -\frac{8}{3} + \frac{24}{3} \quad \text{(Alles auf Drittel gebracht.)}$$

$$\frac{16}{3} = \frac{16}{3}$$

Die Probe bewahrheitet unsere Rechnung.

Nun wollen wir das „Hinüberschaffen" erläutern, da es uns nicht einfallen wird, derart schwerfällig zu rechnen.

$$5x + 12 = 2x + 8.$$

Wir benützen die frühere Gleichung. Und wir merken an, daß wir auch zu einem Resultat gelangen, wenn wir gleich-

zeitig versuchen, die 2 x zu den 5 x und die 12 zu den 8 hinüberwandern zu lassen. Wie aber? Nun, sehr einfach. Wir müssen 2 x auf beiden Seiten zugleich abziehen. Da es aber dadurch rechts überhaupt verschwindet, können wir es gleich nur links abziehen. Also:
$$5\,x - 2\,x + 12 = 8 \text{ oder } 3\,x + 12 = 8.$$

Jetzt lasse ich die 12 „wandern". Das geschieht durch Abziehen der 12 auf beiden Seiten. Dadurch verschwindet 12 auf der linken Seite und wird nur rechts abgezogen. Also:
$$3\,x = 8 - 12 \text{ oder } 3\,x = -4.$$

Nun soll die 3 vom x auf die andere Seite wandern. Sie steht als Faktor. Folglich müssen wir beide Seiten durch 3 dividieren. Da die 3 aber dadurch links verschwindet, erscheint sie nur rechts als Divisor. Also Ergebnis
$$x = (-4) : 3 = -\frac{4}{3} = -1\frac{1}{3}.$$

Wir sind fertig. Und haben unsere Regel gewonnen. Sie lautet: Wenn eine Größe über das Gleichheitszeichen „hinüberwandert", ändert sich ihr Operationsbefehl in die entsprechende Gegenoperation. Aus Thesis wird Lysis, aus Lysis Thesis. Oder konkret: Aus Addition wird Subtraktion, aus Subtraktion Addition, aus Multiplikation Division, aus Division Multiplikation, aus Potenzierung Radizierung (Wurzelziehen)[1], aus Radizierung Potenzierung.

Nun sind wir eigentlich jeder Gleichung gewachsen, sofern sie linear ist, d.h. sofern die Unbekannte bloß in der ersten Potenz erscheint. Warum eine solche Gleichung „linear" heißt, wird uns später geometrisch klarwerden.

Es steht dem Leser frei, unsere bisher erwähnten Beispiele nach dem neuen Algorithmus zu behandeln. Wir wollen jetzt zur Verdeutlichung verwickeltere Aufgaben durchrechnen. Etwa:
$$\begin{aligned}
5(x-2) - 2x &= 2(x-1) \\
5\,x - 10 - 2x &= 2x - 2 \\
3x - 10 &= 2x - 2 \\
3x - 2x &= -2 + 10 \\
x &= 8
\end{aligned}$$

---
[1] Wird später erörtert!

Ein Beispiel mit lauter Buchstaben:

$$a(b-c+d)-b(a+c-d) = ab-(bc-bd-x)$$
$$ab-ac+ad-ab-bc+bd = ab-bc+bd+x$$
$$ab-ac+ad-ab-bc+bd-ab+bc-bd = x$$
$$-ab-ac+ad = x$$
$$x = a(-b-c+d)$$

Zu dieser Aufgabe ist zu bemerken, daß die Umkehrung der ganzen Gleichung bzw. die Vertauschung der Seiten jederzeit erlaubt ist. Es ist ja gleich, ob man x = 5 oder 5 = x sagt. Das ergibt sich aus dem Wesen des Gleichheitszeichens. Ich dürfte natürlich auch auf beiden Seiten mit (-1) multiplizieren und wenn ich etwa $(-x) = (-10)$ erhielte, schreiben:

$$(-x) \cdot (-1) = (-10) \cdot (-1) \text{ oder}$$
$$x = 10.$$

Eine solche Multiplikation wird stets dort angewendet, wo das x negativ erscheint, da mich ja nur das positive x interessiert. Hätte ich also am Schluß $(-x) = (\pm a)$, was soviel heißt, wie minus x ist gleich plus a oder minus a, dann schreibe ich oder denke ich

$$(-x)(-1) = (\pm a)(-1) \text{ oder}$$
$$x = (\mp a).$$

Man beachte, daß jetzt das a oben das Minus und unten das Plus hat. Denn $(+a) \cdot (-1) = (-a)$, $(-a) \cdot (-1) = (+a)$. Folglich entspricht das Minus vor dem a der ersten und das Plus der zweiten Multiplikation.

Nun gibt es Fälle, in denen eine Gleichung so aussieht, als ob sie für uns unzugänglich wäre, da das x in einer anderen als der ersten Potenz vorkommt. Etwa:

$$(x+1)(x-1) = x^2 + x + 1.$$

Diese nur scheinbar zweitgradige oder „quadratische" Gleichung stellt sich nach Ausrechnung als harmlose „lineare" Gleichung heraus.

$$x^2 + x - x - 1 = x^2 + x + 1$$
$$x^2 - x^2 + x - x - x = 1 + 1$$
$$-x = 2$$
$$(-x)(-1) = 2(-1)$$
$$x = -2$$

Ebenso sieht etwa die Gleichung $\frac{1}{x-1} - \frac{1}{x+1} = 2$ sehr gefährlich aus. Hier haben wir das x nur im Nenner. Wir wollen schrittweise vorgehen: Zuerst bringen wir die linke Seite auf gemeinsamen Nenner.

$$\frac{1 \cdot (x+1) - 1 \cdot (x-1)}{(x-1)\;\;(x+1)} = 2$$

$$\frac{x+1-x+1}{x^2-x+x-1} = 2$$

$$\frac{2}{x^2-1} = 2, \quad \text{das ist dasselbe wie}$$

$$2 : (x^2-1) = 2$$
$$2 = 2 \cdot (x^2-1)$$
$$2 = 2x^2 - 2$$
$$2 + 2 = 2x^2$$
$$4 = 2x^2$$
$$x^2 = 2$$

Hier haben wir tatsächlich eine quadratische Gleichung vor uns, die wir noch nicht lösen können, da wir das Radizieren oder Wurzelausziehen noch nicht verstehen. Die Lösung wäre $x = \pm \sqrt{2} = \pm 1.414\ldots$

Ein weiteres Beispiel:

$$\frac{5+x}{2} + \frac{13+7x}{3} = 72$$

$$\frac{(5+x)3 + (13+7x) \cdot 2}{2 \cdot 3} = 72$$

$$(5+x) \cdot 3 + (13+7x) \cdot 2 = 72 \cdot 2 \cdot 3$$
$$15 + 3x + 26 + 14x = 432$$
$$17x = 432 - 15 - 26$$
$$17x = 391$$
$$x = \frac{391}{17} = 23$$

Eine allgemeine Bemerkung: Das Rechnen mit Gleichungen ist eine der wichtigsten Angelegenheiten der Mathematik. Es gibt dabei unzählige Rechenvorteile, Rechentricks, Rechenkünste. Die „Gleichungsmaschine" muß jedem Mathematiker so bekannt sein, daß das „Hinüberschaffen", das „Isolieren" usw. wie im Traum erfolgt. Jedes beliebige Lehrbuch der Arithmetik bringt eine Unzahl gut ausgewählter und bunter Beispiele. Besonders zu empfehlen ist die herrliche Algebra von Euler, auf die wir schon hinwiesen. Wir raten also dringendst, da es nun einmal keinen „Königsweg" zur Mathematik gibt, womöglich Hunderte und Tausende von Gleichungen zu lösen und sich auch selbst Gleichungen anzusetzen. Diese Beschäftigung ist mindestens so amüsant wie Kreuzworträtsel oder Kartenspielen. Und es entwickelt sich dabei jener sechste Sinn, den der Laie am Mathematiker oft bestaunt. Die Mathematisierung des Gehirns ist eine fast physische Erscheinung wie etwa die schon unterbewußte Selbstverständlichkeit des Schwimmens, des Radfahrens, des richtigen Schlages beim Tennis. Kurz, sie ist bis zu sehr hohen Graden reine Übungssache. Das, was nicht geübt oder nur beschränkt geübt werden kann, spielt sich erst in so hohen Regionen der Mathematik ab, daß es uns Rekruten kaum etwas angeht. Wir wollen ja nicht Moltkes oder Napoleone werden, sondern höchstens brave Offiziere. Aber — und das ist das Herrliche an unserer Kunst — man weiß nie, ob nicht auch wir einmal in einer lichten Sekunde etwas Umwälzendes finden. Es ist nicht sehr wahrscheinlich, aber unmöglich ist es durchaus nicht.

Wir wollen unser Selbstbewußtsein aber wieder dämpfen und den Traum vom „Marschallstab im Tornister" zurückdrängen. Und wollen, bevor wir unseren Gleichungsbegriff erweitern, noch eine sogenannte eingekleidete oder Anwendungsaufgabe berechnen. Etwa:

Ein Vater ist jetzt 48, sein Sohn 21 Jahre alt. Wie alt war der Sohn, als der Vater das zehnfache Alter des Sohnes hatte? Vor wieviel Jahren war der Vater 10mal so alt als sein Sohn?

Wir schließen folgendermaßen: Der Altersunterschied zwischen Vater und Sohn beträgt 27 Jahre. Diese Größe bleibt stets gleich, ist also eine Konstante. Nennen wir das Alter des Sohnes, bei dem der Vater 10mal so alt war als der Sohn, x, dann war der Vater damals $(x + 27)$ Jahre alt. Dieses Alter soll aber nach der Voraussetzung 10mal so hoch gewesen sein als das des Sohnes, also $10 \cdot x$. Folglich ist $x + 27 = 10x$, womit wir den sogenannten „Ansatz", die Gleichung, gewonnen haben. Wir denken jetzt nicht mehr, was die Größen bedeuten, sondern vertrauen uns unserem „Algorithmus" an.

$$x + 27 = 10x$$
$$27 = 9x$$
$$x = \frac{27}{9} = 3.$$

Der Vater war 30 Jahre, der Sohn 3 Jahre, als der Vater 10mal so alt war als der Sohn. Das stimmt offensichtlich. Nun ist aber auch gefragt, vor wieviel Jahren dieses Ereignis stattfand, wenn der Vater heute 48 Jahre ist. Wir subtrahieren 48 — 30 = 18 und antworten: vor 18 Jahren. Der Sohn war damals 21 — 18 = 3 Jahre alt.

Man könnte übrigens, der zweiten Frage entsprechend, die Gleichung auch so ansetzen, daß als x unmittelbar die Zeit betrachtet würde, vor der der Vater 10mal so alt war als der Sohn. Dann müßten wir schließen: Der Vater ist jetzt 48 Jahre alt. Folglich war er vor (48 — x) Jahren 10mal so alt als der Sohn. Da aber der Sohn jetzt 21 Jahre zählt, lag dieser Zeitpunkt auch für den Sohn um (21 — x) Jahre zurück. Wir hätten also die Gleichung

$$(48 - x) = 10 \cdot (21 - x) \text{ oder } (21 - x) = \frac{1}{10}(48 - x).$$

Lösen wir die erste Gleichung, die ja mit der zweiten identisch ist:

$$(48 - x) = 10 \cdot (21 - x)$$
$$48 - x = 210 - 10x$$
$$9x = 210 - 48$$
$$9x = 162$$
$$x = \frac{162}{9} = 18.$$

Die zweite Gleichung müßte dasselbe Ergebnis liefern. Es gäbe aber noch eine dritte Art, die Aufgabe zu bewältigen. Da der Vater um 27 Jahre älter ist als der Sohn, so zählt der Sohn 0 Jahre, wenn der Vater 27 Jahre alt ist. Der Sohn ist zu dieser Zeit eben geboren. Nun muß der Vater um ein Neuntel seiner Altersdifferenz älter werden, um den Sohn zehnfach zu übertreffen. Denn zu neun Teilen ein zehnter gleicher hinzugefügt gibt zehn Teile. Anders gesagt sind $\frac{9}{9} + \frac{1}{9} = \frac{10}{9}$. Ein Zehntel von $\frac{10}{9}$ sind aber $\frac{1}{10} \cdot \frac{10}{9} = \frac{1}{9}$ oder zehnmal ein Neuntel sind $\frac{10}{9}$. Also erhielten wir als Neuntel von 27 sofort 3, und der Vater wäre 3 Jahre nach der Geburt des Sohnes — mit 30 Jahren — 10mal so alt wie sein zu diesem Zeitpunkt dreijähriges Söhnchen.

Wir wollten bloß zeigen, welche Fülle von Verwandlungsmöglichkeiten und Diskussionsgelegenheiten selbst ganz einfache Gleichungen bieten und wie sehr hier schon die Geschicklichkeit des Rechners maßgebend ist, die klarste und eleganteste Lösung zu finden. Unsere Leser werden bald selbst dieses Gefühl für mathematische Präzision und Eleganz bekommen. Aber noch einmal: Hier beginnt die Kunst und hier heißt es üben wie ein Akrobat.

Nun wollen wir noch eine Textaufgabe anschließen, die beinahe klassische Berühmtheit erlangt hat. Die sogenannte „Grabtafel des Diophantos". Diophantos war ein Mathematiker Alexandrias im dritten nachchristlichen Jahrhundert. Er war ein genialer Arithmetiker und Algebraiker, vielleicht der einzige, den das Griechentum besaß. Denn alle anderen griechischen Mathematiker waren Geometriker. Jedenfalls war es vornehmlich Diophantos, der die Lehre von den Gleichungen ausbildete und maßgebenden Einfluß auf arabische und mittelalterliche Mathematiker übte. Die Inschrift seines sagenhaften Grabsteins lautete:

Hier das Grabmal deckt Diophantos — ein Wunder zu schauen:
Durch des Entschlafenen Kunst lehrt dich sein Alter der Stein.
Knabe zu bleiben verlieh ein Sechstel des Lebens ein Gott ihm;
Fügend das Zwölftel hinzu, ließ er ihm sprossen die Wang;
Steckte ihm drauf auch an nach dem Siebtel die Fackel der Hochzeit,
Und fünf Jahre nachher teilt' er ein Söhnlein ihm zu.
Weh! unglückliches Kind, so geliebt! Halb hatt' es des Vaters Alter erreicht, da nahm's Hades, der schaurige, auf.
Noch vier Jahre den Schmerz durch Kunde der Zahlen besänft'gend
Langte am Ziele des Seins endlich er selber auch an.

Um aus dem schönen Pathos elegischer Distichen zu unserer kühleren Mathematik zurückzukehren, stellen wir fest, daß sich das uns vorläufig unbekannt lange Leben des Diophantos (wir nennen es x) stufenweise aus Teilen dieses Lebens und aus Jahresmehrheiten, die angegeben, also konstant sind, zusammensetzt. Er war $\frac{1}{6}$ seines Lebens Knabe, also $\frac{x}{6}$. Dann dauerte es $\frac{x}{12}$ Jahre, bis ihm der Bart sproß. Nach einem weiteren Zeitraum von $\frac{x}{7}$ Jahren heiratete er. 5 Jahre später kam das Söhnlein zur Welt, das aber nur das Alter von $\frac{x}{2}$ Jahren erreichte. 4 Jahre noch überlebte Diophantos den Sohn, dann starb er, x Jahre alt.

Unsere Gleichung hat also zu lauten:

$$\frac{x}{6} + \frac{x}{12} + \frac{x}{7} + 5 + \frac{x}{2} + 4 = x.$$

Gemeinsamer Nenner der Brüche ist 84, da in 84 sowohl 6 als 12 als 7 und 2 enthalten sind und es zudem das kleinste gemeinsame Vielfache dieser Zahlen ist. Somit schreiben wir:

$$\frac{14x}{84} + \frac{7x}{84} + \frac{12x}{84} + \frac{420}{84} + \frac{42x}{84} + \frac{336}{84} = \frac{84x}{84}.$$

Wir können nun beide Seiten der Gleichung mit 84 multiplizieren, wodurch alle Bruchnenner zugleich wegfallen. Bleibt also:

$$14x + 7x + 12x + 420 + 42x + 336 = 84x$$
$$75x + 756 = 84x$$
$$756 = 9x$$
$$9x = 756$$
$$x = 756 : 9 = 84.$$

Diophantos ist also 84 Jahre alt geworden. Vierzehn Jahre war er Knabe, mit 21 sproßte ihm die „Wang", mit 33 Jahren heiratete er, mit 38 wurde ihm das Söhnlein geboren, das 42 Jahre, also bis zu des Diophantos 80. Jahre, lebte. Trauernd verbrachte er die letzten 4 Jahre bis zu seinem Tod, der eintrat, als er 84 Jahre zählte.

Vierzehntes Kapitel

Unbestimmte Gleichungen

Wir haben den Geist des Diophantos hier nicht ohne Absicht beschworen. Dieser große Mathematiker gilt nämlich als Entdecker einer sonderbaren Art von Gleichungen, der unbestimmten oder diophantischen Gleichungen. Wiewelt sie auf ihn zurückzuführen sind, ist mindestens ebenso unbestimmt wie „seine" Gleichungen. Aus den erhaltenen Schriften des Diophantos geht nach Ansicht der Mathematikhistoriker nichts hervor, was ihn als Entdecker eben dieses Gleichungstypus kennzeichnete. Da der Name aber einmal eingebürgert ist, wollen wir ihn beibehalten.

Was sind nun diese doppelt rätselhaften „diophantischen" Gleichungen?

Wir wollen diesmal mit einer eingekleideten Aufgabe beginnen und Wesen und Behandlungsart dieser höchst wichtigen Gleichungen gemeinsam entdecken. Wir fragen also: Welche zwei Zahlen sind so beschaffen, daß das Achtfache der ersten, vermehrt um das Dreifache der zweiten, als Summe 91 ergibt?

Das ist eine Frage, an die wir mit unserer bisherigen Weisheit nicht herankönnen. Denn wir bemerken sofort, daß hier nicht ein unbekanntes x, sondern zwei Unbekannte zu suchen sind, die wir mit x und y bezeichnen wollen. Wir schreiben also

$$8x + 3y = 91.$$

Was sollen wir aber weiter machen? Nach unseren Regeln wäre $8x = 91 - 3y$ und $x = \frac{91-3y}{8}$ oder $3y = 91 - 8x$ und $y = \frac{91-8x}{3}$. Offenbar führt uns das nicht weiter. Denn wir drücken dadurch stets nur die eine Unbekannte durch 91 und durch die andere Unbekannte aus. Ein glücklicher Instinkt hätte mich dazu geführt, x als 5 und y als 17 anzunehmen. Tatsächlich ist $8 \cdot 5 + 3 \cdot 17 = 40 + 51 = 91$. Das wäre also eine Lösung. Aber ich argwöhne, daß es nicht die einzige ist. Wir müssen also auch hier nach einem Algorithmus suchen, nach einer Kabbala, die uns unfehlbar ans Ziel führt. Dabei müssen wir noch eine Nebenbedingung erwähnen. Als Lösung einer solchen diophantischen Gleichung werden nur ganze

Zahlen akzeptiert. Sonst hätten wir von vornherein unendlich viele Lösungen. Wir brauchten bloß das x irgendeiner Zahl, etwa 7, gleichzusetzen und erhielten

$$8 \cdot 7 + 3y = 91$$
$$56 + 3y = 91$$
$$3y = 91 - 56$$
$$3y = 35$$
$$y = 35 : 3 = 11\frac{2}{3}.$$

Ich hätte ja stets durch Wahl des x oder y die Gleichung auf eine unbedingt lösbare Gleichung mit einer Unbekannten zurückgeführt. Denn willkürliche Wahl einer Zahl für eine Unbekannte hieße nichts anderes, als daß ich diese Unbekannte gleichsam für den speziellen Fall zur Konstanten machte.

Wir fordern also Ganzzahligkeit der Lösung gleichzeitig für beide Unbekannten. Diese Ganzzahligkeit ist aber nicht für jede Gleichung mit zwei Unbekannten möglich. Doch davon später.

Bevor wir die geniale allgemeine Lösungsmethode erläutern können, die uns Leonhard Euler geschenkt hat, müssen wir vorher noch einen sehr gebräuchlichen mathematischen Kniff erlernen, der in dieser Methode eine überragende Rolle spielt. Nämlich die „Anstellesetzung" oder „Substitution".

Wählen wir ein konkretes Beispiel. Niemand wird behaupten, daß die Gleichung

$$2\left(\frac{x-4}{3}\right) + 3\left(\frac{x-4}{3}\right) - 4\left(\frac{x-4}{3}\right) = 9 - 2\left(\frac{x-4}{3}\right)$$

sehr anheimelnd aussieht. Bei näherem Zusehen merken wir aber, daß der Ausdruck $\left(\frac{x-4}{3}\right)$ stets wiederkehrt und daß sich das x in keiner als in eben dieser Konstellation befindet. Ich kann nun dieses $\left(\frac{x-4}{3}\right)$ gleichsam als neue allgemeine Größe, als neue Unbekannte betrachten und es so behandeln, als ob es (in unserer Sprechweise) ein Apfel wäre. Diesen Apfel nennen wir nun n und schreiben:

$$2n + 3n - 4n = 9 - 2n.$$

Die Bedeutung des n schiebe ich in Gedanken vorläufig zurück. Ich frage nicht, welchen Detailbau ein Apfel hat, aus wieviel Kernen, Stengeln und Butzen der Apfel besteht, sondern ich vertraue mich sozusagen einem größeren Algorithmus an und versuche zuerst, herauszubringen, welche Zahl, welche Konstante einem Apfel zugeordnet ist. Dann — so hoffe ich — kann ich das Detail des Apfels weiter erforschen. Unsere neue Gleichung mit n als der Unbekannten ergibt:

$$2n + 3n - 4n + 2n = 9, \text{ oder } 3n = 9 \text{ und } n = 3.$$

Nun weiß ich aber, da ich es ja selbst so einführte, daß n gleich ist $\left(\frac{x-4}{3}\right)$. Ich habe jetzt also eine neue Gleichung, in der n nicht mehr unbekannt, sondern konstant und gleich 3 ist. Diese Gleichung lautet:

$$n = \frac{x-4}{3} \text{ und } x = 3n + 4.$$

Das n ist aber, wie gesagt, gleich drei. Also ist das $x = 9 + 4 = 13$.

Wir überlassen es dem Leser, die Gleichung ohne „Substitution", ohne „Anstellesetzung" einer neuen Hilfs-Unbekannten oder Zwischen-Unbekannten direkt auszurechnen. Sicherlich wird diese Probe oder die Probe durch Einsetzen der 13 für das x die Richtigkeit unseres Vorgehens beweisen.

Wir wissen also jetzt praktisch, was eine „Substitution" ist. Sie ist die Bezeichnung einer kompliziert gebauten Größe durch eine neue, einfachere Benennung. Wenigstens auf unserer Stufe. In der höheren Mathematik, insbesondere in der Integralrechnung, wo Substitutionen eine ausschlaggebende und unentbehrliche Rolle spielen, kann es ebensogut vorkommen, daß eine einfachere Größe durch eine kompliziertere ersetzt wird. Übrigens kennen wir selbst schon solche Fälle. Wenn wir aus irgendwelchen Gründen statt 1 etwa 15^0 schreiben oder b durch $b^1 \cdot b^0$ entstanden denken, ist das eine Art von Substitution ins Kompliziertere. Allerdings nur eine sehr spezielle Art. Um die größte Allgemeinheit zu wahren, müssen wir sagen, daß man unter Substitution schlechtweg das Ersetzen einer Größe durch eine andere versteht. Natürlich nicht wahllos. Man darf bekanntlich niemandem ein x für ein u vormachen. Aber man darf überall, wo x vorkommt, dafür u schreiben, wenn man am Schluß die „Bedingungsgleichung" nicht vernachlässigt, daß x eben u ist oder $x = u$. Ich kann auch überall für x den Wert 2u schreiben. Oder $\frac{u}{2}$ oder $\frac{u}{250}$. Das x ist dann am Ende eben das Doppelte von u oder die Hälfte oder ein 250tel.

Gut, wir haben gesehen, daß sich durch Substitutionen komplizierte Rechnungen vereinfachen lassen. Worin aber besteht eigentlich der Rechtstitel, daß ich überhaupt substituieren darf? Logisch ist die Sache einfach. Wir haben etwa aus $\frac{x-4}{3}$ den Oberbegriff n gebildet, der forderungsgemäß dieses $\left(\frac{x-4}{3}\right)$ in sich enthält. Denn wir substituieren ja unter der Bedingung: $n = \frac{x-4}{3}$! Streng mathematisch sagen wir, daß hier ein Fall von Isomorphismus, von Gestaltgleichheit vorliegt. Die Struktur, die Gestalt der Gleichung oder sonstigen Rechnungsoperation ist durch das „Anstellesetzen" nicht berührt worden, und die Koeffizienten und die Befehle sind die gleichen geblieben. Algebraisch liegt ein System mehrerer Gleichungen, und zwar einer Grundgleichung und einer Bedingungsgleichung, vor. Nämlich:

$$2\left(\frac{x-4}{3}\right) + 3\left(\frac{x-4}{3}\right) - 4\left(\frac{x-4}{3}\right) = 9 - 2\left(\frac{x-4}{3}\right)$$

$$\text{und } \frac{x-4}{3} = n.$$

Aber auch das müssen wir vertagen, um endlich zur diophantischen Gleichung zu kommen. Wir werden ja dabei, wie schon angekündigt, eine besondere Art von Substitution durchführen, bei der zur „Bedingungsgleichung" noch andere Forderungen hinzutreten.

Wenn wir also unser Beispiel einer diophantischen Gleichung:

$$3y + 8x = 91$$

in etwas umgestellter Form noch einmal anschreiben, dann verlangt die Methode Eulers vorerst, daß wir die eine Unbekannte durch die andere ausdrücken. Und zwar aus gewissen praktischen Gründen die Unbekannte mit dem kleineren Koeffizienten durch die Unbekannte mit dem größeren Koeffizienten. Hier also y durch x. Wir erhalten:

$$3y = 91 - 8x$$
$$y = \frac{91 - 8x}{3}.$$

Das wäre der erste Schritt. Nun sollen wir — nach Euler — den Bruch, der als unechter zu betrachten ist, in Ganze und Restbrüche zerlegen. Also:
$$y = \frac{91}{3} - \frac{8x}{3} = 30 + \frac{1}{3} - 2x - \frac{2x}{3}.$$

Nun stellen wir die „Ganzen" und die „Restbrüche" nebeneinander:
$$y = 30 - 2x + \frac{1}{3} - \frac{2x}{3} = 30 - 2x - \frac{2x-1}{3}.$$

Ebenfalls aus praktischen Rücksichten haben wir vor den Bruch das Minus gestellt, so daß er nicht $+\frac{1-2x}{3}$, sondern $-\frac{2x-1}{3}$ lautet, was ja größenmäßig dasselbe ist.

Nun beginnt der eigentliche Kalkül. Wir haben, im Sinne diophantischer Gleichungen, gefordert, daß das y eine ganze Zahl sein muß. Da das x auch eine ganze Zahl sein soll, muß $30 - 2x$ ebenfalls eine ganze Zahl liefern. Wenn aber überdies y eine ganze Zahl ist, dann muß in der Summe oder Differenz $30 - 2x - \frac{2x-1}{3}$ auch das $\frac{2x-1}{3}$ eine ganze Zahl sein, da sonst die anderen Bedingungen hinfällig würden. Nun beginnt die „Substitution". Wir behaupten voraussetzungsgemäß, $\frac{2x-1}{3}$ sei eine ganze Zahl und nennen sie n_1. Den Index rechts unten fügen wir bei, da wir vielleicht mehrere Male substituieren müssen. Wir haben also jetzt den Ansatz:
$$n_1 \text{ (ganze Zahl)} = \frac{2x-1}{3}.$$

Nach denselben Überlegungen wie oben kann ich diese neue Gleichung zuerst so umstellen, daß ich das x durch n_1 ausdrücke.
$$n_1 = \frac{2x-1}{3}$$
$$3n_1 = 2x - 1$$
$$2x = 3n_1 + 1$$
$$x = \frac{3n_1 + 1}{2}$$

Nun kann ich das x, das ja auch eine ganze Zahl sein muß,

wieder durch Zerlegung des Bruches in Ganze und Restbrüche versinnbildlichen.

$$x = \frac{3n_1}{2} + \frac{1}{2} = n_1 + \frac{n_1}{2} + \frac{1}{2} = n_1 + \frac{n_1 + 1}{2}.$$

Wieder ist die Überlegung dieselbe. x und n_1 sollen ganze Zahlen sein. Daher muß $\frac{n_1 + 1}{2}$ auch eine ganze Zahl liefern. Meine Vorsicht, das n zu indizieren, war sehr angebracht. Denn diese neueste ganze Zahl $\frac{n_1 + 1}{2}$ nenne ich im Wege neuerlicher Substitution n_2.

Wir erhalten also:

$$n_2 \text{ (ganze Zahl)} = \frac{n_1 + 1}{2}.$$

Drücke ich nun das n_1, lediglich ganzzahlig, durch n_2 aus, dann resultiert
$$2 n_2 = n_1 + 1 \text{ oder}$$
$$n_1 = 2 n_2 - 1.$$

Da jetzt alle Restbrüche verschwunden sind, kann ich meine Aufgabe als gelöst betrachten. Nur habe ich noch eine, wenn auch nicht schwierige, so doch verwickelte Aufgabe zu erfüllen. Ich muß nämlich jetzt das x und das y wiedergewinnen, wobei nichts stehenbleiben darf als das letztsubstituierte n, also das n_2 in unserem Falle. Da nun $n_1 = 2 n_2 - 1$ und $\frac{n_1 + 1}{2} = n_2$, so ist $x = n_1 + \frac{n_1 + 1}{2}$ nichts anderes als $2 n_2 - 1 + n_2$ oder $x = 3 n_2 - 1$. Für y aber erhielten wir als letztes Resultat $y = 30 - 2x - \frac{2x - 1}{3}$. Also ist $y = 30 - 2 (3 n_2 - 1) - \frac{2x - 1}{3}$. Da aber weiter $\frac{2x - 1}{3}$ nichts anderes als n_1 ist, da wir es ja gleich n_1 setzten, so ist $y = 30 - 2 (3 n_2 - 1) - n_1$. Nun ist aber n_1 wieder gleich $(2 n_2 - 1)$. Folglich ist y, nur durch Konstante und n_2 ausgedrückt:

$$y = 30 - 2 (3 n_2 - 1) - (2 n_2 - 1) = 30 - 6 n_2 + 2 - \\ - 2 n_2 + 1 = 33 - 8 n_2.$$

Der Übersichtlichkeit halber schreiben wir diese sogenannte endgültige und allgemeine Lösung unserer diophantischen Gleichung noch einmal an, wobei wir beim n_2 den Index fortlassen, da ja der Index ein Unterscheidungszeichen ist und

jeden Sinn verliert, wenn man nichts mehr zu unterscheiden hat. n_2 oder n, wie wir es jetzt nennen, ist eine beliebige ganze Zahl und
$$x = 3n - 1$$
$$y = 33 - 8n.$$

Versuchen wir jetzt, ob unsere Eulersche „Lösung" wirklich richtig ist. Wir dürfen, wie gesagt, in das n jede ganze, positive oder negative Zahl (hier figuriert auch die Null als ganze Zahl) einsetzen. Die Gleichung lautete:
$$8x + 3y = 91.$$

Für n = 0 ist $x = 0 - 1 = -1$ und $y = 33 - 0 = 33$.
Also: $8 \cdot (-1) + 3 \cdot 33 = (-8) + 99 = 91$.

Für n = 1 ist $x = 3 - 1 = 2$ und $y = 33 - 8 = 25$.
Also: $8 \cdot 2 + 3 \cdot 25 = 16 + 75 = 91$.

Für n = −1 ist $x = -3 - 1 = -4$ und $y = 33 + 8 = 41$.
Also: $8 \cdot (-4) + 3 \cdot 41 = -32 + 123 = 91$.

Für n = 5 ist $x = 15 - 1 = 14$ und $y = 33 - 40 = -7$.
Also: $8 \cdot 14 + 3 \cdot (-7) = 112 - 21 = 91$

usf. ins Unendliche nach Plus und Minus.

Wahrhaftig ein zauberhafter Algorithmus, der es gestattet, unendlich viele ganzzahlige Lösungen für zwei Unbekannte durch eine einfache Formel zu bestimmen! Unser erstes, bloß erratenes Wertepaar x = 5 und y = 17 galt für n = 2, da hierbei $x = 6 - 1 = 5$ und $y = 33 - 16 = 17$.

Nun könnte man weitere Bedingungen stellen und etwa nur Lösungen zwischen 1 und 100 oder zwischen − 10 und + 10 oder nur positive und nur negative Lösungen zulassen. Praktisch sind solche Bedingungen oft sehr wichtig. Der geübtere oder spürsinnigere Leser wird leicht erraten, wie man solchen Einschränkungen genügt. Man setzt einfach von 0 aufwärts und abwärts einige Zahlen für n ein, legt sich am besten eine kleine Tabelle an und sieht dann bald, wie weit man gehen darf[1]).

---

[1]) Natürlich könnte man ganz korrekt auch Bedingungsungleichungen ansetzen. Etwa $x < 10$, also $(3n-1) < 10$, folglich $3n < 11$ und $n < \frac{11}{3}$. Also dürfte das n höchstens 3 betragen, wenn x kleiner als 10 sein soll. Nur müßte man für y auch eine Ungleichung ansetzen usw.

Doch die diophantischen Gleichungen sind uns wieder nur Mittel zum Zweck gewesen, was später deutlich werden wird. Wir wollen daher nicht tiefer in ihre hochinteressanten Einzelgesetze eindringen und wollen nur noch etwas hinzufügen, was wir schon andeuteten. Nämlich, daß durchaus nicht jede Gleichung mit zwei Unbekannten der allgemeinen Form

a x + b y = c (wobei a, b, c positive oder negative ganze Zahlen)

auch eine wirkliche diophantische, das heißt eine für beide Unbekannten ganzzahlig lösbare Gleichung darstellt. Zum Charakter einer diophantischen Gleichung ist ein weiteres Erfordernis oder eine weitere Bedingung unerläßlich.

Nehmen wir zuerst an, wir hätten, wie man sagt, die Gleichung auf die einfachste Form gebracht, das heißt, wir hätten sie so lange auf beiden Seiten durch ein allfälliges gemeinsames Maß dividiert, bis eine weitere Division unmöglich ist. Etwa hätten wir die Gleichung

9 x + 12 y = 51 durch 3 dividiert und
3 x + 4 y = 17

als einfachste Form erhalten.

Ebenso hätten wir

32 x + 24 y = 124 durch 4 dividiert und
8 x + 6 y = 31

als einfachste Form gewonnen.

Hier stutzen wir schon, denn es ist unerfindlich, wie die Summe zweier gerader Zahlen eine ungerade Zahl ergeben soll. 8 x und 6 y müssen aber, falls x und y ganze Zahlen sind, gerade Zahlen sein. Denn 8 · 5 und 8 · 7 und 8 · (— 2) und 6 · (— 5) und 6 · (— 20) und 6 · 1 usw. sind unter allen Umständen gerade Zahlen.

Wir behaupten sogar, daß die Gleichung

3 x + 15 y = 19

keine diophantische ist. Und zwar deshalb, weil es dabei nicht nur auf Geradzahligkeit der Koeffizienten ankommt, sondern vielmehr darauf, daß die Koeffizienten von x und y überhaupt kein gemeinsames Maß (hier 3) besitzen dürfen, das nicht auch in der oder den Konstanten enthalten ist.

Diese Behauptung wollen wir nun als Beispiel eines richtigen und gültigen mathematischen Beweises ganz allgemein erhärten. Zuerst aber noch ein Veranschaulichungsbeispiel.

$$9x + 12y = 51 \quad \text{dividiert durch 3 ergibt}$$
$$3x + 4y = 17.$$

3 und 4 haben kein gemeinsames Maß, es handelt sich also hier um eine unzweifelhaft echte diophantische, ganzzahlig lösbare Gleichung. Nach Euler ist die Lösung:

$$3x + 4y = 17$$
$$3x = 17 - 4y$$
$$x = \frac{17 - 4y}{3} = 5 + \frac{2}{3} - y - \frac{y}{3} = 5 - y - \frac{y-2}{3}$$
$$\frac{y-2}{3} = n$$
$$y - 2 = 3n$$
$$y = 3n + 2; \quad x = 5 - (3n + 2) - n = 3 - 4n.$$

Hier haben wir kein indiziertes n gewählt, da wir sofort sahen, daß wegen des isolierten y in $\frac{y-2}{3}$ kein weiterer Restbruch zu erwarten ist.

Bei $n = 3$ wäre demnach $x = -9$, $y = 11$ und
$$3 \cdot (-9) + 4 \cdot 11 = -27 + 44 = 17.$$

In diesem Fall ist also alles in bester Ordnung, wie wir es erwarteten. Kehren wir aber jetzt wieder zum Beweis und zu den allgemeinen Zahlen zurück. In der Gleichung

$$ax + by = c$$

sollen a, b und c kein gemeinsames Maß mehr haben, da ja sonst die Gleichung nicht auf die einfachste Form gebracht wäre. Nun hätten aber a und b noch ein gemeinsames Maß, was möglich ist, wie der Fall

$$8x + 6y = 31$$

zeigt, wo 8 und 6 das Maß 2 haben. Allgemein gesprochen könnte man sagen, daß a und b das Maß m hätten. Das hieße aber weiter, daß $\frac{a}{m}$ und $\frac{b}{m}$ noch immer ganze Zahlen wären. Diese ganzen Zahlen sind mit den als ganzzahlig geforderten x und y zu multiplizieren und die Produkte zu summieren. Also $\left(\frac{a}{m}x + \frac{b}{m}y\right)$. Nun ist es klar, daß ich auch c durch m dividieren muß, wenn ich a und b durch m dividiert habe, da dies ja der Balancezustand der Gleichungs„waage" verlangt. Denn $\frac{a}{m}x + \frac{b}{m}y = \frac{ax+by}{m} = \frac{c}{m}$, wenn die ursprüngliche Gleichung $ax + by = c$ hieß. Da nun aber weiter c im ursprünglichen Ansatz eine ganze Zahl war, dann müßte sie, wenn sie der Summe zweier ganzer Zahlen $\frac{a}{m}x + \frac{b}{m}y$ auch nach der Division durch m gleich sein soll, selbstverständlich durch m mit ganzzahligem Ergebnis teilbar sein. Was aber der Voraussetzung widerspricht, daß nur a und b durch m teilbar sind. Somit ist eine Gleichung von der Form $m \cdot r x + m \cdot s y = c$, wobei c nicht durch m teilbar ist, niemals in ganzen Zahlen für beide Unbekannte zu lösen, wenn m, r, s und c ganze Zahlen sind.

Noch einmal wiederholt: Eine diophantische Gleichung setzt voraus, daß die Koeffizienten der beiden Unbekannten zueinander „teilerfremd" sind, das heißt, kein gemeinsames Maß besitzen. Dagegen dürfen die Koeffizienten der Unbekannten und die Konstante ein gemeinsames Maß besitzen, wie etwa in der Gleichung $3x + 4y = 12$ (4 und 12 haben das Maß 4, 3 und 12 das Maß 3). Die allgemeinen Lösungen dieser Gleichung wären

$x = 4 - 4n$ und $y = 3n$, also etwa für

$n = 5$ ist $x = 4 - 20 = -16$ und $y = 15$.

Probe: $3 \cdot (-16) + 4 \cdot 15 = -48 + 60 = 12$.

Fünfzehntes Kapitel

Negative und Bruchpotenzen

Es wäre sehr verlockend, die Lehre von den Gleichungen weiter zu durchforschen, weil wir dabei zudem noch auf einen Gleichungstyp stoßen würden, der uns den eigentlichen Zugang zur höheren und höchsten Mathematik erschließt: auf die sogenannte „Funktion", die sich aus algebraischen Gleichungen zwanglos herleiten läßt.

Wir bitten jedoch, diese Worte als eine vorläufig höchst unpräzise Andeutung hinzunehmen. Die nächsten Kapitel werden uns schon in diese neue Zauberwelt einführen. Da wir uns aber in der Lehre von den Funktionen viel ungehinderter bewegen können, wenn wir vorher noch die Geduld aufbringen, unseren Zahlbegriff zu erweitern und den Algorithmus der Potenz eingehender zu studieren, wollen wir uns dieser Mühe unterziehen.

Wir erinnern uns, daß man Potenzen derselben Basis dividierte, indem man den kleineren Potenzexponenten vom größeren abzog. Also etwa $10^5 : 10^3 = 10^{5-3} = 10^2$ oder $100.000 : 1000 = 100$. Oder $a^{17} : a^6 = a^{17-6} = a^{11}$ usw. Dabei hatten wir stillschweigend die Übereinkunft getroffen, daß der Potenzanzeiger des Dividenden stets größer oder höchstens gleich war mit dem des Divisors. Also allgemein: Bei der Division $a^m : a^n$ galt die Bedingung $m > n$. Oder, was dasselbe wäre, $n < m$. Da wir weiters m und n stets positiv wählten, kamen wir niemals in die Gefahr, als Ergebnis eine Basis mit einem negativen Potenzanzeiger zu erhalten. Nun ist aber an sich ein negativer Potenzanzeiger ganz gut denkbar. Es fragt sich nur, welchen Sinn er innerhalb unserer verschiedenen Algorithmen hat, ohne unser Gesamtsystem, das wir bisher aufbauten, zu sprengen.

Wir wollen vorläufig noch daran festhalten, daß m und n positive Zahlen sind, wollen jedoch diesmal die Bedingungsungleichung umkehren und behaupten, n sei größer als m ($n > m$ oder $m < n$). Da nun weiters gefordert ist, daß der Anzeiger n dem Divisor zugehört, erhalten wir bei der Division $a^m : a^n = a^{m-n}$ als Anzeiger des Ergebnisses unbedingt eine negative Zahl, da wir ja voraussetzungsgemäß Größeres von Kleinerem abziehen sollen. Konkreter ausgedrückt: a = 10, m = 5, n = 7; folglich $10^5 : 10^7 = 10^{5-7} = 10^{-2}$.

Mit konkreten Zahlen können wir zwanglos rechnen. Wir werden uns also unser unangenehmes Ergebnis einfach ausrechnen. Etwa in folgender Weise:

$$10^5 : 10^7 = \frac{10 \cdot 10 \cdot 10 \cdot 10 \cdot 10}{10 \cdot 10 \cdot 10 \cdot 10 \cdot 10 \cdot 10 \cdot 10}$$

Da wir nun offensichtlich die oberen fünf Zehnerfaktoren mit fünf Zehnerfaktoren des Nenners kürzen können, erhalten wir als Resultat $10^5 : 10^7 = \frac{1}{10 \cdot 10} = \frac{1}{10^2}$. Dieses $\frac{1}{10^2}$ aber soll 10^{-2} sein!

Wir ahnen bereits den neuen Algorithmus, wollen aber vorsichtshalber noch eine Probe machen.

$$a^{11} : a^{16} = \frac{a \cdot a \cdot a \cdot a \cdot a \cdot a \cdot a \cdot a \cdot a \cdot a \cdot a}{a \cdot a \cdot a \cdot a \cdot a \cdot a \cdot a \cdot a \cdot a \cdot a \cdot a \cdot a \cdot a \cdot a \cdot a \cdot a} = \frac{1}{a \cdot a \cdot a \cdot a \cdot a}.$$

Und dieses $\frac{1}{a \cdot a \cdot a \cdot a \cdot a} = \frac{1}{a^5}$, das soll nun wieder gleich sein $a^{11} : a^{16} = a^{11-16} = a^{-5}$.

Unsere gesuchte Regel lautet also höchst einfach: Eine Basis a mit einem negativen Potenzanzeiger ist gleich dem Kehrwert derselben Basis mit demselben positiven Potenzanzeiger. Als Formel $a^{-r} = \frac{1}{a^r}$, wobei a verschieden sein muß von 0.

Die letzte Einschränkung hat ihren guten Sinn. Denn wenn a = 0, dann ist $a^{-n} = \frac{1}{0^n} = \frac{1}{0}$, und von diesem $\frac{1}{0}$ wissen wir schon, daß es einen eigentlich unausdrückbaren Wert hat, den wir mit „lim ∞" oder mit dem „Grenzwert, der nach unendlich strebt", bezeichneten.

Weiter brauchen wir über negative Potenzanzeiger kaum ein Wort zu verlieren. Durch unsere einfache Regel haben wir sie in unseren Algorithmus eingegliedert, und wir können Ausdrücke wie $b^{(-4+3-2+6-8)} = b^{-5} = \frac{1}{b^5}$ ebenso sicher handhaben wie $c^{5+4-3} = c^6$.

Aus dem Wesen des Kehrwertes folgt noch, daß wir $\frac{1}{a^n}$ als $a^0 : a^n = a^{0-n} = a^{-n}$ darstellen können. $\frac{1}{a^{-n}}$ dagegen könnte man sich aus $a^0 : a^{-n} = a^{0-(-n)} = a^n$ entstanden vorstellen. Durch diese Regel sind wir instand gesetzt, jede Potenz nach Belieben durch Änderung des Vorzeichens des Potenzanzeigers aus dem Bruchzähler in den Bruchnenner (und umgekehrt) zu übertragen. Es ergibt sich somit:

$$\frac{a^0}{a^n} = \frac{a^{-n}}{a^0} \text{ und } \frac{a^0}{a^{-n}} = \frac{a^n}{a^0} \text{ oder } \frac{1}{a^n} = a^{-n};$$

$$\frac{1}{a^{-n}} = a^n.$$

Nun wollen wir aber unseren Algorithmus noch erweitern. Wir behaupten nämlich, es müsse auch möglich sein, Potenzanzeiger in Form von gemeinen Brüchen anzuschreiben. Also etwa: $10^{\frac{5}{6}}$, $a^{\frac{7}{9}}$, $15^{\frac{a}{b}}$, $20^{\frac{1}{10}}$, $4^{\frac{3}{7}}$, $9^{\frac{25}{8}}$ usw.

Vorstellen kann man sich — das wird sofort klar sein — unter einem Bruch als Potenzanzeiger vorläufig gar nichts. Denn die Forderung, ich solle die Basis 10 etwa $\frac{5}{6}$ mal als Faktor setzen, erscheint auf den ersten Blick als unsinniges Begehren. Selbst wenn ich mir dadurch helfen will, daß ich die $\frac{5}{6}$ in $5 \cdot \left(\frac{1}{6}\right)$ zerlege, weiß ich nur, daß ich die 10 zuerst mit 5 potenzieren darf, da ja auch $(10^5)^{\frac{1}{6}}$ gleich ist $10^{\frac{5}{6}}$. Die Potenzierung mit der 5 macht weiter keine Schwierigkeiten. Wie aber potenziere ich dann das Ergebnis $10^5 = 100.000$ mit dem $\frac{1}{6}$? Wie setze ich 100.000 ein Sechstel mal als Faktor? Größer wird es dadurch kaum werden, da ich es ja nicht einmal ein einziges Mal als Faktor setzen soll. Ich stehe also hier allem Anschein nach vor einer neuen abbauenden, lytischen Rechnungsart, die sich zur Potenzierung verhält wie die Division zur Multiplikation oder die Subtraktion zur Addition.

Wir wollen verraten, um welche neue Rechnungsart, um welchen „Befehl" es sich handelt: um das sogenannte Wurzelziehen oder um die Radizierung. Und $(100.000)^{\frac{1}{6}}$ heißt als Befehl nichts anderes als: „Suche eine noch unbekannte Zahl, die, sechsmal als Faktor gesetzt, den Wert 100.000 ergibt."

Wenn wir allgemein $c^{\frac{a}{b}}$ vor uns gehabt hätten, hätten wir schreiben können: $c^{\frac{a}{b}} = (c^a)^{\frac{1}{b}}$, was soviel heißt, als man solle eine noch unbekannte Zahl d suchen, die, bmal als Faktor gesetzt, wieder c^a ergibt. Also (d · d · d · d · d ......) bmal als Faktor = c^a oder
$$d^b = c^a.$$

Nun werden Wurzeln, was ja jeder wissen dürfte, nicht nur in der Form des Kehrwertes von Potenzanzeigern, also als $a^{\frac{1}{2}}$, $b^{\frac{1}{3}}$, $10^{\frac{1}{b}}$ usw. geschrieben, sondern man hat seit vielen Jahrhunderten das sogenannte Wurzelzeichen in Anwendung, das aus dem Wort Radix (Wurzel) in der Weise entstanden sein soll, daß man das kleine lateinische r der geschriebenen Schrift zur Gestalt $\sqrt{}$ zerzog, woraus dann unser Zeichen $\sqrt{}$ wurde. Wir schreiben also

$$\sqrt[2]{5816}, \qquad \sqrt[3]{a \cdot b}, \qquad \sqrt[a]{25 a^4} \quad \text{usw.}$$

Dabei erhält die Wurzel den sogenannten Wurzelanzeiger oder Wurzelexponenten, der nichts anderes ist als der Kehrwert des Bruches, den wir als gebrochenen Potenzanzeiger kennenlernten. Also:

$$a^{\frac{1}{2}} = \sqrt[2]{a} \text{ oder } 10^{\frac{5}{6}} = (10^5)^{\frac{1}{6}} = \sqrt[6]{10^5} \text{ usw.}$$

Aus unserer Darstellung ergeben sich alle Regeln über die Behandlung von Wurzeln mit Leichtigkeit. Und wir empfehlen, zur Sicherheit jede verwickeltere Rechnung mit Wurzeln durch eine Rechnung mit gebrochenen Exponenten nachzuprüfen oder den Algorithmus zu wechseln:

$$\sqrt[3]{a^5} \cdot \sqrt[7]{a^9} \text{ wäre } a^{\frac{5}{3}} \cdot a^{\frac{9}{7}} = a^{\frac{5}{3}+\frac{9}{7}} = a^{\frac{7\cdot 5+3\cdot 9}{21}} =$$
$$= a^{\frac{62}{21}} = (a^{62})^{\frac{1}{21}} = \sqrt[21]{a^{62}}.$$

Hat die Wurzel einen gebrochenen Anzeiger, dann ist bei Schreibung als Potenz der Kehrwert zu nehmen. Etwa

$$\sqrt[\frac{4}{5}]{a^3} = (a^3)^{\frac{5}{4}} = (a^{3 \cdot 5})^{\frac{1}{4}} = \sqrt[4]{a^{15}} \text{ oder}$$

$$\sqrt[\frac{4}{5}]{a^3} = \sqrt[4 \cdot \frac{1}{5}]{a^3} = (a^3)^{5 \cdot \frac{1}{5} \cdot \frac{1}{4}} = [(a^3)^5]^{\frac{1}{4}} = [a^{15}]^{\frac{1}{4}} = \sqrt[4]{a^{15}}.$$

Natürlich ist auch ein Dividieren von Wurzeln (Potenzen mit gebrochenen Anzeigern) möglich, wobei außerdem positive oder negative Ergebnisse resultieren können. Etwa .

$$\sqrt[5]{a^6} : \sqrt[3]{a^7} = (a^6)^{\frac{1}{5}} : (a^7)^{\frac{1}{3}} = a^{\frac{6}{5}} : a^{\frac{7}{3}} = a^{\frac{6}{5} - \frac{7}{3}} = a^{\frac{6 \cdot 3 - 7 \cdot 5}{15}} =$$

$$= a^{\frac{-17}{15}} = a^{-\frac{17}{15}} = \sqrt[15]{a^{-17}} = \sqrt[15]{a^{-17}} = \sqrt[15]{\frac{1}{a^{17}}} = \frac{\sqrt[15]{1}}{\sqrt[15]{a^{17}}} = \frac{1}{\sqrt[15]{a^{17}}}.$$

Zum Abschluß sei bemerkt, daß die zweite Wurzel gewöhnlich nicht geschrieben wird, das heißt, daß $\sqrt{a}$ soviel bedeutet wie $\sqrt[2]{a}$, da ja eine $\sqrt[1]{a}$ überhaupt kein Wurzelzeichen braucht, da $\sqrt[1]{a} = a^{\frac{1}{1}} = a^1 = a$ sein muß.

Wir sagten „zum Abschluß". Wir haben bewußt unsere Lehre von den Wurzeln nur sehr oberflächlich gebracht. Denn uns interessieren für unsere weiteren Zwecke nicht Dinge, die in jedem Lehrbuch genau und ausführlich enthalten sind, sondern uns beschäftigt ein ungleich tieferes Problem: Nämlich das innere Wesen des Zahlbegriffs und die Erweiterung dieses Begriffs durch die Einführung der Wurzeloperation, des Radizierungsbefehls, den man, nebenbei bemerkt, in halbwegs einfacher Weise ohne Hilfe der sogenannten Logarithmen nur in bestimmten und sehr beschränkten Fällen wirklich ziffernmäßig ausführen kann[1]).

---

[1]) Prinzipiell ist jede Wurzel aus einer konkreten Zahl berechenbar. Das dafür ersonnene Verfahren erfordert jedoch, wie erwähnt, große Sorgfalt und Mühe, so daß es für die Praxis des Rechners kaum in Betracht kommt.

Sechzehntes Kapitel

Irrationalzahlen

Wenn wir uns die Frage vorlegen, unter welcher Bedingung, rein allgemein betrachtet, eine Wurzel berechenbar ist, dann finden wir, daß etwa $\sqrt[4]{a}$ dann ein klares Ergebnis liefert, wenn a gleich ist einer Zahl p^4. Denn dann ist $\sqrt[4]{a} = \sqrt[4]{p^4} = p^{\frac{4}{4}} = p^1 = p$. Wir erhalten also p als Resultat und sagen, p sei „die vierte Wurzel" von a.

Nun müssen wir weiter zusehen, ob diese Möglichkeit stets gegeben ist. Nehmen wir den einfachsten Fall an und fordern wir, daß a eine ganze Zahl sei. Irgendeine beliebige ganze Zahl. Wenn wir das einmal festgestellt haben, bemerken wir sofort, daß ein großer Zufall notwendig ist, damit a wirklich die vierte Potenz einer anderen ganzen Zahl p darstellt. Denn innerhalb der ersten hundert ganzen positiven Zahlen etwa finden wir an vierten Potenzen bloß 1, 16 und 81. Das heißt, daß jeder ganzzahlige Wert für a, der nicht eben 1, 16 oder 81 wäre, keine vierte Potenz einer positiven ganzen Zahl darstellen würde. Die Zahl 25 etwa läge zwischen 2^4 und 3^4, die Zahl 90 zwischen 3^4 und 4^4 usw. In der Mathematik benutzt man die sogenannten „Ungleichungen" dazu, um dieses „Dazwischenliegen" auszudrücken. Da es sich um eine äußerst wichtige Schreibweise handelt, die besonders in der höheren Mathematik ununterbrochen angewendet wird, wollen wir etwas ausführlicher davon sprechen. Will ich etwa anmerken oder zur Bedingung stellen, daß die Zahl b zwischen 30 und 40 liegt, so schreibe ich: b ist größer als 30, aber kleiner als 40 oder

$$30 < b < 40.$$

Will ich dagegen sagen, sie liege zwischen 30 und 40, wobei sie aber auch eventuell 30 oder 40 selbst sein kann, dann notiere ich
$$30 \leq b \leq 40.$$

Man nennt dieses Verfahren auch „zwischen Grenzen einschließen" und bezeichnet hier 30 als die untere, 40 als die obere Grenze. Bei allgemeinen Zahlen weiß ich natürlich nicht von vornherein, welche Zahl die höhere oder die tiefere ist. Schreibe ich

$$a < b < c,$$

dann liegt b zwischen a und c. Und ich erfahre erst indirekt durch diesen Ansatz, daß a die kleinste, c die größte der drei Zahlen ist[1]).

Um nun aus dieser Schreibweise die Nutzanwendung für unsere Wurzeln zu ziehen, können wir sagen, 25 liege zwischen 2^4 und 3^4 oder

$$2^4 < 25 < 3^4.$$

Es ist also offensichtlich, daß die vierte Wurzel von 25 nicht in der Art $\sqrt[4]{p^4} = p$ (wobei p eine positive ganze Zahl) zu berechnen ist.

Nun besitzen wir aber doch eine zweite Art von Zahlen, die in unendlicher Mannigfaltigkeit und Abstufung zwischen den ganzen Zahlen liegen. Nämlich die sogenannten gemeinen Brüche. Wir haben schon behauptet, daß etwa die Stammbrüche $\frac{1}{2}$, $\frac{1}{3}$, $\frac{1}{4}$, $\frac{1}{5}$ usw. bis $\frac{1}{\text{fast } \infty}$ zwischen 0 und 1 liegen, weiters aber zudem noch alle übrigen echten Brüche, wie $\frac{2}{3}$, $\frac{3}{4}$, $\frac{4}{5}$, $\frac{5}{6}$, $\frac{6}{7}$ .... bis $\frac{\infty - 1}{\infty}$ [2]). Da nun aber auch Zwischenwerte zwischen beliebigen anderen ganzen Zahlen, etwa zwischen 12 und 13 stets in der Form unechter Brüche, also $\frac{25}{2} = 12\frac{1}{2}$ oder in der Form $12 + \frac{1}{2}$, $12 + \frac{3}{4}$, $12 + \frac{7}{8}$ usw., auszufüllen sind, haben wir berechtigte Hoffnung, daß wir unsere $\sqrt[4]{25}$, wo nicht ganzzahlig, so doch durch einen Bruch, lösen können. Und wir denken, da $2^4 = 16$, $3^4 = 81$, daß diese vierte Wurzel die Form 2 plus irgendeinem komplizierten Bruch haben wird, etwa um $2 + \frac{1}{4}$ herum, da $2\frac{1}{4} = \frac{9}{4}$ zur Vierten gleich ist $\frac{9}{4} \cdot \frac{9}{4} \cdot \frac{9}{4} \cdot \frac{9}{4} = \frac{6561}{256} = 25{.}63 \ldots$ Wir haben also mit unserer rohen Schätzung nicht sehr weit danebengegriffen. Nun haben wir aber Brüche in unendlicher

---

[1]) Daß, wenn $a < b$ und $b < c$, auch $a < c$, ist ein Fall des sogenannten Prinzips der Transitivität.

[2]) Der Einfachheit halber wird ∞ für $\lim \infty$ geschrieben.

Zahl zur Verfügung und können erwarten, daß wir mit einem Bruch, der ein wenig kleiner als $\frac{9}{4}$ ist, unsere vierte Wurzel genau treffen werden. Das Ausprobieren würde große Mühe verursachen und uns zudem vielleicht nicht einmal die Sicherheit liefern, daß wir diesen Bruch auch wirklich finden. Haben wir doch, dies sei nochmals betont, unendlich viele Brüche zur Auswahl, deren Nenner auch 200 Stellen haben könnten oder 2000 oder 2,000.000 Stellen. Vielleicht fänden wir den genauen Wert für $\sqrt[4]{25}$ erst durch einen Bruch, dessen Nenner 10.000 Quintillionen Stellen hat; oder diese Zahl noch multipliziert mit einer Billion Sextillionen. Es wäre noch immer ein gemeiner Bruch. Und die Stellenzahl des Nenners könnte stets noch weiter und weiter erhöht werden.

Wir müssen also unser Problem allgemein stellen, was nicht schwer ist. Wir wissen, daß es zwei Fälle gibt. Entweder ist bei der n-ten Wurzel von a dieses a gleich p^n. Dabei sollen a und p ganze positive Zahlen sein. Oder aber unser a liegt gerade zwischen zwei n-ten Potenzen. Also $p^n < a < (p+1)^n$. Das $(p+1)$ ist die auf p nächstfolgende ganze Zahl, wie etwa auf 17 die Zahl $(17+1) = 18$ folgt. Da wir weiter wissen, daß im zweiten Fall die $\sqrt[n]{a}$ ganzzahlig nicht zu gewinnen ist, fragen wir, ob sie durch einen gemeinen Bruch $\frac{r}{s}$ ausdrückbar sei. Dann müßte $\sqrt[n]{a}$ gleich sein $\sqrt[n]{\left(\frac{r}{s}\right)^n}$, da dann auch $\left(\frac{r}{s}\right)^{\frac{n}{n}}$ gleich wäre $\left(\frac{r}{s}\right)^1 = \frac{r}{s}$ und damit die Wurzel als gemeiner Bruch berechnet wäre. Es ist selbstverständlich, daß r und s „teilerfremd" sind, da wir den Bruch auf die einfachste Form gebracht haben.

Wir würden etwa nicht $\frac{24}{15}$, sondern $\frac{8}{5}$ als Lösung anschreiben.

Nun müßte, da $\sqrt[n]{a} = \sqrt[n]{\left(\frac{r}{s}\right)^n}$ ist, natürlich auch a gleich sein $\left(\frac{r}{s}\right)^n$, da sich nichts ändert, wenn ich die Gleichung $\sqrt[n]{a} = \sqrt[n]{\left(\frac{r}{s}\right)^n}$ mit n potenziere, also $\left(\sqrt[n]{a}\right)^n = \left(\sqrt[n]{\left(\frac{r}{s}\right)^n}\right)^n$ anschreibe. Dies ergibt aber $a = \left(\frac{r}{s}\right)^n$. Zur weiteren Untersuchung muß ich mich daran erinnern, daß a eine ganze Zahl ist. Dies war ja der Ausgangspunkt unserer Untersuchung. Wenn aber a eine ganze Zahl ist, dann muß auch das, was ihr gleich ist, nämlich $\left(\frac{r}{s}\right)^n$ eine ganze Zahl sein. $\left(\frac{r}{s}\right)^n$ ist aber weiter gleich $\frac{r^n}{s^n}$. Und r und s sind teilerfremd. Wenn aber Zähler und Nenner teilerfremd sind, kann ich beide so lange potenzieren als ich will, und sie können nie ein gemeinsames Maß erhalten, da dadurch weder im Zähler noch im Nenner ein neuer Faktor hinzutritt. Potenziere ich etwa $\frac{3}{5}$, dann erhalte ich

$$\frac{3 \cdot 3 \cdot 3 \cdot 3 \cdot 3 \cdot 3 \ldots \ldots \ldots \text{ ins Unendliche}}{5 \cdot 5 \cdot 5 \cdot 5 \cdot 5 \cdot 5 \ldots \ldots \ldots \text{ ins Unendliche}}$$

Somit bleiben auch die n-ten (beliebigen) Potenzen teilerfremder Zahlen zueinander teilerfremd. Und teilerfremde Zahlen, durcheinander dividiert, können niemals eine ganze Zahl ergeben, also kann unser a niemals $\left(\frac{r}{s}\right)^n$ sein, solange die Bedingung der Ganzzahligkeit von a aufrechterhalten wird.

Unser Ergebnis ist geradezu erschreckend. Denn es sagt nicht weniger, als daß ich trotz unendlicher Menge der zwischen den ganzen Zahlen liegenden Brüche keinen gemeinen Bruch finden kann, der es uns ermöglicht, etwa das Ergebnis von $\sqrt[4]{25}$ auszudrücken. Es gibt, da aber dieses $\sqrt[4]{25}$ doch irgendein Resultat liefern muß, dem wir ja mit $2\frac{1}{4}$ schon sehr nahe waren, anscheinend außer den ganzen und gebrochenen Zahlen noch einen anderen Typus von Zahlen, der sich in einer unendlichen Kleinheit zweiter, höherer (oder tieferer) Ordnung zwischen die Brüche schiebt. Dazu haben wir noch gewähnt, daß die Brüche alle Zwischenräume zwischen den ganzen Zahlen ausfüllen.

Unser Ergebnis ist, wie die Griechen seit Pythagoras sagten, „alogos", unaussprechlich, unsinnig. Es widerspricht der Vernunft, der „ratio"[1]). Und wir nennen diese neuen mysteriösen Zahlen, von denen wir noch nicht einmal wissen, wie wir sie schreiben sollen, die „irrationalen", die nicht rationalen Zahlen.

---

[1]) Die Ableitung des Irrationalen von ratio im Sinne von „richtigem Verhältnis" wird beim Begriff des Inkommensurablen abgehandelt werden.

Wie aber drücke ich nun diese unausdrückbaren Zahlenmonstren, diese sonderbaren Zwischenzahlen aus, wenn mir sowohl ihre Schreibung als Bruch wie als ganze Zahl verwehrt ist?

Ich finde etwa für $\sqrt[4]{25}$ nach logarithmischer Ausrechnung den Wert 2.23606... Die Punkte sollen andeuten, daß damit die Rechnung in keiner Weise abgeschlossen ist. Für eine andere „irrationale" Zahl, die sogenannte Kreiszahl π, hat Leibniz eine Rechenregel angegeben, die besagt, daß man $\frac{\pi}{4}$ durch folgende Reihe finden könne:

$$\frac{\pi}{4} = 1 - \frac{1}{3} + \frac{1}{5} - \frac{1}{7} + \frac{1}{9} - \frac{1}{11} + \frac{1}{13} - \frac{1}{15} + \frac{1}{17} - \frac{1}{19} \cdots$$

Das heißt $\frac{\pi}{4}$ wäre erst ausgedrückt, wenn ich diese Reihe bis ins Unendliche berechnet hätte. Ich kann also beliebig genau, niemals jedoch zu Ende rechnen.

Wir sehen schon jetzt zwei Möglichkeiten, irrationale Zahlen auszudrücken, die in Wahrheit auf ein und dasselbe hinauslaufen. Nämlich die Schreibung in Form von Dezimalbrüchen und die Schreibung in Form unendlicher Reihen, die, wie die „Leibniz-Reihe" zeigt, auch Addition und Subtraktion mischen können, was man „alternierende" Reihen nennt.

Nun wollen wir uns aber mit der sehr schwierigen Lehre von den Reihen noch nicht näher beschäftigen, sondern sie nur so weit durchforschen, als sie uns zur Bewahrheitung unserer Behauptung dient, daß beide Schreibweisen für Irrationalzahlen eigentlich auf demselben Prinzip, nämlich eben auf der Darstellung unendlicher Reihen, beruhen.

Zur Prüfbarkeit der Leibniz-Reihe wird jetzt schon angeführt, daß die Kreiszahl π, dezimal geschrieben, 3.141592653589793.... beträgt. Eine andere bekannte irrationale Zahl wäre etwa noch die Basis der natürlichen Logarithmen, genannt die „Zahl e", die als Reihe in der Form: $e = 1 + \frac{1}{1!} + \frac{1}{2!} + \frac{1}{3!} + \frac{1}{4!} + \cdots$ und als Dezimalzahl in der Form $e = 2.71828182845904523536\ldots$ dargestellt wird.

Nun macht uns unser Widersacher mit Recht aufmerksam, daß wir von Dezimalbrüchen überhaupt noch nicht gesprochen haben, folglich unter der Bedingung voller Voraussetzungslosigkeit gar kein Recht besitzen, Dezimalbrüche anzuschreiben. Weiters werden uns begabtere und aufmerksamere Leser sofort einwerfen, daß es ja auch genug Fälle gebe, in denen eine gewöhnliche Division, wie man sagt, nicht „aufgehe". Hier muß etwas nicht stimmen. Denn die Division irgendwelcher ganzer Zahlen ist ja nichts anderes als ein horizontal unter Verwendung des Doppelpunktes als Befehl angeschriebener gemeiner Bruch. Und wir haben behauptet, daß gemeine Brüche und Irrationalzahlen zueinander geradezu gegensätzlich seien; und daß die Irrationalzahlen „zwischen" den nächstbenachbarten gemeinen Brüchen (oder Divisionen) lägen. Und wir haben weiter so getan, als ob Irrationalzahlen erst durch die lytische Operation des Wurzelziehens entstehen würden, wo man doch wisse, daß etwa 20 : 6 oder $\frac{20}{6}$ ebenfalls solch eine Irrationalzahl, nämlich 3.33333333 ...... oder 3.$\dot{3}$ (drei periodisch) oder $3 + \frac{3}{10} + \frac{3}{100} + \frac{3}{1000} + \frac{3}{10.000} + \frac{3}{100.000} + \frac{3}{1,000.000} + \ldots$, als Ergebnis liefere.

Wir sind für diese Einwürfe äußerst dankbar. Denn es ist eine auffallende Tatsache, daß sich selbst gute Rechner und Menschen mit Gymnasialbildung in diesen Unterschieden nicht zurechtfinden, ja, daß sie nicht einmal darüber nachgedacht haben oder daß sie nicht entsprechend darauf hingewiesen worden sind. Daß ein gemeiner Bruch von einer Irrationalzahl verschieden ist, sieht jeder ein. Denn der gemeine Bruch ist abgeschlossen, fertig, vollendet; während die Irrationalzahl nie als Zahl, sondern stets nur als unendlicher, nie abzuschließender Prozeß, als Rechenregel, als Bildungsgesetz, als Reihe darzustellen ist. Man könnte daher auch die ganze und die gebrochene Zahl als statische Zahl, die Irrationalzahl, der Schreibung gemäß, als dynamische Zahl bezeichnen. Sie ist keine Größe, sondern eine Richtung nach einer Größe hin, wiewohl wir sie stets zum Teil unanfechtbar statisch machen können. Und dies so weit wir wollen. Wenn wir bei $\sqrt[4]{25}$ nur wissen wollen, wie groß diese Wurzel auf drei Dezimalstellen ist, dann ist $\sqrt[4]{25}$ eben 2.236. Wollen wir aber wissen, wie groß sie überhaupt ist, dann können wir allerdings keine Antwort geben. Denn wir können nicht unendlich viel Dezimalstellen anschreiben. Das können wir aber doch auch bei 3.333333... (periodisch) nicht ausführen? Auch diese Zahl können wir nie vollenden. Gewiß! Nämlich als **Dezimalbruch** ist es unmöglich. Wohl ist die Vollendung aber als gemeiner Bruch in diesem Fall möglich. 3.3333... (periodisch) ist ja nichts anderes als $\frac{20}{6}$ oder $\frac{10}{3}$ oder $10 \cdot \left(\frac{1}{3}\right)$. In dieser Schreibung gibt es keinen Zweifel. Und ich kann auf der Zahlenlinie mit dem Finger auf die Stelle zeigen, wo dieses $10 \cdot \left(\frac{1}{3}\right)$ liegt. Nämlich $\frac{1}{3}$ nach 3. Denn $\frac{10}{3}$ ist auch $3 + \frac{1}{3}$ oder $3\frac{1}{3}$. Die $\sqrt[4]{25}$ aber, dieses 2.236..., finde ich nicht einmal mit einem überirdischen Mikroskop auf der Zahlenlinie. Selbst dann nicht, wenn ich die gemeinen Brüche wüßte, zwischen denen es liegt. Denn es liegt dort irgendwo in einer unendlichen Menge von anderen Irrationalzahlen. Das erscheint sehr mystisch. Wir haben aber leider in unserem Rahmen nicht die Möglichkeit, diese höchst aufregende Angelegenheit restlos zu klären[1]).

Siebzehntes Kapitel

Systembrüche

Wir wenden uns also der näherliegenden Aufgabe zu, endlich die sogenannten Systembrüche zu untersuchen, deren Spezialfall die Dezimalbrüche sind. Aus unseren Untersuchungen über Ziffernsysteme können wir entnehmen, was der Ausdruck „Systembruch" bedeuten soll. Es gibt in jedem Stellenwertsystem etwas, das den „Dezimalbrüchen" entspricht. Im Sechsersystem folgen nach dem „Dezimalpunkt" (der dort der „Seximalpunkt" heißen müßte) die Sechstel, die Sechsunddreißigstel, die Zweihundertsechzigntel usw. Im dyadischen System nach dem „Binalpunkt" die Halben, Viertel, Achtel,

---

[1]) Begabteren Lesern sei anempfohlen, etwa bei G. Kowalewski die Darstellung des „Dedekindschen Schnittes" zu studieren!

Sechzehntel usw., im Dreizehnersystem nach dem „Tredezimalpunkt" die Dreizehntel, Hundertneunundsechzigstel, Zweitausendeinhundertsiebenundneunzigstel usw. — und im Dezimalsystem die Zehntel, Hundertstel, Tausendstel usw. Allgemein sieht also eine Stellenwertzahl mit Systembruchstellen folgendermaßen aus, wenn die Grundzahl g heißt und die Potenzanzeiger dekadisch geschrieben sind: Etwa eine fünfstellige Zahl mit vier Bruchstellen:

$$mg^4 + ng^3 + og^2 + pg^1 + qg^0 + r\left(\frac{1}{g^1}\right) + s\left(\frac{1}{g^2}\right) + t\left(\frac{1}{g^3}\right) + u\left(\frac{1}{g^4}\right)$$

oder einfacher mit Verwendung von Minuspotenzen:

$$mg^4 + ng^3 + og^2 + pg^1 + qg^0 + rg^{-1} + sg^{-2} + tg^{-3} + ug^{-4}.$$

Der „Dezimalpunkt" wäre zwischen qg^0 und rg^{-1} zu denken. Wir wollen aber hier nicht alle möglichen Systeme durchrechnen und uns vornehmlich mit der Dekadik begnügen. Eine dekadische Zahl mit Dezimalbruchstellen, etwa 50.341.7328, hat die Form: $5 \cdot 10^4 + 0 \cdot 10^3 + 3 \cdot 10^2 + 4 \cdot 10^1 + 1 \cdot 10^0 + 7 \cdot 10^{-1} + 3 \cdot 10^{-2} + 2 \cdot 10^{-3} + 8 \cdot 10^{-4}$, was ihren Aufbau vollkommen durchsichtig macht.

Also noch einmal: Unter einem Systembruch, der allgemein mit dem kleinen griechischen Buchstaben σ (Sigma) geschrieben wird, verstehen wir die Darstellung einer gebrochenen Zahl in einem Stellenwertsystem. Bevor wir aber die einzelnen möglichen Typen solcher Systembrüche feststellen, wollen wir ein neues Symbol kennenlernen, das es gestattet, die Schreibung systematischer Reihen ganz wesentlich zu vereinfachen. Es ist der sogenannte Summenoperator, das Summenzeichen, das Zeichen „Summe von . . .", das durch den großen griechischen Buchstaben Σ (Sigma) ausgedrückt wird. Hierzu müssen wir weiters den „Bereich" der Summierung abstecken. Ein solcher „Bereich" hat nur dann einen Sinn, wenn es sich um lauter im wesentlichen strukturgleiche Ausdrücke handelt, die zu summieren sind und die sich lediglich durch irgendwelche Anzeiger (Indizes) unterscheiden. Wir beginnen zu ahnen, daß z. B. eine als Reihe geschriebene dekadische oder eine Systemzahl eines anderen Stellenwertsystems diesen Bedingungen entspricht. Denn jeder Summand einer Stellenwertzahl setzt sich aus dem Koeffizienten und aus der Grundzahl zusammen, von denen ersterer durch einen Platzindex, letzterer durch einen Potenzanzeiger kenntlich gemacht ist, wobei noch Platzindex und Potenzanzeiger untereinander gesetzmäßig zusammenhängen. Die Stellenwertzahl

$$a_1\,g^0 + a_2\,g^1 + a_3\,g^2 + a_4\,g^3 + a_5\,g^4 + a_6\,g^5 + a_7\,g^6 + a_8\,g^7$$

besteht in jedem Summanden aus a und g. Sie ist also die Summe aller a mal g. Aber welcher a · g? Nun, der mit 1 bis 8 indizierten a mal der mit 0 bis 7 potenzierten g, wobei in jedem Summanden (dies der Zusammenhang) der Index um 1 größer ist als der Potenzanzeiger oder der Potenzanzeiger um 1 kleiner ist als der Index. Die Zahl ist also die Summe aller Ausdrücke der Form $a_\nu\,g^{\nu-1}$ oder $a_{\varrho+1}\,g^\varrho$. Die Zeichen ν (Ny) und ϱ (Rho) sind kleine griechische Buchstaben. Damit bin ich aber noch nicht fertig. Denn ich weiß noch nicht den Bereich, innerhalb dessen die Summe zu bilden ist. Wie werde ich mir da helfen? Nun, sehr einfach! Da der Index als kleinsten Wert 1 und als größten Wert 8 aufweist, so ist die sogenannte untere Grenze des „Laufens" eben 1 und die obere Grenze dieses „Index-Laufens" 8. Grenzen sind stets als einschließlich, als inklusive, aufzufassen. Der Potenzanzeiger dagegen hat die untere Grenze 0 und die obere Grenze 7. Er „läuft" von 0 bis 7. Wir machen hier — und es ist eine der wichtigsten und grundlegendsten Bemerkungen des ganzen Buches — darauf aufmerksam, daß man dieses „Laufen" das unstetige, das diskontinuierliche oder das diskrete Laufen nennt. Es ist eigentlich ein ganzzahliges Springen von einem Index zum anderen, von einem Potenzanzeiger zum anderen. Und wir verraten zur Aufmunterung, daß das gefürchtete Integral im Wesen nichts anderes ist als solch eine Reihensumme, bei der das „Laufen" nicht sprunghaft, sondern stetig fließend erfolgt. Wenn wir uns also den Summenbefehl Σ genau einprägen, haben wir für den Integralbegriff ungeheuer viel gewonnen. Denn der Summenoperator ist ja nichts als der unstetige, vergröberte, gleichsam mit freiem Auge durchschaubare Integrationsoperator. Und — dies sei schon hier verraten — der große Leibniz hat auf jenen weltwichtigen Zettel vom 29. Oktober 1675 hingeschrieben, daß das neue (Integral-) Zeichen $\int$ nichts anderes bedeute als „Summe von ...". Dieses Zeichen ist auch nichts anderes als ein in die Länge gezogenes großes lateinisches S.

Da aber mein Widersacher mit den Fäusten auf den Tisch trommelt und sich die Haare rauft, kehre ich erschrocken zum Summenzeichen zurück. Denn er behauptet, nachdem er sich gefaßt hat, mit Recht, daß wir noch nicht einmal wissen, was ein Dezimalbruch ist.

Wir stellen also fest, daß sowohl der Index als der Potenzanzeiger der aus a mal g gebildeten Gruppen jeweils von einer unteren bis zu einer oberen Grenze „läuft". Das heißt, er nimmt nacheinander, ganzzahlig springend, jedoch nicht überspringend, alle Werte an, die durch die ganzen Zahlen von der unteren bis zur oberen Grenze gegeben sind.

Ich denke, wir sind soweit, unseren Summenoperator anschreiben zu können. Er lautet:

$$\sum_{0}^{7} a_{\varrho+1} g^{\varrho} \quad \text{oder} \quad \sum_{1}^{8} a_{\nu} g^{\nu-1}.$$

Logisch und plausibel schreibt man die untere Grenze unter den Summierungsbefehl, die obere Grenze über den Befehl. Innen in der Mitte kann, aber muß man nicht schreiben, welche Größe die „laufende" ist. Dann folgt das Struktur- oder Gestaltbild des Summanden, allgemein indiziert und mit allgemeinem Potenzanzeiger versehen. Natürlich dürften auch zwei, drei, vier, fünf allgemeine Zahlen und noch mehr neben dem Summierungszeichen stehen und sie könnten alle nur indiziert oder nur mit Potenzanzeigern oder beides in beliebiger Mischung versehen sein[1]). Auch könnte ein und dieselbe Zahl sowohl Index als Potenzanzeiger besitzen. Das hieße dann, daß sich die betreffende allgemeine Zahl ändert, doch aber ihre Potenzanzeiger nach einem Gesetz steigen oder fallen. Um jedoch nicht zu abstrakt zu werden, wollen wir jetzt, wohl wissend, daß der Summenoperator anfänglich große Schwierigkeiten macht, gemeinsam einige Beispiele mehr oder weniger verwickelter Art durchrechnen. Und dazu noch bemerken, daß der Summierungsbefehl eine geradezu unabsehbare Verein-

---

[1]) Von anderen Möglichkeiten wird hier absichtlich nicht gesprochen.

fachung beim Rechnen bedeutet, da er es gestattet, sonst kaum anschreibbare Ausdrücke spielend auf den Raum eines Ausdruckes zusammenzufassen.

Wir hätten etwa $\sum_{2}^{9} a^\nu b_{\nu+1} c_\nu^{\nu+2}$ gegeben. Wie sieht die „entwickelte" Summe aus? Nun, ganz einfach:

$$a^2 b_3 c_2^4 + a^3 b_4 c_3^5 + a^4 b_5 c_4^6 + a^5 b_6 c_5^7 + a^6 b_7 c_6^8 + \\ + a^7 b_8 c_7^9 + a^8 b_9 c_8^{10} + a^9 b_{10} c_9^{11}.$$

Man muß naturgemäß bei der „Entwicklung" sehr aufpassen. Aber notwendige Aufmerksamkeit und Schwierigkeit sind in der Mathematik und auch sonst im Leben durchaus nicht ein und dasselbe.

Nehmen wir jetzt einen praktischen Fall. Wie etwa schreiben wir einen vierstelligen Systembruch des Zehnersystems?

Natürlich so: $0 \cdot g^0 + \sum_{1}^{4} a_\nu \cdot \frac{1}{g^\nu}$ oder $0 \cdot g^0 + \sum_{1}^{4} a_\nu g^{-\nu}$.

Die Entwicklung ergibt in der ersten Form:

$0 \cdot g^0 + a_1 \cdot \frac{1}{g^1} + a_2 \cdot \frac{1}{g^2} + a_3 \cdot \frac{1}{g^3} + a_4 \cdot \frac{1}{g^4}$, in der zweiten Form $0 \cdot g^0 + a_1 g^{-1} + a_2 g^{-2} + a_3 g^{-3} + a_4 g^{-4}$, was offensichtlich das gleiche bedeutet. Nämlich 0 Einer, a_1 Zehntel, a_2 Hundertstel, a_3 Tausendstel, a_4 Zehntausendstel.

Nun darf ich natürlich die „Laufgrenzen" auch anders bestimmen. Wollte ich etwa einen n-stelligen Dezimalbruch schreiben, wobei n eine unbestimmte aber endliche Zahl bedeutet, dann müßte ich ansetzen:

$$0 \cdot g^0 + \sum_{1}^{n} a_\nu g^{-\nu} = 0 \cdot g^0 + a_1 g^{-1} + a_2 g^{-2} + \ldots + a_n g^{-n}.$$

Ich kann aber die Grenzen noch kühner bestimmen. Etwa für einen unendlichen Dezimalbruch, also für einen Bruch, der stets wieder neue Dezimalstellen bringt:

$$0 \cdot g^0 + \sum_{1}^{\infty} a_\nu g^{-\nu} = 0 \cdot g^0 + a_1 g^{-1} + a_2 g^{-2} + a_3 g^{-3} + \ldots \\ \ldots + a_\infty g^{-\infty}.$$

Endlich wollen wir versuchen, die allgemeinste Form einer Stellenwertzahl irgendwie mit unserem neuen „Befehl" auszudrücken. Wir bemerken dazu, daß es wie bei fast allen derartigen Ansätzen möglich ist, den Ausdruck in verschiedener Art zu finden. Wir wollen irgendeine leichtfaßliche Form wählen:

$$\text{Stellenwertzahl} = \sum_{+m}^{-\infty} a_\nu\, g^\nu, \text{ wobei } (+m) \text{ beliebig groß ist.}$$

Entwickelt liefert der „Befehl" die Reihe:

$$a_m g^m + a_{m-1} g^{m-1} + \ldots + a_2 g^2 + a_1 g^1 + a_0 g^0 + a_{-1} g^{-1} + a_{-2} g^{-2} + \ldots\ldots a_{-\infty} g^{-\infty}.$$

Unser neuer Algorithmus, bei dem ich mit Rücksicht auf die Art, wie wir Zahlen anschreiben, die obere und untere Grenze scheinbar sinnwidrig angesetzt habe, liefert uns folgendes Ergebnis:

1. Index und Potenzanzeiger in jeder Gruppe a mal g sind gleich.

2. Beide laufen ganzzahlig von m um je eins fallend bis 0 und von da an als Minuszahlen dem Absolutwert nach steigend bis $-\infty$.

Wir wollen aber nicht zu tief dringen und nur noch ein ganz eigentümliches, aber sehr häufig verwendetes System zeigen, nach dem wir sogar „alternierende" Reihen gewinnen können. Das sind Reihen, bei denen das Vorzeichen systematisch abwechselt. Versuchen wir etwa die berühmte Leibniz-Reihe

$$\frac{\pi}{4} = \frac{1}{1} - \frac{1}{3} + \frac{1}{5} - \frac{1}{7} + \ldots\ldots$$

für eine beliebige aber gerade Anzahl von Gliedern anzuschreiben. Und zwar als Summierungsbefehl. Wir verwirklichen unsere Absicht durch folgenden Ansatz:

$$\text{Näherungswert für } \frac{\pi}{4} = \sum_{1}^{2n} \frac{1}{2\nu-1}(-1)^{\nu+1}$$

und wollen nun erforschen, wie unsere algorithmische Maschine funktioniert:

1. Glied: $\dfrac{1}{(2\cdot 1)-1}(-1)^{1+1} = \dfrac{1}{1}\cdot(-1)^2 = +1$

2. Glied: $\dfrac{1}{(2\cdot 2)-1}(-1)^{2+1} = \dfrac{1}{3}\cdot(-1)^3 = -\dfrac{1}{3}$

3. Glied: $\dfrac{1}{(2\cdot 3)-1}(-1)^{3+1} = \dfrac{1}{5}\cdot(-1)^4 = +\dfrac{1}{5}$

4. Glied: $\dfrac{1}{(2\cdot 4)-1}(-1)^{4+1} = \dfrac{1}{7}\cdot(-1)^5 = -\dfrac{1}{7}$

usw.

2n-tes Glied: $\dfrac{1}{(2\cdot 2n)-1}(-1)^{2n+1} = \dfrac{1}{4n-1}(-1)^{2n+1} = -\dfrac{1}{4n-1}.$

Wir erhalten unfehlbar genau die Leibniz-Reihe. Es muß nur noch bemerkt werden, daß 2 n der Ausdruck für eine gerade Zahl ist. Denn man kann ein ganzzahliges n (und ein anderes kommt hier nicht in Betracht) wählen wie man will, so muß es, mit zwei multipliziert, eine gerade Zahl ergeben. Ist n = 2, dann ist 2 n = 4. Ist n = 27, dann ist 2 n = 54 usw. Deshalb ist 2 n + 1, das sich beim 2n-ten Glied als Potenzanzeiger ergibt, eine ungerade Zahl. Auch dies paßt vortrefflich in unserem Algorithmus, da ja alle „geraden" Glieder ungerade Anzeiger haben, etwa das 4. Glied den Anzeiger 5. Unser Zauberzeichen hat also klaglos funktioniert, und wir haben dabei noch die Genugtuung erlebt, zu beobachten, wie man die scheinbar durch ein Zeichen unausdrückbare Bedingung des regelmäßigen Vorzeichenwechsels einfach dadurch in den Algorithmus eingliederte, daß man eine Eigenschaft der Potenzen benützte. Die Potenzen negativer Zahlen ergeben ja bei geraden Anzeigern stets Plus- und bei ungeraden Anzeigern stets Minuswerte[1]). Damit sich aber sonst nichts ändert und damit nur das Vorzeichen hin und her springt, haben wir zudem noch (— 1) als Basis gewählt. Wohl ein überaus raffinierter Trick!

---

[1]) Folgt aus den Regeln der „Befehlsverknüpfung". Etwa ist $(-a)^3 = (-a)\cdot(-a)\cdot(-a)$ und $(-a)^6 = (-a)\cdot(-a)\cdot(-a)\cdot(-a)\cdot(-a)\cdot(-a)$. Kommt aber das Minus in einer Multiplikation in gerader Zahl vor, so ergibt sich Plus für das Resultat, sonst Minus.

So verlockend es nun wäre, diesen neuen Algorithmus, den wir noch einmal allerdringendst zum genauen Studium empfehlen, weiter zu durchforschen, da das Gezeigte ja nur einen sehr kleinen Ausschnitt aller Möglichkeiten gibt, wollen wir jetzt endlich zu unseren Systembrüchen übergehen. Und zwar an der Hand von Beispielen. Vorausgesetzt wird, daß wir nur sogenannte „reduzierte" Brüche behandeln, das sind Brüche, deren absoluter Wert kleiner ist als eins und deren Zähler und Nenner teilerfremd sind, also kein gemeinsames Maß besitzen. Nun häufen sich leider plötzlich die neuen Begriffe. Wir haben vom „absoluten" Werte gesprochen und müssen diese Bezeichnung schnell noch erklären: Es ist offensichtlich, daß „kleiner als eins" zweierlei bedeuten kann. Nämlich zuerst das, was man gewöhnlich darunter versteht. Also etwa: $\frac{1}{2}$ ist kleiner als eins, $\frac{4}{7}$ sind kleiner als eins. Überhaupt ist jeder echte Bruch kleiner als eins, weil ich eben einen Bruch, der kleiner als 1 ist, einen echten genannt habe. Nun gibt es aber noch eine zweite Bedeutung von „kleiner als 1", die durch Einführung der negativen Zahlen entsteht. Die 0 ist sicher kleiner als 1. Noch kleiner als die 0 ist aber (-1), (-2), (-3) usw. und überhaupt jede negative Zahl. Wer Schulden hat, dessen Besitz ist sicher kleiner als der Besitz eines Mannes, der eine Zechine sein eigen nennt. Ich kann also eben wegen dieser zweiten Bedeutung des „kleiner als ..." nicht behaupten, daß nur echte Brüche kleiner sind als eins. Deshalb betrachte ich bei jeder Zahl drei Möglichkeiten ihrer Größe: Ihren Wert positiv genommen, ihren Wert negativ genommen und schließlich ihren absoluten, vorzeichenfremden Wert, ihre Zahlenbedeutung an sich. Ich schreibe dann die Zahl zwischen senkrechten Strichen und erkläre: $|5|$ ist auf jeden Fall größer als $|3|$, obwohl natürlich (-5) bestimmt kleiner ist als $(+3)$, ja sogar als (-3). Die „absolute" Zahl $\left|\frac{1}{2}\right|$ ist also stets kleiner als $|1|$, ebenso ist jeder andere, absolut betrachtete echte Bruch kleiner als die absolut betrachtete Eins.

Nach diesem Zwischenspiel können wir endlich an unsere Arbeit gehen. Wir versuchen zuerst, festzustellen, welchen Wert etwa der Bruch $\frac{3}{40}$ besitzt. Wir finden durch Division den

Wert 0.075, haben also einen sogenannten endlichen Dezimalbruch vor uns. Ebenso bei $\frac{4}{125}$, der als Systembruch dezimal geschrieben 0.032 als Ergebnis liefern würde. Daß $\frac{1}{2} = 0.5$ und $\frac{1}{5} = 0.2$ ergibt, weiß jedes Kind. Wenn wir nun, der allgemeinen Schreibweise folgend, den Bruchzähler eines „reduzierten" echten Bruches mit p, den Nenner mit q bezeichnen, dann gilt die Regel, daß jeder solche gemeine Bruch einen endlichen Systembruch liefert, wenn der Nenner q des Bruches lediglich aus den zwei Primfaktoren 2 und 5 der Grundzahl 10 unseres Dezimalsystems zusammengesetzt ist.

$$40 = 2 \cdot 2 \cdot 2 \cdot 5 = 2^3 \cdot 5^1, \quad 125 = 5 \cdot 5 \cdot 5 = 5^3 \cdot 2^0 \,{}^1),$$
$$2 = 2^1 \cdot 5^0 \text{ und } 5 = 5^1 \cdot 2^0.$$

Überall in unseren Beispielen trifft also die Regel zu. Daher kann man allgemein behaupten, daß ich nur dann Hoffnung bzw. Sicherheit des „Aufgehens" einer Division habe, wenn nach durchgeführter Kürzung aller im Dividenden und Divisor enthaltenen gemeinsamen Teiler der Divisor lediglich aus Potenzen von 2 und 5 zusammengesetzt bleibt, wobei 2 oder 5 auch in der 0-ten Potenz, das heißt überhaupt nicht, auftreten können. Wenn ich also etwa $2^{27} \cdot 5^{13}$ oder allgemein $2^n \cdot 5^m$ als Zahl bilde, dann muß jede andere rationale Zahl der Welt, durch dieses $2^n \cdot 5^m$ dividiert, irgendeinmal einen abgeschlossenen Quotienten in ganzen oder Systembruchzahlen liefern. Es liefert also jeder Bruch der Form $\frac{p}{2^n 5^m}$ einen endlichen, unperiodischen Systembruch. Ganz allgemein für jedes System erhalte ich solch einen endlichen Systembruch, wenn ich den Zähler p durch einen, lediglich aus Primzahlpotenzen der Grundzahl g zusammengesetzten Nenner dividiere. Im dyadischen System ist also jede Zahl durch einen Nenner, der aus Potenzen von 2 besteht, endlich dividierbar. Im Sechsersystem muß der Divisor sich zu diesem Zweck aus Potenzen von 2 und 3, im Zwölfersystem ebenfalls aus Potenzen von 2 und 3, im Dreißigersystem aus Potenzen von 2, 3 und 5 zusammensetzen. Und so fort. Wiederholt: Gewisse, eben näher erläuterte Formen von gemeinen Brüchen liefern endliche Systembrüche.

---

[1]) Die Nullpotenz des fehlenden Faktors wird zur Erhaltung der allgemeinen Regel angeschrieben!

Geschrieben $\sigma^n = 0 \cdot g^0 + \sum_{1}^{n} a_\nu g^{-\nu}$, wobei die obere Grenze n verschieden von unendlich sein muß.

Wenn nun unser Bruch $\frac{p}{q}$ im Nenner eine Zahl stehen hätte, die nur Potenzen von Primfaktoren enthält, durch die die Grundzahl nicht teilbar ist (also im Zehnersystem etwa 3 oder 7 oder 3 und 7), dann ergibt sich als Resultat der Division ein sogenannter reinperiodischer Systembruch. Es wiederholt sich eine Ziffer oder eine Ziffergruppe bis ins Unendliche. $\frac{1}{7}$ etwa $= 0.\overline{142857}\overline{142857}\overline{142857}\ldots$, $\frac{3}{7} = 0.\overline{428571}\overline{428571}\ldots$, $\frac{5}{21} = 0.\overline{238095}\overline{238095}$, $\frac{4}{11} = 0.\overline{36}\overline{36}\overline{36}$, $\frac{2}{3} = 0.\dot{6}\dot{6}\dot{6}\ldots$ usw. Die Schreibweise ist gewöhnlich so, daß man über die periodische Einzelziffer oder über die beiden Begrenzungsziffern der periodischen Ziffergruppen Punkte setzt. Im letzteren Fall oft auch einen waagrechten Strich. Also etwa $7.\dot{3}$ heißt 7.3333333 usw., $0.\dot{5}4321 8\dot{9}$ oder $0.\overline{5432189}$ heißt $0.\overline{5432189}\overline{5432189}$ usw.

Nun gäbe es noch als letzten Fall die Möglichkeit, daß der Bruchnenner (Divisor) zwar Primzahlpotenzen enthält, durch die die Grundzahl des Systems teilbar ist; aber dazu noch andere Primzahlpotenzen von Primzahlen, die mit der Systemgrundzahl teilerfremd sind. Im Zehnersystem etwa 2 und 3, wie bei der Zahl 6. $\frac{5}{6}$ etwa ergibt als Systembruch $0.83333\ldots$, also einen Bruchtypus, den wir noch nicht angetroffen haben. Er heißt „gemischtperiodischer" Bruch. Zuerst kommt die 8 und dann erst die periodische 3. Hier ist die Mischung äußerst einfach. Es kann aber auch vorkommen, daß sowohl die Gruppe vor der Periode, als die Gruppe selbst aus mehreren Ziffern besteht. Bei $\frac{5}{22} = 0.2\overline{27}\overline{27}\overline{27}$ ist die vorperiodische Gruppe einstellig, die Periode zweistellig. Bei $\frac{3}{26} = 0.1\overline{153846}\overline{153846}$ ist die vorperiodische Gruppe einstellig, die periodische sechsstellig. Bei $0.26\overline{387}$ endlich (was als gemeiner Bruch $\frac{2929}{11.100}$ ergäbe) ist die vorperiodische Gruppe zweistellig, also ebenfalls mehrstellig.

Eine weitere Art der Zusammensetzung des Divisors oder Nenners gibt es aber nicht. Wir sind also, ohne uns in die schwierige Lehre von den Systembrüchen weiter vertiefen zu können, gleichwohl berechtigt, festzustellen, daß die Verwandlung von gemeinen Brüchen in Systembrüche (dadurch auch die Division zweier Zahlen) niemals etwas anderes liefern kann als einen endlichen Systembruch, einen reinperiodischen Systembruch oder einen gemischtperiodischen Systembruch.

Eine irrationale Zahl, das heißt, ein Systembruch, der ohne Regel und ohne oder mit einem anderen als dem bisher geschilderten Bildungsgesetz der reinperiodischen oder gemischtperiodischen Brüche ins Unendliche läuft, ist als Ergebnis einer Division undenkbar. Er kann nur aus Wurzeloperationen (Operationen mit gebrochenen Potenzexponenten) oder aus unendlichen Summierungen von gewissen fallenden Potenzreihen mit negativem Potenzanzeiger oder aus anderen Reihen von fallenden Brüchen (etwa mit steigenden Fakultäten im Nenner) hervorgehen.

Wir sind also sicher, in jedem Bruch und in jeder Division rationaler Zahlen als Resultat einer Ausrechnung eine rationale Zahl zu erhalten. $\frac{p}{q}$ = r (rationale Zahl), wie immer p und q aussehen mögen, ob sie nun ganze, gebrochene, positive und negative Zahlen sind. Nur irrational dürfen weder q noch p sein.

Wenn dem aber so ist, dann muß es auch möglich sein, jeden endlichen, jeden reinperiodisch-unendlichen und jeden gemischtperiodisch-unendlichen Systembruch in eine rationale Zahl, einen gemeinen Bruch der reduzierten Form $\frac{p}{q}$, zurückzuverwandeln. Einen unendlichen Systembruch mit einem nichtperiodischen Bildungsgesetz oder einen unendlichen Systembruch ohne jedes Bildungsgesetz dagegen werden wir niemals rückverwandeln können, da es sich dabei ja um irrationale Zahlen handelt und es sich im gegenteiligen Falle ergeben würde, daß eine irrationale Zahl in eine rationale verwandelbar ist.

Zugleich aber wird diese „Rückverwandlung" eine taugliche Probe auf unsere bisherigen Behauptungen sein. Nur können wir es uns vorläufig noch gar nicht recht vorstellen, wie es möglich sein soll, unendliche, wenn auch periodische Brüche rechnerisch anzupacken. Wir wissen zwar, daß $\frac{1}{3}$ gleich ist 0.333333.. (periodisch ins Unendliche), wenn wir aber nur 0.333333333... vor uns hätten, wüßten wir nicht, wie wir daraus einen gemeinen Bruch machen sollen. Wenigstens nicht ohne scharfe und tiefe Überlegungen.

Am einfachsten ist es wohl, einen endlichen Dezimalbruch zurückzuverwandeln. Etwa 0.225. Ich brauche ihn bloß auszusprechen, als gemeinen Bruch zu schreiben und erhalte das Resultat. Also $0.225 = \frac{225}{1000}$, das aber ist, durch 25 gekürzt, nichts anderes als die „reduzierte Form $\frac{9}{40}$", die sich nicht weiter reduzieren läßt. Will ich unsere Regel dagegen streng wissenschaftlich schreiben, dann setze ich an:

$$\sigma_m = \frac{\sum_1^m c_\mu \, g^{m-\mu}}{g^m}$$

Dabei ist das μ (das kleine griechische „My") die „laufende Zahl", c ist der jeweilige Koeffizient (bei uns also 2, 2, 5) und g ist die Grundzahl des Systems (bei uns 10). Das m bedeutet die Stellenzahl des endlichen Dezimalbruches (bei uns 3). Wir hätten also einzusetzen

$$\sigma_m = \frac{2 \cdot 10^{3-1} + 2 \cdot 10^{3-2} + 5 \cdot 10^{3-3}}{10^3} = \frac{2 \cdot 100 + 2 \cdot 10 + 5 \cdot 1}{1000} =$$
$$= \frac{225}{1000},$$

also dasselbe, was wir, gleichsam dem Naturverstand folgend, erhielten. Unsere Formel hat aber den ungeheuren Vorteil, daß sie allgemein für jedes Stellenwertsystem gilt und dadurch das genaue Gestaltbild der Angelegenheit entschleiert.

Für die Rückverwandlung reinperiodischer Brüche in reduzierte gemeine Brüche benützen wir die Formel[1]:

$$\sigma_r = \frac{\sum_1^r c_\varrho \, g^{r-\varrho}}{g^r - 1}$$

---

[1] Die Ableitung der Rückverwandlungsformeln ist für unsere Zwecke zu langwierig.

was nichts anderes bedeutet, als daß man die Stellen der Bruchperiode im Zähler als ganze Zahl anschreiben muß, während im Nenner so viel Neuner zu setzen sind, als im Zähler Ziffern stehen. Diese Erläuterung ist selbstverständlich nur für das Dezimalsystem gedacht.

Wenn ich also etwa $0.\dot{3}$ zurückzuverwandeln hätte, schreibe ich einfach $\frac{3}{9}$ und erhalte sofort $\frac{1}{3}$. Ebenso bei $0.\dot{6}$, was $\frac{6}{9}$, also $\frac{2}{3}$ ergibt. Der reinperiodische Bruch $0.\overline{076923}$ müßte $\frac{76923}{999999}$ angeschrieben werden, was nach Kürzung $\frac{1}{13}$ liefert. Allerdings müssen wir mit unserer „Zimmermannsregel" etwas vorsichtig sein, wenn wir nicht durch die strenge Formel kontrollieren.

Beginnt nämlich die Periode mit einer Null oder mit mehreren Nullen, dann sind die Nullen zwar im Zähler nicht zu schreiben, da wir ja ganze Zahlen nicht mit 0 beginnen lassen dürfen. Wohl aber sind diese „Nullkoeffizienten" sorgfältig für die Zahl der Neuner zu beachten, die in den Nenner kommen. Wir haben, da die Periode einschließlich der Null sechsstellig ist, in den Nenner auch 6 Neuner gesetzt, obgleich der Zähler nach Weglassung der Null nur fünf Stellen behielt.

Die Rückverwandlung gemischtperiodischer Brüche ist eine Art von Zusammensetzung aus den beiden bisher besprochenen Verfahren. Wollte ich für das Zehnersystem wieder die „Zimmermannsregel" geben, so müßte ich fordern: „Setze in den Zähler zuerst alle Stellen des Dezimalbruches (also sowohl die nichtperiodischen als die Stellen der ersten Periode) als ganze Zahl. Von dieser Zahl subtrahiere die ebenfalls als ganze Zahl geschriebenen nicht- oder vorperiodischen Stellen. Und stelle hierauf so viel Neuner in den Nenner, als die Periode Stellen hat. An diese Neuner aber hänge noch so viel Nullen an, als die Stellenanzahl der vorperiodischen Ziffern beträgt!"

Hätte ich nach dieser Regel etwa $0.2\overline{27}\overline{27}..$ zu behandeln, so müßte ich ansetzen:

$$\sigma(m, r) = \frac{227 - 2}{990} = \frac{225}{990} = \frac{45}{198} = \frac{5}{22}.$$

Wie man sieht, erhält man durch all unsere Rückverwandlungsanleitungen in der Regel unreduzierte (ungekürzte)

Brüche, die wir auf die endgültige Form $\frac{p}{q}$ (wobei p und q teilerfremd) bringen müssen. Das ist aber eine harmlose Aufgabe, die eigentlich jeder Mittelschüler der untersten Klassen anstandslos muß bewältigen können.

Natürlich gibt es auch für diesen dritten und letzten Fall der „Rückverwandlung" einen eleganten allgemeinen Befehl. Er lautet:

$$\sigma(m, r) = \frac{\sum_{1}^{m+r} c_\nu g^{m+r-\nu} - \sum_{1}^{m} c_\mu g^{m-\mu}}{g^m (g^r - 1)},$$

wobei m die Anzahl der vorperiodischen, r die Anzahl der periodischen Stellen, g die Grundzahl des Systems, c den jeweiligen indexmäßig zugeordneten Koeffizienten bedeutet. Das ν ist die „laufende" Zahl des ersten, das μ die „laufende" Zahl des zweiten Summationsbefehles, deren untere und obere Grenzen bei den Summationssymbolen stehen.

Wir beherrschen jetzt das ganze Reich der Systembrüche und sind imstande, willkürlich in jedem Ziffernsystem einen beliebigen Systembruch, der überhaupt rückverwandelbar ist, anzuschreiben und ihn in einen reduzierten gemeinen Bruch zu überführen.

Schreiben wir etwa dezimal $0.234\overline{71}\ldots$, dann erhalten wir nach der letzten, nur scheinbar monströsen Formel:

$$\sigma_{(2,3)} = \frac{(2 \cdot 10^{5-1} + 3 \cdot 10^{5-2} + 4 \cdot 10^{5-3} + 7 \cdot 10^{5-4} + 1 \cdot 10^{5-5}) - (2 \cdot 10^{2-1} + 3 \cdot 10^{2-2})}{10^2 (10^3 - 1)}$$

$$= \frac{23471 - 23}{100 \cdot 999} = \frac{23471 - 23}{99900} \text{*)} = \frac{23448}{99900} = \frac{1954}{8325}.$$

Wie man an diesem Beispiel sieht, kann ein verhältnismäßig einfach erscheinender gemischtperiodischer Bruch einem sehr komplizierten gemeinen Bruch entsprechen.

Nun blicken wir schon auf große Leistungen zurück. Denn uns ist jetzt das Gebiet der ganzen, der gebrochenen und der

---

*) Siehe „Zimmermannsregel"!

irrationalen Zahlen bekannt. All dies nicht nur dem absoluten Wert nach. Denn wir kennen auch positive und negative Zahlen. Und alle diese Zahlen wieder in sämtlichen möglichen Ziffernsystemen. Noch mehr: Wir haben uns mit allgemeinen Zahlen und da wieder mit konstanten und unbekannten allgemeinen Zahlen befaßt. Da wir außerdem auch den Algorithmus der Gleichung mit einer Unbekannten und dem der sogenannten diophantischen Gleichung wenigstens dem Wesen nach erforscht haben, sind wir reif, uns der größten Aufgabe der Mathematik zuzuwenden, der Lehre von den Funktionen. Hier auch betreten wir nicht mehr verschleiert, sondern offen und freudig den eigentlichen Boden der höheren Mathematik, und wieder leuchtet uns der Geist des großen Leibniz voran. Denn er war es eigentlich, der in den neunziger Jahren des 17. Saeculums den Funktionsbegriff in seiner Tiefe und Allgemeinheit erfaßte und der diesem Algorithmus den Namen gab. Und wir pflichten Oswald Spengler bei, wenn er die Funktion als die faustische oder abendländische Zahl bezeichnet. Denn eben dieses „Faustische" der höheren Mathematik ist es, was sie so bunt, so abenteuerreich, so aufregend — und dabei im tiefsten Grunde so leicht macht.

Wir kündigen es an dieser Stelle im vollsten Bewußtsein des Umstandes an, daß wir diese Behauptung werden durch die Tat beweisen müssen: Alles, was noch in diesem Buche folgt, ist leichter als das Bisherige! Wir werden von nun an viel sprechen, viel erklären, viel gemeinsam diskutieren. Wir werden aber nicht mehr mühselig rechnen und tüfteln, sondern in mathematischer Höhenluft uns an den kühnen Kunstgriffen, bizarren Parodoxien und überraschenden, schier unfaßbaren Lösungen erfreuen.

Achtzehntes Kapitel

Funktionen (Algebraische Ableitung)

Wir hätten eine diophantische Gleichung einfacher Art, etwa
$$3x - y = (-5).$$
Lösen wir diese Gleichung zur Erzielung ganzzahliger Werte nach der Eulerschen Methode, dann erhalten wir
$$x = \frac{y-5}{3} \text{ und } \frac{y-5}{3} = n, \text{ also } x = n.$$
Und weiters für y die Lösung $3n + 5$. Nun setzen wir in das n die Zahlen von 1 bis zu einer beliebigen Größe ein:

$n = 1, x = 1, y = 8;$ Probe: $3 - 8 = -5$
$n = 2, x = 2, y = 11;$ Probe: $6 - 11 = -5$
$n = 3, x = 3, y = 14;$ Probe: $9 - 14 = -5$
$n = 4, x = 4, y = 17;$ Probe: $12 - 17 = -5$
$n = 5, x = 5, y = 20;$ Probe: $15 - 20 = -5$

usw. ins Unbegrenzte.

Wir haben also durch die Eulersche Methode eine unendliche Zahl ganzzahliger positiver Lösungen gefunden. Wir könnten ebensogut eine unendliche Zahl negativer ganzzahliger Lösungen erzielen. Denn:

$n = -1, x = -1, y = 2;$ Probe: $-3 - (+2) = -5$
$n = -2, x = -2, y = -1;$ Probe: $-6 - (-1) = -5$
$n = -3, x = -3, y = -4;$ Probe: $-9 - (-4) = -5$

usw.

Wie man sieht, sind von $n = (-2)$ alle Wertepaare für beide Unbekannten negativ, da ja das $x = n$ und daher das x negativ sein muß, wenn n negativ angenommen wird. Aber auch y muß stets negativ bleiben, wenn n ganzzahlig kleiner wird als (-1). Denn die entgegenwirkende Pluskonstante in $y = 3n + 5$ ist 5 und wird bereits von $3 \cdot (-2)$ nach der negativen Seite in $y = (-6) + 5$ hinübergeschoben. Um so mehr natürlich bei $n = (-3)$, also $y = (-9) + 5$ usf.

Wir haben also bereits eine doppelte Unendlichkeit von möglichen Lösungen, nämlich eine Unendlichkeit von ganzzahligen positiven und von ganzzahligen negativen Wertepaaren. Zu dieser doppelten Unendlichkeit kommt als Spezialfall, als Kuriosum das Wertepaar für n = —1, bei dem x = —1 und y = + 2, außerdem das Paar für n = 0, bei dem x = 0 und y = 5 wird. Es gibt also (2 × ∞) + 2 ganzzahlige Lösungen.

Nun wollen wir unsere diophantische Gleichung ein wenig umformen, ohne sie weiter zu verändern. Wir schreiben nämlich statt $3x - y = -5$ die Form

$$y = 3x + 5$$

an, was wir ja ohne weiteres Bedenken tun dürfen. Und jetzt setzen wir fest, daß uns nicht nur ganzzahlige, sondern auch Werte in gebrochenen Zahlen interessieren. Weiters bestimmen wir, daß wir stets zuerst in das x einsetzen und dann das zugehörige y suchen wollen. Es ist — ohne daß wir es noch aus prinzipiellen Gründen so machen — in unserem Falle einfacher, weil y den Koeffizienten 1 hat und weil wir so alle Divisionen vermeiden können. Suchen wir also einige Wertepaare in Bruchform:

$$x = \frac{1}{2}, y = 3 \cdot \frac{1}{2} + 5 = \frac{3 + 10}{2} = \frac{13}{2}$$

$$x = \frac{1}{3}, y = 3 \cdot \frac{1}{3} + 5 = \frac{3 + 15}{3} = \frac{18}{3} = 6$$

$$x = \frac{2}{7}, y = 3 \cdot \frac{2}{7} + 5 = \frac{6 + 35}{7} = \frac{41}{7}$$

usw.

Natürlich können sich, wie bei $x = \frac{1}{3}$, für y auch ganzzahlige Werte ergeben. Jedenfalls werden aber die Fälle weitaus überwiegen, in denen bei x als Bruch auch y ein Bruch wird. Für unsere nicht mehr diophantische (das heißt nicht mehr für x und y ganzzahlig gelöste) unbestimmte Gleichung mit zwei Unbekannten haben wir jetzt wieder unendlich viele Lösungen in Form von Brüchen. Wie „mächtig" aber diese neue Unendlichkeit ist, geht daraus hervor, daß man schon zwischen 0 und 1 dem x unendlich viele Werte erteilen kann. Ebenso zwischen 1 und 2, zwischen 2 und 3 usw. Dazu kommen außerdem noch alle Möglichkeiten, in denen wir das x als negativen Bruch fordern, etwa $x = -\frac{10}{3}$ usw. Hier stehen wir, wenn wir genau zusehen, vor folgenden unendlichen Mengen von Lösungen: Alle positiven Brüche für x ergeben vorwiegend Brüche, und zwar positive für y. Setzt man $x = 0$, das ich als den Bruch „Null durch irgendeine Zahl" betrachten könnte, dann wird $y = 5$. Setze ich negative Brüche für x, dann ergeben alle, ebenfalls unendlich vielen Brüche von $-\frac{1}{\infty}$ bis zum Wert $x = -\frac{5}{3}$ für y noch positive Werte. Bei $x = -\frac{5}{3}$ wird $y = 0$. Bei allen Brüchen, die kleiner (das heißt weiter nach links auf der negativen Zahlenlinie!) sind als $-\frac{5}{3}$, also etwa $-\frac{6}{3}$, wird auch das y negativ.

Auf jeden Fall haben wir für unsere unbestimmte Gleichung schon eine doppelte Unendlichkeit von ganzzahligen und eine vielfache Unendlichkeit von gebrochenen Lösungen. Dazu noch den Spezialfall $x = -\frac{5}{3}$.

Nun könnten wir aber auf Grund unseres erweiterten Zahlbegriffs noch auf den Gedanken verfallen, zwischen je zwei Brüchen für das x eine oder alle der unendlich vielen Irrationalzahlen einzusetzen. Etwa eine $\sqrt[4]{25}$ o. dgl. Daß dadurch auch das y zur Irrationalzahl[1]) wird, ist einleuchtend. Hätten wir nämlich die Irrationalzahl x durch einen unendlichen Dezimalbruch dargestellt und addieren dazu die Konstante, dann besteht eben das y aus einer Summe von einem unendlichen nichtperiodischen Dezimalbruch und einer Konstanten. Aus dieser Summierung aber resultiert wieder eine Irrationalzahl.

Wir stehen also jetzt vor der unheimlichsten Menge von unendlich vielen Lösungspaaren, einer Menge, die offensichtlich gleichsam eine potenzierte Unendlichkeit ist. Und wir sehen mit einem beinahe mystischen Schauer, daß unsere harmlose Gleichung
$$y = 3x + 5$$
eine unendliche Vielzahl von unendlich vielen Lösungen sowohl auf der positiven wie auf der negativen Seite in sich trägt.

---

[1]) Mathematisch korrekt heißt eine Zahl, die aus rationalen und irrationalen Teilen besteht, wie etwa in unserem Fall $y = 3 \cdot \sqrt[4]{25} + 5$, eine „surdische Zahl".

Dazwischen gibt es einige merkwürdige Spezialfälle und außerdem eine potenzierte Unendlichkeit von Wertepaaren, bei denen das x und das y ungleiche Vorzeichen erhalten werden. Noch einmal wiederholt: Wir können dem x mit positivem oder negativem Vorzeichen jeden beliebigen Wert einer ganzen, einer gebrochenen oder einer irrationalen Zahl erteilen und erhalten dadurch ein „zugehöriges" y. Beide zueinandergehörigen Werte nennen wir aber ein „Wertepaar".

Um diesen merkwürdigen Algorithmus, dessen unheimliche Vielfältigkeit wir vorläufig nur ahnen, noch nicht aber in seinen Folgen begreifen, plastisch vor uns zu sehen, wollen wir uns eine einfache Maschine konstruieren, die wir in Gedanken „funktionieren" lassen.

Das Instrument sähe folgendermaßen aus:

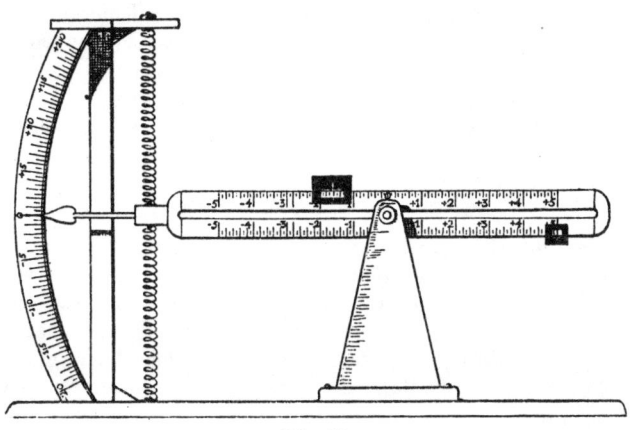

Fig. 13

Eine Art von Waagebalken hat auf der einen Seite einen Zeiger, der entlang einer halbkreisförmigen, mit Ziffern versehenen Skala spielt. Der Balken besteht aus Schienen, die in gewissen Abständen ebenfalls mit Ziffern versehen sind. Auf jeder dieser Schienen ist ein „Laufgewicht" verschiebbar. Und dieses Laufgewicht ist zudem noch auswechselbar. Nach primitiven Gesetzen der Mechanik hängt die Wirkung eines Gewichtes in diesem Falle nicht nur davon ab, wie schwer es an sich ist, sondern auch davon, an welcher Stelle des „Hebelarmes" es sich befindet. Ein Kilogramm in der Entfernung 5 wird fünfmal so schwer wirken wie ein Kilogramm in der Entfernung 1. Bekanntlich beruht auf diesem Prinzip die Dezimalwaage. Nun hätten wir weiters folgende Festsetzungen getroffen: Der Zeiger gibt uns jeweils auf der Skala gleichsam den Belastungszustand unserer „variablen" Waage an. Befindet sie sich im Gleichgewicht, dann steht der Zeiger auf Null. Der Zeiger ist aber noch durch Spiralfedern nach oben und unten festgehalten, die so konstruiert sind, daß sie zwar auf Zug sehr stark reagieren, auf Zusammendrückung jedoch keinen nennenswerten (theoretische Forderung: überhaupt keinen) Widerstand leisten. Schließlich dient die untere Schiene zur Einstellung der „Konstanten", die obere zur Einstellung des „x". Einheit ist in allen Fällen das Kilogramm.

Nun können wir unsere Maschine für unsere Zwecke bereits in Gebrauch nehmen. Und zwar wollen wir uns die Angelegenheit in der Art einer Bedienungsanweisung verdeutlichen: Setzen wir voraus, daß wir einen Kasten mit verschiedensten Laufgewichten besitzen, dann entnehmen wir ihm zuerst für unsere Gleichung

$$y = 3x + 5$$

ein schönes Kilogrammgewicht und schieben es auf die untere, mit der Bezeichnung „Konstante" versehene Schiene so weit, daß die Mittelpunktsmarke des Laufgewichtes mit der Ziffer fünf auf der Schiene übereinstimmt. Das Laufgewicht hat zu diesem Zweck ein „Fenster". Man kann solche Gewichte an jeder Apotheker-Dezimalwaage sehen. Da es sich um eine Konstante, um eine unveränderliche Größe handelt, klemme ich das Laufgewicht für alle folgenden Fälle fest. Natürlich nur für so lange, als ich die Gleichung

$$y = 3x + 5$$

betrachte, in der die Konstante eben 5 ist. Im Gesamtsystem unserer Maschine muß jetzt unser Kilogramm einen Zug nach unten ausüben, der fünfmal größer ist, als wenn ich das Laufgewicht bei der Marke 1 geklemmt hätte. Und wenn ich nichts anderes einstellen würde, müßte jetzt der Zeiger steigen und auf die Marke 5 auf dem Kreisbogen zeigen. Denn wir setzen voraus, daß die Spiralfedern in dieser Art berechnet sind. Nun soll ich das „x" einstellen. Da es nicht als x schlechtweg, sondern als x mit dem Koeffizienten 3 auftritt, wähle ich ein Laufgewicht von 3 Kilogramm, da uns ein Kilogramm die konkrete Zahl 1 versinnbildlicht. Wo aber soll ich das Laufgewicht hinschieben? Ich bin in Verlegenheit und muß eine mathematische Überlegung anstellen. Und diese Überlegung sagt mir sofort, daß ich ja in das x einsetzen, also das x erst wählen soll. Daher nehme ich mir vor, das x zuerst so zu wählen, daß sich die „Waage" im Gleichgewichtszustand befindet, daß also, was man ohne weiteres sieht, der Zeiger auf Null für y zeigt. Wenn ich nun, ohne zu rechnen, bloß probiere, werde ich bemerken, daß ich dieses gewünschte Ergebnis erziele, wenn das 3-kg-Laufgewicht genau bei der Marke $-\frac{5}{3}$ oder $-1\frac{2}{3}$ der oberen Laufschiene angelangt ist. Dort ergibt sich nämlich die Gewichtsbelastung des linken Waagearmes (den wir den negativen nennen wollen) mit 3 kg in der Entfernung $\left(-\frac{5}{3}\right)$ und die des rechten (positiven) mit 1 kg in der Entfernung $(+ 5)$. Da sich aber weiters nach den Gesetzen der Mechanik die jeweilige Belastung als Produkt des Gewichtes mit der Entfernung vom Drehpunkt des Waagebalkens darstellt, so ist in einem Falle die Belastung $3 \cdot \left(-\frac{5}{3}\right) = -5$ und im zweiten Falle $1 \cdot 5 = 5$, also dem absoluten Wert nach gleich. Da sich aber auf einer in unserer Weise positiv und negativ bezifferten Waage ein Gleichgewicht nur ergeben kann, wenn derselbe absolute Wert sowohl negativ als positiv auftritt, bedeutet unser Ergebnis die gleichsam optische Bestätigung der Tatsache, daß ich in der Gleichung

$$y = 3x + 5$$

das x als $\left(-\frac{5}{3}\right)$ wählen muß, um für das y die Null zu erhalten. Daß die Konstante nicht weiter berührt werden darf, haben wir schon gefordert. Wir könnten sie aber trotzdem auf unserer Maschine auch in anderer, und zwar noch eleganterer Art einstellen. Wenn wir uns nämlich überlegen, daß man die Gleichung $y = 3x + 5$ auch in der Form

$$y = 3x^1 + 5x^0$$

schreiben dürfte, da bekanntlich jede Nullpotenz 1 liefert und dadurch an der Gleichung nichts ändert, könnten wir die obere Schiene mit x^1 und die untere mit x^0 bezeichnen und die 5 als Koeffizienten von x^0 betrachten. Dann aber dürften wir ein 5-kg-Gewicht wählen und es bei der Marke 1 der unteren Laufschiene festklemmen, wo es stehenbleiben kann, da x^0 für jeden Wert von x eins geben muß, 5 x^0 also in jeder möglichen Form der Gleichung 5 kg mal Entfernung 1, also 5 liefert. Dies jedoch vorläufig nur nebenbei. Wir werden noch einmal darauf zurückkommen.

Wir begnügen uns mit der ersten Version, daß wir unsere „Konstante" als 1-kg-Laufgewicht bei der Marke 5 der unteren Laufschiene festgeklemmt haben. Und fügen bei, daß wir uns um diese „Konstante" nicht weiter kümmern werden, da sie für unsere spezielle Gleichung gleichsam zum fixen, stehenden, konstanten Bestandteil der Maschine geworden ist und selbsttätig ihren Einfluß geltend machen wird.

Dagegen reizt es uns, mit dem zweiten Laufgewicht zu experimentieren. Da ja, wie wir gesehen haben, die Marke auf der Schiene direkt die Größe des jeweiligen x bedeutet, steht es uns frei, das Laufgewicht innerhalb des „Bereiches" von -5 bis $+5$ an irgendeine beliebige, „willkürliche" Stelle zu rücken, seinen Ort zu „verändern". Ortsveränderung bedeutet aber nach dem Gesetz des Hebelarmes Belastungsveränderung, und Belastungsveränderung ist eine Größenveränderung. Machen wir ein Experiment. Rücken wir etwa das 3-kg-Laufgewicht auf die Marke $x = 1\frac{2}{5} = \frac{7}{5}$. Sofort beginnt der rechte Waagebalken zu sinken und der y-Zeiger auf der Skala zu spielen. Nach einigem Schwanken stellt er sich auf $9\frac{1}{5}$ ein. Nun ist aber für $x = \frac{7}{5}$ nach der Gleichung tatsächlich $y = 9\frac{1}{5}$, da $3 \cdot \frac{7}{5} + 5 = \frac{21+25}{5} = \frac{46}{5} = 9\frac{1}{5}$ (s. Fig. 14).

Wenn wir also x „willkürlich veränderten", hat sich an unserer Maschine das y „zwangsläufig verändert".

Nun sind wir soweit, nach richtigem „Funktionieren" unserer Maschine das Wesen der „Funktion" zu durchschauen[1]).

---

[1]) Diese Wortableitung des Begriffs „Funktion" gilt natürlich nur als Gedächtnishilfe für unsere Maschine.

Und wir stellen, vorläufig noch sehr ungenau, fest, daß eine Funktion dann vorliegt, wenn sich durch „willkürliche" Veränderung einer Unbekannten eine zweite Unbekannte „zwangsläufig" verändert. Wenn wir weiter statt veränderliche Unbekannte einfach das Wort „die Veränderliche" gebrauchen, dann können wir sagen, daß bei einer Funktion jede an der „willkürlichen Veränderlichen x" vorgenommene Größenbestimmung die „zwangsläufige Veränderliche y" in gewisser

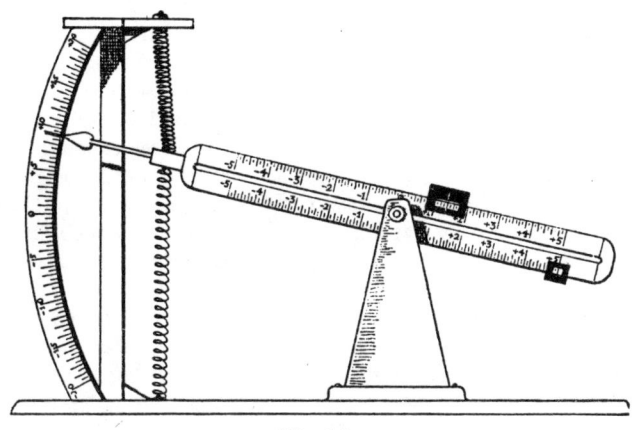

Fig. 14

Art in Mitleidenschaft zieht. Das Gesetz dieses Zusammenhanges heißt Funktion. Unsere Maschine hat uns bisher das Ergebnis automatisch geliefert. Und zwar deshalb, weil wir dieses „Gesetz" auf der Maschine einstellten. Das „Gesetz" war aber nichts anderes als unsere Gleichung

$$y = 3x + 5.$$

Und eben diese „Gleichung" heißt in dieser Beleuchtungsweise eine Funktion. Ihr allgemeinstes Gestaltbild wird seit Leibniz: $y = f(x)$ geschrieben. Und wird gesprochen: y ist eine Funktion von x. Was nichts anderes heißt, als daß y von irgendeiner mit x verbundenen Größe systematisch abhängt.

An dieser Stelle muß ich eine ketzerische und revolutionäre Tat setzen, deren Legitimation ich aus meiner Dichtereigenschaft herleite. Ich behaupte nämlich, daß der allgemeine wissenschaftliche Sprachgebrauch, der die willkürlich gewählte Veränderliche als die „unabhängige" und die zwangsläufig bestimmte Veränderliche als die „abhängige" bezeichnet, insofern sprachlich, psychologisch und pädagogisch mangelhaft ist, als der Gegensatz zwischen einer Position und der durch die Vorsilbe „un" erzeugten Negation eindrucksmäßig immer blasser wirkt als der Gebrauch selbständiger positiver und negativer Ausdrücke. Zudem ist das „un" als Vorsilbe in der deutschen Sprache nicht einmal stets eine klare Verneinung, sondern manchmal nur eine versteckte Steigerung ins Positive. Man denke an Bildungen wie Untier und Unsumme, wobei es schon aller Rabulistik bedarf, dieses „Übertier" und diese „Übersumme" als Verneinungen zu behaupten. Aber selbst wenn wir von einer solchen Ausnahme absehen, ist es sicherlich gegensätzlicher und plastischer, Lust und Schmerz als Lust und Unlust einander entgegenzustellen. Und diese antithetische Blässe steigert sich bei partizipialen als Hauptwörter gebrauchten Eigenschaftswörtern wie abhängige Veränderliche und unabhängige Veränderliche ins Maßlose. Was noch dadurch verschärft wird, daß jemand assoziativ darauf verfallen könnte, zu denken, die Wahl des Wertes für die Unbekannte sei in einem Falle nur von meinem Willen abhängig, im anderen dagegen von mir unabhängig. Diese Auslegung wäre aber genau das Gegenteil von dem, was mit den üblichen Bezeichnungen gesagt werden soll. Wir wollen jedoch nicht Verwirrung stiften, sondern nur rechtfertigen, warum wir aus rein pädagogischen und psychologischen Gründen in diesem Einführungsbuch vom allgemeinen Sprachgebrauch der Wissenschaft abgehen und von der „willkürlichen" (unabhängigen) und der zwangs„läufigen" (abhängigen) Veränderlichen sprechen werden. Noch einmal zusammengestellt: In der „Funktion"

$$y = 3x + 5, \text{ allgemein } y = f(x),$$

ist das x die „willkürliche", „unabhängige" Veränderliche, das y die „zwangsläufige", „abhängige" Veränderliche. x und y aber heißen „die Veränderlichen".

Nachdem wir nun einige Kenntnisse über den Sprachgebrauch der Funktionenlehre gewonnen haben, wollen wir uns wieder unser Instrument, unsere Funktionsberechnungsmaschine, hernehmen und ein weiteres Experiment machen. Wir rücken das 3-kg-Laufgewicht vorsichtig ein Stück auf der x-Laufschiene und beobachten nun, was der Zeiger auf der y-Skala dabei treibt: Wir sehen, daß er sich auch ununterbrochen bewegt hat. Schließlich ist er zwischen zwei Teilstrichen der Skala stehengeblieben. Aber auch unser Laufgewicht steht irgendwo an einer nicht genau auf der Laufschiene bezeichneten Stelle.

Nun wollen wir, an Hand unserer Maschine, ein neues Kunststück vollführen. Wir behaupten nämlich, daß die Laufschiene nichts anderes sei als die Zahlenlinie. Da nun aber weiter, wie wir schon genau wissen, die Zahlenlinie sich kontinuierlich (stetig) aus allen ganzen, gebrochenen und irrationalen Zahlen zusammensetzt, bedeutet jedes stetige Verschieben des Laufgewichtes nichts anderes, als daß unser x während dieses „Verschiebens" alle Werte annimmt, die innerhalb der „Verschiebungsgrenzen" liegen. Also die Werte aller ganzen, gebrochenen und irrationalen Zahlen, die sich zwischen diesen Grenzen befinden.

Dieser Begriff der „Stetigkeit" spielt in der Lehre von den Funktionen, insbesondere seit den Entdeckungen des großen Mathematikers Weierstraß, eine ungeheure Rolle. Wir begnügen uns aber vorläufig, eine erste Andeutung dieses Begriffs gegeben zu haben; um so mehr, als wir ihn in anderer, nämlich geometrischer Art viel deutlicher erörtern können und erörtern werden.

Wir wollen uns dagegen mit dem, was wir bisher über Funktionen wissen, an eine bestimmte Aufgabe heranwagen, deren Sinn und Zweck uns aufs erste noch verborgen bleibt. Da es sich jedoch um eine höchst einfache algebraische Aufgabe handelt, sehen wir keinen Grund, an ihr achtlos vorbeizugehen.

Wir fragen also, was mit dem y-Zeiger geschieht, wenn wir unser x an irgendeiner Stelle um einen bestimmten Betrag wachsen lassen. Wahrscheinlich wird sich da der Zeiger auch um einen gewissen Betrag bewegen. Da wir aber schon einmal in euklidischer Art behauptet haben, das Verhältnis sei unabhängig von den ins Verhältnis gesetzten Größen, könnten wir als sichtbares Maß der Veränderung etwa das Verhältnis benützen, das zwischen dem Zuwachs des x und dem daraus zwangsläufig folgenden Zuwachs des y besteht. Wenn wir weiter unseren Zuwachs zu x in eine ganz allgemeine Form kleiden, also den Zuwachs an irgendeiner Stelle eintreten lassen, ist es klar, daß ich dadurch auch den damit verbundenen Zeigerausschlag für y gleichsam an „irgendeiner Stelle" erhalte. Ich könnte mir ja die Skalen auf der Laufschiene und am Halbkreis ganz einfach einmal verdeckt oder unleserlich vorstellen.

Also „irgendein x" oder „das x", was dasselbe ist, da ich ja x unbestimmt lasse, wächst um den endlichen Betrag von Δ x. Das Dreieck (Δ) ist das große griechische D (Delta). Es ist jedem Kind als Symbol der dreieckigen „Delta"mündung des Nil bekannt. Das x schreibe ich neben unser Delta, um anzuzeigen, daß es sich um einen Zuwachs von x handelt. Nun resultiert daraus der zwangsläufig, nach dem „Gesetz" der Funktion erfolgende Zeigerausschlag auf der y-Skala. Diesen nenne ich natürlich Δ y. Weiters ist als selbstverständlich vorausgesetzt, daß unsere Funktion auf der Maschine „eingestellt" ist, wozu aber bloß nötig ist, daß sich das 1-kg-Gewicht auf der Marke 5 der unteren Schiene und das 3-kg-Gewicht irgendwo auf der oberen Schiene befindet.

Rein algebraisch gesprochen, lautet jetzt die Frage: Wie verhält sich unter der Bedingung der „eingestellten" Funktion unser Δ y zum Δ x. Oder was für ein Δ y folgt zwangsläufig aus der Veränderung der Einstellung um Δ x?

Wir wollen, ohne weiter zu grübeln, rein rechnerisch der Angelegenheit an den Leib rücken. Wenn wir die „Zuwächse" in unsere Gleichung (Funktion) einbauen wollen, müssen wir wohl ansetzen:
$$(y + \Delta y) = 3(x + \Delta x) + 5.$$
Denn aus x ist nach dem erfolgten Zuwachs, nach der Verschiebung des Laufgewichtes, $(x + \Delta x)$ geworden, worauf das y zwangsläufig zu $(y + \Delta y)$ werden muß.

Noch einmal zum Überdruß: Wir wissen gar nicht, wie groß das x ist. Wir wissen auch nicht, wie groß das Δ x ist. Wir fordern nur, daß es endlich sei. Es könnte, nebenbei bemerkt, überhaupt jede Größe haben. Wir wollen es aber klein nehmen, um dann leichter weiterzukommen. Also
$$(y + \Delta y) = 3(x + \Delta x) + 5.$$

Gesucht ist $\Delta y : \Delta x$ oder $\frac{\Delta y}{\Delta x}$. Oder das Verhältnis zwischen Δy und Δx. Multiplizieren wir einmal aus, um die Klammern loszubekommen.
$$y + \Delta y = 3x + 3 \cdot \Delta x + 5.$$
Nun machen wir einen Kunstgriff, der wieder von Leibniz stammt, allerdings von ihm in anderer Schreibart formuliert ist. Wir erinnern uns nämlich, daß y gleich ist $3x + 5$ und daß wir daher berechtigt sind, auf beiden Seiten der Gleichung diese gleichen Größen in Abzug zu bringen, ohne daß sich etwas ändert. Unser erstes Beispiel der Waage mit den Äpfeln und Dekagrammen hat uns ja die Berechtigung solcher Rechentricks gezeigt. Also

$$\begin{array}{r} y + \Delta y = 3x + 3\Delta x + 5 \\ -y = -3x - 5 \\ \hline \Delta y = 3\Delta x \end{array}$$

Wenn aber $\Delta y = 3 \Delta x$, dann ist natürlich

$$\Delta y : \Delta x = 3 \Delta x : \Delta x \text{ oder}$$
$$\frac{\Delta y}{\Delta x} = 3 \text{ oder als Proportion}$$
$$\Delta y : \Delta x = 3 : 1 .$$

Unsere Aufgabe ist gelöst. Und wir wissen weiter nach dem Satz der Unabhängigkeit des Verhältnisses von der Größe des Verglichenen, daß ich jetzt Δy und Δx so klein denken darf, als ich nur überhaupt will. Also klein bis an die äußerste Grenze der Null hinab. Ich hätte, arithmetisch gesprochen, das Laufgewicht nur so weit verschoben, daß ich bis zur nächsten Irrationalzahl gelangt wäre[1]). Wie potenziert unendlich wenig das ist, wissen wir aus dem Aufbau der Zahlenlinie. Einen solchen allerkleinsten Zuwachs von x nennen wir aber jetzt nicht mehr Δx, sondern dx und das zugehörige Δy entsprechend dy, so daß wir schreiben:
$$\frac{dy}{dx} = 3 \text{ oder } \frac{dy}{dx} = \frac{3}{1}.$$

---

[1]) Nach moderner Auffassung gilt es als korrekter, das Δx so lange zu verkleinern, bis man zur letzten Irrationalzahl vor dem x gelangt. Es handelt sich also, wie Newton gesagt hat, um das letzte Verhältnis der „hinschwindenden" Inkremente (Zuwächse), das besteht, bevor beide in die Null untertauchen.

Nun lüften wir den Schleier: Ohne irgendeine Denkschwierigkeit haben wir soeben den gefürchteten „Differentialquotienten" berechnet. Und sagen: Der „Differentialquotient" der Funktion $y = 3x + 5$ hat den Wert 3. Oder $\frac{dy}{dx} = 3$ oder $y' = 3$. Das y' heißt eben $\frac{dy}{dx}$ oder „erster" Differentialquotient einer Funktion $y = f(x)$, das heißt einer Funktion, in der das y zwangsläufig von einer Konstellation von x-Ausdrücken abhängt.

Nun ersehen wir aus unserem ominösen „Differentialquotienten", daß er an jeder Stelle gleich ist. Überall, wo ich das x um den allerkleinsten Betrag dx verändere, erhalte ich als Verhältnis des entsprechenden y-Zuwachses zu unserem dx die Zahl 3 oder 3 : 1. Die „Konstante" hat dabei gar keine Rolle gespielt. Denn hätte ich sie fortgenommen, dann hätte ich

hiervon
$$y = 3x$$
$$y + \Delta y = 3(x + \Delta x)$$
$$y + \Delta y = 3x + 3 \cdot \Delta x$$
$$-y = -3x$$
subtrahiert
$$\Delta y = 3 \Delta x$$
$$\frac{\Delta y}{\Delta x} = 3 \text{ und } \frac{dy}{dx} = 3.$$

Warum dem so ist, werden wir erst später voll erfassen. Aus unserer Maschine ist es eigentlich auch begreiflich. Denn die Gleichgewichtsstörung erfolgt[1]) ausschließlich durch die Verschiebung des x-Gewichtes (der 3 kg). Und zwar an jeder Stelle gleichartig. Der „Differentialquotient" ist somit ein für alle Werte des x geltendes „Veränderungsgesetz" der Funktion.

Nun werden wir unseren neuen Algorithmus der „Differentialrechnung", den wir vorläufig als formale Kabbala an einem Endchen gepackt haben, weiter treiben. Und zwar besonders kühn, indem wir die uns noch ganz neue „quadratische" Funktion

$$y = 2x^2 + 7$$

in ähnlicher Art zu untersuchen trachten. Von unserer Maschine sehen wir jetzt ab und vertrauen uns der reinen Form an. Nach unserem Schema wäre

$$y + \Delta y = 2(x + \Delta x)^2 + 7.$$

---

[1]) Wenn wir von der „Trägheit" der 5 kg absehen!

Da wir $(x + \Delta x)^2$ noch nicht direkt ausrechnen können, wollen wir es als $(x + \Delta x)(x + \Delta x)$ feststellen und erhalten $[x^2 + x\Delta x + x\Delta x + (\Delta x)^2]$, also $x^2 + 2x\Delta x + (\Delta x)^2$.
Nun hätten wir als Kunstgriff:

$$\begin{aligned} y + \Delta y &= 2x^2 + 4x\Delta x + 2(\Delta x)^2 + 7 \\ -y &= -2x^2 \qquad\qquad\qquad\qquad\quad -7 \\ \hline \Delta y &= 4x\Delta x + 2(\Delta x)^2 \end{aligned}$$

Mit diesem Ergebnis können wir nun in der bisherigen Art das Verhältnis von Δy und Δx nicht befriedigend darstellen. Daher überlegen, kalkulieren[1]) wir ein wenig. Wir wollen, so sagten wir, als Endziel nicht den sogenannten „Differenzen"-Quotienten $\frac{\Delta y}{\Delta x}$, sondern den „Differential"-Quotienten $\frac{dy}{dx}$ erhalten. Bei diesem aber ist das dx schon die allerkleinste Zahl. Wenn ich mir eine solche allerkleinste Zahl sehr ungenau etwa als Bruch $\frac{1}{q}$ vorstelle, wobei q natürlich riesenhaft groß sein muß, dann würde diese „allerkleinste" Zahl durch Potenzierung die Form $\left(\frac{1}{q}\right)^2 = \frac{1}{q^2}$ erhalten, wodurch der Nenner „allerriesigst zum Quadrat" würde. Dadurch aber würde ich, grob gesagt, eine Zahl erreichen, die im quadratischen Verhältnis kleiner ist als die „allerkleinste" Zahl. Also etwas, das ich selbst neben einer allerkleinsten Zahl unbedingt vernachlässigen darf. Um eine solche „Kleinheit verschiedener Ordnungen", die wir später genau verdeutlichen wollen, annähernd bildlich auszudrücken, hat Leibniz einmal gesagt, das Firmament verhalte sich zur Erde wie die Erde zum Staubkorn. Und die Erde verhalte sich zum Staubkorn wie das Staubkorn zu einem magnetischen Teilchen, das durch Glas dringt[2]). Auch unser $(dx)^2$ verhält sich aber zu (dx) wie ein Staubkorn zur Erde. Es ist bestimmt eine „höhere Kleinheitsordnung", eine Kleinheit noch fast unendlich kleinerer Art, und kann daher fortgelassen werden. Wir schreiben also, sobald wir zum „Differentialquotienten" übergehen wollen, für

$$\Delta y = 4x\Delta x + 2(\Delta x)^2 \text{ nur mehr}$$
$$dy = 4x\,dx$$

---

[1]) Daher der Name „Differential-Kalkül".
[2]) Heute würden wir Elektron sagen.

und erhalten als Endresultat

$$\frac{dy}{dx} = 4x \text{ oder } dy : dx = 4x : 1.$$

Hier, bei der „quadratischen" Funktion, erscheint etwas Merkwürdiges. Es ist nämlich das „Gesetz" der Veränderung nicht mehr als reines Zahlenverhältnis ausgedrückt, sondern es ist direkt von x abhängig, wird sich also je nach dem für x gewählten Wert ändern. Hier ist die Veränderung selbst veränderlich, wenn man so sagen darf. Allerdings ist sie streng an eine neue Bedingung, nämlich an das Verhältnis $4x : 1$ gebunden.

Wir könnten nun in der gezeigten Art rein formal den ganzen Algorithmus der Differentialrechnung als Rechnungsoperation ableiten. Wir würden dadurch an mathematischer Strenge und Sauberkeit nur gewinnen. Da jedoch der Anfänger sicherlich alle Probleme dieser Rechnungsart besser durchschaut, wenn er sich alles bildlich vorstellen kann, und da weiters auch die historische Entwicklung unseres „Kalküls" beinahe ausschließlich auf geometrische Art erfolgte, wollen wir unsere bisher rein synthetische Darstellungsart aus psychologischen Gründen verlassen, und uns alles aus der Geometrie herbeischaffen, was wir zum grundsätzlichen Verständnis unserer neuen Rechnungsoperation und der Unendlichkeitsanalysis überhaupt unbedingt brauchen werden.

Neunzehntes Kapitel

Pythagoräischer Lehrsatz

Zuerst wollen wir uns einmal in ferne Vorzeit zurückversetzen. Zu den alten Ägyptern und Indern. Noch heute bestaunt jeder Kenner der Baukunst die unwahrscheinliche Präzision, mit der speziell die Ägypter die Maße und Winkel ihrer Bauwerke ausführten. Es ist dies ein Verdienst der sogenannten Harpedonapten oder Seilspanner gewesen, die durch ihre geometrischen Kenntnisse die Bestimmung der Winkel, vornehmlich der rechten Winkel, ermöglichten. In welcher Art, werden wir sofort erfahren: Stellen wir uns etwa vor, es solle ein riesiger rechteckiger Tempel gebaut werden. Daß dabei schon kleine Abweichungen in der Genauigkeit der Winkelbestimmung eine Rolle spielen, ist klar. Das weiß jeder Maurer und Zimmermann, der stets aufs neue Lot und Winkelmaß anlegt. Die „Seilspanner" nun, eine Zunft, die der Priesterschaft angehörte, vollführten schon bei der feierlichen Grundsteinlegung des Tempels ihre geometrische Zeremonie. Sie hatten dazu ein sehr langes Seil durch Knoten im Verhältnis 5 : 3 : 4 unterteilt. Also in folgender Art:

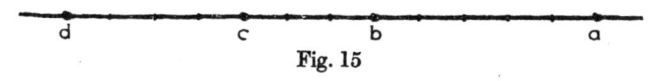

Fig. 15

Die Knoten wollen wir für uns a, b, c, d nennen. Wenn nun der rechte Winkel bei c zu erzielen war, wurde die Strecke 3 durch Pflöcke bei b und c festgemacht. Dann wurde die Strecke 4 ungefähr in den rechten Winkel gestellt und nun die Strecke 5 so weit herumgeschlagen, bis die Punkte a und d zusammenfielen. Wenn man nun die Seile spannte und auch a und d gemeinsam durch einen Pflock festlegte, befand sich bei c ein genauer rechter Winkel (s. Fig. 16).

Das Dreieck, dessen Seiten im Verhältnis 3 : 4 : 5 stehen, heißt allgemein das „ägyptische Dreieck". Daß es ein sogenanntes rechtwinkliges Dreieck ist, sieht man an der Figur.

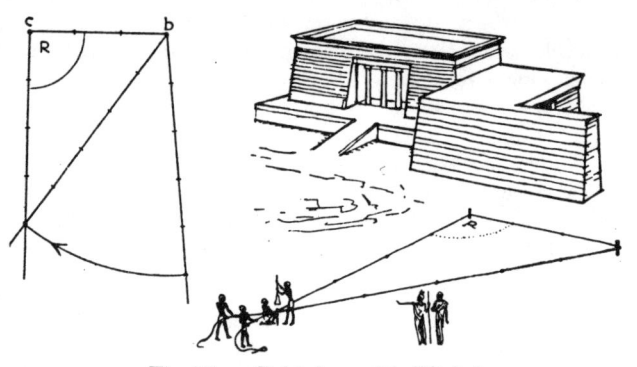

Fig. 16 — R ist der rechte Winkel

Aber nicht nur die Ägypter, auch die Priesterschaft der alten Inder besaß einen ähnlichen Kunstgriff, für Altäre und dergleichen rechte Winkel abzustecken. Nur benützte man in Indien merkwürdigerweise ein Dreieck mit dem Seitenverhältnis 15 : 36 : 39. Um uns leichter verständigen zu können, wollen wir gleich hier sagen, daß man die längste Seite eines rechtwinkligen Dreiecks die „Hypotenuse" und die beiden kürzeren Seiten die „Katheten" nennt. Das ägyptische Dreieck besitzt also die Hypotenuse 5 und die Katheten 4 und 3, während das indische eine Hypotenuse von 39 und zwei Katheten von 36 und 15 hat.

Nun ist das rechtwinklige Dreieck an sich bestimmt nur ein Spezialfall unter allen möglichen Dreiecken. Denn es setzt voraus, daß die Katheten einen Winkel von genau 90° (neunzig Graden) einschließen, wodurch für die beiden anderen Winkel zusammen ebenfalls 90° übrigbleiben. Denn die Winkelsumme im Dreieck ist bekanntlich 180° oder 2 Rechte = 2 R (zwei rechte Winkel). Da es nun weiter bekannt ist, daß dem kleineren Winkel die kleinere Seite (und umgekehrt) gegenüberliegt, muß dem rechten Winkel die größte Seite, also die Hypotenuse, gegenüberliegen. Nun können wir aber mit Recht vermuten, daß sich diese Beziehung nicht bloß auf ein „Größersein" oder „Kleinersein", sondern auf ein ziffernmäßig faßbares „Größer- und Kleinersein" erstreckt. Das heißt, es ist anzunehmen, daß die drei Seiten irgendwie im Verhältnis der Winkelgrößen und die Winkelgrößen irgendwie im Verhältnis der Seiten ihren Ausdruck finden. Kurz, wir müssen den Verdacht aussprechen, daß bei einem rechtwinkligen Dreieck irgendeine Beziehung besteht, die auch bei den Seiten die Tatsache ausdrückt, daß der rechte Winkel die Summe der beiden anderen Winkel bildet. Wollen wir aber unsere Vermutung prüfen, so sind wir sehr enttäuscht. Denn $4 + 3 = 7$ und nicht 5 und $15 + 36 = 51$ und etwas ganz anderes als 39. Unsere Annahme hat also sowohl beim ägyptischen als auch beim indischen Dreieck vollkommen versagt.

Sind das also am Ende keine rechtwinkligen Dreiecke? Jedenfalls sprechen die Pyramiden und die indischen Bauwerke nicht für solch eine vernichtende Frage.

Nein, beruhigen wir uns! Es sind genaue, präzise, unübertreffliche rechtwinklige Dreiecke. Sowohl das ägyptische als auch das indische. Nur ist die von uns geahnte Beziehung nicht so einfach, als wir es dachten. Und wenn wir, vorläufig ohne Begründung, unsere Zahlen alle zur zweiten Potenz erheben, sieht die Sache wesentlich anders aus. Denn

$$3^2 + 4^2 = 9 + 16 = 25, \text{ also } 3^2 + 4^2 = 5^2 \text{ und}$$
$$15^2 + 36^2 = 225 + 1296 = 1521, \text{ also } 15^2 + 36^2 = 39^2.$$

Und diese Beziehung ist eine der wichtigsten und unentbehrlichsten Regeln der Geometrie. Sie heißt der „pythagoräische Lehrsatz" oder in der mittelalterlichen Schülersprache der „pons asinorum", die Eselsbrücke. Pythagoras selbst, der die Voraussetzungen zu seinem Lehrsatz wahrscheinlich auf seinen Reisen in Ägypten und Indien kennengelernt hatte, soll als Dank für seine Entdeckung den Göttern eine Hekatombe Ochsen geopfert haben[1]).

Wenn wir allgemein die Katheten mit a und b und die Hypotenuse mit c bezeichnen, dann lautet der Satz für jedes rechtwinklige Dreieck

$$a^2 + b^2 = c^2.$$

Beweise für den Lehrsatz gibt es sehr viele. Wir wollen einen nicht sehr strengen, doch höchst sinnfälligen zeigen:

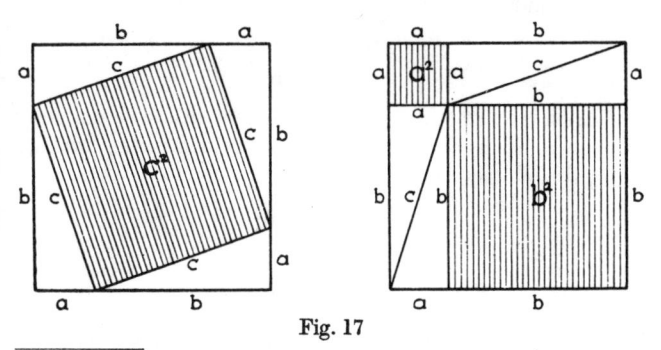

Fig. 17

---

[1]) Wovon das Gelehrtensprichwort stammt, daß alle Ochsen zittern, wenn etwas Umwälzendes entdeckt wird.

Dem ersten großen Quadrat ist das Quadrat über der Hypotenuse, also c^2 eingeschrieben. Und man kann sagen: $c^2 =$ = großes Quadrat minus vier Dreiecke (abc).

Im zweiten Fall habe ich in dasselbe große Quadrat die beiden Quadrate über den Katheten, also a^2 und b^2 eingeschrieben. Und es ergibt sich:

$a^2 + b^2 =$ großes Quadrat minus vier Dreiecke (abc).

Wenn aber zwei Größen einer dritten Größe gleich sind, dann sind sie auch untereinander gleich. Also:

$$a^2 + b^2 = c^2,\text{ was zu beweisen war.}$$

Nun haben wir unseren pythagoräischen Lehrsatz als allgemeines Gesetz aufgestellt und damit behauptet, es gebe so viele in dieser Weise behandelbare Dreiecke, als man nur will. Oder mit anderen Worten: Der pythagoräische Lehrsatz sei eine allgemeine Eigenschaft jedes rechtwinkligen Dreiecks.

Wir wollen zuerst unsere neue Formel, da wir sie allgemein bewiesen haben und da schon der Augenschein zeigt, daß es unendlich viele rechtwinklige Dreiecke geben kann, einfach als Gleichung betrachten, bei der man nach dem Algorithmus der Gleichungslehre vorgehen darf. Das heißt, wir können, wenn nur eine Seite des Dreiecks unbekannt ist, diese Seite aus den zwei anderen Seiten berechnen. Zur Hilfe stellen wir uns, noch allgemein, die vorläufigen Lösungen auf, die allerdings quadratisch sind.

$$c^2 = a^2 + b^2$$
$$a^2 = c^2 - b^2$$
$$b^2 = c^2 - a^2.$$

Will ich jetzt statt der Quadrate der Seiten die Seiten selbst berechnen, dann erhalte ich, da ich auf beiden Seiten der Gleichung die Wurzel ziehen muß

$$c = \sqrt{a^2 + b^2}$$
$$a = \sqrt{c^2 - b^2}$$
$$b = \sqrt{c^2 - a^2}\ [1]).$$

---

[1]) Für unseren Zweck beachten wir nur die positiven Werte der Wurzeln. Von den negativen wird bei den imaginären Zahlen die Rede sein.

Nun wissen wir aber weiters, daß viele Wurzeln irrationale Ergebnisse liefern. Wir wollen uns dazu sofort ein lehrreiches Beispiel ansehen. Nehmen wir nämlich an, daß die Katheten gleich lang sind und daher nicht a und b, sondern beide a heißen, so erhalten wir für dieses sogenannte gleichschenklig-rechtwinklige Dreieck

$$c^2 = a^2 + a^2$$

$$c^2 = 2\,a^2$$

$c = \sqrt{2\,a^2}$, und da man aus a^2 die Wurzel ziehen kann, schließlich $c = a\sqrt{2}$.

Wurzel aus 2 ist aber, weil 2 kein Quadrat einer ganzen Zahl ist, unbedingt irrational. Also auch $a\sqrt{2}$. Nebenbei bemerkt, kann man zwei rechtwinklig-gleichschenklige Dreiecke zu einem Quadrat aneinanderfügen, und c ist dann die sogenannte

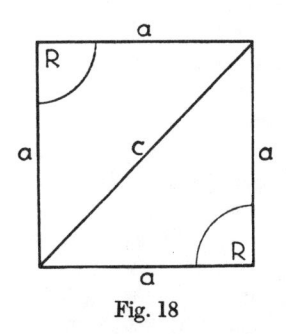

Fig. 18

Diagonale des Quadrates. Daraus ergibt sich, daß die Diagonale des Quadrates zur Seite des Quadrates stets in einem nicht vollständig ausdrückbaren, irrationalen oder inkommensurablen Verhältnis steht. Natürlich auch umgekehrt. Denn wähle ich für c eine ganze Zahl und will daraus a berechnen, so erhalte ich, da $2\,a^2 = c^2$, für a^2 den Wert $\frac{c^2}{2}$ oder für a den Wert $\frac{c}{\sqrt{2}}$, was wir auch aus unserer ersten Lösung $c = a\sqrt{2}$ hätten entnehmen können.

Irrationalität im geometrischen Sinn ist also nicht die Eigenschaft einer Größe, sondern ihr Verhältnis zu einer anderen, wenn es sich nur in Irrationalzahlen ausdrücken läßt. Und das eben heißt „Inkommensurabilität". Denn es steht mir ja frei, jede beliebige Größe, die ich mit einer anderen vergleichen will, als ganze Einheit oder als ganzes Vielfaches von Einheiten anzunehmen. Zum Überfluß: Wähle ich in unserem Quadrat a als Einheit, dann ist c irrational. Wähle ich dagegen c als Einheit, dann ist a irrational. Daher ist es auch grundfalsch, zu sagen, der Kreisumfang sei irrational, da man nach der bekannten Formel $2\,r\,\pi$ = Umfang, wobei r der Radius (Halbmesser) des Kreises ist, eben den rationalen Halbmesser mit $2\,\pi$, also einer Irrationalzahl, multiplizieren muß. Wir sind es eben nur gewohnt, daß der Halbmesser gegeben ist. Würde ich aber umgekehrt etwa einen Stahlzylinder so lange abdrehen, bis das feinste Präzisionsmeßband mir den Umfang 1 m anzeigte, dann erhielte ich als Radius (Halbmesser) aus der Gleichung: Umfang = $2\,r\,\pi$ für r den Wert $\frac{\text{Umfang}}{2\,\pi}$, was bestimmt eine Irrationalzahl liefert. Einmal ist also der Umfang, das anderemal der Radius irrational, je nachdem, welche von beiden Größen in rationalen Zahlen gegeben ist.

Pythagoras soll dieses Inkommensurable, diese durch keine Regel oder durch kein faßbares Verhältnis ausdrückbare Beziehung in seiner Zahlenmystik als Sinnbild des Lebendigen, das ja stets auch jeder Meßbarkeit trotzt, bezeichnet haben. Wir wollen uns jedoch an dieser Stelle nicht in die Tiefen symbolischer Deutung unserer neuen geometrischen Kabbala verlieren, sondern eine echt kabbalistische Frage aufwerfen. Wir verlangen nämlich eine Regel, nach der wir alle möglichen ganzzahligen rechtwinkligen Dreiecke erzeugen können. Also nicht nur etwa das ägyptische und das indische, sondern so viele, wie wir wollen.

Wir entnehmen zu diesem Zweck, ohne auf die Ableitung einzugehen, der vorzüglichen Formelsammlung von Prof. O. Th. Bürklen (neubearbeitet von Dr. F. Ringleb, Sammlung Göschen) eine Tabelle, die unsere Frage beantwortet. Sind nämlich u und v zwei beliebige ganze positive Zahlen, wobei u > v, so ergeben sich rationale rechtwinklige Dreiecke aus den Formeln $c = u^2 + v^2$, $a = u^2 - v^2$, $b = 2\,u\,v$.

u	v	$u^2 + v^2 = c$	$u^2 - v^2 = a$	$2uv = b$
2	1	5	3	4
3	1	10	8	6
3	2	13	5	12
4	1	17	15	8
4	2	20	12	16
4	3	25	7	24
5	1	26	24	10
5	2	29	21	20

usw.

Außerdem ist es noch gestattet, die Seiten der in dieser Art festgestellten Dreiecke, etwa des ägyptischen, mit jeder beliebigen positiven ganzen Zahl zu multiplizieren, worauf man wieder eine neue Unendlichkeit ganzzahliger rationaler rechtwinkliger Dreiecke erhält. Also z. B.

$$(3 \cdot 5)^2 = (3 \cdot 4)^2 + (3 \cdot 3)^2$$
$$15^2 = 12^2 + 9^2$$
$$225 = 144 + 81 = 225 \, .$$

So ist auch das indische Dreieck nach unserer Tabelle

$$(3 \cdot 13)^2 = (3 \cdot 12)^2 + (3 \cdot 5)^2$$
$$39^2 = 36^2 + 15^2.$$

Auch durch ganzzahlige Division muß ich eine weitere Unendlichkeit von rationalen Dreiecken erhalten, die allerdings nicht mehr ganzzahlige, sondern in Brüchen ausgedrückte Seiten besitzen. Etwa

$$\left(\frac{1}{4} \cdot 5\right)^2 = \left(\frac{1}{4} \cdot 4\right)^2 + \left(\frac{1}{4} \cdot 3\right)^2$$
$$\frac{25}{16} = \frac{16}{16} + \frac{9}{16} \, .$$

Ich kann noch weiter gehen und mit anderen als Stammbrüchen multiplizieren:

$$\left(\frac{3}{7}\cdot 5\right)^2 = \left(\frac{3}{7}\cdot 4\right)^2 + \left(\frac{3}{7}\cdot 3\right)^2$$

$$\left(\frac{15}{7}\right)^2 = \left(\frac{12}{7}\right)^2 + \left(\frac{9}{7}\right)^2$$

$$\frac{225}{49} = \frac{144}{49} + \frac{81}{49}\,^{[1]}.$$

Zwanzigstes Kapitel

Winkelfunktionen

Wir wollen uns aber nicht verlieren. Denn eine neue große Aufgabe erheischt unsere vollste Aufmerksamkeit. Wir ahnten nämlich schon bei der Ableitung des pythagoräischen Lehrsatzes eine gewisse zwangsläufige Beziehung zwischen den Winkeln und Seiten eines rechtwinkligen Dreiecks. Die Spezialwissenschaft, die diese zwangsläufigen Beziehungen erforscht, heißt bekanntlich die Trigonometrie. Und diese „Beziehungen" heißen, was wir schon aus dem Auftreten des Wortes „zwangsläufig" argwöhnten, die goniometrischen oder die Winkelfunktionen.

Natürlich werden wir uns auch diesen Einzelzweig der Mathematik nicht allzulange betrachten können. Wir werden aber einige Grundsätze kennenlernen, da sie später in engste Beziehung zur Differentialrechnung treten.

Zeichnen wir uns zuerst einen beliebigen Kreis, den wir durch zwei aufeinander senkrecht stehende Durchmesser in vier Viertelkreise oder sogenannte Quadranten zerlegen (s. Fig. 19).

Wenn wir uns nun weiters vorstellen, daß ein Radius (r) gleichsam aus seiner Ruhelage O A in der Richtung des Pfeiles

---

[1] Allgemein gesprochen, ist jede Form $(mc)^2 = (ma)^2 + (mb)^2$ erlaubt, wobei m eine rationale Zahl (ganz oder gebrochen) und a, b und c eine der unendlich vielen Zahlen der Tabelle oder ein rationales Vielfaches dieser Zahlen ist.

um den Mittelpunkt des Kreises gedreht wird, bis er schließlich wieder in die neue Ruhelage O B gelangt, dann sind durch den Schenkel O A und den beweglichen Radius alle Winkel von 0° bis 90° entstanden. Wir dürfen es ja als bekannt voraussetzen, daß der ganze Kreis in 360 Grade und sonach ein Viertelkreis in 90 Grade geteilt wird. Jedem dieser Kreisgrade entspricht ein Winkelgrad am Mittelpunkt. Stände der Radius

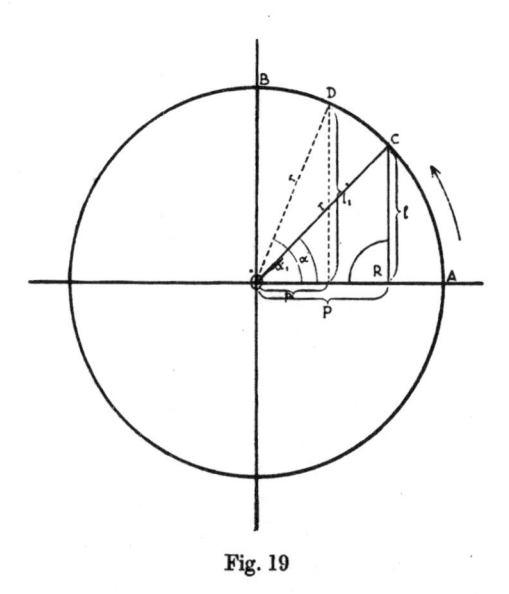

Fig. 19

etwa am Kreis bei 45 Bogengraden, dann ist der Winkel bei O, der diesem Kreisbogen entspricht, ebenfalls 45 Grade usw. Wir können jetzt also sagen, daß der Winkel α (Alpha) unter unserer Voraussetzung im ersten Quadranten (Viertelkreis) alle Werte von 0 bis 90 Graden annimmt. Wenn wir weiters von dem Punkt, an dem der bewegliche Radius r jeweils den Kreis trifft und den wir etwa C nennen, auf die Ausgangsstrecke O A ein Lot fällen (l), dann entsteht ein rechtwinkliges Dreieck, dessen Hypotenuse der Radius und dessen Katheten das Lot l und der Abschnitt p auf der Ausgangsstrecke sind. Dieses

Dreieck wird in zwei Lagen verschwinden bzw. zu einer geraden Linie zusammenschmelzen. Zuerst, wenn der bewegliche Radius noch auf der Ausgangsgeraden O A liegt, zweitens aber, wenn er die Endgerade O B überdeckt. Dazwischen liegen im ersten Viertelkreis unendlich viele rechtwinklige Dreiecke, deren Winkel α natürlich bei jedem anders ist.

Die Grundfrage der „Trigonometrie" nun lautet, wie wir diesen Winkel α bestimmen sollen, wenn wir nur die Seitenlängen des rechtwinkligen Dreiecks kennen. Daß ein Zusammenhang besteht, ist augenscheinlich. Denn im punktierten Dreieck, dessen Winkel α größer ist als 45°, habe ich bei gleichgebliebener Hypotenuse andere Katheten vor mir, die ich l_1 und p_1 nennen will.

Das einfachste wäre wohl, die Winkelbestimmung aus der dem Winkel gegenüberliegenden Kathete l bzw. l_1 vorzunehmen. Wir haben aber schon beim pythagoräischen Lehrsatz gesehen, daß die Dinge nicht so einfach liegen. Und deshalb müssen wir auch hier etwas Komplizierteres versuchen. Nämlich, den Winkel durch das Verhältnis zweier Seiten auszudrücken. Als alte Mathematiker entsinnen wir uns, daß wir aus drei Seiten nach den Regeln der Kombinatorik 6 verschiedene Verhältnisse je zweier Seiten bilden können. Denn die drei Seiten sind die „Elemente" und die Verhältnisse sind Zweiergruppen der Variation ohne Wiederholung; also Variationsamben. Die Formel lautet $\binom{3}{2} \cdot 2! = \frac{3 \cdot 2}{1 \cdot 2} \cdot 1 \cdot 2 = 6$. Und die Verhältnisse wären: $r:l$, $r:p$, $l:p$, $l:r$, $p:r$, $p:l$. Tatsächlich sind das alle sogenannten „Winkelfunktionen".

Wir zeichnen uns das rechtwinklige Dreieck noch einmal auf:

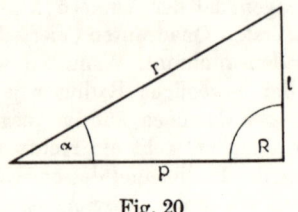

Fig. 20

Und nennen außerdem gleich die Namen der sechs Funktionen.

$l : r$ ist der „Sinus" d. Winkels (Gegenkath. z. Hyp.),
$p : r$,, ,, „Cosinus" d. Winkels (Ankath. z. Hyp.),
$l : p$,, ,, „Tangens" d. Winkels (Gegenkath. z. Ankath.),
$p : l$,, ,, „Cotangens" d. Winkels (Ankath. z. Gegenkath.),
$r : p$,, ,, „Secans" d. Winkels (Hyp. z. Ankath.),
$r : l$,, ,, „Cosecans" d. Winkels (Hyp. z. Gegenkath.)[1].

Normalerweise werden nur die ersten vier Funktionen benützt, so daß man nicht zu erschrecken braucht. Wir wollen aber den Schrecken noch weiter mildern. Wir benötigen für unsere Zwecke eigentlich bloß die Tangensfunktion. Gleichwohl werden wir uns aus prinzipiellen Gründen zuerst das Verhalten der Sinusfunktion im ersten Kreisviertel ansehen. Hierzu machen wir einen Kunstgriff. Da der Sinus das Verhältnis der dem Winkel α gegenüberliegenden Kathete l zum Radius r ist, so wählen wir einen sogenannten Einheitskreis, das heißt, einen Kreis mit dem Halbmesser eins, was wir ja dürfen, da kein Mensch uns die Größe des Halbmessers vorschreibt oder vorschreiben kann. Dadurch aber wird unser Sinus zu 1 : 1, also zu 1, und wir haben das erreicht, was wir ursprünglich anstrebten: Wir können nämlich jetzt die Größe des Winkels direkt auf die Länge der gegenüberliegenden Seite, also des Lotes l, reduzieren und haben dadurch in zauberhafter Art einen Winkel in eine meßbare Länge verwandelt. Da aber weiters der „Radius 1" so groß sein kann als man will, da wir ja den Radius selbst zur Einheit machten, gilt diese „wirkliche Länge des Sinus" für alle Fälle, vorausgesetzt, daß wir das Lot in Radien messen. Das aber heißt ja wieder nichts anderes, als daß eben „Sinus α" das Verhältnis 1 : 1 oder $\frac{1}{1}$ oder 1 dividiert durch 1 darstellt.

In der Zeichnung ist also l, l_1, l_2, l_3, usw. jeweils die Größe des Sinus von $α, α_1, α_2, α_3$ usw. Und ich kann sofort sagen, daß der Sinus von 0 Graden 0 beträgt, während der Sinus von 90 Graden gleich dem Radius selbst ist, also nach unserem Maßsystem den Wert 1 hat. Der Sinus wächst sonach im ersten Viertelkreis vom Wert 0 zum Wert 1 und kann dazwischen

---

[1] „Hyp." bedeutet Hypotenuse, „Ankath." die dem Winkel α anliegende, „Gegenkath." die dem Winkel α gegenüberliegende Kathete.

sämtliche Zahlenwerte (auch irrationale!) annehmen, die zwischen 0 und 1 liegen. Er drückt sich nämlich durchaus nicht nur in Form von gemeinen Brüchen aus. Denn bei $a = 45°$ etwa ist l die halbe Diagonale eines Quadrates mit der Seite r

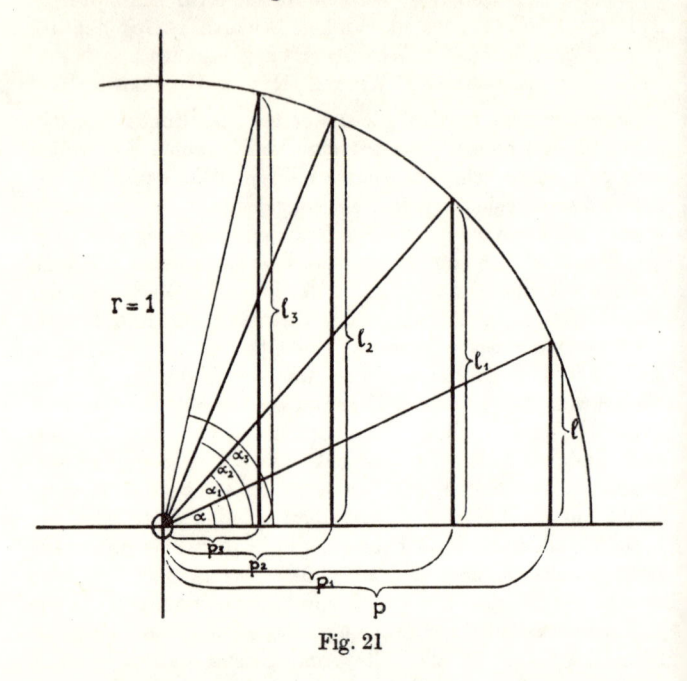

Fig. 21

oder nach dem pythagoräischen Lehrsatz: $r^2 = l^2 + l^2$ oder $r = \sqrt{2\,l^2} = l\sqrt{2}$ oder $l = \frac{1}{\sqrt{2}} = \frac{1\sqrt{2}}{\sqrt{2}\sqrt{2}} = \frac{\sqrt{2}}{2}$, was sicherlich eine Irrationalzahl ist.

Wir wollen diese Gedankengänge jedoch nicht weiter verfolgen, sondern bloß anmerken, daß man in der Praxis gewöhnlich nicht die „wirklichen Längen", sondern die Logarithmen der wirklichen Längen benützt. In den Logarithmenbüchern findet man die Logarithmen der Winkelfunktionen berechenbar bis auf Sekunden angegeben (1 Grad = 60 Minuten. Eine Minute = 60 Sekunden oder $1° = 60'$, $1' = 60''$).

Nun wollen wir in ähnlicher Art die Tangensfunktion, die uns besonders wichtig ist, erforschen. Wir vermuten, daß das Wort irgendwie mit dem Begriff der „Tangente" zusammenhängt. Und wir werden uns jetzt eine Maschine konstruieren, bei der dieser Zusammenhang auch zum Ausdruck kommt. Da Tangens α gleich ist $1:p$, werden wir jetzt einen anderen Kunstgriff machen müssen. Denn jetzt wollen wir das p als Einheit. Daher darf jetzt der wandernde Schenkel („Vektor") nicht mehr der Radius selbst sein, sondern eine andere Gerade. Wir zeichnen:

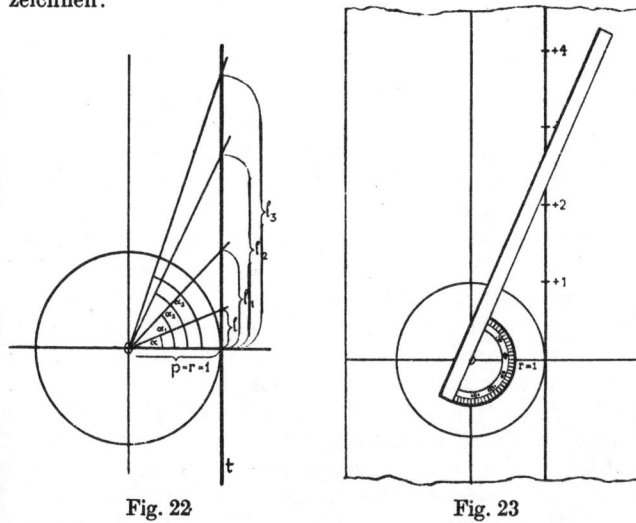

Fig. 22   Fig. 23

Wir gewinnen jetzt unser $1:p = 1:r = 1:1$ als Abschnitt auf einer Tangente des Einheitskreises. Jetzt ist der Radius eine Kathete, während die andere Kathete und die Hypotenuse veränderlich sind. Unser Gerät folgt in der Konstruktion dem soeben gezeichneten Schema. Wir sehen den Einheitskreis, den Radius $= 1$, die Tangente, auf der wir als Maßzahlen Radiuslängen auftragen, und endlich die um den Mittelpunkt drehbare Hypotenuse, die auf der Tangente gleitet. Den Winkel α können wir direkt von einem an der Hypotenuse angebrachten Winkelmesser oder „Transporteur" ablesen.

Beim Winkel 0 ist auch die Tangensfunktion gleich 0, da 0:1 gleich Null ist. Dann aber wächst die Tangensfunktion, deren Wert sich jeweils auf der „Tangente" ablesen läßt, rasch an. Bei $\alpha = 45°$ ist Tangens α gleich 1, bei 60° gleich 1.73205, bei 70° gleich 2.74748, bei 80° gleich 5.67128, bei 85° gleich 11.43005, bei 89° gleich 57.28996, bei $89^5/_6$° schon 343.77371 und endlich bei 90° plus unendlich, da ich mit meiner beweglichen Hypotenuse die Tangente überhaupt nicht mehr erreichen kann. Wie man sieht, das ungeheuerste Wachstum zwischen $89^5/_6$ und 90 Grad, und zwar in schnell zunehmendem Tempo, vor sich.

Nun wird man mit Recht fragen, wozu die Trigonometrie gebraucht wird. Wir behaupten, den Tangens, die Tangensfunktion, für unsere Zwecke in der höheren Mathematik dringend zu benötigen. Das kann aber nicht der alleinige Grund sein, eine so komplizierte und dabei recht schwierige Wissenschaft aufzubauen.

Daher verraten wir kurz, daß man die Trigonometrie überall dort unbedingt braucht, wo aus Dreieckseiten Winkel und wo aus Winkeln Dreieckseiten zu berechnen sind. Oder, wo ich aus einer Kombination von Dreieckseiten und Winkeln die übrigen Seiten und Winkel gewinnen will. Raumentfernungen werden trigonometrisch bestimmt. Die ganze Geodäsie (die Erdvermessungskunde) beruht auf trigonometrischen Methoden. Man kann etwa die Höhe eines Berges wie des Mount-Everest, der erst kürzlich bestiegen wurde, aus großer Entfernung dadurch genau messen, daß man in der Ebene eine gemessene Basislinie wählt, die Bergspitze mit einem Theodoliten (einem Win-

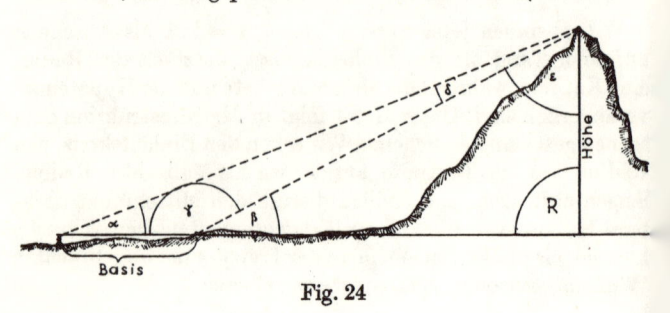

Fig. 24

kelbestimmungsfernrohr) anvisiert und nun aus den Dreiecken die Kathete berechnet, die eben die Höhe des Berges darstellt.

Durch Bestimmung des Winkels α und des Winkels β (kleines griechisches Beta) gewinne ich den Winkel γ (Gamma), der ja nichts anderes ist als $(180° - \beta)$. Dadurch wieder wird δ (Delta) als $[180° - (\alpha + \gamma)]$ bekannt. Weiters ist $(\beta + \varepsilon) = 90°$, folglich ε gleich $(90 - \beta)$. Wenn ich aber alle Winkel kenne, weiß ich auch den Wert der Winkelfunktionen und kann nach verhältnismäßig einfachen Formeln der Trigonometrie aus der Basis und den Winkeln α und γ zuerst die Länge einer „Visierlinie" und aus dieser und α bzw. β die Höhe h berechnen.

Die Artillerie bedient sich beim Schießen auf entfernte Ziele ähnlicher Methoden.

Doch wir wollen nicht tiefer in die an sich hochinteressante Trigonometrie und vor allem nicht in die Trigonometrie auf der Kugel (die sogenannte sphärische Trigonometrie) eindringen, welch letztere in der Geographie und Astronomie begreiflicherweise eine ungeheure Rolle spielt. Wir wollen vielmehr der höchsten Vollständigkeit halber und als Einführung in ein neues wichtiges Gebiet der Geometrie, einen neuen Typus von Zahlen, die recht unheimlichen imaginären Zahlen kennenlernen, deren graphische (bildliche) Darstellung erst dem mathematischen Riesengeist Karl Friedrich Gauß (1777—1855) gelang.

Einundzwanzigstes Kapitel

Imaginäre Zahlen

Nach unserer schon zur Gewohnheit gewordenen Methode wollen wir dieses schwere Gebiet mit einfachsten Überlegungen betreten. Wir erinnern uns, daß uns das Wurzelausziehen die erste große zahlentheoretische Überraschung gebracht hat: Es lieferte uns die irrationalen Zahlen. Und wieder ist es das Rechnen mit Wurzeln, das uns ins Feld des Imaginären einführt. Imago heißt zu deutsch Abbild, allerdings mit einer leisen Nebenbedeutung der Unwirklichkeit. Daher heißt auch imaginatio soviel wie Einbildung oder Trugbild. Es haftet also unseren Zahlen schon von vornherein eine beinahe degradierende Bedeutung an. Man nannte sie auch früher geradezu „unmögliche" Zahlen.

Wir wollen aber jetzt ihre Entstehung zeigen, anstatt sie weiter anzukündigen. Wenn wir uns an unser „Symbolkalkül" erinnern, an jenen einfachsten Fall dieses Kalküls, nämlich an die „Befehlsverknüpfung" der Plus- und der Minuszeichen, dann entsinnen wir uns auch der merkwürdigen Tatsache, daß man nach erfolgter Verknüpfung mit dem besten Willen nicht mehr eindeutig auflösen kann, wenn man nicht weiß, wie die Verknüpfung zustande gekommen ist. Kein Mensch kann sagen, ob ein Plus die Multiplikation zweier Plus oder die Multiplikation zweier Minus in sich enthält. Schreibe ich einfach $(+\,a^2)$ hin, dann könnte dieses a^2 ebensogut aus $(+\,a)\cdot(+\,a)$ als aus $(-\,a)\cdot(-\,a)$ entstanden sein. Bei gewöhnlichen Zahlen ist diese Frage uninteressant. Das heißt, sie wird bei den vier einfachen Rechnungsarten nicht aktuell oder bedeutsam. Denn bei der Addition geht es mich ebensowenig an, wie unser $(+\,a^2)$ zustande kam, als bei der Subtraktion. Es ist eben $(+\,a^2)$, und ich habe es weiter als $(+\,a^2)$ zu behandeln. Ebenso bei der Multiplikation und bei der Division. Denn wenn ich selbst durch $(+\,a)$ oder durch $(-\,a)$ dividiere, erhalte ich ein richtiges eindeutiges Resultat, unabhängig davon, wie $(+\,a^2)$ zustande gekommen ist. Nehmen wir an, es wäre aus $(-\,a)\cdot(-\,a)$ zusammengesetzt. Dann ergibt Division durch $(+\,a)$:

$$\frac{(-\,a)\cdot(-\,a)}{(+\,a)} = \frac{(-\,a)\cdot[(+\,a)\cdot(-\,1)]}{(+\,a)} = \frac{(-\,a)\cdot(+\,a)\cdot(-\,1)}{(+\,a)} =$$

$$= \frac{(-\,a)\cdot(-\,1)}{1} = (+\,a).$$

Division durch $(-\,a)$ aber:

$$\frac{(-\,a)\cdot(-\,a)}{(-\,a)} = (-\,a).$$

Wäre es aber aus $(+\,a)\cdot(+\,a)$ entstanden, dann hätte ich bei der Division durch $(+\,a)$ einfach

$$\frac{(+\,a)\cdot(+\,a)}{(+\,a)} = (+\,a)$$

und bei Division durch $(-a)$

$$\frac{(+a)\cdot(+a)}{(-a)} = \frac{(+a)\cdot[(-a)\cdot(-1)]}{(-a)} =$$
$$= \frac{(+a)\cdot(-a)\cdot(-1)}{(-a)} = (+a)\cdot(-1) = (-a).$$

Unsere vier Ergebnisse wären aber auch ohne Frage nach der Herkunft des Pluszeichens bei $(+a^2)$ durch gewöhnliche algebraische Division richtig erschienen. Denn nach Ausmultiplikation der jeweiligen Zähler ergibt sich $(+a^2):(\pm a)$, also entweder $(+a^2):(+a)$ oder $(+a^2):(-a)$. Daß $(+a^2): (+a) = (+a)$ und $(+a^2):(-a) = (-a)$, verursacht uns weder Kopfzerbrechen, noch gibt es zu irgendeiner Vieldeutigkeit Anlaß.

Anders beim Wurzelziehen. Da, wie wir eben zum Überdruß anschrieben, sowohl $(+a)\cdot(+a)$ als auch $(-a)\cdot(-a)$ das gleiche, nämlich $(+a^2)$, liefert, habe ich bei der Auflösung, der Lysis, in der „Wurzel aus $(+a^2)$", in $\sqrt{a^2}$ eine mehrwertige Zahl vor mir. Denn wenn es auch sicher ist, daß der absolute Wert der Wurzel $|a|$ sein muß, weiß ich über das Vorzeichen dieses a gar nichts und kann es auch aus dem Symbol $\sqrt{a^2}$ allein nie erfahren. Ich muß also als ehrlicher Mensch dieses Nichtwissen eingestehen und offen anschreiben $\sqrt{a^2} = \pm a$, das heißt, entweder $(+a)$ oder $(-a)$. Diese Unsicherheit gilt nicht für alle Wurzelrechnungen. Bei $\sqrt[3]{a^3}$ etwa weiß ich bestimmt, daß die Lösung $(+a)$ sein muß. Denn $(-a)\cdot(-a)\cdot(-a)$ ergäbe $-a^3$. Woraus weiter folgt, daß $\sqrt[3]{-a^3}$ eben $(-a)$ ist. Bei der vierten Wurzel, also bei $\sqrt[4]{a^4}$, gerate ich wieder in Verlegenheit. Denn $+a^4$ kann ebensogut aus $(+a)\cdot(+a)\cdot(+a)\cdot(+a)$ als aus $(-a)\cdot(-a)\cdot(-a)\cdot(-a)$ hervorgegangen sein. $\sqrt[4]{a^4}$ ist also wieder $(\pm a)$, plus oder minus a. Wir sehen hier schon ein Bildungsgesetz. Nach den Regeln der „Befehlsverknüpfung" ergibt eine gerade Anzahl von Pluszeichen ebenso Plus wie eine gerade Anzahl von Minuszeichen. Da aber Potenzen stets so viel Vorzeichen in sich bergen, als der Potenzanzeiger angibt, sind die Wurzeln mit

geradem ganzzahligem Wurzelanzeiger mehrwertig, die Wurzeln mit ungeradem Wurzelanzeiger einwertig in ihrer Lösung. Allgemein
$$\sqrt[2n]{r}=(\pm s), \quad \sqrt[2n+1]{r}=(+s), \quad \sqrt[2n+1]{(-r)}=(-s).$$

So weit hätten wir die Sache aufgeklärt. Nun kann uns aber kein Mensch daran hindern, zu fragen, was der Wert einer „geraden" Wurzel ist, wenn die zu lösende Größe, also der sogenannte Radikand, ein negatives Vorzeichen hat. Etwa
$$\sqrt[2n]{(-r)}=\;?$$

Wir sind in keiner Weise imstande, diese an sich berechtigte Frage zu beantworten. Denn in dem bisher von uns durchforschten Zahlengebiet finden wir keine Art von negativen Zahlen, die als Ergebnis einer geradzahligen Potenzierung entstehen könnten. Jede Zahl zur 2n-ten Potenz muß als Vorzeichen das Plus haben. Wenn aber der Radikand nicht als 2n-te Potenz irgendeiner Art von Zahl aufgefaßt werden kann, dann ist eine Wurzel eben nicht zu ziehen. Weder allgemein, noch konkret, weder als ganze, noch als gebrochene, noch als irrationale, weder als positive, noch als negative Zahl.

Wir stehen also vor einem unleugbar neuen, uns noch durchaus unbekannten Zahlentypus, der die seltsame Eigenschaft besitzt, daß seine 2n-te Potenz eine negative Zahl liefert. Da nun — wie sich zeigen wird — alle diese Zahlen sich schließlich auf Quadratwurzeln von (-1) zurückführen lassen, wollen wir vorläufig die Allgemeinheit aufgeben und nur mehr von der zweiten Wurzel aus (-1), der $\sqrt{-1}$ sprechen, die sicherlich ein Spezialfall unseres allgemeinen Problems ist. Wir werden diese $\sqrt{-1}$ als die neue Zahl i einführen. Unsere $\sqrt{-1}$ leistet deshalb so gute Dienste, weil etwa $\sqrt{-15}=$ $=\sqrt{(-1)\cdot(+15)}=(\sqrt{-1})(\sqrt{15})=\mathrm{i}\sqrt{15}$ ist.

Bei dieser Gelegenheit sei die ganze Heimtücke der etwas tiefer dringenden Mathematik an einer vom berühmten Zahlentheoretiker Dedekind gestellten Aufgabe gezeigt. Wir wissen, daß $\sqrt{1}$ sowohl $(+1)$ als (-1) ergeben kann. Wir nennen „Wurzel aus eins" einfach r und kümmern uns nicht weiter um das Resultat, da ja in der „Wurzel aus eins" beide Werte (-1) und $(+1)$ stecken, die wir ohne Fehler wahlweise verwenden dürfen. Nehmen wir weiter an, daß $(r+1) = (+2)$, was sich durch Benützung der Pluslösung von $r = \sqrt{1}$ ergibt. Für $(r-1)$ wählen wir die Minuslösung für r und erhalten (-2). Nun multiplizieren wir zuerst allgemein $(r+1) \cdot (r-1) = $ $= r^2 + r - r - 1 = r^2 - 1$. Da $r = \sqrt{1}$, ist r^2 auf jeden Fall $(+1)$ und $r^2 - 1 = 1 - 1 = 0$. Hätten wir jedoch unsere Ergebnisse $(+2)$ und (-2) miteinander multipliziert, dann hätten wir als Wert für $(r+1) \cdot (r-1)$ die Zahl (-4) erhalten. Da nun weiters $(r+1) = (+2)$, also von 0 verschieden war und dasselbe für $(r-1) = (-2)$ galt, aus (r^2-1) sich aber Null ergab, folgt, daß es Fälle gibt, in denen die Multiplikation zweier von Null verschiedener Zahlen je nach der Art, in der wir multiplizieren, einmal einen von Null verschiedenen Wert und einmal Null liefert, was unseren bisherigen Algorithmus vollkommen sprengt.

Wir stoßen aber bei unseren neuen imaginären Zahlen noch auf andere Unbegreiflichkeiten. Hätten wir etwa $\sqrt{-9} \cdot \sqrt{-4}$ zu multiplizieren, dann würde ich nach dem bisher Erforschten ruhig $\sqrt{(-9) \cdot (-4)}$ anschreiben, wie ich etwa $\sqrt{16} \cdot \sqrt{4} =$ $= \sqrt{16 \cdot 4} = \sqrt{64} = \pm 8$ berechnen kann. Ich erhielte also $\sqrt{(-9) \cdot (-4)} = \sqrt{+36} = \pm 6$. Nun wird man erstaunt sein, daß ich behaupte, dieses Ergebnis sei direkt falsch. Denn $\sqrt{-9} = i\sqrt{9}$ und $\sqrt{-4} = i\sqrt{4}$, somit $\sqrt{-9} \cdot \sqrt{-4} = i\sqrt{9} \cdot$ $\cdot i\sqrt{4} = i^2 \sqrt{9 \cdot 4} = i^2 \cdot \sqrt{36} = (-1)\sqrt{36} = -\sqrt{36} = \mp 6$. Im letzten Ergebnis haben sich wohl nur die Vorzeichen $(\pm)$ auf $(\mp)$ umgekehrt. Hätte ich aber etwa die $\sqrt{36}$ als m bezeichnet, dann ist es wohl ein gewaltiger Unterschied, ob ich $(+m)$ oder $(-m)$ als Ergebnis der Multiplikation erhalte. Denn die Vorzeichenumkehrung im allerletzten Resultat ist ja erst eine weitere Befehlsverknüpfung zwischen (-1) und $(+\sqrt{36})$.

Aber noch andere sonderbare Fälle ergeben sich bei imaginären Zahlen. Der große Physiker und Mathematiker Huygens aus Züllichem war mit Recht erstaunt, als ihm Leibniz die Aufgabe vorlegte, $\sqrt{1+\sqrt{-3}} + \sqrt{1-\sqrt{-3}}$ zu berechnen, und dazu noch behauptete, das einfache Resultat dieser Rechnung sei die greifbare Zahl 2.4494897...., nämlich die $\sqrt{6}$. Wie ist es möglich, rief Huygens etwa aus, daß aus der Summe zweier Wurzeln, die in sich die Summen und Differenzen von eins mit imaginären Wurzeln enthalten, zum Schluß eine, wenn auch irrationale, so doch positive, greifbare Zahl resultiert? Durch welche schauerlichen Abgründe, setzen wir fort, muß jenseits aller menschlichen Erfaßbarkeit, die unfehlbare Mühle unseres Algorithmus diese Unbegreiflichkeiten gezerrt haben, um sie endlich zur Begreiflichkeit aufzulösen? Oder ist das Ganze nichts als ein formales Spiel? Verfolgen wir die Entstehung unseres Ergebnisses. Es soll sein

$$\sqrt{1+\sqrt{-3}} + \sqrt{1-\sqrt{-3}} = \sqrt{6}.$$

Zur Probe quadrieren wir auf beiden Seiten. Also

$$\left(\sqrt{1+\sqrt{-3}} + \sqrt{1-\sqrt{-3}}\right)\left(\sqrt{1+\sqrt{-3}} + \sqrt{1-\sqrt{-3}}\right) = \sqrt{6} \cdot \sqrt{6}$$

$$\sqrt{1+\sqrt{-3}} \cdot \sqrt{1+\sqrt{-3}} + \sqrt{1-\sqrt{-3}} \cdot \sqrt{1+\sqrt{-3}} +$$
$$+ \sqrt{1+\sqrt{-3}} \cdot \sqrt{1-\sqrt{-3}} + \sqrt{1-\sqrt{-3}} \cdot \sqrt{1-\sqrt{-3}} = 6$$

$$\sqrt{(1+\sqrt{-3})^2} + 2\sqrt{(1-\sqrt{-3})(1+\sqrt{-3})} +$$
$$+ \sqrt{(1-\sqrt{-3})^2} = 6$$

$$1 + \sqrt{-3} + 2\sqrt{1 - \sqrt{-3} + \sqrt{-3} - \sqrt{(-3)^2}} +$$
$$+ 1 - \sqrt{-3} = 6$$

$$1 + \sqrt{-3} + 2\sqrt{1 - (-3)} + 1 - \sqrt{-3} = 6$$
$$1 + \sqrt{-3} + 2\sqrt{4} + 1 - \sqrt{-3} = 6$$
$$1 \qquad\qquad + 4 \;\; + 1 \qquad\qquad = 6 \text{ oder } 6 = 6.$$

Wir haben also Leibnizens Behauptung glänzend verifiziert. Um aber solchen Unbeholfenheiten der Rechnung, wie wir sie eben „leisteten", in Zukunft nicht mehr ausgesetzt zu sein, wollen wir uns zwei einfache Handwerksregeln merken. Nämlich

$$(a + b)(a - b) = a^2 + ab - ab - b^2 = a^2 - b^2,$$

das heißt: Summe mal Differenz gleicher Größen ergibt die Differenz der Quadrate dieser Größen. $(a + b)^2 = (a + b)(a + b) = a^2 + ab + ab + b^2 = a^2 + 2ab + b^2$; $(a - b)^2 = (a - b)(a - b) = a^2 - ab - ab + b^2 = a^2 - 2ab + b^2$, das heißt: das Quadrat der Summe oder der Differenz zweier Größen ist stets die Summe der Quadrate dieser beiden Größen plus oder minus dem „doppelten Produkt" der beiden Größen. Dies nur nebenbei. Wir hatten ausgeführt, daß wir die imaginäre Einheit, $\sqrt{-1}$, mit dem Buchstaben i (imaginär) benennen. Verbindet sich das i in irgendeiner Art additiv oder subtraktiv mit einer „reellen" Zahl, dann sprechen wir von einer „komplexen" Zahl, deren allgemeine Form als $a + bi$ geschrieben werden kann. Liegen dagegen, wie im Beispiel Huygens-Leibniz, zwei komplexe Zahlen der Formen $(a + bi)$ und $(a - bi)$ vor, dann heißen sie „konjugiert komplexe" Zahlen. Die Multiplikation konjugiert komplexer Zahlen ergibt sofort reelle Zahlen, da ja $(a + b)(a - b) = a^2 - b^2$, also $(a + bi)(a - bi) = a^2 - b^2 i^2 = a^2 - b^2 (\sqrt{-1})^2 = a^2 - b^2(-1) = a^2 + b^2$, wo das i offensichtlich herausgefallen ist. Aber auch die Quadrierung der Summe konjugiert komplexer Zahlen ergibt reelle Werte. Denn:

$$[(a + bi) + (a - bi)]^2 = (a + bi)^2 + 2(a^2 - b^2 i^2) + (a - bi)^2 = a^2 + 2abi + b^2 i^2 + 2a^2 - 2b^2 i^2 + a^2 - 2abi + b^2 i^2 = 4a^2 + 2b^2 i^2 - 2b^2 i^2 = 4a^2.$$

Da wir nun alle Typen von Zahlen kennen, wollen wir, bevor wir uns an die Aufgabe der „Sichtbarmachung" imaginärer Zahlen wagen, gleichsam den Stammbaum oder die Familienübersicht der Zahlen feststellen:

1. Reelle Zahlen.

   A. Rationale Zahlen.

      a) Ganze rationale Zahlen (2, 4, 99).

      b) Gebrochene rationale Zahlen $\left(\frac{5}{7},\ 0.25,\ 0.\dot{3}\ \text{usw.}\right)$.

   B. Irrationale Zahlen ($\sqrt[4]{25}$, 3.141592... = π usw.).

      a) Surdische Zahlen $(5 + \sqrt[4]{25})$. .

2. Imaginäre Zahlen.

a) Die Zahl $i = \sqrt{-1}$.

b) Komplexe Zahlen $(a + bi)$.

c) Konjugiert komplexe Zahlen $(a + bi) \ldots \ldots (a - bi)$.

Eine weitere Einteilung könnte noch unterscheiden:

a) Konkrete Zahlen $(7, \sqrt[4]{25}, 5 + i\sqrt{13}$ usw.$)$.

b) Allgemeine Zahlen $(a, c, \sqrt[n]{p}, \frac{r}{s}, a - di$ usw.$)$.

c) Unbekannte Zahlen $(x, y, z$ usw.$)$.

d) Veränderliche Zahlen $[y = f(x), z = 5y + 3x$ usw.$]$.

Schließlich hätten wir noch die Unterscheidung in:

A. Positive und negative Zahlen $(+5), -\sqrt{a}, \pm 3x$ usw.$)$.

B. Absolute Zahlen $\left(|7|, \left|\frac{3}{16}\right|, |a|, |d - ni|, |y|\right)$.

Damit sind wir endgültig und unwiderruflich auf der letzten Spitze eines ins Imaginäre erhöhten Zahlenberges angelangt. Es gibt noch Kuriositäten wie die „Quaternionen" Hamiltons und sogenannte hyperkomplexe Zahlen usw. Wir können aber mit der von uns erreichten Höhe mehr als zufrieden sein. Denn wir sind mit unserem Besitz imstande, in jedes Gebiet der Mathematik tiefer einzudringen.

Kehren wir jetzt zur gewöhnlichen „Zahlenlinie" zurück, die uns schon so oft ausgezeichnete Dienste für die Veranschaulichung verwickelter Zahlbegriffe leistete. Und sehen wir zu, wie wir unsere ebenso merkwürdigen als unheimlichen imaginären Zahlen, diesen wahrhaften Zahlenspuk, dabei einordnen oder unterbringen können.

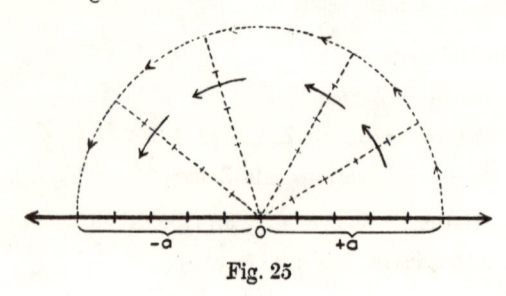

Fig. 25

Wir haben uns also die Zahlenlinie gezeichnet und versuchen einmal verschiedene Verwandlungskunststücke.

Um allgemein rechnen zu können, betrachten wir irgendein Stück des positiven Astes oder Teiles der Zahlenlinie und nennen es a. In unserem Fall haben wir für a die Zahl 5 gewählt. Wir könnten natürlich dem a jeden anderen endlichen absoluten Wert erteilen. Wenn wir nun den Nullpunkt als Drehpunkt auffassen, dann können wir unser $(+\,a)$ so lange herumschlagen, bis es das (absolut) gleich große $(-\,a)$ vollständig überdeckt, mit ihm identisch wird, sich gleichsam in $(-a)$ verwandelt. Wir haben dabei zwei vollkommen willkürliche Festsetzungen gemacht. Zuerst haben wir gerade den linken Teil der Zahlenlinie als Aufmarschlinie der Minuswerte eingeführt. Und zweitens haben wir einen, der Richtung des Uhrzeigers entgegenlaufenden „Drehsinn" als sogenannte positive Drehung deklariert. Wie also, fragen wir noch einmal, wurde aus $(+\,a)$ plötzlich $(-\,a)$? Was mußten wir geometrisch und arithmetisch ausführen, um zu diesem Ergebnis zu gelangen? Geometrisch, das leuchtet ein, haben wir eine sogenannte „Halbkreisdrehung" gemacht, wir haben das $(+\,a)$ um 180 Grade um den Nullpunkt gedreht. Wenn wir nun weiters dieser Drehung gleichsam eine arithmetische Bedeutung verleihen wollen, die unseren allgemeinen Algorithmus nicht stört, dann müssen wir „zur Erhaltung des Algorithmus" wohl behaupten, eine solche Drehung von 180° entspreche der Multiplikation mit $(-\,1)$. Das sieht wie ein Zirkelschluß aus, wird aber bald seine große Fruchtbarkeit erweisen. Denn wir wissen dadurch schon, daß $(+\,a)\cdot(-\,1)=(-\,a)$. Das $(-\,1)$ nennen wir den „Drehungsfaktor". Wollte ich nun in unserem Drehsinn weiterdrehen, dann würde das $(-\,a)$ wieder nach 180° sich in $(+\,a)$ verwandeln, und wir hätten arithmetisch: $(-\,a)$ mal dem Drehungsfaktor $(-\,1)$ gibt $(+\,a)$. Unser Algorithmus klappt also bisher ganz gut.

Nun wollen wir den Kunstgriff des großen Karl Friedrich Gauß selbstforschend nacherleben. Was geschieht, fragen wir, wenn wir nicht um 180°, sondern bloß um 90° drehen? Was wird da aus unserem $(+\,a)$? Daß es, absolut genommen, in jeder Phase der Drehung den Wert $|a|$ hat, ist schon deshalb klar, weil es der Halbmesser a eines gewöhnlichen, in Entstehung begriffenen Kreises ist. Aber welches **Vorzeichen** hat dieses neue, nunmehr senkrecht nach oben stehende $|a|$? Wir behaupten, weil wir es so wollen, das Vorzeichen der nach oben gerichteten Linie sei $(+)$. Und würden behaupten, daß $+|a|$ „natürlich" $(+a)$ sei. Das ist nun gar nicht natürlich. Denn wenn die erste 90gradige Drehung am Vorzeichen nichts geändert hat, warum soll dann die zweite plötzlich das Vorzeichen in $(-)$ ändern? Daß dem aber so ist, zeigt nachstehendes Bild.

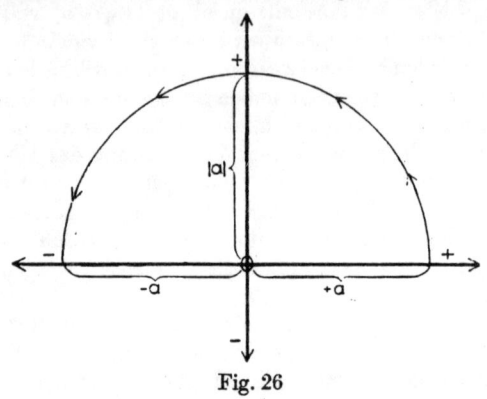

Fig. 26

Der Drehungsfaktor kann doch nicht einmal $(+1)$ und dann bei einer anschließenden gleich großen Drehung (-1) sein? Ein solcher „alternierender" Drehungsfaktor wäre für uns unerträglich. Und würde unerträglich bleiben. Denn wenn wir etwa die Drehung wieder um 90° fortsetzten, müßten wir logischerweise die nach unten gerichtete senkrechte Achse mit $(-)$ annehmen und es würde sich nichts ändern, das heißt, der Drehungsfaktor wäre $(+1)$. Versuchen wir jedoch den vierten Viertelkreis, dann springt das Plus wieder in Minus um, denn $(-a)$ muß mit (-1) multipliziert werden, um das als Ausgangslage gewählte $(+a)$ zu liefern. Kurz, ein höchst unbefriedigender Zustand, der noch unbefriedigender wird, wenn wir behaupten müßten, 180 Graden entspreche der Drehungsfaktor (-1) und jeder Hälfte dieser 180 Grade abwechselnd $(+1)$ und (-1).

Nun haben wir aber ein Mittel, uns aus diesem Zwiespalt zu

befreien. Wir suchen einfach, wie groß der „Drehungsfaktor" bei 90 Graden sein muß! Suchen, wie groß etwas uns noch Unbekanntes sein muß, heißt aber nichts anderes, als mit einer Gleichung operieren. Es hängt also in unserem Falle alles nur davon ab, ob wir auch eine Gleichung ansetzen können. Bekannt ist uns, daß 180° dem Faktor (-1) entspricht. Wir wissen also, daß der Faktor für 180° die Zahl (-1) ist. Diese Zahl (-1) aber soll aus zwei Halbdrehungen von je 90 Graden entstanden sein. Daher ergibt sich, wenn wir den unbekannten Drehungsfaktor für 90 Grade x nennen, daß $a \cdot x$ der Wert für 90 Grade ist. Drehe ich aber um noch 90 Grade, dann muß ich noch einmal mit diesem Drehungsfaktor x multiplizieren. Also $(a \cdot x) \cdot x$ soll gleich sein $a \cdot (-1)$. Oder als Gleichung

$$(ax)\,x = a\,(-1).$$ Nach Division durch a:
$$x^2 = (-1)$$
$$x = \pm \sqrt{-1}.$$

Zu unserem maßlosen Erstaunen haben wir die Zahl i als Drehungsfaktor für 90 Grade gewonnen; damit aber auch die Zahlenlinie für die imaginären Zahlen. Und eine geradezu mystische Entdeckung zeigt uns, daß die imaginären Zahlen senkrecht zum Nullpunkt der „reellen" Zahlenlinie verlaufen. Der Algorithmus hat aber noch für etwas gesorgt. Nämlich für die Möglichkeit, jeden absoluten Wert um 90° zu drehen: eine Tatsache, die uns ein Verfolgen der Drehung in allen vier Viertelkreisen offenbaren wird. Wir gehen wieder von $(+\,a)$ aus. Drehen wir jetzt um 90°, dann erhalten wir $(+\,a\,i)$. Weitere 90° ergeben $(+\,a\,i)\,i$, also $(+\,a\,i^2)$. Da aber $i^2 = -1$, so ergibt sich nach 180° die Zahl $(-\,a)$, was ersichtlich stimmt. Nach Durchlaufung des dritten Viertelkreises halten wir bei $(-\,a) \cdot (+)\,i = -\,a\,i$ und nach den restlichen 90° bei $(-\,a\,i) \cdot i = (-\,a) \cdot i^2 = (-\,a)\,(-1) = (+\,a)$.

Wenn wir uns vergegenwärtigen, was das heißt, dann können wir uns nur vorstellen, daß alle Zahlen, also die imaginären und die reellen zusammen, eigentlich auf einer Fläche liegen oder, richtiger gesagt, zusammen nur auf einer Fläche dargestellt werden können. Denn ein rechtwinkliges „Achsenkreuz" ist nur in einer Fläche möglich. Es setzt die sogenannte „zweite Dimension" voraus.

Nun sind wir aber noch durchaus nicht zufrieden und wollen unsere neuen Erkenntnisse verwerten. Zu diesem Zweck zeichnen wir uns neuerlich die Achsen unserer „Zahlenfläche", diesmal jedoch mit konkreten Zahlen (s. Fig. 27).

Die waagrechte Achse, also unsere gewöhnliche reelle Zahlenlinie, nennen wir die x-Achse, ihre beiden Teile $(+x)$ und $(-x)$. Die imaginäre Linie benennen wir dagegen y-Achse, ihren oberen Teil, der die $(+i)$ enthält, $(+y)$, den unteren Teil mit den $(-i)$ dagegen $(-y)$. Diese Achsenbezeichnung gilt konventionell für alle Achsensysteme, welchem Zweck sie auch dienen. Wir werden mit ihnen noch viel zu tun haben.

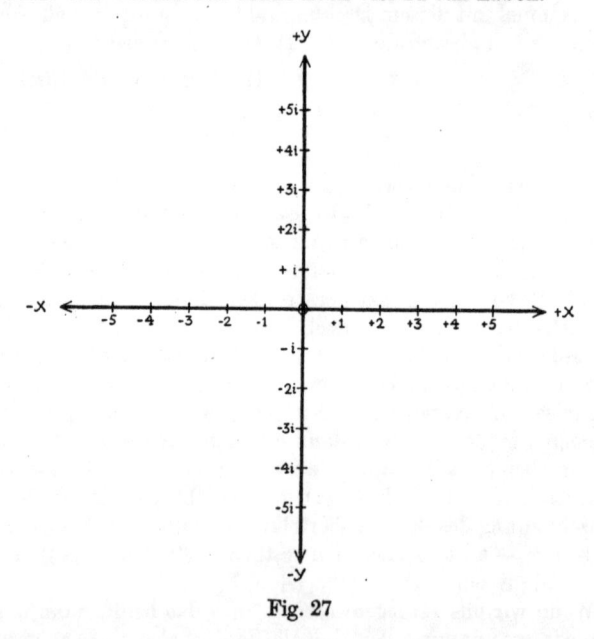

Fig. 27

Nun interessiert es uns zuerst, ob die imaginäre Zahlenachse ebenso dicht ist wie die reelle. Denn davon hängt offensichtlich die Dichtheit und Erfülltheit der ganzen Zahlenfläche ab. Wäre die imaginäre Achse nicht ebenso dicht besetzt wie die reelle, dann könnte ich natürlich nicht jeden, auch den winzigsten

Punkt der Zahlenfläche (und dies noch dazu an beliebigster Stelle) mit einer Kombination aus imaginären und reellen Zahlen besetzen. Doch wir greifen vor. Denn wir wissen noch gar nicht, ob eine solche Kombination graphisch möglich ist und wie sie aussieht.

Nun überlegen wir folgendermaßen: Unser i ist eigentlich auch eine Art von „Befehl". Nämlich der Befehl, mit $\sqrt{-1}$ zu multiplizieren. An sich hat jede Zahl a ihren absoluten Wert $|a|$. Gleichgültig, ob dieses $|a|$ eine ganze, gebrochene oder irrationale Zahl ist. Ich kann das $|a|$ gleichsam im natürlichen positiven Teil der reellen Zahlenlinie stets finden. Denn „denkhistorisch" ist dieser Teil der Zahlenlinie der Ausgangspunkt für alles Weitere. Dort lagen zuerst die natürlichen Zahlen, dort schoben wir die Brüche und dann die Irrationalzahlen ein. Jetzt aber wird erst die „Befehlsfrage", die Vorzeichenfrage, aktuell. Algebraisch verbinde ich jetzt $|a|$ mit Plus oder Minus und gewinne dadurch $(+ a)$ oder $(- a)$. Dann kann ich durch Vierteldrehung noch weitere Befehlsverknüpfungen erzielen. Nämlich $(+ a i)$ und $(- a i)$. Der Plus-i-Befehl heißt: „Senkrecht aus der Null um $|a|$ hinauf!" Der Minus-i-Befehl dagegen: „Senkrecht aus der Null um $|a|$ hinunter!" Unser erstes Problem ist damit gelöst. Das absolute $|a|$ gilt für alle vier Achsenteile gleichartig. Es wird nur durch „Vorzeichen" oder durch „i"-Befehle verändert. An der Dichtheit der imaginären Achse ist also kein Zweifel. Sie ist gestaltgleich, isomorph mit der reellen Achse. Und es gibt ja tatsächlich Zahlen wie $\frac{1}{5}i$, $\frac{1}{17}i$, $i \cdot \sqrt[4]{25}$, $\frac{16b}{9i}$, $\frac{9i}{5}$ usw. Man könnte i wie ein Vorzeichen oder wie einen Koeffizienten behandeln und schreiben:

$$i \cdot \frac{1}{5},\ i \cdot \frac{1}{17},\ i\sqrt[4]{25},\ \frac{1}{i} \cdot \frac{16b}{9},\ i \cdot \frac{9}{5}\ \text{usw.}$$

Nun fragen wir aber weiter: Wie also sehen additive oder subtraktive Kombinationen reeller und imaginärer Zahlen aus? Kurz, wie verbildliche ich die „komplexen" (lateralen) Zahlen der Form $(a \pm i b)$? Daß ich die „Paarung" auf einer Achse kaum vornehmen kann, ist klar. Denn Drehungsfaktoren der Form $(+ 1)$ oder $(- 1)$ drehen die Zahl $|a|$ auf die reelle Achse, Drehungsfaktoren der Form $(\pm i)$ dagegen auf die imaginäre. Ich hätte also eigentlich, wenn ich Drehungsfaktoren an-

schreibe, die allgemeinste Art von Zahlen, die komplexen, so zu schreiben:
$$(\pm 1)\,|a| \pm (\pm i)\,|b|.$$

Nun hängt der ganze Unterschied imaginärer oder reeller Zahlen nur mehr davon ab, ob $|a|$ und $|b|$ von 0 verschieden sind oder nicht. Ist $|a|$ gleich Null, dann bleibt $(\pm i)\,|b|$ übrig, das heißt eine imaginäre Zahl $(\pm i\,b)$. Wird $|b|$ gleich Null, dann bleibt $(\pm 1)\,|a|$, das heißt die reelle Zahl $(\pm a)$. Werden $|a|$ und $|b|$ gleichzeitig 0, dann entsteht die 0 selbst[1]). Ist dagegen $|a|$ gleichzeitig mit $|b|$ von 0 verschieden, dann haben wir eben unser allgemeinstes, umfassendstes Schema einer Zahl überhaupt, nämlich den „Komplex", die Zusammenfassung aller Zahlenmöglichkeiten, die komplexe oder laterale Zahl.

Zur Verbildlichung müssen wir uns fragen, was solch ein Befehl $a + b\,i$ oder $a - b\,i$ u.dgl. eigentlich bedeutet. a oder $(+ a)$ heißt, man solle auf der Plusseite der Zahlenlinie um a vorrücken. Konkret etwa bis 3. Und $b\,i$ heißt, man möge gleichzeitig, senkrecht dazu, um $b\,i$, konkret etwa um $4\,i$, in die Höhe steigen. Dies ist aber ein Bewegungsvorgang, eine kinematische oder phoronomische Aufgabe. (Kinema = Bewegung; Phoronomie = abstrakte, allgemeine Bewegungslehre.) Und zwar ist das Endziel der Bewegung durch eine gleichzeitig in zwei senkrecht aufeinander stehenden Richtungen erfolgende Bewegung erreichbar: muß sich also als Ergebnis dieser beiden Bewegungen darstellen. Kurz, der Endpunkt muß gleichzeitig dem reellen und dem imaginären Befehl entsprechen. Zeichnen wir einmal dieses $(3 + 4\,i)$ (s. Fig. 28, S. 221).

Unsere Aufgabe ist gelungen: Die „komplexe Zahl" liegt außerhalb der Achsen in der Zahlenfläche! Nun wollen wir zur weiteren Verdeutlichung komplexe Zahlen in allen vier Viertelkreisen (Quadranten) zeichnen (s. Fig. 29, S. 221).

Die Vorzeichen- und i-Befehle dürften jetzt klar sein. Besonders bemerkenswert ist die Zahl im Quadranten IV, da hier die imaginäre Komponente außerdem noch irrational ist. Nämlich $-\pi \cdot i$, was soviel heißt wie $-(3{.}1415926\ldots) \times \sqrt{-1}$.

---

[1]) Die daher eigentlich keine Zahl, sondern ein einzeln dastehender Grenzbegriff, gleichsam der Ursprungsort aller Zahlen ist. Die 0 kann auch als Buchstabe groß O gelesen werden: O = Origo, der Ursprung!

Fig. 28

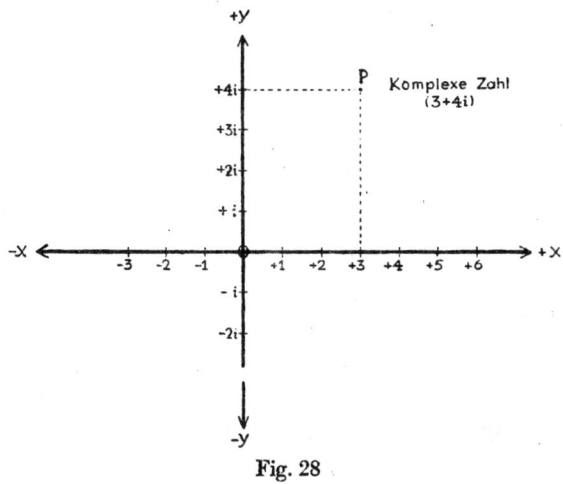

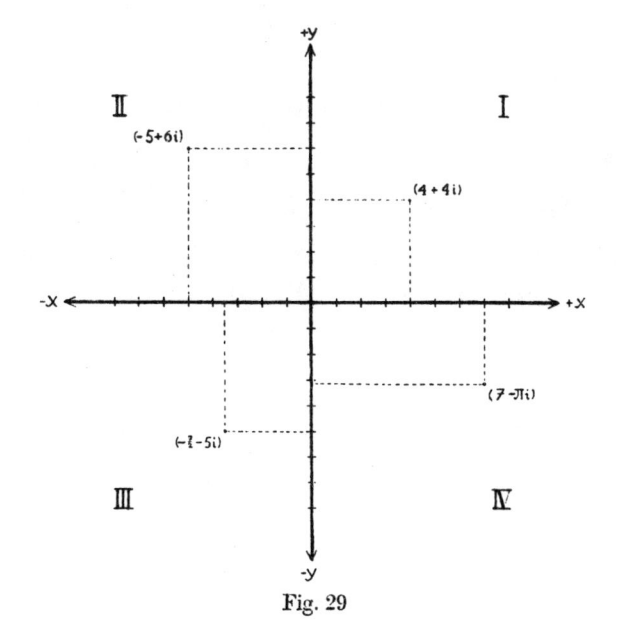

Fig. 29

So interessant und fruchtbar die weitere Theorie der imaginären Zahlen wäre, auf deren systematischer Verwendung einer der höchsten Teile der höheren Mathematik, die sogenannte „Funktionentheorie" oder „Theorie komplexer Veränderlicher" beruht, würden wir unserer Aufgabe untreu, wenn wir weiter verweilten. Wir beschränken uns also darauf, anzumerken, daß wir für uns die „komplexen Zahlen" einfach als algebraische „Mehrgliederausdrücke" ansehen und mit ihnen vorsichtig aber unbefangen innerhalb der vier Grundoperationen rechnen können. Denn in letzter Linie ist auch das i nur ein „Apfel". Allerdings muß man bei konkreter Ausrechnung stets beachten, daß das i eben $\sqrt{-1}$ bedeutet. Wir kommen aber für alle Berechnungen mit unseren Gesetzen der „Befehlsverknüpfung" sicherlich aus.

Daß man bei den vier Grundrechnungsarten (Addition, Subtraktion, Multiplikation, Division) auch bei Auftreten imaginärer Zahlen in keine Schwierigkeiten gerät, haben wir soeben angedeutet. Wir wollen aber dieses Geisterreich der Mathematik, in dem Zusammenhänge zwischen Zahlen und Formen offenbar werden, die im grellen Licht der reellen Zahlen kein menschliches Auge ahnt, doch nicht verlassen, ohne wenigstens einen kleinen Vorgeschmack der Wunder dieses Geisterreichs gegeben zu haben. Daher verraten wir, daß die Potenzierung von i, der Eigenschaft des i als Drehungsfaktor entsprechend, einen Zyklus liefert, der folgendermaßen verläuft:

$$\begin{aligned}
i^2 &= (\sqrt{-1})^2 = (-1)^{\frac{2}{2}} = (-1)^1 &= -1 \\
i^3 &= i^2 \cdot i = (-1) \cdot i &= -i \\
i^4 &= i^3 \cdot i = (-i) \cdot i = (-1) i^2 &= +1 \\
i^5 &= i^4 \cdot i = (+1) \cdot i &= +i \\
i^6 &= i^5 \cdot i = (+i) \cdot i = i^2 &= -1
\end{aligned}$$

usw.

Oder allgemein:

$$\begin{aligned}
i^{4n} &= +1 \\
i^{4n+1} &= +i \\
i^{4n+2} &= -1 \\
i^{4n+3} &= -i \\
i^{4n+4} &= +1
\end{aligned}$$

usw., wobei als n die natürlichen Zahlen von 1 bis zu jeder endlichen Größe eingesetzt werden dürfen.

Noch schwieriger und mystischer als die Potenzierung gestaltet sich das Wurzelziehen aus imaginären und komplexen Zahlen. Da unser Hauptbestreben dabei stets darauf gerichtet bleibt, alle höheren Wurzeln aus (-1) auf Quadratwurzeln aus (-1), also auf i-Werte zu reduzieren, wurden durch verschiedene geniale Kunstgriffe und unter Zuhilfenahme der Idee des Drehungsfaktors zahlreiche Formeln für diesen Zweck abgeleitet, deren Entwicklung uns zu weit führen würde[1]). Wir begnügen uns also damit, anzudeuten, daß die Quadratwurzel einer komplexen Zahl $a + bi$ folgendermaßen berechnet wird:

$$\sqrt{a \pm bi} = \sqrt{\frac{\sqrt{a^2 + b^2} + a}{2}} \pm i \cdot \sqrt{\frac{\sqrt{a^2 + b^2} - a}{2}},$$

eine Formel, die natürlich auch für Quadratwurzeln aus i selbst verwendet werden kann, da ja i nichts anderes ist als eine komplexe Zahl $(a + bi)$, bei der $a = 0$ und $b = \pm 1$. Die $\sqrt{i}$ ergibt somit nach unserer Formel $\frac{1}{\sqrt{2}} + i \frac{1}{\sqrt{2}}$ und die Wurzel $\sqrt{-i}$ nach derselben Formel $\frac{1}{\sqrt{2}} - i \frac{1}{\sqrt{2}}$. Daß die Wurzel aus i nicht mehr rein imaginär, sondern komplex wird, ist daraus begreiflich, daß sie nicht mehr auf der i-Achse, sondern in der Zahlenfläche liegt.

Ganz allgemein ist jede n-te Wurzel aus i, die wir nur mühsam und schrittweise aus obiger Formel durch fortgesetztes Wurzelziehen finden könnten, wobei außerdem nur die 2., 4., 8., 16., 32. usw. Wurzel unmittelbar zugänglich wäre, durch eine andere Formel leicht und sicher zu berechnen. Sie lautet:

$$\sqrt[n]{i} = \cos\left(\frac{90}{n}\right)^\circ + i \cdot \sin\left(\frac{90}{n}\right)^\circ,$$

wobei das n auf ganze Zahlen beschränkt bleibt. Nebenbei bemerkt sind alle n-ten Wurzeln aus i „gerade" Wurzeln der

---

[1]) Ein Koeffizient des i macht dabei keine Schwierigkeit. Wir können ihn stets reell machen. So ist etwa
$\sqrt[12]{-9} = \sqrt[12]{9} \cdot \sqrt[12]{-1} = \sqrt[12]{9} \cdot \sqrt[6]{i}$, allgemein $\sqrt[2n]{-a} = \sqrt[2n]{a} \cdot \sqrt[n]{i}$.

Form $\overset{2r}{\sqrt{i}}$, da ja i selbst schon eine zweite Wurzel ist, sich also mit jedem ganzen Wurzelexponenten zu einer „geraden" Wurzel verbinden muß $\left[\left(\sqrt[3]{\sqrt{-1}} \right) = \sqrt[3\cdot 2]{-1} = \sqrt[6]{-1} \text{ usw.} \right]$.
Aus unserem letzten Beispiel kann der Leser schon die dämonischen Möglichkeiten unseres imaginären Geisterreichs ahnen: Eine n-te Wurzel aus i hat sich plötzlich in eine komplexe, aus Winkelfunktionen gebildete Zahl verwandelt. Im Geisterreich binden und lösen sich eben die Gegensätze der unteren Welten!

Nun, im wohlerworbenen Besitz des gesamten Zahlen-Kosmos, wollen wir unsere Erfahrung in der Befolgung von Bewegungsbefehlen für einen Zweck verwenden, der uns in überraschendster Weise all das zur Einheit verbindet, was wir bisher als weltenweit voneinander getrennte Gebiete zu betrachten gewohnt waren.

Eine lange historische Entwicklung hat diese Entdeckung der „analytischen Geometrie" oder der „Koordinaten" von Apollonius von Pergä über scholastische Klosterforschungen, über Nicole von Oresme (14. Jahrhundert) und über Johannes Kepler tastend bis zu Fermat und Descartes geführt. Mit dem Namen des Descartes (Cartesius) aber, der als junger Reiteroffizier in ungarischen Winterlagern, mitten in den Schrecknissen des Dreißigjährigen Krieges, diese Kunst der „Analysis" zu einer vorläufigen Vollendung trieb, wollen wir Ehrfurcht vor dem Genius unbeirrbarer geistiger Schaffenskraft unlöslich verbinden.

Zweiundzwanzigstes Kapitel

Koordinaten

Wie wir es gewohnt sind, wollen wir uns, bevor wir Näheres besprechen, eine Verdeutlichungsmaschine konstruieren, die uns zuerst einige Begriffe der allgemeinsten Bewegungslehre, der Phoronomie, vermitteln soll. Diese Phoronomie ist heute, selbst dem Namen nach, fast in Vergessenheit geraten. Man spricht in ähnlichem Sinne von „Kinematik", kennt in der

Physik, der Mechanik zahlreiche Bewegungsgesetze, meint aber damit fast stets physikalische Bewegung, das heißt Bewegung eines körperlichen Etwas, auch wenn es nur ein ungreifbarer physischer „Massenpunkt" ist.

Uns interessiert aber das bewegte Etwas überhaupt nicht. Wir werden, obwohl derartiges in der „Wirklichkeit" nicht möglich ist, so weit abstrahieren, daß wir nur die Bewegung als solche vor uns haben. Und wir operieren daher mit mathematischen Punkten, mit mathematischen, breitelosen Linien und allenfalls mit dickelosen Flächen. Also mit Gebilden, die man nur denken, aber nicht wahrnehmen kann. Daher auch das Groteske folgenden Scherzes: Ein Parvenü hat seinen Sohn als „Einjährigen" zu einem vornehmen Regiment gesteckt. Der Sohn braucht Geld, und da er keine Begründung mehr findet, den Pump anzulegen, schreibt er dem Vater, er habe beim Geschützexerzieren die „Visierlinie" zerbrochen und müsse sie dem Staat ersetzen. — Nun wäre solch eine „Visierlinie" für uns ein Ideal. Denn sie ist eine wirkliche mathematische, körperlose Linie. Nämlich die Linie, die man sich aus dem visierenden Auge über Visier und Korn bis zum Ziel verlängert denkt. Sie hat also nur Länge und keine Breite. Und man kann sie dieser Ungreifbarkeit wegen auch „äußerst schwer" zerbrechen.

Dies alles aber nur zur Verdeutlichung, was wir meinen, wenn wir im folgenden unsere Punkte und Linien zeichnen. Wir geben ihnen symbolische Sichtbarkeit, dürfen aber nie vergessen, daß sie eigentlich unsichtbar sein sollen. Nun aber zu unserer „Maschine". Wir nehmen ein gewöhnliches Reißbrett, bespannen es über und über mit einem Bogen Zeichenpapier und legen eine Reißschiene tief gegen den unteren Rand zu an. Hierauf ziehen wir von einem Ende des Reißbrettes zum anderen eine horizontale Linie. Und nun bitten wir einen Helfer, die Reißschiene ganz regellos nach oben zu schieben. Wir selbst aber ziehen mit gleichbleibender Geschwindigkeit einen Strich von links nach rechts (s. Fig. 30).

Zu unserem Erstaunen ist durchaus keine gerade Linie, sondern eine höchst unregelmäßige Zickzacklinie auf dem Papier entstanden, mit der wir eigentlich nichts anfangen können. Sie steigt nicht einmal stetig. An einer Stelle — es geschah, als unser Helfer die Reißschiene entgleiten ließ und sie daher zurückglitt — fällt unsere Linie sogar. Natürlich können wir das Experiment beliebig oft und in beliebiger Art wiederholen. Wir

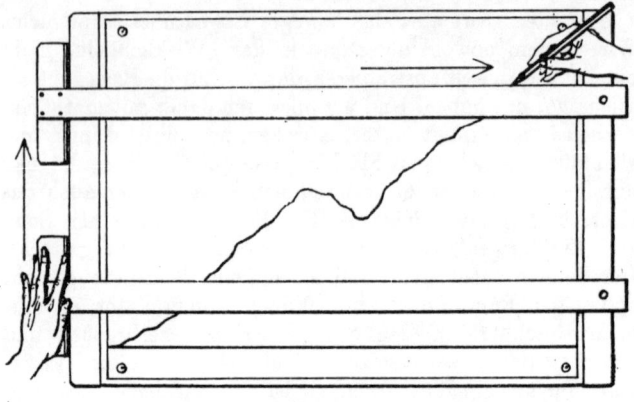

Fig. 30

könnten auch mit dem „Helfer" vereinbaren, im Hinaufschieben der Reißschiene entweder Gleichförmigkeit oder einen gewissen Rhythmus einzuhalten. Was sich dabei ergeben müßte, werden wir später entdecken.

Jetzt wollen wir vorerst „phoronomisch" untersuchen, warum die merkwürdige Linie überhaupt entstanden ist. Und wir verdeutlichen uns, scharf analysierend, den Vorgang. Es ereigneten sich, das leuchtet ein, stets zwei zueinander senkrechte Bewegungen gleichzeitig. Nämlich mein gleichförmiges Weiterrücken des Bleistiftes nach rechts und das regellose Hinaufrücken der Reißschiene durch den Helfer nach oben. Und in jedem kleinsten Teilchen der Bewegung wurde der Bleistift zugleich nach rechts und nach oben geschoben. Und der Bleistift versuchte, wenn man so sagen darf, beiden Bewegungen zugleich gerecht zu werden. Wenn sich ein Eisenbahnzug durch einen Platzregen bewegt, dessen Regentropfen genau senkrecht herunterfallen, dann erscheinen die Regentropfen an den Waggonfenstern nicht als senkrechte Nässespuren, sondern als schräge Linien. Und werden desto schräger, je schneller der Zug fährt. Sie versuchen eben auch, zwei aufeinander senkrechten Bewegungen zugleich zu folgen. Wir könnten uns einen winzigsten Teil einer derartigen Bewegung auch so vorstellen:

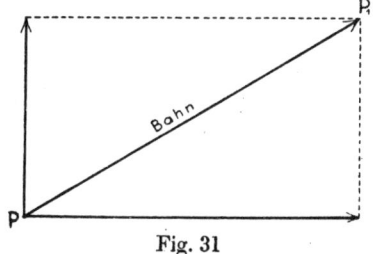

Fig. 31

Dieses sogenannte „Bewegungsparallelogramm" bringt das Bestreben des Punktes P zum Ausdruck, beiden Bewegungen zugleich zu folgen. Dieses Bestreben ist auch erfolgreich. Denn bei P_1 hat der Punkt sowohl die waagrechte als die senkrechte Bewegungsforderung, die an ihn gestellt wurde, erfüllt: Er ist den befohlenen Weg nach rechts und nach oben gerückt.

Jedoch gilt diese Art der Deutung nur annähernd, wenn nicht auch die Aufwärtsbewegung streng gleichförmig war. Das heißt, es kann als „Bahn" des Punktes zwischen P und P_1 nur dann eine Gerade entstehen, wenn beide Bewegungen gleichförmig verliefen. Nun hatten wir bei unserer Maschine aber angenommen, die Aufwärtsbewegung erfolge willkürlich und ungleichmäßig. Wir dürfen also unser „Bewegungsparallelogramm" selbst für unser kleinstes Teilchen der Bewegung nur als annähernd gelten lassen. Denn in Wahrheit wäre auch die Bahn innerhalb des Parallelogramms irgendwie unregelmäßig. Etwa:

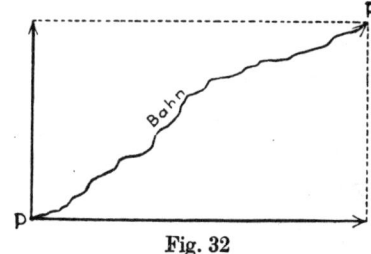

Fig. 32

Und ich könnte so kleine Teilchen wählen als ich wollte, so würde ich doch wegen des unregelmäßigen Aufwärtsschubs stets auf unregelmäßige „Bahnelemente" stoßen.

Wir müssen unsere „Analysis" also anders anpacken. Der einzige Ausweg, bei Unregelmäßigkeit auch nur einer der beiden Bewegungen unregelmäßige Bahnen zu vermeiden, ist der Versuch, die Bahnlänge überhaupt auszuschalten und bloß einen längelosen Punkt der Bahn zu untersuchen. Und zwar einen beliebigen.

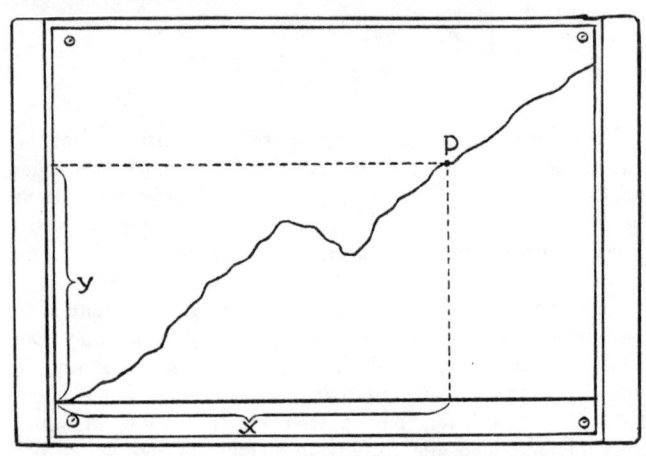

Fig. 33

Wir wählen den Punkt P auf dem Reißbrett, nachdem wir die Reißschiene abgehoben haben. In welcher Art ist dieser Punkt „phoronomisch" an den beiden Bewegungen beteiligt? Sicherlich wurde er um die Länge x nach rechts geschoben, das heißt, wir bewegten den Bleistift um die Länge x nach rechts. Die Höhe aber, die er durch den Aufwärtsschub erreichte, nennen wir y.

Nun hätten wir dieselbe Überlegung für jeden Punkt der „Bahn" anstellen und jedesmal die „Länge" mit x, die „Höhe" oder „Breite" mit y bezeichnen können. Jeder Punkt der Bahn ist also durch sein x und sein y eindeutig bestimmt. Die Werte für x und y, die wir ja einfach messen können, sind dem betreffenden Punkt P zugeordnet, „koordiniert". Und Leibniz prägte dafür den Ausdruck „Koordinaten". Präzis gesagt, haben wir sogenannte „Punktkoordinaten" bestimmt, weil wir einem Punkt gewisse für ihn charakteristische Lagewerte koordiniert, zugeordnet haben.

Wir haben damit aber sehr wenig erreicht. Denn wir können ja nicht unendlich viele Punkte nach x und y abmessen und dadurch ihre Koordinaten bestimmen. Daß unsere Bahn aber aus unendlich vielen Punkten besteht, ist schon deshalb beinahe sicher, weil ja oberhalb jedes Punktes der Grundgeraden ein Punkt der Bahn liegt und weil wir weiters beim Ziehen der Linie nach rechts den Bleistift nicht absetzten. Nach unseren bisherigen Anschauungen ist aber eine solch stetige Linie aus mehrfach unendlich vielen Punkten zusammengesetzt. Arithmetisch könnte ich zudem behaupten, daß meine x-Linie, also die Grundlinie, überhaupt nichts anderes ist als die Linie der reellen Zahlen. Denn wir können ja das x an jeder Stelle von 0 ab wählen, also auch als Bruch oder als Irrationalzahl.

Was uns fehlt, ist offensichtlich eine allgemeine Formel, nach der wir x und y bestimmen können. Nun wissen wir weiter, daß eine Formel, in der x und y vorkommen und unbekannt sind, nichts anderes ist als eine diophantische oder nichtdiophantische, jedoch gleichfalls unbestimmte Gleichung mit zwei Unbekannten. Wir haben es aber ganz gut in der Hand, etwa das jeweilige x insoweit bekanntzumachen, als wir es willkürlich wählen. Wenn ich aber willkürlich wählen darf und in das x einsetzen kann, was ich will, dann muß sich das richtige zugehörige y zwangsläufig ergeben, wenn die Formel stimmen soll.

Wir sehen also plötzlich einen Weg. Und kennen sogar das Instrument, uns auf diesem Weg sicher zu bewegen. Es ist die Funktion! Denn bei der Funktion ergibt sich aus willkürlichem x zwangsläufig ein zugehöriges y. Wie aber gewinnen wir diese Funktion, die die Eigenschaft haben soll, für jeden Punkt der „Bahn" zu gelten? Die Angelegenheit sieht sehr verzweifelt aus. Denn mein Naturverstand sagt mir, daß ich für eine gerade, ansteigende Bahn, für einen Kreis, meinetwegen noch für eine Ellipse eine Bahnfunktion finden werde, daß dies mir aber bei solch unregelmäßigen Zickzackbahnen kaum möglich sein wird. Nun gäbe es aber noch einen letzten Ausweg. Vielleicht kann man unsere unregelmäßige Bahn in einzelne Stücke zerlegen, die regelmäßiger sind. Und für jedes dieser Stücke eine eigene Funktion bilden. Wir verraten, daß alle Einwände und alle Vorschläge stichhaltig sind. Gleichwohl ist der Begriff „regelmäßig" wohl ein sehr vager. Und außerdem ein Zirkel. Denn wir könnten das ganze Problem umdrehen und behaupten, daß, wenn jeder „Bahn" eine Funktion entspricht, auch jeder Funktion eine „Bahn" entsprechen müsse. Auch das ist in groben Zügen richtig. Um jedoch unseren Ahnungen Gestalt zu verleihen, wollen wir uns weiteres wichtiges Handwerkszeug zu unserer „Analysis" oder „analytischen Geometrie" herbeischaffen.

Zuerst erinnern wir an eine Bemerkung, die wir seinerzeit machten: daß nämlich die Funktion die faustische oder abendländische Zahl sei. Wie sollen wir das verstehen? Wir müssen uns dazu das Wesen der Funktion deutlicher ansehen. Wir erwähnten, daß man eine Funktion ganz allgemein $y = f(x)$ schreibt und damit meint, daß das y irgendeiner Zusammenstellung aus x-Werten und Konstanten gleich sei. Auch einer eventuell sehr verwickelten. So ist die Gleichung

$$y = (2x + 5) \cdot \frac{\sqrt{5x^3 - 19}}{x^5 - x^3 + 2} \cdot 25 x^7$$

ganz bestimmt eine Funktion, wenn auch eine höchst komplizierte. Und $y = 5x + 13 \cdot \sin x$ ist auch eine Funktion. Das Wort Funktion ist nämlich nicht ganz eindeutig. Einmal versteht man darunter die ganze Gleichung, bei der man voraussetzt, daß man in das x willkürlich einsetzen soll. Das andere Mal wieder versteht man darunter direkt das y selbst, da ja dieses y gleichsam das Resultat der mit den x vorgenommenen Rechnungen ist. Wir könnten auch schreiben

(Funktion von x) $= f(x) = 5x + 13 \sin x$

oder noch deutlicher

$$\begin{array}{r} y = f(x) \\ y = 5x + 13 \sin x \\ \hline f(x) = 5x + 13 \sin x\,. \end{array}$$

Natürlich ginge es auch folgendermaßen:
$$\begin{aligned} f(x) &= y \\ \underline{f(x) &= 5x + 13\sin x} \\ y &= 5x + 13\sin x. \end{aligned}$$

Es wird durch Zusammenwerfen der verschiedenen Bedeutungen des Wortes „Funktion", das im Tiefsten doch wieder nur eine Bedeutung hat, viel gesündigt. Und der Anfänger wird dadurch verwirrt. Darum werden wir die Angelegenheit aus dem gröbsten Anfang ableiten. Nehmen wir etwa an, wir hätten eine Gleichung vor uns:

$$15x^2 + 9x + 3y = 12x - 27.$$

Hier kommen x und y vor. Das x außerdem noch in zwei verschiedenen Potenzen. Das y hat einen Koeffizienten, nämlich 3. Wenn wir mit dieser „Funktion" arbeiten sollten, würden wir in Verlegenheit kommen. Auch unsere kunstvolle Maschine mit dem Zeiger würde versagen. Denn der Zeiger zeigt y und nicht 3 y an. Wir nennen auch eine solche Funktion „implizit" (gleichsam „eingewickelt") und müssen versuchen, sie für uns „auszuwickeln", sie „explizit" zu machen. Da wir bisher uns stets für das Ergebnis interessierten, wie groß y sei, müssen wir wohl das y in ähnlicher Art „isolieren" wie seinerzeit das x bei den gewöhnlichen Gleichungen. Es ist ja im Wesen kaum etwas anderes. Wenn wir nämlich das Recht haben, für x irgendwelche Werte zu wählen, dann verwandeln wir ja eigentlich alle Größen, in denen x vorkommt, in Konstante. Und es bleibt als Unbekannte (gleichungstechnisch gesprochen) nur das y. Wir lösen die Gleichung eben nach y auf, so wie wir eine Gleichung

$$2x + 5a = 24 + 17b$$

in ganzen, konkreten Zahlen nach x auflösen können, wenn es uns erlaubt wird, für a und b beliebige Werte zu wählen. Etwa a = 2, b = 4. Dann wäre

$$\begin{aligned} 2x + (5 \cdot 2) &= 24 + (17 \cdot 4) \text{ oder} \\ 2x &= 24 + (17 \cdot 4) - (5 \cdot 2) \\ 2x &= 82 \\ x &= 41. \end{aligned}$$

Der Funktionscharakter wird einer Gleichung allerdings erst erteilt, wenn wir in das x nicht nur einmal eine Zahl einsetzen dürfen, sondern stets und jede beliebige Zahl.

Wir werden also jetzt, um leicht nach y auflösen zu können, unsere Funktion

$$15\,x^2 + 9\,x + 3\,y = 12\,x - 27$$

zuerst „auswickeln", sie „explizit" machen.

$$3\,y = 12\,x - 27 - 9\,x - 15\,x^2$$
$$3\,y = 3\,x - 15\,x^2 - 27$$
$$y = x - 5\,x^2 - 9 \text{ oder, geordnet}$$
$$y = -5\,x^2 + x - 9.$$

Nun können wir sagen, das y sei eine Funktion von x, oder $y = f(x)$, wenn wir dazudenken, daß das x willkürlich gewählt werden darf. Für jede Wahl eines x-Wertes wird im allgemeinen ein anderes y entstehen. Und wir können natürlich unzählige solcher Ypsilons bestimmen. Wir wollen dies praktisch durchführen und hierzu eine kleine Tabelle anlegen:

x	y	x	y	x	y
1	-13	$\frac{1}{2}$	$-\frac{39}{4}$	0	-9
2	-27	$\frac{2}{3}$	$-\frac{95}{9}$	$\sqrt{2}$	$-17{.}586{..}$
3	-51	$\frac{1}{8}$	$-\frac{573}{64}$	π	$-55{.}2064{..}$
4	-85	$\frac{4}{7}$	$-\frac{493}{49}$	e	$-43{.}227{..}$

In der ersten Tabellenspalte haben wir einfache natürliche positive ganze Zahlen eingesetzt. In der zweiten gemeine Brüche. In der dritten Null und irrationale Zahlen. Stets hat sich uns für das y ein bestimmter Wert ergeben.

Wenn wir nun weiter jedes x mit seinem zugehörigen y als Zahlpaar bezeichnen, erhalten wir so viele Zahlpaare, als wir x-Werte einsetzen.

Damit haben wir aber noch nicht das erste Problem gelöst: wie man nämlich dazu kommt, das y als „Zahl", als „faustische

Zahl", zu bezeichnen. Wir antworten, daß das y eine Art von vieldeutiger, beweglicher Zahl ist, die sich durch den Wert von x ergibt. Und zwar vom zugehörigen x. Wenn dieses x auch willkürlich ist, kann das y aber gleichwohl nicht jeden Wert annehmen. Es ist ja durch die Art, in der das x auftritt, in bestimmte Schranken gewiesen. Und wird dadurch nicht irgendeine, sondern eine ganz bestimmte Zahlenfolge bilden, wie klein man auch die Zwischenräume zwischen den x-Werten wählt. Das y erhält eine zwangsläufige Form durch die Konstellation der x. Es verändert sich abhängig, zwangsläufig. Und diese erzwungene „Zahlenfolge" der y-Werte kann man in höherem Sinne als „faustische", bewegliche Zahl auffassen. Ihr Abbild, phoronomisch betrachtet, ist aber unsere „Bahn" oder wie man sagt, eine „Kurve", eine „Bildkurve der Funktion".

Nun liegen bei der Funktion weiters die Verhältnisse so, daß wir, wie schon angedeutet, alles umdrehen dürfen. Wir könnten ebensogut behaupten, eine Folge von Zahlpaaren sei eine Funktion. Aus dieser letzten Bemerkung ersehen wir, daß uns eine Funktion in dreierlei Art gegeben sein kann:

1. Als implizite oder explizite Gleichung mit zwei[1]) Unbekannten. Etwa: $y = -5x^2 + 3x - 9$.
2. Als „Kurve", zu der wir die Formel, die „Funktion", erst suchen sollen.
3. Als Tabelle von Zahlpaaren, die etwa aus der Beobachtung stammen. (Z. B. Zahl der monatlichen Gewitter bei bestimmter Durchschnittstemperatur des jeweiligen Monats.)

Im zweiten Fall ist die „Funktion", wie schon erwähnt, zu suchen. Im dritten Fall ist überhaupt erst festzustellen, ob ein funktionaler, gesetzmäßiger Zusammenhang vorliegt.

Doch wir kommen mit all unseren tiefen Einsichten nicht weiter, wenn wir nicht „analytische" Hilfsmittel heranziehen. Wir wollen uns also die Frage vorlegen, wie man eine gegebene Funktion in eine Bildkurve verwandelt. Die Frage, wie man eine Kurve in eine Funktion rückverwandelt, wird uns erst im letzten Kapitel beschäftigen. Ebenso die Frage, wie man aus Zahlpaaren eine Kurve gewinnt (Interpolationsproblem).

---

[1]) Wir beschränken uns auf zwei Veränderliche!

Unsere Frage setzt, bevor wir sie rasch und einfach beantworten, noch eine Kleinigkeit voraus. Nämlich eine konventionelle Festsetzung des „Koordinatensystems". Das wird uns wenig Schwierigkeiten machen, da wir mit Ähnlichem schon bei den imaginären Zahlen gearbeitet haben.

Wir folgen also Descartes (Cartesius) und wählen ein sogenanntes rechtwinkliges, cartesisches oder orthogonales Koordinatensystem, in dem wir allerlei Namen und andere Ordnungsvoraussetzungen vereinbaren. Noch einmal: Wir vereinbaren unser System. Es ist durch nichts vor anderen möglichen Systemen prinzipiell ausgezeichnet als höchstens durch eine gewisse Einfachheit. Es sieht folgendermaßen aus (s. Fig. 34).

Der Punkt 0 heißt Koordinatenursprungspunkt. Die x-Achse heißt die Abszissenachse oder Abszisse, die y-Achse die Ordinatenachse oder Ordinate. Beide Achsen zusammen „die Koordinaten". Die „Quadranten" sind gleichsam „Viertel" einer unendlichen Ebene. Und sind im Gegensinn der Drehung des Uhrzeigers numeriert. Was die darunter stehenden Vor-

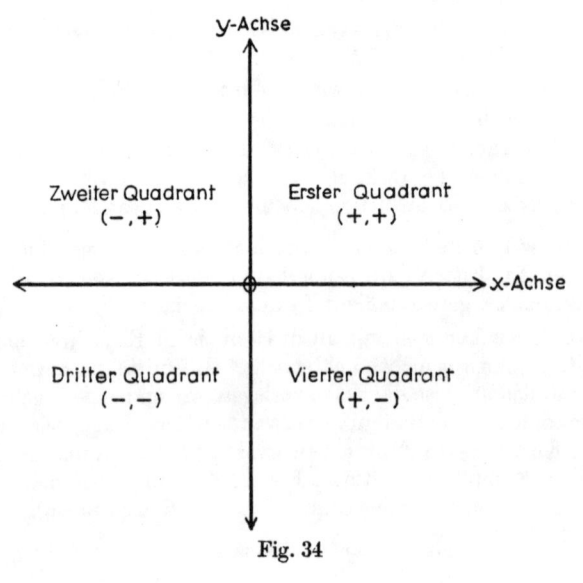

Fig. 34

zeichen bedeuten, wollen wir gleich einfacher erklären: Wir dürfen nämlich die Achsen auch beiläufig als zwei senkrecht gekreuzte reelle Zahlenlinien ansehen. Dadurch ergibt sich die Bedeutung der Vorzeichen zwanglos, wenn wir nur voraussetzen, daß die Minuszahlen der waagrechten Linie links von der Null und bei der senkrechten Linie unterhalb der Null stehen. Wir sind auch jetzt ohne weiteres imstande, „Zahlenpaare" richtig zu placieren. Jedes Zahlenpaar der Welt stellt sich im Koordinatensystem als Punkt dar, vorausgesetzt, daß es ein Paar reeller Zahlen ist. Denn wir haben beide Achsen reell gefordert. Die Placierung imaginärer und komplexer Zahlen haben wir schon früher gesehen. Imaginäre und komplexe Zahlpaare oder Zahlpaare imaginärer (komplexer) und reeller Werte sind in einer und derselben Ebene nicht zu placieren. Wir benötigen dazu zwei Ebenen und gelangen zur „konformen Abbildung". Dieses Gebiet jedoch übersteigt bei weitem unseren Rahmen, da es in die höchste Mathematik gehört.

Dreiundzwanzigstes Kapitel

Analytische Geometrie

Das wiederholt eingestandene Ziel unseres Ehrgeizes bleibt für uns stets die Erschließung der Grundbegriffe der Unendlichkeitsanalysis; also der Disziplin, die im allgemeinen als „die höhere Mathematik" bezeichnet wird. Und wir müssen uns bei jedem Schritt, den wir unternehmen, bewußt sein, daß wir ununterbrochen neues Vorbereitungsmaterial für diesen Zweck herbeischaffen. Wir vernachlässigen bis zu einem gewissen Grad das Einzelne, das an sich hochinteressant und wichtig wäre. Und wir bringen manches nur in gröbsten Umrissen oder in einer dem gewöhnlichen Unterricht fremden Beleuchtung. So etwa werden wir jetzt in recht lückenhafter und eigenwilliger Art „analytische" oder Koordinatengeometrie treiben, obgleich gerade dieser Teil der Geometrie eine der Hauptvoraussetzungen der höheren Mathematik war und ist. Jetzt aber wollen wir nicht weiter ankündigen, sondern handeln.

Wir legen uns zuerst die scheinbar abwegige Frage vor, welcher Bedingung beliebig gewählte Senkrechte auf einer Geraden genügen müssen, damit ihre Endpunkte durch eine Gerade verbunden werden können und verbunden werden müssen. Oder noch besser, wir stellen uns, wie dies in der Geometrie häufig geschieht, das Problem schon als gelöst vor und suchen aus der Lösung die „Bedingungen" des Zustandekommens (s. Fig. 35).

In den Punkten A bis K der „Geraden g" seien Senkrechte errichtet, die genau so lang sind, daß ihre Endpunkte alle in

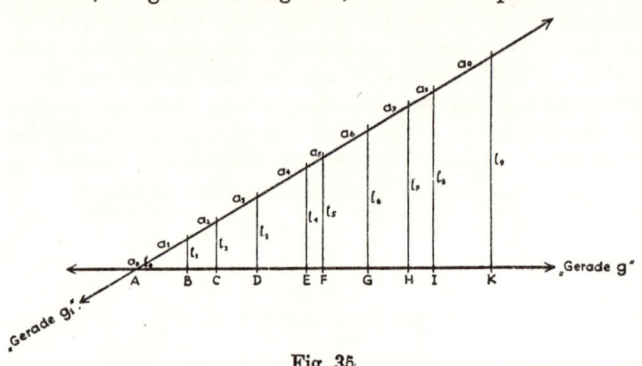

Fig. 35

einer „Geraden g_1" liegen. Die Senkrechten (Lote) heißen l_0 bis l_9 und sind in ganz willkürlichen Abständen voneinander errichtet. Wollte ich etwa den Punkt A als Nullpunkt der Messung annehmen und irgendein Längenmaß wählen, dann kann ein oder der andere Fußpunkt eines Lotes auch auf einer „irrationalen" Stelle ruhen. Es ist uns vereinbarungsgemäß gleichgültig. Nun wird jeder halbwegs geometrisch Begabte die „Bedingung" sogleich aus der Figur ablesen können: Die Strecke AB, das Lot l_1 und der Abschnitt a_1 der geforderten Geraden g_1 bilden ein Dreieck. Diesem Dreieck ist das Dreieck aus AC, l_2 und $(a_1 + a_2)$ ähnlich. Diesen beiden wieder das Dreieck aus AD, l_3 und $(a_1 + a_2 + a_3)$ und so fort: bis das letzte ähnliche Dreieck aus AK, l_9 und $(a_1 + a_2 + \ldots + a_9)$ gebildet ist. Es handelt sich dabei um rechtwinklige Dreiecke. Diese aber sind dann ähnlich, wenn etwa die beiden Katheten stets im gleichen Verhältnis zueinander stehen. Da nun aber die Ähnlichkeit der Dreiecke Voraussetzung für die Verbindungsmöglichkeit der Endpunkte unserer Senkrechten durch eine Gerade g_1 ist und da weiters diese Ähnlichkeit ein fixes gleichbleibendes Verhältnis der Katheten zueinander voraussetzt, so ist die „Bedingung" für unsere Problemlösung eben dieses gleichbleibende Verhältnis. Da nun aber schließlich die Wahl der Abstände unserer Lote von einem angenommenen Fixpunkt willkürlich ist, so müßte ich nur ein einziges Verhältnis zwischen Lot und Abstand festlegen, um den Verlauf der ganzen Geraden g_1 zu kennen. Ich könnte schreiben

Abstand : Lot verhält sich wie m : n oder

n mal Abstand = m mal Lot oder

$$\text{Lot} = \frac{\text{n mal Abstand}}{\text{m}}.$$

Nun sieht unsere letzte Formulierung einer Funktion, und zwar einer ausgewickelten, zum Verwechseln ähnlich. Denn wenn ich das beliebige Lot gleich y und den beliebigen Abstand gleich x setze, so erhalte ich

$$y = \frac{n}{m} x.$$

Nun können weiters m und n, die einen Bruch bilden, durch Division auf k reduziert werden. So daß ich schließlich

$$y = k x$$

als allgemeine Bedingung dafür erhalte, daß alle Endpunkte jedes beliebigen, zu einem willkürlichen x gehörigen y-Wertes in einer Geraden liegen.

Da eine Gerade durch zwei Punkte eindeutig bestimmt ist, wollen wir uns unsere „Gerade g_1", der wir durch Wahl des $k = 2$ einen konkreten Sinn geben, in ein rechtwinkliges Koordinatensystem hineinkonstruieren. Die zwei Punkte mögen einmal $x = 3$, das andere Mal $x = -2$ sein (s. Fig. 36).

Da unsere Bedingung $y = k x$ (bei $k = 2$) $y = 2 x$ lautet, ist y für $x = (+ 3)$ gleich $(+ 6)$ und für $x = (- 2)$ gleich $(- 4)$. Unsere Gerade geht durch den 0-Punkt des Koordinatensystems. Nun kann der Leser, am besten auf Millimeterpapier, für irgendein anderes x das zugehörige y suchen. Er wird finden, daß dessen Endpunkt stets in der Geraden liegt. Wir haben also, wie man sagt, die „analytische Gleichung" einer Geraden als eine Funktion der Form y = k x bestimmt. Beide Unbekannten stehen hier in der ersten Potenz. Weil aber die Gleichung einer Geraden stets die erste Potenz der Unbekannten verlangt, nennt man eine solche Gleichung (Funktion) eine lineare (von „linea", die gerade Linie). Bevor wir weiter gehen, noch ein Wort über den gemischten Gebrauch der Worte Funktion und Gleichung. Wir wollen das Dilemma kurz abtun. Und zwar dadurch, daß wir feststellen, jede Funktion sei eine Gleichung, weil sie formal als y = f (x) geschrieben wird. Jede Gleichung ist aber durchaus nicht eine Funktion.

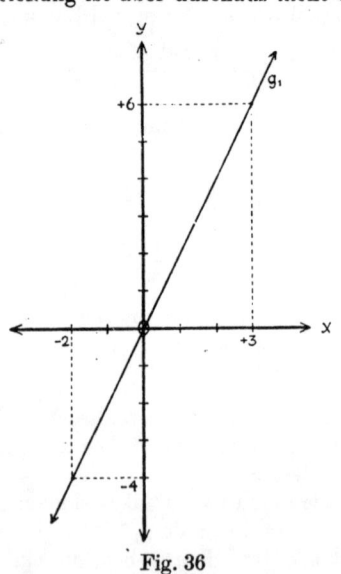

Fig. 36

So ist $5 x^2 + 3 x + 9 = 27$ sicher eine Gleichung, keineswegs aber eine Funktion. Denn ich finde nur die eine Unbekannte x in ihr und kann weder von willkürlicher noch von zwangsläufiger Veränderlicher sprechen. Auch dieser Sprachwirrwarr macht Anfängern große Schwierigkeiten.

Nun sind wir mit der Untersuchung der „Gleichung" unserer Geraden, die eine „Funktion" sein muß, um analytisch darstellbar zu sein, noch durchaus nicht fertig. Denn wir behaupten, daß auch
$$y = 2x + 3$$
eine „lineare" Funktion ist. Also eigentlich auch eine Gerade liefern müßte. Machen wir die Probe:

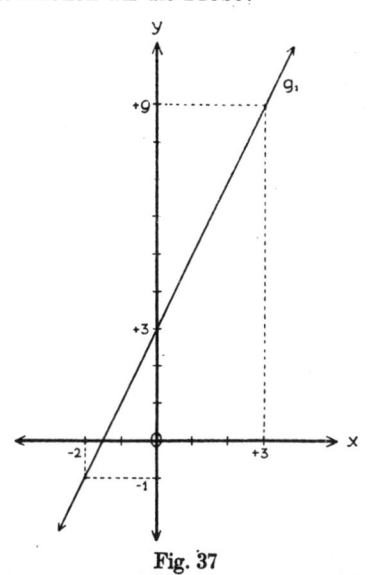

Fig. 37

Für $x = (+3)$ erhalten wir als y den Wert 9, für $x = (-2)$ ist $y = (-1)$. Die Gerade schneidet diesmal nicht den Nullpunkt des Koordinatensystems, sondern den Plusteil der Ordinatenachse bei $(+3)$. Dies hätten wir auch rechnerisch feststellen können. Denn für $x = 0$ erhalten wir $y = (+3)$. Wenn aber $x = 0$ wird, heißt das analytisch nichts anderes, als daß ich einen Punkt der Ordinate suche, durch den unsere Gerade geht. Denn sie hat dort eben ein $x = 0$. Ebenso bedeutet $y = 0$ den Schnittpunkt mit der Abszisse. Also $0 = 2x + 3$, oder $2x = -3$ oder $x = -\frac{3}{2}$. Ein Blick überzeugt uns, daß tatsächlich die Gerade die x-Achse (Abszisse) im Punkt $x = -\frac{3}{2}$

schneidet. Unsere neue Rechen- und Denkmaschine entpuppt sich also wieder als ein besonderes Zauberwerk, noch zauberhafter dadurch, daß sie in magischer Art Geometrie mit Arithmetik verbindet. Wir werden diesen unheimlichen Zauber noch an viel verwickelteren Beispielen bestaunen. Gleich eine Probe: Wir behaupteten, die allgemeine Form der „Geradengleichung", abgeleitet aus Ähnlichkeitsüberlegungen, sei

$$y = \frac{n}{m} x,$$

wobei $\frac{n}{m}$ das Verhältnis des Lotes zum Abstand war. Nun sind aber Lot und Abstand „Katheten". Folglich ist ihr Verhältnis eine der trigonometrischen Funktionen des Winkels α.

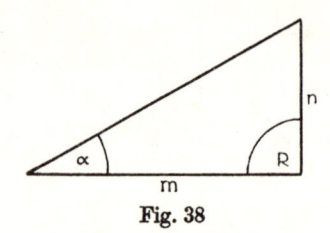

Fig. 38

Und zwar, nach unseren schon festgelegten Definitionen, die sogenannte Tangensfunktion. Da aber der Bruch $\frac{n}{m}$ stets „ausgerechnet" werden kann, so ist in der Gleichung

$$y = k x$$

der „Koeffizient" des x nichts anderes als der Wert für den „Tangens" von α. Also ist stets in einer ausgewickelten linearen Funktion der Form:

$$y = k x + c \quad \text{(c ist eine Konstante)[1]}$$

das k der Wert der Tangensfunktion des Winkels α, das heißt des Winkels, den die Gerade beim Schnitt mit der Abszissenachse bildet. Wenn uns aber der Tangens dieses Winkels bekannt ist, so ist uns auch der Winkel und damit die Neigung gegen die (durchwegs als positiv angenommene) Abszissen-

---

[1] Die additive Konstante ändert niemals die Winkelfunktion, wie man sich zeichnerisch überzeugen kann. Sie verschiebt bloß die Gerade ohne Winkeländerung im Koordinatensystem.

achse bekannt. Von diesen Überlegungen werden wir später noch Gebrauch machen.

Nun ist aber unser analytischer Ehrgeiz gestiegen, und wir wollen auch die Gleichung einer krummlinigen Figur, etwa des Kreises, ausfindig machen.

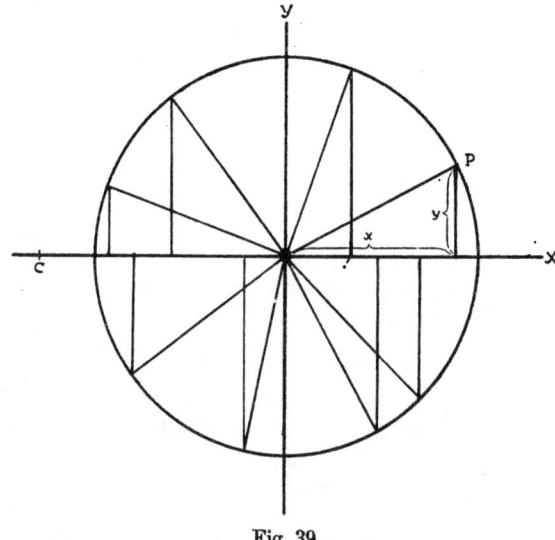

Fig. 39

Wir wollen, kurz gesagt, eine Formel finden, die uns bei jedem x ein y liefert, dessen Endpunkt im Kreis liegt. Zuerst sehen wir, daß nur x-Werte sinnvoll sind, die sowohl nach der Plus- als nach der Minusseite die Größe des Halbmessers nicht übersteigen. Denn ein Lot im Punkte C wird niemals den Kreis treffen. Wie aber fassen wir unsere höchst heikle Aufgabe an? Vielleicht wieder durch ein „Verhältnis". Denn wo wir auch immer ein x wählen, trifft das „Lot" den Kreis an einem Punkt. Das war gefordert. Nun können wir diesen Punkt durch einen Halbmesser mit dem Kreismittelpunkt verbinden. Dadurch aber entstehen stets rechtwinklige Dreiecke, deren Hypotenuse in allen Fällen der Radius ist, während die Katheten stets der „Abstand" und das „Lot" sind. Wenn ich also den Abstand wieder mit x, das Lot mit y bezeichne und dazu noch den Halbmesser kenne oder zumindest als erkennbar annehme, gilt die Beziehung

$$r^2 = x^2 + y^2 \quad \text{oder}$$
$$y^2 = r^2 - x^2 \quad \text{oder}$$
$$y = \pm \sqrt{r^2 - x^2}$$

nach den Regeln des pythagoräischen Lehrsatzes. Daß ich dabei für y oft irrationale Werte erhalten werde, folgt aus der Lehre von den Wurzeln. Weiter errechne ich für jeden Fall eines x zwei Werte für y, nämlich einen positiven und einen negativen, die allerdings dieselbe „absolute" Größe haben. Ich könnte also schreiben:

$$|y| = \left|\sqrt{r^2 - x^2}\right|.$$

Alles, was wir rein arithmetisch ableiten, ist richtig. Ein Blick auf die Figur belehrt uns, daß tatsächlich zu jedem x zwei y-Werte gehören. Und zwar ein y für die obere und ein y für die untere Kreishälfte. Beide aber haben denselben „absoluten" Wert, dieselbe Länge und sind nur im Vorzeichen und damit in ihrer Lage im Koordinatensystem verschieden. Und wir erstaunen neuerlich über die Zauberkraft der Koordinatengeometrie. Denn es ist fast unbegreiflich für uns, daß sich die (uns aus den Regeln der Befehlsverknüpfung bekannte) Tatsache der Mehrwertigkeit einer Quadratwurzel sofort im Koordinatensystem geometrisch sinnvoll abbildet. Dieser, den Anfänger höchst beunruhigende, verblüffende Zusammenhang zwischen Arithmetik und Geometrie, diese Identität zweier weltverschiedener Zweige der Mathematik, ist wohl einer der größten Triumphe menschlichen Entdeckens. Und die Aufklärung dieses Zusammenhanges ist eine Aufgabe tiefer und schwieriger mathematischer und philosophischer Erörterungen, die unseren Rahmen weit überschreiten. Wir wollen uns daher auf die einfachste Erklärung zurückziehen. Und andeuten, daß wir ja eigentlich nicht Geometrie treiben, wenn wir Koordinaten verwenden. Wir benützen vielmehr zwei aufeinander senkrechte, nach Plus und Minus festgelegte Zahlenlinien. Und operieren sodann mit Zahlenpaaren aus diesen zwei Linien. Diese nehmen aber, in Form „symbolischer Abbildung", den Charakter von Flächenpunkten an. Und unterliegen dann innerhalb der Fläche ebenso geometrischen Bedingungen, wie die Punkte in einer Zahlenlinie (wenn auch nur längenmäßig) der Geometrie gehorchen. Dies jedoch nur zur Anregung philosophisch veranlagter Leser, die in jedem guten Buch über analytische Geometrie alle Aufklärung finden können.

Wir wollen unserer Koordinatengeometrie aber noch in anderer Art „auf den Zahn fühlen". Und zwar dadurch, daß wir in schlauer Weise versuchen, mittels der Kreisgleichung eine quadratische Gleichung aufzulösen:

$$y = \sqrt{r^2 - x^2}.$$

So lautete die Kreisgleichung. Nun ist es natürlich ohne weiteres möglich, daß wir den Punkt oder die Punkte des Kreises untersuchen, bei denen $y = 0$ ist. Vorher quadrieren wir aber die Gleichung noch auf beiden Seiten:

$$y^2 = r^2 - x^2.$$

Wenn y gleich 0 sein soll, dann erhalten wir:

$$0 = r^2 - x^2 \text{ oder } x^2 = r^2.$$

Folglich ist $x = \pm \sqrt{r^2} = \pm r$.

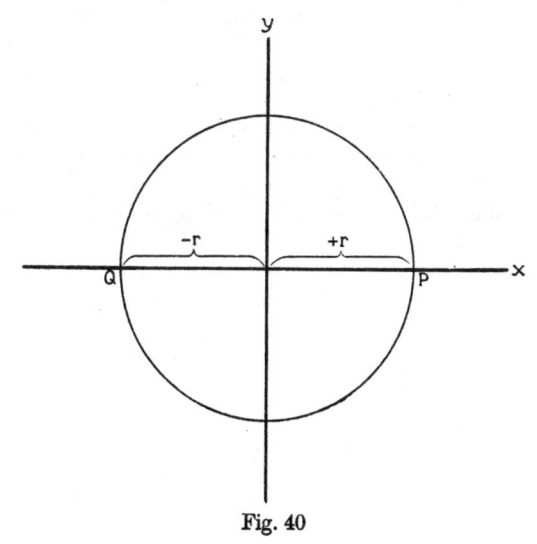

Fig. 40

Analytisch betrachtet, sehen wir, daß bei y = 0, also an den Stellen, an denen die Ordinatenhöhe gleich Null ist, der Kreis die Abszissenachse schneidet (s. Fig. 40).

Es sind dies die Punkte P und Q. Also hat auch hier wieder die analytische Geometrie sinnfällig die Mehrwertigkeit der Quadratwurzel zum Ausdruck gebracht.

Wir verraten beiläufig, daß wir mit dieser Betrachtung eine höchst wichtige Sache angeschnitten haben. Man kann nämlich jede beliebige Gleichung mit einer Unbekannten so auffassen, als ob sie gleichsam das Überbleibsel einer Funktion wäre, bei der man das y gleich Null gesetzt hat. Hätten wir etwa die Gleichung
$$x^2 - 2x - 15 = 0$$
und machen aus ihr eine Funktion
$$y = x^2 - 2x - 15,$$
dann muß sich, rein zeichnerisch, das gesuchte x dort ergeben, wo die zur Funktion gehörige Bildkurve die Abszissenachse schneidet. Nämlich an jenen Punkten dieser Bildkurve, bei denen y gleich Null ist. Würden wir die Kurve auf Millimeterpapier in ein Koordinatensystem zeichnen, so würden wir sehen, daß sie die x-Achse in den beiden Punkten $x = +5$ und $x = -3$ schneidet. Diese „graphische" Methode der Gleichungslösung wird zur näherungsweisen Lösung von Gleichungen verwendet, die eine arithmetische Behandlung nicht mehr zulassen. Das sind solche, bei denen das x in höherer als der vierten Potenz vorkommt. Man setzt — kurz angedeutet — in das x allerlei Werte ein; zeichnet die Kurve und sieht, wo sie sich dem Schnitt mit der Abszissenachse nähert. Dort geht man in stets kleineren Schritten im Einsetzen des x-Wertes weiter, um das x möglichst genau zu treffen, bei dem y = 0 wird. Man kann auch gleichsam diesen Punkt überschießen und hätte dann bei einer willkürlich angenommenen Kurve etwa das Bild (s. Fig. 41).

Bei $x = 1\frac{1}{2}$ befindet sich die Kurve noch unterhalb der x-Achse. Bei $x = 1\frac{5}{6}$ schon oberhalb. Also muß das x, bei dem y = 0 wird, zwischen $1\frac{1}{2}$ und $1\frac{5}{6}$ liegen. Man kann nun innerhalb dieses Intervalls weiterprobieren, bis man den Wert mög-

Fig. 41

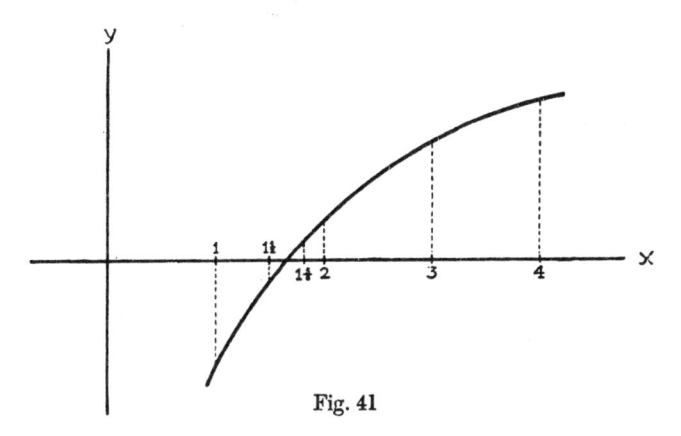

lichst genau trifft. Diese Methode heißt die „regula falsi", die „Regel des Falschen", und ist eine sogenannte Annäherungsmethode. Es wird zuerst absichtlich nach beiden Seiten Falsches versucht, um zu erkennen, wo das Richtige liegen kann.

Wir dürfen auch hier nicht länger verweilen, da die Fülle des zu bewältigenden Stoffes stets größer wird, je weiter wir vordringen. Wir erwähnen nur, daß wir durch diese Art der Lösung von Gleichungen bemerken, daß es stets von der höchstvorkommenden Potenz des x abhängt, wie viele Schnittpunkte die Bildkurve mit der Abszissenachse hat. Eine „lineare" Gleichung hat einen Schnittpunkt, eine quadratische zwei, eine kubische drei usw. Folglich hat auch jede Gleichung so viele „Lösungen" für das x, als die höchste Potenz des x anzeigt. Daß es dabei auch „imaginäre" und „komplexe" Schnittpunkte bzw. Lösungen gibt, soll bloß erwähnt werden.

Aus praktischen Gründen wollen wir nur noch rasch die arithmetische Lösung der sogenannten gemischtquadratischen Gleichung nachtragen, die das x sowohl in der zweiten als in der ersten Potenz enthält. Also eine Gleichung der allgemeinen Form
$$x^2 \pm b x \pm c = 0.$$
Wir wissen schon, daß $(a + b)^2 = a^2 + 2ab + b^2$ ist. Diesen Satz wollen wir nun benützen. Wir wählen die Gleichung
$$x^2 + b x + c = 0$$

und schaffen zuerst das c „hinüber". Also:
$$x^2 + bx = -c.$$

Dann machen wir einen Kunstgriff. Wir ergänzen nämlich die „linke Seite" zu einem vollständigen Quadrat. Und zwar dadurch, daß wir $\frac{b^2}{4}$ addieren. Denn

$$\left(x + \frac{b}{2}\right)^2 \text{ muß gleich sein } x^2 + bx + \frac{b^2}{4}.$$

Da wir aber auf der linken Seite $\frac{b^2}{4}$ addiert haben, müssen wir auch die rechte Seite der „Gleichungswaage" mit demselben Übergewicht belasten. Also:

$$x^2 + bx + \frac{b^2}{4} = -c + \frac{b^2}{4}.$$

Dann ist

$$\left(x + \frac{b}{2}\right)^2 = \frac{b^2}{4} - c.$$

Wenn wir jetzt auf beiden Seiten die Quadratwurzel ziehen, erhalten wir:

$$\sqrt{\left(x + \frac{b}{2}\right)^2} = \pm \sqrt{\frac{b^2}{4} - c}$$

$$x + \frac{b}{2} = \pm \sqrt{\frac{b^2}{4} - c} \quad \text{und schließlich}$$

$$x = -\frac{b}{2} \pm \sqrt{\frac{b^2}{4} - c}.$$

Durch diese höchst wichtige Formel sind wir imstande, jede gemischtquadratische Gleichung zu lösen, vorausgesetzt, daß das x^2 isoliert ohne Koeffizienten in der Gleichung steht. Ist dies nicht der Fall, so muß die „Isolierung" zuerst vorgenommen werden. Etwa:

$$4x^2 + 7x - 57 = 0.$$

Zuerst wird das x vom Koeffizienten befreit. Und wir erhalten

$$x^2 + \frac{7}{4}x - \frac{57}{4} = 0.$$

Nun haben wir eine Gleichung, bei der dem b das $\frac{7}{4}$ und dem c der Formel das $\left(-\frac{57}{4}\right)$ entspricht. Wir setzen ein:

$$x = -\frac{7}{8} \pm \sqrt{\frac{49}{64} - \left(-\frac{57}{4}\right)}$$

$$= -\frac{7}{8} \pm \sqrt{\frac{49}{64} + \frac{57}{4}}$$

$$= -\frac{7}{8} \pm \sqrt{\frac{49 + 912}{64}}$$

$$= -\frac{7}{8} \pm \sqrt{\frac{961}{64}}$$

$$= -\frac{7}{8} \pm \frac{31}{8}.$$

x ist also entweder $-\frac{7}{8} + \frac{31}{8} = \frac{24}{8} = 3$ oder

$$-\frac{7}{8} - \frac{31}{8} = -\frac{38}{8} = -\frac{19}{4} = -4\frac{3}{4}.$$

Eine Kurve, die die Gleichung $y = 4x^2 + 7x - 57$ hätte, müßte die x-Achse in den Punkten $x = +3$ und $x = -4\frac{3}{4}$ schneiden, was der Leser auf Millimeterpapier nachprüfen kann.

Nun wollen wir unser Kapitel über Koordinaten, das uns wieder zu allerlei Exkursen verleitete, damit abschließen, daß wir feststellen:

Jede Funktion der allgemeinen Form

$$y = f(x)$$

ist als Bildkurve innerhalb eines Koordinatensystems darstellbar. Dabei ist der Ausdruck „Kurve" so allgemein gefaßt, daß auch eine Gerade als Kurve gilt. Sie ist der „Grenzfall" einer Kurve, ist eine Kurve ohne Krümmung. Diese Art, nicht dazugehörige Dinge zur Erhaltung eines einheitlichen Systems in den Oberbegriff einzubeziehen, ist uns von der nullten Potenz und dergleichen schon bekannt. Wir unterscheiden „Ordnungen" der Kurven nach der Potenz des x. So ist die Gerade eine Kurve erster, der Kreis eine Kurve zweiter Ordnung. Der zweiten Ordnung gehören alle Kegelschnitte, wie Kreis, Ellipse, Parabel, Hyperbel, an. Kurven höherer Ordnung, etwa y = x³ + x² + 5 x — 17, heißen „Parabeln" dritter Ordnung. Und höherer Ordnung, wenn das x in der vierten Potenz oder einer höheren Potenz auftritt. y = x⁷ + 4 x³ + 7 x — 49 wäre eine „Parabel" siebenter Ordnung.

Nun gäbe es in der analytischen Geometrie viele lockende Aufgaben. Etwa Schnittpunkte zweier Kurven zu berechnen oder die Tangente an eine Kurve durch eine Gleichung auszudrücken usw. Wir müssen aber alle diese Probleme der „niederen" analytischen Geometrie links liegenlassen, um zu den Problemen der „höheren" Analysis aufzusteigen. Um diese Probleme aber zu erfassen, werden wir sie uns im nächsten Kapitel in aller Schärfe stellen und ihre geschichtliche Entwicklung in groben Umrissen verfolgen.

Vierundzwanzigstes Kapitel

Problem der Quadratur

Von der „Quadratur des Zirkels" dürfte jeder Leser schon in irgendeinem Zusammenhang gehört haben. Ebenso darüber, daß diese Aufgabe unlösbar ist wie etwa die Konstruktion des „Perpetuum mobile".

Was ist eine solche „Quadratur"? Nun, eigentlich nichts anderes als eine Flächenmessung. Denn die Aufgabe fordert, einen Kreis (Zirkel = circulus) entweder in lauter Einheitsquadrate zu zerlegen, ihn als die Summe solcher Quadrate darzustellen, zu sagen, wieviel Quadrateinheiten (etwa Quadratmillimeter) er enthalte; oder aber, was prinzipiell dasselbe ist, ein Quadrat darzustellen, das denselben Flächeninhalt hat wie der Kreis. Daß diese Aufgabe unlösbar ist, wie klein ich auch die Maßquadrate wähle, hat eigentlich erst Lindemann in den achtziger Jahren des neunzehnten Jahrhunderts bewiesen, obgleich man es schon weit früher ahnte und z. B. aus Leibnizens Reihe ungefähr wußte. Die Zahl π ist also ein unendlicher Dezimalbruch irrationaler Art, und da die Kreisfläche sich stets als $r^2 \pi$ darstellt, muß $r \cdot r \cdot \pi$ auch eine Irrationalzahl sein.

Eine solche Zahl ist aber niemals durch irgendwelche, zur Messung verwendeten Quadrate darstellbar, da ich diese Quadrate ja unendlich klein machen müßte, damit mir nicht ein Rest bliebe. Unendlich kleine Quadrate aber sind Punkte, und die Fläche des Kreises, in Punkten gemessen, gäbe eine unendliche Anzahl solcher „Quadrateinheiten".

Nun wußte aber schon der große Archimedes, daß es kompliziertere Gebilde als den Kreis gibt, deren Fläche durchaus nicht als Irrationalzahl sich darstellt. Es ist auch nicht einzusehen, warum eine krummlinig begrenzte Figur nicht zufällig inhaltsgleich sein könnte mit einer rationalen Zahl von Flächeneinheiten (Quadraten). Man kann dafür sogar einen höchst sinnfälligen „Beweis" führen. Wenn man etwa aus einem durchaus gleichmäßig dicken Kartonblatt ein beliebiges Quadrat, etwa mit der Seite 1 cm, ausschneidet und dieses Blättchen auf einer Präzisionswaage abwiegt und dafür angenommenermaßen ein rundes Gewicht, etwa $\frac{1}{10}$ Gramm, erhält, dann muß es möglich sein, aus demselben Kartonblatt bei Anwendung peinlichster Sorgfalt eine beliebig krummlinig begrenzte Figur auszuschneiden, die etwa 3 Gramm wiegt. Diese Figur hat aber dann unbedingt den Flächeninhalt 30 Quadratzentimeter. Von Irrationalität ist dabei keine Spur.

Über solche Erwägungen hinaus gaben etwa die „Möndchen des Hippokrates von Chios" den Mathematikern Griechenlands schon viel zu denken. Ihre „Quadratur" beruht auf einer Erweiterung des pythagoräischen Lehrsatzes. Es wurde nämlich, auch schon im Altertum, bewiesen, daß nicht nur die Summe der Quadrate über den Katheten gleich sei dem Quadrat über der Hypotenuse, sondern daß ganz allgemein die Flächensumme zweier ähnlicher, über den Katheten errichteter Figuren gleich sei einer ähnlichen Figur über der Hypotenuse. Nebenbei bemerkt, liefert dieser erweiterte pythagoräische Lehrsatz einen ebenso einfachen als sinnfälligen Beweis für die „erweiterte Eselsbrücke".

Die Figur 42 zeigt, daß sich das ganze rechtwinklige Dreieck durch eine Höhe h in zwei Teildreiecke zerlegen läßt, die einander ähnlich sein müssen, da ihre Winkel paarweise gleich sind. Man kann nun diese beiden Teildreiecke als ähnliche

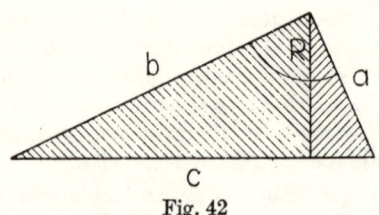

Fig. 42

Figuren auffassen, die über den Katheten (hier allerdings nach innen) errichtet sind. Da nun weiter das ganze Dreieck den beiden Teildreiecken infolge Winkelgleichheit ebenfalls ähnlich ist und außerdem als „ähnliche Figur über der Hypotenuse" aufgefaßt werden kann, ergibt sich die Richtigkeit des erweiterten pythagoräischen Satzes mit sinnfälligster Deutlichkeit. Denn die Summe der „Kathetendreiecke" ist ja nichts anderes als das „Hypotenusendreieck".

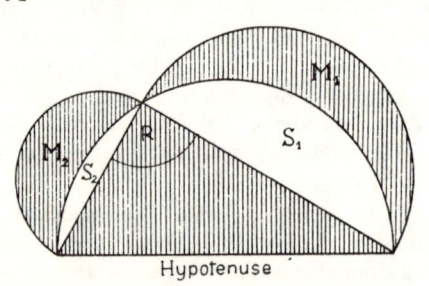

Fig. 43

Es ist außerdem nach dem erweiterten „Pythagoräer" auch der Halbkreis über der Hypotenuse flächengleich der Summe aus den Halbkreisen über den Katheten. Denn Halbkreise sind untereinander stets ähnliche Figuren. Da sich aber der Halbkreis über der Hypotenuse in unserer Figur als Summe der Fläche des rechtwinkligen Dreiecks plus der Fläche der beiden weißen Segmente S_1 und S_2 darstellt, während die Halbkreise über den Katheten als Segment S_1 plus Möndchen M_1 bzw. Segment S_2 plus Möndchen M_2 in Erscheinung treten, muß nach dem erweiterten Pythagoräer die Gleichheit bestehen:

Dreiecksfläche $+ S_1 + S_2 = (M_1 + S_1) + (M_2 + S_2)$ oder
Dreiecksfläche $+ (S_1 + S_2) = (M_1 + M_2) + (S_1 + S_2)$ oder
Dreiecksfläche $= (M_1 + M_2) + (S_1 + S_2) - (S_1 + S_2)$ oder
Dreiecksfläche $= M_1 + M_2$

Wir sehen zu unserem Erstaunen, daß es rein elementargeometrisch gelingt, die Summe der „Möndchen" zu quadrieren. Denn die Dreiecksfläche kann jederzeit als irgendeine rationale Zahl angegeben oder ausgemessen werden. Die Möndchen aber sind allseitig krummlinig begrenzte Flächen, noch dazu von Kreisteilen eingeschlossen, so daß es naheläge, zu glauben, sie müßten irrationalen Flächeninhalt aufweisen. Es ist aber — und dafür gibt es keine Ableugnung — augenscheinlich das Gegenteil der Fall.

Da man nun, wie erwähnt, ähnliche Dinge schon im klassischen Altertum wußte, glaubte man, die Kreisausmessung scheitere nur an der Möglichkeit der Methode. Dazu kam aber noch ein Umstand. Ins Körperliche übertragen, entspricht der „Quadratur" die sogenannte „Kubatur", die Darstellung eines körperlichen Gebildes in „Einheitswürfeln". Nun wäre, grob gesagt, das Problem, ein Kilogramm Birnen abzuwiegen oder einen bauchigen Krug mit dem Inhalt von zwei Litern herzustellen, von vornherein unmöglich, wenn es keine „Kubatur" krummlinig bzw. krummflächig begrenzter Körper gäbe. Quadratur und Kubatur scheitern also nicht so sehr prinzipiell am Unregelmäßigen oder Gekrümmten der Fläche und des Raumgebildes, als vielmehr am Fehlen der Methode, die Flächen und Körper rechnerisch zu fassen. Ein Rechteck, ein Dreieck, einen Kegel, ein Prisma, auch noch ein Trapez oder ein Oktaeder kann man quadrieren bzw. kubieren, wenn genügend „Bestimmungsstücke" (Seiten oder Kanten) gegeben sind. Beim Kegel, beim Zylinder und der Kugel treten infolge des dort unvermeidlichen π schon Irrationalitäten auf. Ebenso etwa beim Rotationsellipsoid. Wie man aber den komplizierteren krummlinig oder krummflächig begrenzten Flächen und Körpern beikommen sollte (von deren einigen man sogar wußte, daß sie quadrierbar und kubierbar sein müssen, da man sich davon durch Wägung überzeugen konnte), bildete eines der größten Rätsel und brennendsten Probleme der Mathematik. Obgleich wir damit schon Gesagtes eigentlich wiederholen, versetze man sich in die Lage eines Mathematikers, dem folgende Frage vorgelegt wird: Ist es eine Kubatur oder nicht, wenn 25 Kubikzentimeter Blei, die in genau gemessenen Würfelchen zu je 1 cm^3 vor uns liegen, eingeschmolzen werden und man hierauf unter der Annahme, daß vom Blei nichts verlorenging, aus dem geschmolzenen Blei irgendeinen unregelmäßigen, krummflächig begrenzten „Kuchen" gießt? Wenn man diesen Kuchen dann abwiegt und sich überzeugt, er habe das gleiche Gewicht mit den 25 Würfelchen; und wenn man schließlich behauptet, der „Kuchen" sei kubierbar? Er enthalte nämlich genau das Volumen von 25 Kubikzentimeter. Darauf gibt es für den Mathematiker keine andere Antwort als das Einbekenntnis, die Mathematik sei unfähig, die Kubatur zu leisten. Außer auf Umwegen. Etwa, wie Archimedes das Goldvolumen der Krone des Königs Hieron von Syrakus dadurch bestimmte, daß er sie unter Wasser tauchte und die Menge des verdrängten Wassers maß, wodurch das berühmte „archimedische Prinzip" entdeckt wurde.

Wir wollen jedoch nicht weiter orakeln, sondern bekanntgeben, daß Jahrtausende des Nachdenkens, von den ältesten Zeiten bis auf Kepler, doch manches Licht in das Problem brachten. So hat Kepler im besonders ergiebigen Weinjahre 1613 in Oberösterreich tiefgründige Untersuchungen über die Weinfässer angestellt und dabei nicht nur ihre Kubatur erforscht, sondern zugleich das schwierigere Problem angefaßt, wie man Fässer von möglichst großem Inhalt bei kleinstem Holzverbrauch (das heißt geometrisch: bei kleinster Oberfläche) erzeugen könnte.

Im siebzehnten Jahrhundert — es seien bloß Fermat, Cavalieri, Pascal, Gregorius a Sto. Vincentio, Wallis, Sluse, de Witt genannt — rückte man von allen Seiten dem Quadratur- und Kubaturproblem näher an den Leib und fand auch viel Gutes und Richtiges. Dabei bediente man sich zum Teil der Methoden des Archimedes, auf die hier noch nicht näher eingegangen werden kann. Volles Licht in die Zusammenhänge brachten allerdings erst Newton und Leibniz durch die Begründung der Infinitesimalgeometrie, der Unendlichkeitsanalysis.

Deshalb wollen wir jetzt die historischen Erörterungen beschließen und versuchen, Schritt für Schritt, möglichst sinnfällig das Problem der Quadratur zu lösen. Wir verzichten dabei bewußt auf philosophische Feinheiten, die auch heute noch nicht restlos geklärt sind, und gehen die Angelegenheit in einer Weise an, die unserem Widersacher oft Gelegenheit geben wird, die Augen entsetzt zum Himmel zu richten. Wir sind aber der Ansicht, daß ein ungefähres Verständnis besser ist als überhaupt keines. Besonders, wo wir eigentlich nicht mehr verbrechen, als daß wir Anschauungen wiedergeben, wie sie im achtzehnten Jahrhundert selbst die größten Mathematiker nicht als falsch empfanden. Der ehrgeizigere Leser kann sich dann immer noch später in den Werken großer und strenger Virtuosen der Mathematik von unseren Ketzereien reinwaschen.

Wir bemerken einleitend, daß das Quadraturproblem[1]) in großer Allgemeinheit erst zugänglich wurde, als einmal die Koordinatengeometrie begründet war. Also im Wesen nach Descartes. Und wir setzen es uns jetzt in den Kopf, den Flächeninhalt irgendeiner Fläche zu berechnen, die keineswegs überall geradlinig begrenzt ist. Etwa der Fläche OBC.

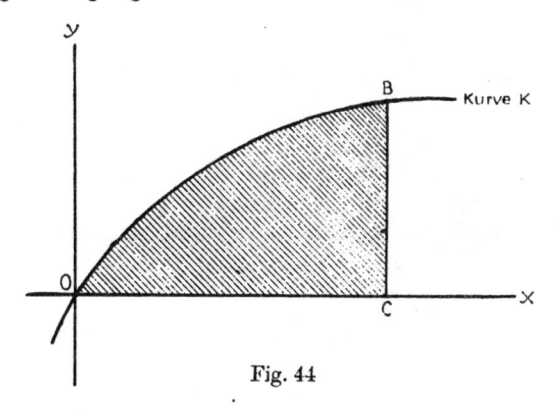

Fig. 44

Die Kurve K ist durchaus nicht das Stück eines Kreises. Sie ist irgendeine Kurve, allerdings eine, deren „Gleichung" wir zufällig kennen. Diese Gleichung sei y = f (x), das heißt, jedes

---

[1]) Das durchaus ähnliche Problem der Kubatur vernachlässigen wir, da wir nur „analytische Geometrie der Ebene" voraussetzen.

y ist für jedes x dadurch errechenbar, daß ich in die x den konkreten Wert für x einsetze. Wir schreiben absichtlich keine komplizierte Funktion hin, um später leichter rechnen zu können. Es ist aber vorausgesetzt, daß f(x) irgendein verwickelter Ausdruck ist, bestehend aus einer Zusammenstellung von x-Potenzen mit Koeffizienten und von konstanten Größen. f(x) heißt also irgendein aus x-Potenzen und Konstanten bestehender Ausdruck, dessen nähere Einzelheiten mich momentan nicht interessieren.

Vielleicht stört den Anfänger diese erweiterte Allgemeinheit. Wir wollen ja jetzt nicht einmal mehr mit allgemeinen Zahlen, sondern mit noch höheren Einheiten, nämlich mit „faustischen Zahlen" oder Funktionen rechnen. Deshalb erläutern wir den Vorgang noch einmal kurz:

$$y = f(x) \text{ wäre etwa } y = \frac{x^2}{5} + 3.$$

Natürlich könnte es ebensogut $y = 3x^2 + 4x + 9$ oder noch etwas anderes sein. Etwa $y = 2\sqrt{x^4 - 1}\left(\frac{2}{x} + 17\right)$. Gemeinsam ist all diesen Möglichkeiten die Form $y = f(x)$. Das heißt, in allen Fällen ist vorausgesetzt, daß der x-Wert willkürlich gewählt werden kann und sich dann y daraus zwangsläufig ergibt. Daher ist es arithmetisch auch dasselbe, ob wir y oder f(x) sagen. Beide Größen sind einander ja gleich und sind geometrisch nichts anderes als Ordinaten. Die „faustische Zahl" ist also nichts anderes als eine Ordinate, die aus dem jeweiligen Punkt x der Abszissenachse gezogen wird. Die „Kopfpunkte" aller Ordinaten aber bilden die „Kurve".

Noch eine kleine Zwischenbemerkung, bevor wir die „Quadratur" entdecken gehen. Real gesprochen, heißt „Funktion" die Tatsache, daß eine Größe gesetzmäßig von einer anderen abhängt. Jedes Kind weiß, daß sich Gegenstände durch Erwärmung ausdehnen. Auf dieser physikalischen Erfahrung beruht ja das Quecksilberthermometer. Ich darf nun sagen, daß die Ausdehnung eine Funktion der Temperatur sei. Solche Beispiele lassen sich zu Tausenden ersinnen. Die zurückgelegte Strecke bei einer Reise ist eine „Funktion" der Reisegeschwindigkeit. Die Schnelligkeit des Falls von Körpern ist eine Funktion der Anziehungskraft der Erde, die Größe des Menschen eine Funktion des Alters. Auch die Güte des Weines und Gorgonzolakäses kann eine Funktion des Alters sein.

Da aber etwa auch der Flächeninhalt eines Kreises vom Radius abhängt, so ist die Kreisfläche eine Funktion des Radius. Als weiteres Beispiel noch eine Betrachtung aus dem Alltagsleben: Jeder versierte Raucher weiß, daß Zigaretten milder schmecken, wenn sie dicker sind. Derselbe Tabak in einer dünneren Hülse schmeckt schärfer als in einer Hülse größeren Durchmessers. Wie läßt sich das erklären? Nun, sehr einfach. Die Papiermenge wächst bei größerer Zigarettendicke in „linearem" Maßstab. Umfang $= 2\,r\,\pi$. Ist r etwa 5 mm, dann bekommt man den Rauch von $(2 \cdot 5 \cdot 3.14)$ mm, also etwa 31.4 mm Papier zu schlucken. Wird $r = 10$ mm, dann verbrennt ein Papierumfang von $(2 \cdot 10 \cdot 3.14)$ mm, also 62.8.. mm. Die Tabakfläche, die brennt, ist dagegen durch $F = r^2\,\pi$ ausgedrückt. Bei r = 5 mm ist sie $(25 \cdot 3.14..)\,mm^2 = 78.5...mm^2$, bei r = 10 dagegen $(100 \cdot 3.14..)\,mm^2 = 314.1..\,mm^2$. Nun die Nutzanwendung: Die „Milde" ist eine quadratische Funktion von r, die „Schärfe" eine bloß lineare. Wollte ich die „Bildkurve" zeichnen, würde ich sehen, daß die „Milde" ungleich rascher steigt als die „Schärfe"[1]). Deshalb sind eben dickere Zigaretten bei Materialgleichheit milder als dünnere.

Zum Abschluß ein paradoxes Beispiel, das wir dem ausgezeichneten Buch von Georg Scheffers entnehmen. Es sei um den Äquator ein eiserner, genau anpassender Ring gelegt, der aus lauter Teilstücken zu je einem Meter besteht. Die Erde ist als geometrisch ideale, glatte Kugel angenommen. Wie weit, fragen wir, wird der Ring sich lockern, wie weit wird er ringsherum um die Erde abstehen, wenn ich an irgendeiner Stelle ein Meterstück einfüge. Jeder wird nach dem „Hausverstand" antworten, daß man die Lockerung überhaupt nicht bemerken wird. Ein Abstand von der Erde wird sicherlich nirgends sichtbar sein, da er höchstens einige Milliontel von Millimetern betragen könnte. Nun, so billig ist die Sache keineswegs. Unser Beispiel wird uns nicht bloß von der Unverläßlichkeit des „Hausverstandes", sondern auch von der wunderbaren Eindeutigkeit der Mathematik überzeugen.

---

[1]) Die „Milde" steigt in einer Parabel, die „Schärfe" in einer geraden Linie.

Wir schließen folgendermaßen: Der ursprüngliche Kreis hat den Umfang $2\,r\,\pi$. Folglich ist der Radius $\frac{2\,r\,\pi}{2\,\pi}$. Der um das Meterstück erweiterte Kreis hat den Umfang $(2\,r\,\pi + 1)$, folglich den Radius $\frac{2\,r\,\pi + 1}{2\,\pi}$, da jeder Radius nach der Formel $\frac{\text{Umfang}}{2\,\pi}$ zu berechnen ist. Nun subtrahieren wir den kleineren vom größeren Radius, wodurch wir den Abstand des neuen Kreisringes von der Erde erhalten müssen. Also

$$\frac{2\,r\,\pi + 1}{2\,\pi} - \frac{2\,r\,\pi}{2\,\pi} = \text{Abstand} = A$$

$$\frac{2\,r\,\pi}{2\,\pi} + \frac{1}{2\,\pi} - \frac{2\,r\,\pi}{2\,\pi} = A$$

$$A = (\text{Abstand}) = \frac{1}{2\,\pi}.$$

Da wir Metermaß verwendeten, ist $1 : 2\,\pi = 1\text{ m} : 6.283..$, was $15.92..$ cm oder rund 16 cm ergibt. Wahrhaftig, ein verblüffendes Resultat! Der Kreisring um die Erde wird also durch Hinzufügung eines einzigen Meters zu den restlichen 40.000 Kilometern überall um 16 cm von der Erde abgerückt. Der Mathematiker allerdings wundert sich nicht. Denn er sieht aus der Beziehung

$$A = \frac{1}{2\,\pi},$$

daß der Abstand nur von π abhängt, also von einer Größe, die mit dem jeweiligen Radius nichts zu tun hat. Er würde schreiben

$$y = A = f(\pi)$$

und damit zum Ausdruck bringen, daß der Abstand bei Einfügung eines neuen Kreisstückes stets um das gleiche wächst, ob es sich nun um den Äquator, einen Fingerring oder um die als kreisförmig angenommene Neptunbahn handelt. Stets ist allgemein

$$y = \frac{St}{2\,\pi},$$

wobei St das eingefügte Stück bedeutet. Füge ich gar etwa einen ganzen Kreisumfang ein, also $2\,r\,\pi$, dann erhalte ich

$$y = \frac{2\,r\,\pi}{2\,\pi} = r,$$

was nichts anderes sagt, als daß bei einem Kreis von doppeltem Umfang auch der Radius aufs Doppelte wächst. Das aber wissen wir schon vom „Zigarettenbeispiel", allerdings in umgekehrter Weise.

Für „Naturverständler" will ich nur beifügen, daß ja 16 cm auch im Verhältnis zum Erdradius im selben Verhältnis so wenig bedeuten wie der Meter zum Erdäquator. Wenn man das gehörig erfaßt hat, wird man wissen

$$16 \text{ cm} : \text{Erdradius} = 1 \text{ m} : \text{Erdumfang}$$

und wird befriedigt sein.

Jetzt aber, wieder um ein Stück gebildeter und elastischer, müssen wir uns der Quadratur zuwenden.

Wir legten uns schon früher die Aufgabe vor, ein Flächenstück zu berechnen, das etwa durch eine uns bekannte Kurve mit der Gleichung $y = f(x)$, der Abszissenachse und durch zwei Ordinaten y_1 und y_9 begrenzt wäre (s. Fig. 45).

Es ist aus der Figur ersichtlich, daß unsere gesuchte Fläche zwischen der Summe aller senkrechten Flächenstreifen (Rechtecke) liegen wird, bei denen die schraffierten kleinen Recht-

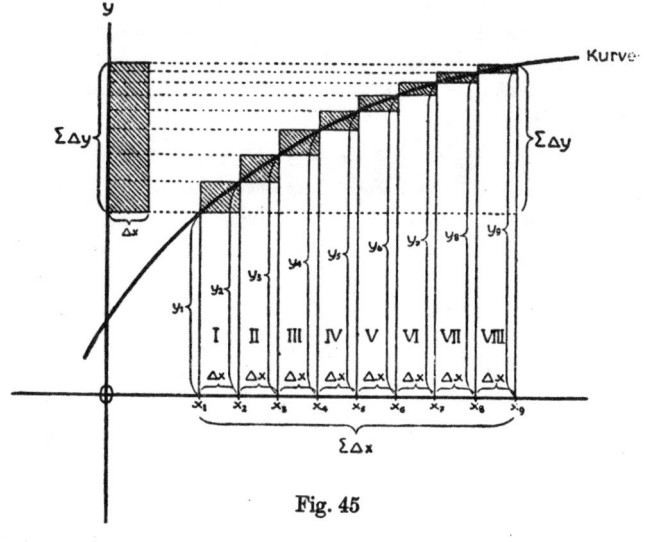

Fig. 45

ecke nicht mitgezählt sind und zwischen der Summe aller Streifen, bei denen diese schraffierten Rechtecke mitgezählt sind. Wäre keine Kurve, sondern eine Gerade vorhanden, dann hätte ich leichtes Spiel. Denn dann wäre jedes der schraffierten Rechtecke halbiert, und ich könnte alles sehr einfach berechnen. Da wir aber nun gerade eine Kurve zur Grundlage der Quadratur benützen wollen, müssen wir weiter forschen. Wie groß ist einmal die Summe der sogenannten „der Kurve einbeschriebenen" Streifen. Wir haben die Streifen numeriert:

Streifen I ist $(x_2 - x_1) \cdot y_1$
Streifen II ist $(x_3 - x_2) \cdot y_2$
Streifen III ist $(x_4 - x_3) \cdot y_3$
usw. bis
Streifen VIII ist $(x_9 - x_8) \cdot y_8$.

Da nun aber weiter $(x_2 - x_1)$ gleich ist $(x_3 - x_2)$ usw., da ja die x um gleiche Beträge nach rechts rücken, nennen wir diese Differenzen, die alle gleich sind, einfach Δx. Somit ist die Summe der einbeschriebenen Streifen

$$S_e = y_1 \Delta x + y_2 \Delta x + y_3 \Delta x + y_4 \Delta x + y_5 \Delta x + y_6 \Delta x + \\ + y_7 \Delta x + y_8 \Delta x.$$

Die Summe der umbeschriebenen Streifen, deren jeweilige Höhe naturgemäß größer ist als die der einbeschriebenen, da ja noch die kleinen geschrafften Rechtecke dazukommen, ist laut Figur:

$$S_u = y_2 \Delta x + y_3 \Delta x + y_4 \Delta x + y_5 \Delta x + y_6 \Delta x + y_7 \Delta x + \\ + y_8 \Delta x + y_9 \Delta x.$$

Wenn wir uns nun erinnern, daß man solche Summen mit dem Summenbefehl schreiben kann, dürfen wir die erste Summe $S_e = \sum_{1}^{8} y_\nu \, \Delta x$ und die zweite Summe $S_u = \sum_{2}^{9} y_\varrho \, \Delta x$ setzen. Weiters dürfen nach dem distributiven Gesetz die Faktoren, die bei allen Summanden vorkommen, vor das Summenzeichen gestellt werden. Ich darf also $\Delta x \sum_{1}^{8} y_\nu$ und $\Delta x \sum_{2}^{9} y_\varrho$ schreiben. Wenn wir weiters die gesuchte richtige, von der Kurve begrenzte Fläche mit F bezeichnen, dann wissen wir, daß

$$\Delta x \sum_{1}^{8} y_\nu < F < \Delta x \sum_{2}^{9} y_\varrho,$$

was nichts anderes ist, als die mathematische Formulierung dafür, daß die von der Kurve begrenzte Fläche zwischen der Summe der einbeschriebenen und der umbeschriebenen Flächenstreifen liegt.

Man könnte sich nun der großen Mühe unterziehen, mit Hilfe der bekannten Gleichung $y = f(x)$, die y-Werte für alle x-Werte wirklich auszurechnen. Dadurch erhielte man sowohl die Fläche der einbeschriebenen als der umbeschriebenen Rechtecke und wüßte, daß die gesuchte „Quadratur" irgendwo zwischen diesen Werten liegt. Machen wir nun das Δx kleiner und kleiner, die Flächenstreifen also schmaler, dann wird der Zwischenraum zwischen der „Innensumme" und der „Außensumme" der Streifen, wie man leicht aus einer entsprechenden Zeichnung sehen könnte, stets kleiner werden. Wenn man nach dieser Methode, die uns die Wirklichkeit stets besser erschöpft (daher Exhaustionsmethode von exhaurire = ausschöpfen), fortfährt, kommt man schließlich zu ganz guten angenäherten Ergebnissen. Allerdings ist die Arbeit ungeheuer groß und das Resultat, wie erwähnt, nur angenähert. Man stelle sich etwa vor, die Parabel $y = \frac{x^2}{5} + 3$ für den Bereich von $x_1 = 5$ und $x_{1000} = 10$ zu „erschöpfen". Man müßte zuerst feststellen, wie groß Δx ist. Da ich zwischen $x = 5$ und $x = 10$ nicht weniger als 999 Flächenstreifen legen soll, wäre $\Delta x = \frac{10-5}{999} = \frac{5}{999}$. Nun müßte ich Schritt für Schritt tausendmal das y berechnen. Also für

$$x_1 = 5 \qquad\qquad y_1 = \frac{25}{5} + 3 = 8$$

$$x_2 = 5 + \frac{5}{999} \qquad\qquad y_2 = \frac{\left(5 + \dfrac{5}{999}\right)^2}{5} + 3$$

$$x_3 = 5 + \frac{10}{999} \qquad\qquad y_3 = \frac{\left(5 + \dfrac{10}{999}\right)^2}{5} + 3$$

usw.

Dann müßte ich weiters sämtliche einbeschriebenen und sämtliche umbeschriebenen Flächenstreifen berechnen. Also:

einbeschriebener Streifen $1 = y_1 \Delta x = 8 \cdot \dfrac{5}{999} = \dfrac{40}{999}$

„ „ $2 = y_2 \Delta x = \left[\dfrac{\left(5 + \dfrac{5}{999}\right)^2}{5} + 3\right] \cdot \dfrac{5}{999}$

usw.

umbeschriebener Streifen $1 = y_2 \Delta x = \left[\dfrac{\left(5 + \dfrac{5}{999}\right)^2}{5} + 3\right] \cdot \dfrac{5}{999}$

„ „ $2 = y_3 \Delta x = \left[\dfrac{\left(5 + \dfrac{10}{999}\right)^2}{5} + 3\right] \cdot \dfrac{5}{999}$

usw.

Wenn man nun auch 1000 Streifen statt 999 hätte wählen können, um die Rechnung zu vereinfachen, und wenn auch weiters jeder nächstfolgende einbeschriebenen dem vorhergegangenen umbeschriebene Streifen gleich ist, sieht man doch, daß schon eine so einfache Funktion wie

$$y = \dfrac{x^2}{5} + 3$$

geradezu unerhörte Schwierigkeiten macht und daß man außerdem nur erst ein angenähertes Ergebnis dadurch erhält.

Man sieht aber noch etwas anderes: daß nämlich die Genauigkeit zunehmend wächst, je mehr Flächenstreifen wir addieren. Wenn wir also das Δx so klein als möglich wählen dürften, wenn wir aus Δx das dx, das eben noch „hinschwindend" eine Größe besitzt, zur Grundlinie der Flächenstreifen machen könnten, dann würden wir eine genaue Quadratur erhalten. Dazu aber müßten wir unendlich viele y berechnen, denn jede Länge des x besteht aus unendlich vielen dx. Wir fordern also zur Quadratur eine Operation, die es erlaubt, die Summe aller, innerhalb eines Bereiches von x_1 bis x_n liegenden bzw. von diesen Fußpunkten aufragenden Ordinaten mit dx zu multiplizieren. Der große Cavalieri schrieb daher das Quadraturproblem als „Summa omnium y" („Summe aller y"). Und Leibniz notierte auf jenem welthistorischen Zettel am 29. Oktober 1676 die Worte: „Es wird nützlich sein, von nun an statt ‚summa omnium y' des Cavalieri das Zeichen $\int y\,dx$ zu schreiben..."

Wir sind damit eigentlich auf dem Gipfel unseres Buches angelangt. Leibniz behauptet, es sei nützlich, statt des „Summa omnium y"-Befehls einfach den Integralbefehl[1]) $\int y\,dx$ zu erteilen. Ist das nicht bloß eine Wortspielerei? Oder steckt doch mehr dahinter? Etwa wieder eine „wahre Kabbala"?

Das müssen wir jetzt Schritt für Schritt untersuchen. Auf jeden Fall wissen wir schon, was von uns verlangt wird. Wir wollen es noch verdeutlichen. Wie beim Summenzeichen werden wir den „Bereich" des Integrals notieren und dieses dadurch zum „bestimmten" Integral machen. Ist das erste x, das uns interessiert, etwa gleich a und das Ende des Bereiches x = b, dann schreiben wir:

$$\int_a^b y\,dx$$

und lesen: „Integral über y von a bis b". Oder „Integral von y von der Untergrenze a bis zur Obergrenze b".

Nun wollen wir einen weiteren Schritt vorwärts machen. Wir wissen, daß y gleich ist f(x). Daher können wir auch schreiben

$$\int_a^b y\,dx = \int_a^b f(x)\,dx.$$

Der Befehl also wäre da. Nun fehlt aber noch das Rezept zur Ausführung des Befehls. Denn an und für sich ist der Befehl wieder einmal der helle Wahnsinn. Wir werden uns zur Konstatierung dieses psychopathischen Verlangens einmal ansehen, was im Bauche des Integrals vorgehen muß, um den Befehl zu erfüllen. Diese Zaubermaschine soll nicht weniger leisten, als folgende unendliche Summe zu bilden:

---

[1]) Das Wort Integral wurde von Jak. Bernoulli geprägt und mit Leibniz einverständlich als Bezeichnung des neuen Algorithmus $\int y\,dx$ festgesetzt.

1. Flächenstreifen f (a) · d x
2. „ f (a + d x) d x
3. „ f (a + 2 d x) d x
4. „ f (a + 3 d x) d x
   usw. unendlich oft,
vorletzter Flächenstreifen f (b − d x) d x
letzter „ f (b) · d x .

Dabei bedeuten f (a), f (a + d x) usw. die y-Werte, die bei dem jeweiligen x = a, x = a + d x, x = a + 2 d x usw. resultieren. Außerdem soll das d x gleich sein lim 0, also den letzten Wert vor dem Nichts repräsentieren. Oder wie man ungenau sagt: d x soll unendlich klein sein.

Da nun Leibniz und all die anderen großen Geister, die diese Wissenschaft begründeten, alles andere eher als geistesgestört waren, wollen wir nicht weiter grübeln, sondern wir werden jetzt das Wunder dankbar aus ihren Händen in Empfang nehmen.

Fünfundzwanzigstes Kapitel

Das Differential und das Problem der Rektifikation

Wir haben zu wiederholten Malen schon von Δ x, von Δ y, von d x und von d y gesprochen. Besonders d x und d y bezeichneten wir als eine Art Schlüssel zum Tor der höheren Mathematik. Wir werden uns also jetzt einmal diese winzigen Dinge näher ansehen. Dabei müssen wir bemerken, daß schon der Ausdruck „Dinge" eine schwere Ketzerei ist. Die Differentiale sind nicht einmal „Undinge". Sie sind, theoretisch richtig, verschwundene oder · „hinschwindende" Differenzen, sind Grenzwerte der körperlich noch faßbaren Δ x und Δ y.

Wenn wir sie gleichwohl verdinglichen, so hat das sowohl historische als pädagogische Gründe. Da wir in diesem Buche nur einführen wollen, nur gleichsam das erste Verständnis für Infinitesimales wecken müssen, so können wir gar nicht gegenständlich genug vorgehen. Geschichtlich hat unsere Wissenschaft auch sehr sinnfällig begonnen. Und durch diese Sinnfälligkeit wurden die ersten großen Entdeckungen gemacht. Daß dann auf diesem Grundsockel jede logische Verfeinerung durch zwei weitere Jahrhunderte geleistet wurde, berechtigt niemanden, die ersten Bahnbrecher als primitiv anzusehen. Auch der herrlichste Diamant wird aus der blauen Erde Südafrikas oft wie ein trüber Glasscherben zutage gefördert. Sicherlich ist die Arbeit der Steinschleifer von Amsterdam nicht zu verachten, die den Stein schließlich im Glanze tausendfachen Facettenschliffs aufblitzen lassen. Aber ohne Diamant kein Schliff. Und ebenso ohne eine vielleicht grobe Vorstellung des „Differentials" keine modernste puritanische Mathematik.

Wir vertagen also alle subtilen Fragen auf die Zeit, wo wir durch lange Studien sämtliche Grundlagen beherrschen werden. Dann werden wir auch mit Vergnügen die Präzision eines Cesaro, eines Kowalewski, eines Peano und anderer bewundern und genießen können.

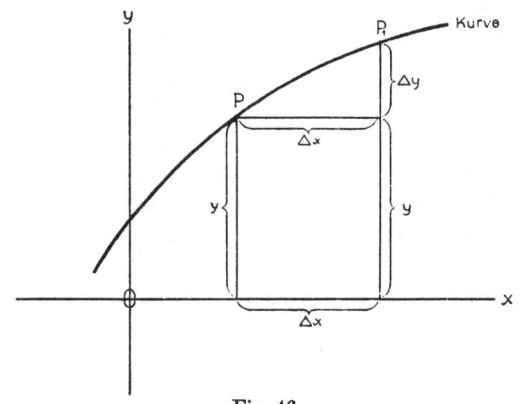

Fig. 46

Für jetzt aber stellen wir uns beherzt eine Kurve vor, bei der durch Wachsen des x auch das y wächst. Zuwachs des x ist Δ x, Zuwachs des y ist Δ y [oder Δ f (x)].

Das x, dessen zugehöriges y uns den Punkt P der Kurve eindeutig feststellt, ist um Δ x, also um einen endlich großen

Betrag gewachsen. Dadurch sei das neue y zwangsläufig entstanden, das sich als (y + Δ y) darstellt. Ordinaten-Endpunkt ist der Kurvenpunkt P_1. Das Stück PP_1 ist ein gekrümmtes Stück der Kurve. Würde ich nun nicht um den endlich großen Betrag Δ x auf der Abszissenachse vorrücken, sondern etwa nur um einen gleichsam unendlich kleinen Betrag d x, so wäre die Kurve auch gestiegen. Allerdings in unserem Fall auch nur um ein verschwindend kleines Stück d y. Die Punkte P und P_1 würden in einen „Doppelpunkt" zusammenrücken, und das Kurvenstück PP_1 wäre ebenfalls verschwindend klein: So klein, daß es gleichgültig ist, ob wir es als krummes oder gerades Stückchen betrachten. Dieses „Gleichgültig", ob gerade oder krumm, ist der Angelpunkt der Unendlichkeitsanalysis. Denn dadurch gewinnen wir die Möglichkeit, alle Regeln geradlinig begrenzter Figuren auf Kurventeilchen anzuwenden. Wir werden hiervon sowohl bei der „Quadratur" als bei der „Rektifikation"[1]) Gebrauch machen. Um aber unsere Erkenntnis noch zu vertiefen, wollen wir uns das sogenannte „charakteristische Dreieck" Leibnizens ansehen. Leibniz fand im Nachlaß Blaise Pascals eine Zeichnung, die ganz anderen Zwecken (nämlich der Untersuchung der Sinusfunktion) diente. Diese Zeichnung aber führte Leibniz wie eine Fackel, die bisher Verborgenes erhellte, zu seiner großen Entdeckung, der Differentialrechnung. Um nicht zu verwirren, wollen wir das „triangulum characteristicum" (char. Dreieck), ohne im Wesen etwas zu ändern, ein wenig anders zeichnen, als dies Pascal und Leibniz taten (s. Fig. 47).

An eine beliebige Kurve sei im Punkte A eine Tangente gelegt. Auf dieser Tangente gäbe es rechts und links von A in gleichen Abständen die Punkte B und C. Es ist nun nach einfachsten geometrischen Gesetzen offensichtlich, daß das schraffierte Dreieck ähnlich ist dem dickgeränderten Dreieck. Denn die Hypotenuse des dickgeränderten Dreiecks steht senkrecht auf der Hypotenuse des schraffierten, was vorausgesetzt ist. Und die längere Kathete des dickgeränderten Dreiecks ist senkrecht zur längeren Kathete des schraffierten. Daher sind die spitzeren Winkel der beiden Dreiecke gleich. Wenn aber in zwei

---
[1]) Wird später erklärt!

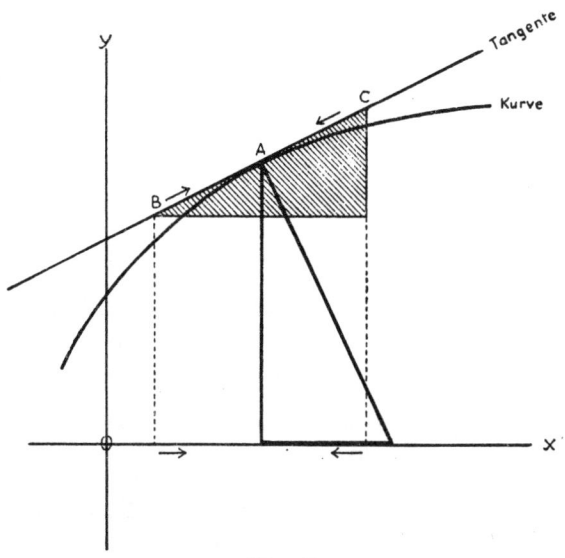

Fig. 47

rechtwinkligen Dreiecken ein spitzer Winkel gleich ist, ist auch der andere spitze Winkel in beiden gleich (er muß 90 — α Grade sein). Dreiecke, in denen aber alle Winkel paarweise gleich sind, heißen eben ähnliche Dreiecke.

Nun würden die Punkte B und C auf der Tangente gleichmäßig gegen A zu gleiten. Dadurch wird das schraffierte Dreieck immer kleiner, ohne jedoch an seiner Gestalt etwas zu verändern. Wir können uns schließlich vorstellen, daß B und C im Punkt A zusammenstoßen. Nun haben wir das Wunder der Differentiale in der Hand: Im Punkt A befindet sich jetzt gleichsam ein mikroskopisch kleines, dem freien Auge unsichtbares Dreieck. Seine Gestalt ist riesengroß im dichtumränderten Dreieck vor uns stehen geblieben. Dadurch auch die Größe seiner Winkel und das Verhältnis seiner Seiten. Es gibt aber noch ein zweites Wunder. Die Hypotenuse des schraffierten Dreiecks ist ein Stück der Tangente im Punkte A. Es steckt also im Punkt A, der ja der Kurve und der Tangente gemeinsam ist, ein winziges gerades Tangentenstückchen, das aber dazu noch ebensogut ein winziges Kurvenstückchen ist.

Wir geben zu, daß diese Janusköpfigkeit des „Kurvenelementes", das einmal krumm, einmal gerade sein soll, etwas von „schwarzer Magie" an sich hat. Man denke aber an die Kette eines Fahrrades, die ja, sogar sehr grob, aus geraden Stückchen besteht und sich gleichwohl um die kreisrunden Zahnräder schmiegt. Und denke sich jetzt noch die Kettenglieder als unvorstellbar winzig. Natürlich gibt es logisch einen Punkt, wo etwas aufhört, gerade zu sein. Gerade und krumm sind vom einen Standpunkt betrachtet so verschieden wie Feuer und Wasser, schwarz und weiß. Vom anderen Standpunkt aus kann man sich sehr gut einen Übergang vorstellen. Die Oberfläche eines Teiches erscheint uns ideal eben. Gleichwohl ist sie wegen der Kugelgestalt der Erde meßbar gekrümmt. Noch weniger gekrümmt wäre die Oberfläche desselben Teiches auf einer Kugel von Sonnengröße. Nehme ich eine Kugel von der Größe des Milchstraßensystems, wird die Krümmung noch kleiner usw. ins Unendliche. Unsere Annahme des Differentials setzt aber solch kosmische Annäherungen voraus. Denn es ist „denkbar", die Punkte B und C stets näher aneinanderzurücken.

Im Idealfall enthält also unser Punkt A ein winzigstes geschrafftes Dreieck, das dem „charakteristischen" ähnlich ist und das wir uns, riesenhaft vergrößert, zeichnen können (s. Fig. 48).

Seine drei Seiten nennen wir „Differentiale". Die eine Kathete, die mit der Abszissenachse parallel ist, heißt dx, die andere Kathete heißt dy, und das janusköpfige „Kurven-Tangenten-Element", das sich uns als Hypotenuse präsentiert, taufen wir ds.

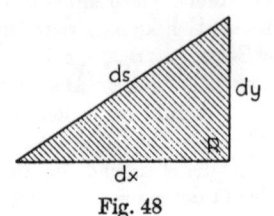

Fig. 48

Nun hätten wir aber an jedem Punkt der Kurve die Spitze eines charakteristischen Dreiecks annehmen können. Wenn wir dann weiter an jedem Punkt unseren Trick vorgenommen hätten, würde unsere Kurve sich gleichsam aus einer Perlenschnur solcher geschraffter Dreieckchen zusammensetzen. Die Kurvenlänge aber wäre die Aneinanderfügung aller Elemente ds. Und ein riesenhaft vergrößertes Stück der Kurve sähe so aus:

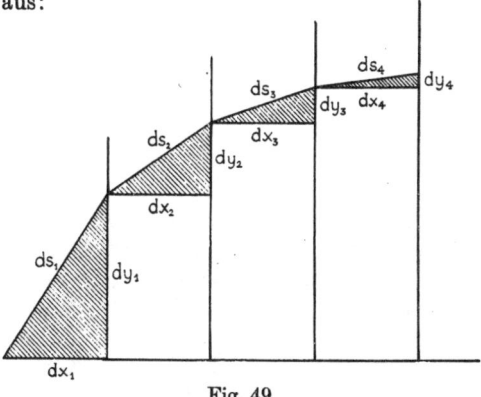

Fig. 49

Nun würde man aber den Sinn der Analyse mißverstehen, wenn man allzusehr am charakteristischen Dreieck klebte und dabei unsere erste Zeichnung vergäße. Wir müssen nämlich beachten, daß dx_1, dx_2 usw. winzige Zuwächse von x sind. dy_1 usw. sind die aus der Kurvengleichung $y = f(x)$ sich zwangsläufig ergebenden Zuwächse von y. Und die ds_1, ds_2 usw. sind die dabei entstehenden Kurventeilchen bzw. die Tangentenstückchen. Jede Kurve kann man sich nämlich auch aus unzähligen Tangentenstückchen entstanden vorstellen. Wenn etwa eine Löschwiege auf dem Papier schaukelt, dann ist das Papier die Tangente und die Wiegenkufe die Kurve. Würde ich die Sache umdrehen, die Wiege mit der Kufe nach oben auf das Papier stellen und dann ein starres Lineal in der gezeichneten Weise über die Kurven legen, dann wäre das Lineal in jedem Punkt die Tangente, und man könnte sich die Krümmung der Kufe aus unendlich vielen Punkten oder

Stückchen der Tangente entstanden denken. In der Geometrie werden ja Kurven häufig aus Tangenten konstruiert. Strenggenommen ist die Zirkelreißfeder auch nichts anderes als ein Stückchen der Kreistangente.

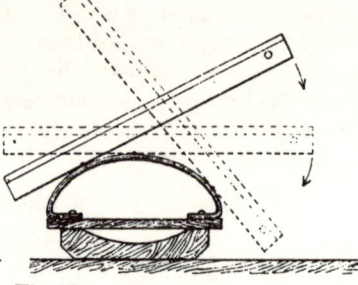

Fig. 50

Nun sind wir so weit, daß wir knapp vor einer riesigen Zusammenfassung stehen, die uns mit einem Schlag den ganzen Algorithmus der höheren Mathematik liefern wird.

Zuerst die „Rektifikation". Darunter versteht man die Ausmessung der Länge einer Kurve. Da wir nur mit geraden Maßstäben messen, müssen wir gedanklich die Kurve „rectam facere", das heißt gerade machen. Daher der Ausdruck Rektifikation (Rectificatio). Das ist im Prinzip nicht so schwer. Früher glaubte man, jede Kurve sei in ihrer Länge nur durch eine Irrationalzahl auszudrücken wie die Kreislinie bei rationalem Radius. Wir haben schon darauf hingewiesen, daß Irrationalität etwas Relatives ist. Für Kurven überhaupt braucht niemals Irrationalität der Kurvenlänge zu bestehen. Ich kann ja jede Schnur in einer Kurve auf den Tisch hinlegen. Dies aber nur nebenbei. Wir wissen — um zur Rektifikation zurückzukehren —, daß die Kurve eine unendliche Perlenschnur aller ds ist. Jedes ds läßt sich aber nach dem Lehrsatz des Pythagoras ausdrücken als $(ds)^2 = (dx)^2 + (dy)^2$ oder $ds = \sqrt{(dx)^2 + (dy)^2}$. Das wäre in schönster Ordnung. Fehlt nur noch die Kleinigkeit, wie wir die unendliche Summe aller ds bilden sollen. Hier stoßen wir auf einen dem Integral analogen, für uns noch unausführbaren Befehl. Und es hilft uns wenig, wenn wir vermuten, daß die Bogenlänge zwischen den Grenzen $x = a$ und $x = b$ gleich sein dürfte dem Integral aller ds oder

dem Integral aller $\sqrt{(dx)^2 + (dy)^2}$, was ja dasselbe sein muß.
Das Integral $\int_a^b ds$ können wir noch nach dem Naturverstand lösen. Es ist einfach die Kurvenlänge s zwischen den Abszissen a und b. Davon haben wir aber nichts. Denn das ist ja nicht die Antwort, sondern die Frage. Die Antwort wäre die Lösung des Integrals $\int_a^b \sqrt{(dx)^2 + (dy)^2}$, wobei wir hoffen, für die Rechnung die Gleichung der Kurve $y = f(x)$ irgendwie verwenden zu können. Aber wie?

Damit sind wir zum Ausgangsproblem zurückgekehrt. Wir wissen jetzt sowohl bei der Quadratur als bei der Rektifikation genau, was wir machen **sollen**. Wir haben sogar ein schönes Zauberzeichen, das Integralzeichen. Aber wir stehen wie angewurzelt und können den Befehl gleich jenem Träumenden nicht erfüllen, der gelähmt an seine Stelle gebannt ist und endlich in Angstschweiß gebadet erwacht. Dieses erlösende Erwachen aber wird uns das nächste Kapitel bringen.

Sechsundzwanzigstes Kapitel

Beziehungen zwischen Differentialquotient und Integralbefehl

Wir haben schon früher einmal gezeigt, daß man rein arithmetisch zwar nicht die einzelnen Differentiale, wohl aber ihr Verhältnis zueinander, den sogenannten Differentialquotienten $\frac{dy}{dx}$ bestimmen kann, wenn uns eine Funktion $y = f(x)$ gegeben ist. Wir haben diese sogenannte „Ableitung" oder „derivierte Funktion", wie der Wert des Differentialquotienten auch heißt, an zwei Beispielen zu gewinnen versucht und wirklich gewonnen. Und der Leser darf es uns glauben, daß jede beliebige Funktion durch mehr oder weniger verwickelte Rechnungen differentiierbar ist[1]). Die Differentialrechnung,

---
[1]) Natürlich nur, wenn sie nicht Eigenschaften hat, die dem Wesen der Differentiierbarkeit zuwiderlaufen.

deren Grundregeln wir bald kennenlernen werden, ist eine Rechnungsoperation, die mit derselben Sicherheit gehandhabt werden kann wie etwa die Multiplikation. Ob sie zu den thetischen oder lytischen Rechnungsarten gehört, darüber sind die Ansichten geteilt. Sie hat nämlich Eigenschaften von beiden Typen der Rechnungsoperationen. Darüber aber wollen wir uns vorläufig weiter nicht den Kopf zerbrechen, sondern vielmehr untersuchen, ob uns die Differentialrechnung nicht vielleicht den Schlüssel zur Bewältigung der Integralrechnung in die Hand gibt. Und zwar wollen wir die Geometrie für einige Zeit verlassen und der Angelegenheit rein formal und arithmetisch an den Leib rücken. Schon bei den Imaginärzahlen ist es uns gelungen, mit Hilfe einer Gleichung ein scheinbar unzugängliches Rätsel, die Größe des Drehungsfaktors bei 90 Graden, zu lösen und diesen Faktor als i zu entlarven.

Bei der Quadratur erhielten wir Befehle von der Form Fläche $= \int y \, dx$ und $\int f(x) \, dx$. In beiden Befehlen steckt sowohl die Funktion der Kurve (einmal als Ordinate y und einmal als in x ausgedrückter gleich großer Wert dieser Ordinate) als auch das dx. Die erste Frage, die wir zu untersuchen haben, ist nun, ob dieses dx aus der Funktion f(x) stammt. Dies ist offenbar nicht der Fall. Denn wir kennen bisher nur eine Gleichung

$$\frac{dy}{dx} = f'(x).$$

Ein dx gehört nach unseren bisherigen Erkenntnissen nicht zu einer „Stammfunktion", sondern zu einem Differentialquotienten einer Stammfunktion, den wir als y' oder f'(x) schreiben. Nun machen wir in Gedanken einen kühnen Kunstgriff, den Leibniz an jenem historischen 29. Oktober 1676 machte. Wir betrachten nämlich die Integrale so, als ob nicht eine Stammfunktion, sondern als ob ein Differentialquotient hinter dem Integralzeichen stände. In Wirklichkeit hat sich gar nichts geändert, das sei nochmals betont. Geändert hat sich bloß die große Kabbala unserer Auffassung. Hätte die zu quadrierende Kurve etwa die Gleichung $y = x^2$ gehabt, so bleibt es dabei. Wir behaupten bloß, daß es noch eine andere, die Stammfunktion F(x) gäbe, von der unsere Funktion $y = x^2$ eben der Differentialquotient sei.

Wir sind uns klar, daß dieses Umdenken die größte Schwierigkeit der Unendlichkeitsanalysis ist. Wenn man diesen Kunstgriff einmal verstanden hat, ist alles andere leicht und eine mehr oder weniger rechenmechanische Angelegenheit. Trotz der Schwierigkeit der Sache wollen wir aber vorläufig nicht verweilen, sondern weiterschreiten. Wir nehmen also kurzerhand an, wir hätten einen Differentialquotienten vor uns

$$\frac{dy}{dx} = f'(x) = y'.$$

Arithmetisch ist das eine Gleichung wie jede andere. Und ich kann sie formal nach den Regeln der Gleichungslehre behandeln. Also sie etwa mit dx multiplizieren. Dabei darf es uns nicht weiter stören, daß das Gleichheitszeichen zweimal erscheint. Denn hätte ich ein Rechteck mit den Seiten $a = 5$ und $b = 3$, so dürfte ich ja auch schreiben $F_R = a \cdot b = 5 \cdot 3$ oder sogar $F_R = a \cdot b = 5 \cdot 3 = 15$ und alles bliebe richtig, wenn ich mit 2 multiplizierte: $2 F_R = 2 a \cdot b = 2 \cdot 5 \cdot 3 = 30$. Also wir multiplizieren mit dx und erhalten

$$\frac{dy}{dx} dx = f'(x) dx = y' dx \text{ oder}$$
$$dy = f'(x) dx = y' dx.$$

Da wir aber nach unserer Waageregel die Gleichheit nicht ändern, wenn wir an gleichen Dingen gleiche Rechnungsoperationen vornehmen, dürfen wir auch auf beiden oder hier auf allen Seiten der Gleichung den Integralbefehl erteilen. Also:

$$\int dy = \int f'(x) dx = \int y' dx.$$

Nun sind wir zu unserer Überraschung einer höchst wichtigen Eigenschaft des Integrals auf die Spur gekommen. Es ist die Gegenoperation der Differentialrechnung. Denn würde ich wieder alle Integrale fortlassen (ent-integrieren könnte man auf unserer Stufe sagen), dann würde ich wieder

$$dy = f'(x) dx = y' dx$$

und bei Division durch dx

$$\frac{dy}{dx} = f'(x) \frac{dx}{dx} = y' \frac{dx}{dx} =$$
$$= f'(x) \quad = y',$$

271

also den ursprünglichen Differentialquotienten erhalten. Nun brauchen wir uns bloß noch darum zu kümmern, was $\int dy$ bedeutet. Es ist eine unendliche Aufsummierung aller dy, also aller y-Zuwächse in dem von uns gewählten Bereich der Kurve. Natürlich jener Kurve, die ich differentiiert habe, um f'(x) oder y' zu erhalten. Also der Kurve, die der mir beim Integral unbekannten „Stammfunktion" $y = F(x)$ entspricht. Das $\int dy$ ist also einfach y oder F(x), da dies ja das gleiche bedeutet. Und ich darf schreiben:

$$F(x) = y = \int y'\,dx = \int f'(x)\,dx.$$

Damit ist das Problem der Integralrechnung gestellt. Es lautet: Haben wir eine beliebige Funktion zu integrieren, dann ergibt sich als Resultat der Integration der Wert der „Stammfunktion", deren Differentialquotient die uns zum Integrieren vorgelegte Funktion ist.

Gewöhnlich wird die „vorgelegte" Funktion f(x) und die Stammfunktion F(x) geschrieben. Diese Schreibart ist für den Anfänger jedoch verwirrend, weil bei $y = f(x)$ und $y = F(x)$ das y zwei verschiedene Werte vorstellt. Man sollte entweder $y = F(x)$ und $y' = f(x)$ oder am konsequentesten gleich $y = F(x)$ und $y' = f'(x)$ schreiben. Nur ein Mensch, der sich die Infinitesimalrechnung im Selbststudium angeeignet hat, kann beurteilen, was für Schwierigkeiten die kleinste Abweichung von konsequenter Schreibung dem Anfänger macht.

Nun wissen wir also, daß

$$F(x) = y = \int f'(x)\,dx = \int y'\,dx$$

bedeutet. Dabei müssen wir noch eine naheliegende Frage stellen. Warum hatten wir bei Quadratur und Rektifikation zum Integral die Grenzen hinzugesetzt, während wir sie hier wegließen? Die Frage ist nicht leicht zu beantworten. Es gibt nämlich ein sogenanntes „bestimmtes" und ein „unbestimmtes" Integral. Das bestimmte zeigt uns die Aufsummierung innerhalb eines begrenzten, das unbestimmte dagegen die Aufsummierung innerhalb eines unbegrenzten Bereiches. Beiläufig verhalten sich das bestimmte und das unbestimmte Integral zueinander wie eine konkrete und eine allgemeine Zahl. Habe ich das „unbestimmte" Integral gefunden, das auch das „allgemeine" heißt, dann kann ich stets durch Einsetzung von

Grenzen zu einem „bestimmten" oder „konkreten" Integral kommen. Wir werden das bald an praktischen Beispielen kennenlernen.

Jetzt aber müssen wir uns der Differentialrechnung zuwenden, um aus ihr die Möglichkeit zu gewinnen, die Integrale wirklich zu berechnen oder „auszuwerten", wie man auch sagt. Dabei werden wir, dem gewöhnlichen Vorgang entgegen, stets beide Rechnungsarten gemeinsam betrachten. Zur Vorbereitung allerdings haben wir noch zwei kleine Hügel zu übersteigen. Nämlich eine Analyse der verschiedenen Kleinheitsordnungen und den sogenannten binomischen Lehrsatz, dessen ruhmvoller Entdecker Isaac Newton war.

Siebenundzwanzigstes Kapitel

Drei Arten des Nichts

Zuerst die verschiedenen Kleinheitsordnungen: Wir haben schon rein formal angedeutet, daß in der Unendlichkeitsanalyse das „winzig", „winzigst" und „allerwinzigst" eine große Rolle spielt. Wir behaupteten sogar schon und erklärten es arithmetisch durch Brüche, daß man ein $(dx)^2$ gegenüber einem dx einfach vernachlässigen dürfe, weil sich das x zum dx verhalte wie das Weltall zur Erde und das dx zum $(dx)^2$ wie die Erde zum Staubkorn. Wenn ich nun die Erde auf einer Zeichnung oder in einer Rechnung als kleinsten Punkt betrachte, dann kommt es auf Staubkörner nicht mehr an. Allerdings soll nicht verschwiegen werden, daß sich gegen diese Betrachtungsweise gerade viele Angriffe richten. Man gibt zu, daß es **praktisch** auf das Staubkorn nicht ankomme, daß es aber **theoretisch** zwar vernachlässigt werden könne, durch nichts jedoch aus der Welt zu schaffen sei. Die Infinitesimalrechnung gehöre deshalb nicht zur „Präzisionsmathematik", sondern zur „Approximations- (Annäherungs-) Mathematik", wie ja überhaupt auch alles Rechnen mit Irrationalzahlen nur „Annäherungsmathematik" sei.

So interessant es wäre, moderne Versuche zu besprechen, dieser Schwierigkeit zu begegnen, müssen wir uns dies gleichwohl im Rahmen unserer Darstellungsweise versagen. Wir werden eher versuchen, die Möglichkeit verschiedener Kleinheitsordnungen besonders sinnfällig zum Ausdruck zu bringen, indem wir rein zeichnerisch „drei Arten des Nichts" demonstrieren.

Zu diesem Zweck stellen wir uns vor, wir hätten einen Quader (d. i. ein Prisma oder eine Säule, deren Kanten alle rechtwinklig aneinanderstoßen). Dieser Quader bestände aus einem Metall, das sich wie alle Metalle durch Erwärmung ausdehnt. Nun soll die Ausdehnung aber nicht nach allen Richtungen, sondern bloß in drei Abmessungen erfolgen. Dies könnte man etwa dadurch erzielen, daß man das Metallstück in eine Zimmerecke stellt, so daß es sich nur nach oben und nach zwei Seiten gegen vorne zu ausdehnen kann.

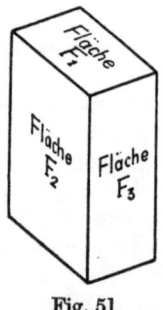

Fig. 51

Natürlich erfolgt die Vergrößerung des Metallquaders nicht getrennt in den verschiedenen Richtungen, sondern gleichzeitig. Nun zerlegen wir uns, nachdem der Quader seinen größten Rauminhalt erreicht hat, in Gedanken den „Zuwachs". Und zwar so, als ob jede der drei Flächen F_1, F_2 und F_3 ohne Rücksicht auf die anderen Flächen aus ihrer ursprünglichen Lage um den entsprechenden „Zuwachs" nach oben oder vorn gerückt wäre.

Der Deutlichkeit halber sind die einzelnen Teile, die den Gesamtzuwachs bilden, noch einmal gezeichnet und um die

Fig. 52

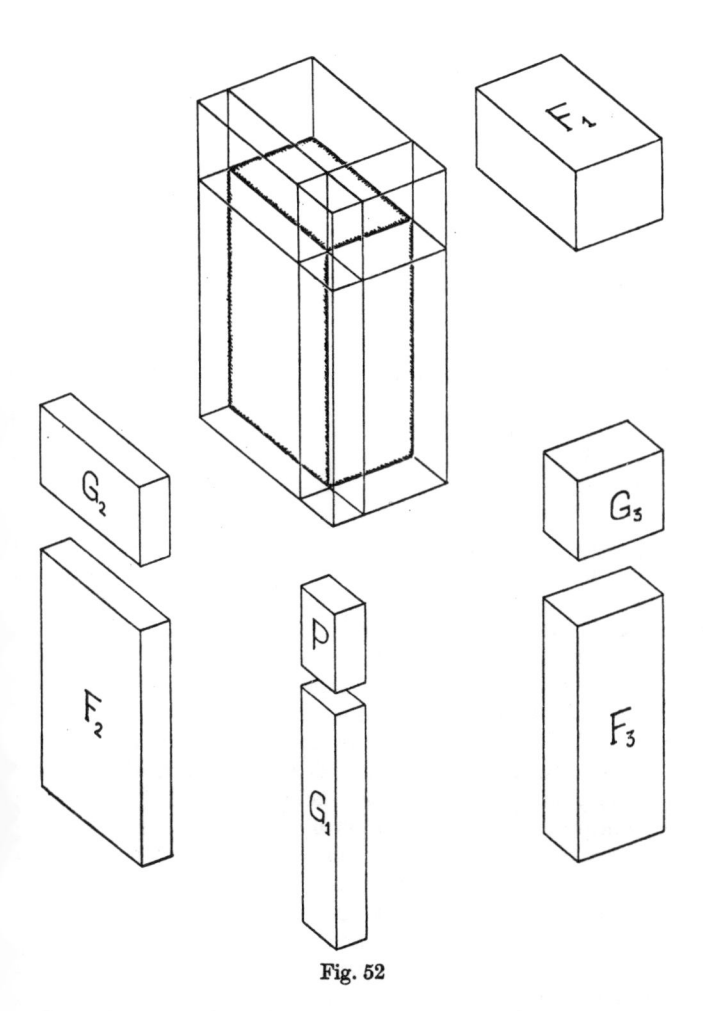

Hauptfigur, die deren Zusammensetzung zeigt, herumgestellt. Es ist klar, daß unser Metallquader, wenn wir auf die ursprüngliche Temperatur abkühlen, wieder die Größe annimmt, besser zur Größe einschrumpft, die er ursprünglich hatte. Alle Zuwachsstücke ziehen sich, rein arithmetisch gesprochen,

275

wieder zur Größe Null zusammen. Sie sind ins Nichts verschwunden. Bevor sie jedoch dieses Nichts erreichten, als sie, wie wir es schon nannten, noch Limes Null (lim 0) waren, hatten sie merkwürdigerweise eine grundverschiedene Größe. Die Flächenzuwächse (F_1, F_2, F_3) waren verschwindend dünne Flächen, die drei stabförmigen Ausfüllungsstücke (G_1, G_2, G_3) zogen sich zu Linien zusammen, während schließlich das würfelähnliche Gebilde (P) vorn oben zu einem Punkt schrumpfte. Wieder stoßen wir auf das Rätsel von Unterschieden im Nichts. Flächen-Nichts, Strecken-Nichts, Punkt-Nichts können nicht gleichbedeutend sein. Es sind, wenn der Ausdruck erlaubt ist, Nichtse verschiedener Mächtigkeit. Und wir deuten nur an, daß wir dies auch in folgender Art ausdrücken können, wenn wir den Punkt als „Einheit des Nichts" wählen: Ein Punkt ist ein Nichts. Eine Strecke ist eine Aneinanderreihung von unendlich vielen Punkten, ist also unendlichmal größer, obgleich sie an und für sich auch ein Nichts ist. Eine Fläche ist sogar als Produkt aus Länge und Breite eine Menge von unendlich mal unendlich vielen Punkten, also die Menge von unendlich zum Quadrat Punkten. Und dies, obgleich sie eigentlich durch ihre nur gedachte Begrenzung und durch ihre Dickelosigkeit wiederum eine Art des Nichts ist.

Das Etwas beginnt also ganz streng physisch (oder physikalisch) genommen erst durch das Hinzutreten der dritten Dimension. „Etwas" und „Dreidimensionalität" sind, von einem gewissen Standpunkt gesehen, das gleiche. Doch wir wollen uns nicht allzuweit in diese sehr komplizierten Tiefen der sogenannten „Mengentheorie", einem neuen und sehr abstrakten Teil der höchsten Mathematik, vorwagen. Wir stellen nur fest, daß wir nicht nur arithmetisch und logisch, sondern rein sinnfällig erkannt haben, daß es ebenso wie im Großen, so auch im Kleinen gewisse Rangordnungen der verhältnismäßigen Größe gibt. Man nennt sie die „verschiedenen Größenordnungen" oder auch speziell für das Kleine „Kleinheitsordnungen". Und man spricht von „Kleinheit erster, zweiter, dritter usw. Ordnung". dx ist eine Kleinheit erster Ordnung, $(dx)^4$ eine Kleinheit vierter Ordnung, $(dx)^n$ eine Kleinheit n-ter Ordnung und so fort bis zur Kleinheit ∞ter oder mehrfach ∞ter Ordnung. Wenn sich der Verstand und die Vorstellungskraft auch sträuben, unterhalb des „Kleinsten" noch Kleineres zu denken, so verlangt es doch eben derselbe Verstand, eine mit sich selbst multiplizierte Kleinheit als kleiner zu betrachten als die nichtmultiplizierte. Ebenso, wie ja sicher $\frac{1}{10}$ größer ist als $\frac{1}{10} \cdot \frac{1}{10} = \frac{1}{100}$. Man könnte natürlich einwenden, daß die Übertragung von Begriffen und Regeln, die nur für das Endliche gelten und dort beweisbar sind, auf Operationen, in die das unvorstellbare und unkontrollierbare Unendlich hineinspielt, nicht zulässig seien. Nun haben wir aber dagegen wieder die gute Ausrede, daß wir ja gar nicht mit dem Unendlichkleinen, sondern bloß mit dem Beliebigkleinen arbeiten. Also stets mit lim 0 und nicht mit 0, die dem Unendlichkleinen wertmäßig entspräche. Und zweitens sind wir in der Lage, unsere „infinitesimalen" Behauptungen wo nicht stets zu beweisen, doch sicher und untrüglich zu verifizieren.

Wir müssen aber jetzt aus unserer anregenden Erörterung des Unendlichkleinen wieder zu etwas sehr Konkretem zurückkehren, um endlich die letzte Vorbedingung für unseren Gipfelsturm zu schaffen. Wir werden also all unsere bisherigen arithmetischen Kenntnisse zusammenfassen, um den berühmten „binomischen Lehrsatz" zu bewältigen. Es gibt für diesen Satz die verschiedensten Ableitungen. Wir wählen die elegante kombinatorische Darstellung, um den Zusammenhang der Kombinationslehre mit dem schon oft erwähnten „Binomialkoeffizienten" deutlich zu machen.

Achtundzwanzigstes Kapitel

Binomischer Lehrsatz

Zuerst eine Begriffsfeststellung. Man nennt eine Zahl der Form $(x + a)$ oder $(x + b)$ eine „binomische Zahl" oder, wenn mit dieser Zahl multipliziert wird, einen „binomischen Faktor". Dabei ist das x hier nicht als Unbekannte aufgefaßt, sondern wird bloß aus gleichsam optischen Unterscheidungsgründen verwendet[1]). „Binom" (auf deutsch: „Zweigliederausdruck") heißt jede additive oder subtraktive Verbindung zweier Zahlen, die irgendwie als neue Einheit aufgefaßt wird.

Wenn ich nun etwa $(x + a)$ mit $(x + b)$ multipliziere, also das Produkt der binomischen Faktoren $(x + a)$ und $(x + b)$ bilden soll, so erhalte ich

$$(x + a)(x + b) = x^2 + ax + bx + ab = x^2 + (a + b)x + ab.$$

Ähnlich wäre

$$(x + a)(x + b)(x + c) =$$
$$= x^3 + (a + b + c)x^2 + (ab + ac + bc)x + abc,$$

was der Leser leicht nachprüfen kann.

Um den Aufbau unseres Ergebnisses noch deutlicher hervortreten zu lassen, wählen wir eine Darstellung, die schon Leibniz bei manchen Gelegenheiten anwandte, und schreiben:

$$(x + a)(x + b) = x^2 + \left.\begin{matrix}a\\b\end{matrix}\right\} x + ab \quad \text{und}$$

$$(x + a)(x + b)(x + c) = x^3 + \left.\begin{matrix}a\\b\\c\end{matrix}\right\} x^2 + \left.\begin{matrix}ab\\ac\\bc\end{matrix}\right\} x + abc$$

Schon hier wird ein geübteres Auge zweierlei erkennen. Erstens, daß die in jedem binomischen Faktor enthaltene Größe x nach fallenden Potenzen geordnet auftritt. Zweitens, daß die „Koeffizienten" dieser x-Potenzen unzweifelhaft kombinatorischen Charakter haben, da ja zuerst alle Unionen, dann alle Amben und schließlich alle Ternen der „Elemente" a, b und c erscheinen. Die Form der „Komplexion" (kombinatorische Verknüpfung) ist die der „Kombination ohne Wiederholung". Elemente sind sämtliche in den binomischen Faktoren auftretenden ungleichen Größen a, b, c.

Wir wollen der Deutlichkeit halber noch ein komplizierteres Beispiel betrachten, nämlich

---

[1]) Der tiefere Sinn der Verwendung des x liegt darin, daß der „binomische" Lehrsatz vorwiegend zur Entwicklung von Funktionen benützt wird, in denen die Veränderliche x in einem Binom auftritt.

$$(x+a)(x+b)(x+c)(x+d)(x+e) =$$

$$= x^5 + \begin{matrix} a \\ b \\ c \\ d \\ e \end{matrix} \Big\} x^4 + \begin{matrix} ab \\ ac \\ ad \\ ae \\ bc \\ bd \\ be \\ cd \\ ce \\ de \end{matrix} \Big\} x^3 + \begin{matrix} abc \\ abd \\ abe \\ acd \\ ace \\ ade \\ bcd \\ bce \\ bde \\ cde \end{matrix} \Big\} x^2 + \begin{matrix} abcd \\ abce \\ abde \\ acde \\ bcde \end{matrix} \Big\} x + abcde.$$

Warum diese merkwürdige Struktur entsteht, ist nicht so rätselhaft als es auf den ersten Blick erscheint. Die Struktur ergibt sich einfach daraus, daß beim Multiplizieren in unserem Fall stets fünf[1]) Einzelglieder miteinander multipliziert werden müssen. Das x^5 ist nichts anderes als $x \cdot x \cdot x \cdot x \cdot x$ und das ax^4 ist nichts als $x \cdot x \cdot x \cdot x \cdot a$. Weiters ist etwa $acex^2 = acex \cdot x$ usf. Diese Andeutung dürfte vorläufig genügen, denkende Leser von der Notwendigkeit kombinatorischer Zusammenhänge zu überzeugen.

Nun wollen wir das bisher Erkannte als Regel zusammenfassen und die Gestalt eines Produktes von binomischen Faktoren festlegen, in denen die „Zweigliederausdrücke" (Binome) je aus x und einer anderen Größe bestehen, die in jedem Binom einen anderen Wert hat:

Das Produkt solcher binomischer Faktoren wird sich als Reihe fallender Potenzen von x darstellen, und zwar beginnend mit der Potenz, deren Anzeiger gleich groß ist mit der Anzahl aller Binome. Diese Potenzreihe fällt je um eins im Potenzanzeiger. Jenseits von x^1 gibt es noch eine Nullpotenz von x, so daß also das Ergebnis der Multiplikation um ein Glied mehr hat als die Anzahl der Binome beträgt. Diese vorläufig ohne Koeffizienten angeschriebene Reihe

$$x^n + x^{n-1} + x^{n-2} + \ldots\ldots + x^2 + x^1 + x^0,$$

wobei n die Anzahl der Binome bedeutet, erhält nun Koeffizienten, und zwar

---

[1]) Allgemein: soviel als Binome vorliegen.

$$C_0 x^n + C_1 x^{n-1} + C_2 x^{n-2} + \ldots\ldots + C_{n-2} x^2 + C_{n-1} x^1 + C_n x^0.$$

Diese Koeffizienten nun deuten durch ihren Index an, was für eine Kombinationsklasse aus den n-Elementen sie darstellen. Das x^n erhält den Koeffizienten $C_0 = 1$, da es nur aus x besteht. Das x^{n-1} hat alle Unionen, das x^{n-2} alle Amben, das x^{n-3} alle Ternen usw. als Koeffizienten, die sich aus n-Elementen bilden lassen. Und zwar als Kombination ohne Wiederholung. Diese „Kombinationen" sind aber hier nicht etwa bloße Umstellungen, sondern wirkliche Produkte. Es liegt also hier eine Vereinigung von Kombinatorik und Multiplikation vor.

Wenn wir nun einen Kunstgriff anwenden und annehmen, daß alle unsere a, b, c usw. untereinander gleich sind, so daß $a = b = c = d = e$ usf., so dürfen wir einfach schreiben:

$$(x + a)(x + a)(x + a)(x + a)(x + a)\ldots\ldots \text{usf.}$$

oder was dasselbe bedeutet

$$(x + a)^n = ?$$

Jetzt sind wir beim Kernproblem des sogenannten „binomischen Lehrsatzes" angelangt, dem in der Mathematik ungeheure Bedeutung zukommt. Durch die Lösung unseres Problems werden wir (vorläufig für ganzzahlige, positive Potenzanzeiger) in den Stand gesetzt werden, jede beliebige Potenz eines beliebigen Binoms direkt in Form einer fallenden Potenzreihe hinzuschreiben. Es spielt jetzt auch keine Rolle mehr, ob ich das x lasse oder durch irgendeinen anderen Buchstaben ersetze. Wir belassen es bloß wegen des Zusammenhanges mit dem Vorhergegangenen an seiner Stelle.

Nach unseren Regeln müßte das Ergebnis des n-mal als Faktor gesetzten $(x + a)$, was ja nichts anderes heißt als $(x + a)^n$, folgendermaßen lauten:

$$C_0 x^n + C_1 x^{n-1} + C_2 x^{n-2} + \ldots\ldots + C_{n-2} x^2 + C_{n-1} x^1 + C_n x^0.$$

Daß C_0 gleich ist eins, wissen wir schon. Wie groß aber sind C_1, C_2, C_3 usw.? Wir werden es durch logische Schlüsse feststellen. Unser C_1 soll ja nichts anderes sein als die Summe aller

Unionen, die sich aus den n, von x verschiedenen Summanden der Binome ergeben. Da aber diese Summanden alle gleich a sind, so ist die Summe aller Unionen a + a + a + a......+a (n-mal) gleich n a oder, kombinatorisch geschrieben, $\binom{n}{1}$ a. Das C_2, der zweite Koeffizient, ist die Summe aller Amben aus den a. Da jede Ambe a · a lautet, so ist er die Summe aller a^2. Oder kombinatorisch $\binom{n}{2}$ a^2. Die Ternen wären a · a · a = a^3. Folglich ist $C_3 = \binom{n}{3}$ a^3. Jetzt ist das Bildungsgesetz schon klar. Und damit ist die Lösung des Problems geglückt. Es ist also:

$$(x + a)^n = \binom{n}{0} x^n + \binom{n}{1} a x^{n-1} + \binom{n}{2} a^2 x^{n-2} + \cdots$$
$$\cdots + \binom{n}{n-1} a^{n-1} x + \binom{n}{n} a^n.$$

Bevor wir einen konkreten Fall berechnen, wollen wir noch die als „Pascalsches Dreieck" oder „Dreieck der Binomialkoeffizienten" bekannte Hilfstafel besprechen, die es uns in leichtester Weise gestattet, die „Binomialkoeffizienten" bis zu beliebigem n aufzubauen. Sie hat folgende Gestalt:

```
0                           1
I                         1   1
II                      1   2   1
III                   1   3   3   1
IV                  1   4   6   4   1
V                 1   5  10  10   5   1
VI              1   6  15  20  15   6   1
VII           1   7  21  35  35  21   7   1   usw.
```

Ohne den etwas umständlichen Beweis für ihre Richtigkeit zu führen, machen wir darauf aufmerksam, daß jede Zahl im Inneren der Hilfstafel gleich ist der Summe der beiden rechts und links über ihr stehenden Zahlen. Dadurch sind wir in den Stand gesetzt, Schritt für Schritt, rein mechanisch, dieses „Dreieck" ins Unendliche zu erweitern. Es sei noch erwähnt, daß Blaise Pascal dieses Dreieck als „triangulus mathematicus" (mathematisches Dreieck) selbständig entdeckte, daß die Binomialkoeffizienten aber schon vor Pascal von Stifel (1544) erwähnt wurden und den chinesischen Mathematikern sogar schon um 1300 n. Chr. bekannt waren.

Man wird mit Recht fragen, wie dieses Dreieck zu benützen sei. Nun, sehr einfach. Die römischen Ziffern links am Rande bedeuten die ganzzahlige positive Potenz, zu der das Binom erhoben werden soll. Dann entsprechen die der betreffenden Zeile angehörigen Zahlen den von uns früher mit C_0, C_1, $C_2 \ldots C_{n-1}$, C_n bezeichneten Koeffizienten. Sie müssen also auch den kombinatorisch geschriebenen Binomialkoeffizienten gleich sein. Wählen wir etwa als Beispiel den Fall $(x + a)^7$ und entwickeln wir die Potenz nach dem binomischen Lehrsatz in eine Potenzreihe, fallend nach x:

$$(x + a)^7 = x^7 + \binom{7}{1} x^6 a + \binom{7}{2} x^5 a^2 + \binom{7}{3} x^4 a^3 + \binom{7}{4} x^3 a^4 + \\ + \binom{7}{5} x^2 a^5 + \binom{7}{6} x a^6 + a^7.$$

Wenn wir der Vollständigkeit halber noch als Koeffizienten von x^7 den Ausdruck $\binom{7}{0}$ und als Koeffizienten von a^7 den Ausdruck $\binom{7}{7}$ anschreiben, dann ergäben sich bei einem Binom, zur 7ten Potenz erhoben, folgende Binomialkoeffizienten

$$\binom{7}{0} \quad \binom{7}{1} \quad \binom{7}{2} \quad \binom{7}{3} \quad \binom{7}{4} \quad \binom{7}{5} \quad \binom{7}{6} \quad \binom{7}{7}$$

und ausgerechnet die Zahlen 1   7   21   35   35   21   7   1,
womit wir das Pascalsche Dreieck glänzend verifiziert haben.

Nun noch einige Beispiele zum binomischen Lehrsatz:

$(4 + 7)^5 = ?$ Natürlich könnte man hier einfach 4 und 7 addieren und sofort die fünfte Potenz von 11 berechnen, wodurch man $11^5 = 161051$ erhielte. Wir wollen aber die Gelegenheit benützen, unseren binomischen Lehrsatz wieder von einer anderen Seite her zu bewahrheiten und zu prüfen, wobei noch bemerkt wird, daß die Zerlegung einer Zahl in ein Binom auch vom Standpunkt des praktischen Rechnens empfehlenswert ist[1]). Wir rechnen also:

---

[1]) Außerdem beruht das „Quadrieren" und „Kubieren" von Zahlen eines Stellenwertsystems auf binomischen Operationen. So ist etwa $13^2 = (10 + 3)^2$ usw.

$$(4+7)^5 = \binom{5}{0} 4^5 \cdot 7^0 + \binom{5}{1} 4^4 \cdot 7^1 + \binom{5}{2} 4^3 \cdot 7^2 + \binom{5}{3} 4^2 \cdot 7^3 +$$
$$+ \binom{5}{4} 4^1 \cdot 7^4 + \binom{5}{5} 4^0 \cdot 7^5 =$$
$$= 1 \cdot 1024 \cdot 1 + 5 \cdot 256 \cdot 7 + 10 \cdot 64 \cdot 49 +$$
$$+ 10 \cdot 16 \cdot 343 + 5 \cdot 4 \cdot 2401 + 1 \cdot 1 \cdot 16807 =$$
$$= 1024 + 8960 + 31360 + 54880 + 48020 +$$
$$+ 16807 = 161051,$$

womit wir das erwartete Resultat erhalten.

Als zweites Beispiel etwa:
$$(1+x)^9 = \binom{9}{0} \cdot 1^9 x^0 + \binom{9}{1} 1^8 x^1 + \binom{9}{2} 1^7 x^2 + \binom{9}{3} 1^6 x^3 + \binom{9}{4} 1^5 x^4 +$$
$$+ \binom{9}{5} 1^4 x^5 + \binom{9}{6} 1^3 x^6 + \binom{9}{7} 1^2 x^7 + \binom{9}{8} 1^1 x^8 + \binom{9}{9} 1^0 x^9 =$$
$$= 1 + 9x + 36x^2 + 84x^3 + 126x^4 + 126x^5 + 84x^6 +$$
$$+ 36x^7 + 9x^8 + x^9.$$

Zum Abschluß wollen wir noch beifügen, daß das Binom selbstverständlich auch $(x-a)^n$ oder $(-x-a)^n$ lauten könnte. Nach dem Gesetz der Verknüpfung von Vorzeichenbefehlen sind dann die jeweiligen Vorzeichen gemäß den vorkommenden Potenzen von x und a zu bestimmen. Hätten wir bei $(x-a)^4$ etwa das Vorzeichen von $4x^3a$ festzustellen, so ist es klar, daß es sich nur um ein Minus handeln kann. Denn die Zahl lautet ja $4 \cdot x \cdot x \cdot x \cdot (-a)$, also $(-4x^3a)$.

Weiters wollen wir versuchen, den binomischen Lehrsatz als Summenformel anzuschreiben:

$$(x+a)^n = \sum_{\nu=0}^{n} \binom{n}{\nu} x^{n-\nu} \cdot a^\nu = \binom{n}{0} x^n a^0 + \binom{n}{1} x^{n-1} a^1 + \ldots + \binom{n}{n} x^0 a^n.$$

Da nun aber in der Mathematik durchaus nicht stets nach ganzzahligen positiven Potenzen von Zweigliederausdrücken (Binomen) gefragt wird, müssen wir noch kurz den Fall erörtern, daß uns gebrochene oder negative Potenzen gegeben sind. Wir wählen zuerst das Binom $(1+x)^n$ und fordern, daß das n entweder eine Bruchzahl oder eine negative Zahl sei. Da wir in unserem Rahmen leider nicht über die Kenntnisse verfügen, diesen Fall von Grund auf zu erörtern, müssen wir uns mit der Feststellung begnügen, daß bei gebrochenem oder negativem Potenzanzeiger der binomische Lehrsatz oder die

Binomialentwicklung, in die sogenannte unendliche „Binomialreihe" übergeht, die die Form

$$(1 + x)^n = 1 + \binom{n}{1}x + \binom{n}{2}x^2 + \binom{n}{3}x^3 + \ldots + \binom{n}{r}x^r + \ldots$$

hat. Dabei bedeutet das r eine noch endliche Zahl, die aber größer sein darf als n.

Will ich dagegen nicht bloß $(1 + x)$, sondern etwa $(a + x)$ in die unendliche Binomialreihe entwickeln, dann kann ich durch einen Kunstgriff die Form $(1 + x)$ herstellen, indem ich aus $(a + x)^n$ einfach $a^n \left(1 + \frac{x}{a}\right)^n$ mache. Dadurch kann ich dann das $\left(1 + \frac{x}{a}\right)^n$ nach obiger Formel behandeln, in eine unendliche Binomialreihe auflösen und das Ergebnis dann mit a^n multiplizieren.

Doch wir wollen dies, wie erwähnt, nur andeuten. Da wir aber einmal von „unendlichen Reihen" gesprochen haben, müssen wir noch kurz erörtern, was man unter einer „Reihe" versteht.

Wie schon der Name sagt, ist eine Reihe eine Aneinanderreihung von Größen. Und zwar durch Addition oder Subtraktion. Sie ist endlich, wenn sie nach einer bestimmten endlichen Gliederanzahl abbricht, unendlich dagegen, wenn sie ins Unendliche weiterläuft. So ist etwa die Leibniz-Reihe $\frac{\pi}{4} = 1 - \frac{1}{3} + \frac{1}{5} - \frac{1}{7} + \ldots$ eine unendliche Reihe. An dieser Leibniz-Reihe können wir sofort noch einen anderen wichtigen Begriff erörtern. Wir wissen, daß die Summe all dieser unendlich vielen Glieder den Wert $\frac{\pi}{4}$, also einen greifbaren Wert ergibt. Eine solche unendliche Reihe heißt eine konvergente Reihe, weil sie nach einem Grenzwert $\left(\text{hier } \frac{\pi}{4}\right)$ konvergiert (hinstrebt oder gleichsam zusammenstrahlt). Eine Reihe $1 + 3 + 5 + 7 + 9 + \ldots$ ergibt als Summe sichtbar unendlich. Diese Reihe nennen wir divergent, sie divergiert (strahlt, strebt auseinander).

Die Untersuchung, ob eine Reihe konvergent oder divergent ist, gehört zu den schwierigsten Aufgaben der Mathematik. Es ist nämlich durchaus nicht sicher, ob eine Reihe von schrittweise verkleinerten Gliedern konvergent ist. So ist etwa die unendliche Reihe

$$1 + \frac{1}{\sqrt{2}} + \frac{1}{\sqrt{3}} + \frac{1}{\sqrt{4}} + \frac{1}{\sqrt{5}} + \ldots \text{ usw.}$$

sonderbarerweise divergent, obgleich jedes Glied der Reihe kleiner ist als das vorhergehende. Die Addition dieser Reihe ergibt die Summe unendlich, während etwa die unendliche Reihe:

$$\frac{1}{1 \cdot 2} + \frac{1}{2 \cdot 3} + \frac{1}{3 \cdot 4} + \frac{1}{4 \cdot 5} + \ldots \text{ usw.}$$

konvergent ist und als Summe aller unendlich vielen Glieder 1 ergibt.

Wie wir schon bei der Leibniz-Reihe sahen, ist eine unendliche Reihe oft ein Hilfsmittel einer Quadratur. Tatsächlich läßt sich jedes Integral in eine unendliche Reihe umwandeln, und schon Archimedes hat mit konvergenten unendlichen Reihen gearbeitet, um Quadraturen zu erzielen.

Neunundzwanzigstes Kapitel

Parabelquadratur des Archimedes

Der große Archimedes hat unbestritten das Verdienst, für die Quadraturen krummlinig begrenzter Flächen als erster derart geniale Methoden ausgebildet zu haben, daß diese Methoden bis zum Ende des siebzehnten Jahrhunderts nachwirkten und in Anwendung standen.

Wir werden deshalb die Mühe nicht scheuen, etwas tiefer in die archimedische Methode einzudringen, und wählen als Beispiel die Quadratur der „gemeinen Parabel", die Archimedes als erster durchführte und die er in seinen Schriften „Quadratur der Parabel", „Vom Gleichgewicht der Ebene II" u.a. behandelte. Und zwar wollen wir uns dabei seine rein geometrischen Versuche ansehen und die für uns zu schwierigen statischen Methoden beiseite lassen.

Die geometrische Methode, die Archimedes anwendet, ist die später sogenannte Exhaustions- oder Ausschöpfungsmethode, die im Wesen auf nichts anderes hinausläuft als auf die Einbeschreibung gleichartiger oder regelmäßiger geradlinig begrenzter Figuren in die Kurve. Eine stets zunehmende Vielheit dieser immer kleiner werdenden Figuren ergibt ein zunehmendes Anschmiegen der geradlinig begrenzten Figuren an die krumme Linie, bis man nach unendlicher Wiederholung zu so kleinen Begrenzungsgeraden der geradlinig begrenzten Figuren gelangt, daß man sie als Elemente der Kurve betrachten darf. Nun gilt es aber noch, den zweiten, wesentlicheren Schritt zu tun: Man muß auch imstande sein, die unendliche Anzahl der geradlinig begrenzten Figuren zu summieren, da erst diese unendliche Summe uns die Fläche der „ausgeschöpften", durch unendlich viele geradlinig begrenzte Figuren ausgefüllten, krummlinig begrenzten Fläche liefern kann. Wie dies möglich ist, werden wir später sehen. Jetzt zeichnen wir uns vorläufig ein beliebiges Stück einer „gemeinen Parabel" hin, von der auch schon zur Zeit des Archimedes zahlreiche Eigenschaften bekannt waren (s. Fig. 53).

Gesucht ist der Flächeninhalt eines Parabelabschnittes, eines sogenannten Parabelsegments[1]). Wir beschreiben nun diesem Segment ein Dreieck ein, dessen Scheitel im sogenannten Hauptscheitel der Parabel liegt. Aus Gründen der Einfachheit und besseren Vergleichbarkeit mit der Integralbehandlung der Parabel, die wir später vornehmen werden, betrachten wir nur die obere Hälfte des Segments. In dieser Hälfte liegt also jetzt ein großes rechtwinkliges Dreieck (die Hälfte des ganzen einbeschriebenen Dreiecks), dessen Hypotenuse vom Hauptscheitel der Parabel bis dorthin reicht, wo die den Abschnitt begrenzende Sehne oben die Parabel schneidet. Katheten dieses, von uns „das große Dreieck" getauften Triangels sind ein Stück der Mittelachse der Parabel und eine darauf senkrechte Gerade S, die nichts anderes als die halbe Sehne ist. Nun beginnen wir die „Exhaustion", die „Ausschöpfung". Wir machen hierzu die Hypotenuse des „großen Dreiecks" zur Grundlinie eines neuen (in unserer Figur geschrafften) Drei-

---

[1]) Segment ist ein Abschnitt, Sektor ein Ausschnitt. Anfänger mögen sich für Segment als Verbildlichung den Abschnitt eines kreisförmigen Brotes, für Sektor das Tortenstück aus einer kreisrunden Torte merken.

Fig. 53

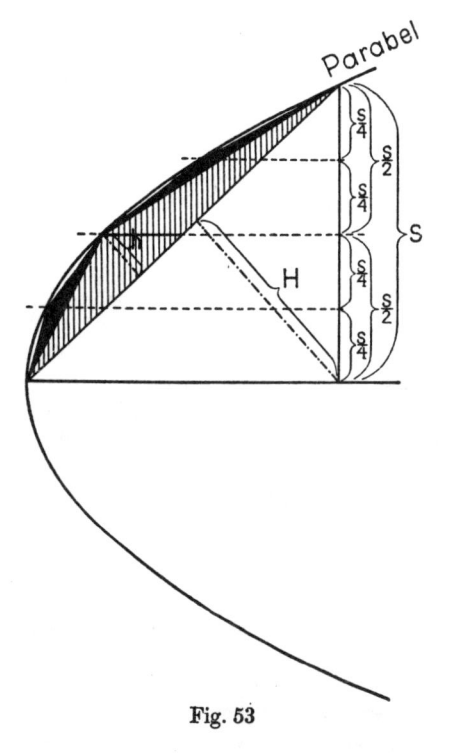

ecks, das durchaus kein rechtwinkliges mehr ist. Auf zwei Seiten dieses geschrafften Dreiecks sitzen neuerlich zwei „schwarze" Dreiecke, deren Scheitel, wie alle Dreiecksscheitel unserer Dreiecke, in der Parabel liegen. Nun können wir in Gedanken das Spiel weitertreiben. Wir würden auf je zwei freie Seiten der „schwarzen Dreiecke" wieder je zwei noch kleinere Dreiecke aufsetzen, die ihre Scheitel natürlich auch in der Parabel hätten usw. bis ins Unendliche. Daß diese Dreiecke schließlich unser ganzes Halbsegment füllen müssen, wird jeder zugeben. Wie aber bilden wir die Flächensumme all dieser unendlich vielen Dreiecke?

Hier nun werden wir das mathematische Genie der alten Griechen im hellsten Lichte strahlen sehen. Und werden dazu noch die unwahrscheinliche Klarheit und Einfachheit bewundern, mit der die Bewältigung dieses scheinbar unlösbaren Problems geleistet wurde. Archimedes sagte sich nämlich, daß eine unendliche Summe nur aus einer fallenden Reihe gebildet werden könne, deren Einzelglieder miteinander in irgendeinem rationalen Verhältnis ständen. So wußte man etwa, daß die Summe einer Reihe $1 + \frac{1}{2} + \frac{1}{4} + \frac{1}{8} + \ldots\ldots$ einen runden rationalen Wert lieferte, wenn man unendlich viele Glieder addierte. Nämlich 2. Wenn es also gelang, unsere offensichtlich kleiner werdenden Dreiecke in ein konstantes Verkleinerungsverhältnis zueinander zu bringen, dann war das ganze Problem auf das Problem der Summierung einer unendlichen fallenden Reihe zurückgeführt. Und das „große Dreieck" konnte so groß sein als man wollte. Man würde es einfach als 1 annehmen und die anderen Dreiecke in Teilen dieser 1 ausdrücken. Wenn aber die Summierung der unendlichen Reihe einmal erfolgt war, dann konnte man das Ergebnis noch immer mit dem wirklichen Flächeninhalt des „großen Dreiecks" multiplizieren, woraus sich dann die Quadratur der Parabel, genau und rational, ergeben müßte.

Archimedes hat dieses Ziel tatsächlich erreicht. Und wir werden jetzt in vereinfachender Form seinen Gedankenflügen folgen. Dazu wird uns die nächste Figur ausgezeichnete Dienste leisten, deren übersichtliche Darstellungsart vom Maler Hans Strohofer, dem Zeichner aller unserer Textbilder, stammt. Wir schicken voraus, daß die Parabel höchst merkwürdige Eigenschaften besitzt, deren Erörterung uns zu weit führen würde. Es sei daher nur erwähnt, daß alle parallelen waagrechten Geraden, die die Parabel in S, S_3, S_2, S'_3 usw. treffen, Durchmesser der Parabel heißen. Ein solcher Durchmesser teilt eine Parabelsehne dann in zwei gleiche Teile, wenn das Stück des Parabeldurchmessers, das zwischen der Sehne und der Parabel liegt, in dem betreffenden Parabelsegment das längstmögliche derartige Stück eines Durchmessers ist. In diesem Falle heißt auch der Schnittpunkt des Durchmessers mit der Parabel „der Scheitel" des betreffenden Segments. So etwa ist S_1 der Scheitel des durch die Sehne SS' abgeschnittenen Segments, S_2 der Scheitel des Segments zwischen S und

S_1, S'''_3 der Scheitel des Segments der Sehne $S'_2 S'$ usf. Weiter sei angeführt, daß schon die alten Griechen, natürlich auch Archimedes, wußten, daß sich das Achsenstück b zu einem Teil von b verhalte wie h^2 zum Quadrat der aus dem Teilpunkte bis zur Parabel hinaufgezogenen Senkrechten, was in unserer modernen mathematischen Sprache auf nichts anderes hinausläuft als auf die analytische Gleichung der gemeinen Parabel $y^2 = x$ oder $y = \sqrt{x}$ [1]).

Nun wollen wir aber das eigentliche Problem erörtern und hierzu die Figur zur Hand nehmen (s. Fig. 54).

Das „große Dreieck" hat hier die Katheten b und h und die Hypotenuse SS'. Sein Flächeninhalt ist somit $\frac{bh}{2}$. Ziehen wir nun im Punkt $\frac{h}{2}$ einen „Durchmesser", so gewinnen wir einen neuen „Parabelscheitel" S_1 des Abschnittes $SS'S_1$. Ein diesem neuen Abschnitt einbeschriebenes Dreieck $SS'S_1$ können wir uns aus zwei, durch die Strecke $\frac{b}{4}$ zerlegten Teildreiecken entstanden denken, die beide die Grundlinie $\frac{b}{4}$ und die Höhe $\frac{h}{2}$ besitzen. Sie sind somit beide zusammen $2 \cdot \left(\frac{b}{4} \cdot \frac{h}{2}\right) : 2$ groß. Das heißt aber, daß das Dreieck $SS'S_1$ die Fläche $\left(\frac{bh}{8} \cdot 2\right) : 2$, also $\frac{bh}{8}$, aufweist. In der Sprache der früheren Figur könnte ich also schon sagen, das „große Dreieck" $\frac{bh}{2}$ sei viermal so groß als das „geschraffte Dreieck" $\frac{bh}{8}$. Nun ziehen wir zwei weitere Durchmesser bei $\frac{h}{4}$ und bei $\frac{3h}{4}$, das heißt, wir teilen die beiden $\frac{h}{2}$ wieder in Hälften. Die Durchmesser aus diesen Teilungspunkten erzeugen zwei neue Parabelscheitel S_2 und S'_2. Da wir nun den neuen Segmenten $SS_1 S_2$ und $S_1 S'_2 S'$ zwei neue Dreiecke $SS_1 S_2$ und $S_1 S'_2 S'$ einbeschreiben können, die wir in der früheren Figur als die „schwarzen Dreiecke" bezeichneten, wiederholt sich auf Grund allgemeiner Parabeleigenschaften das eben abgeschlossene Spiel mit veränderten Größen aufs neue. Wir haben vier, je durch die Grundlinien $\frac{b}{16}$ geteilte

---

[1]) Die Abszissen des Endpunktes x und des Teilpunktes x' verhalten sich dann nämlich so wie die zugehörigen Ordinaten-Quadrate y^2 und y'^2. Jeder Parabelpunkt ist also durch $y^2 = x$ ausgedrückt.

Fig. 54

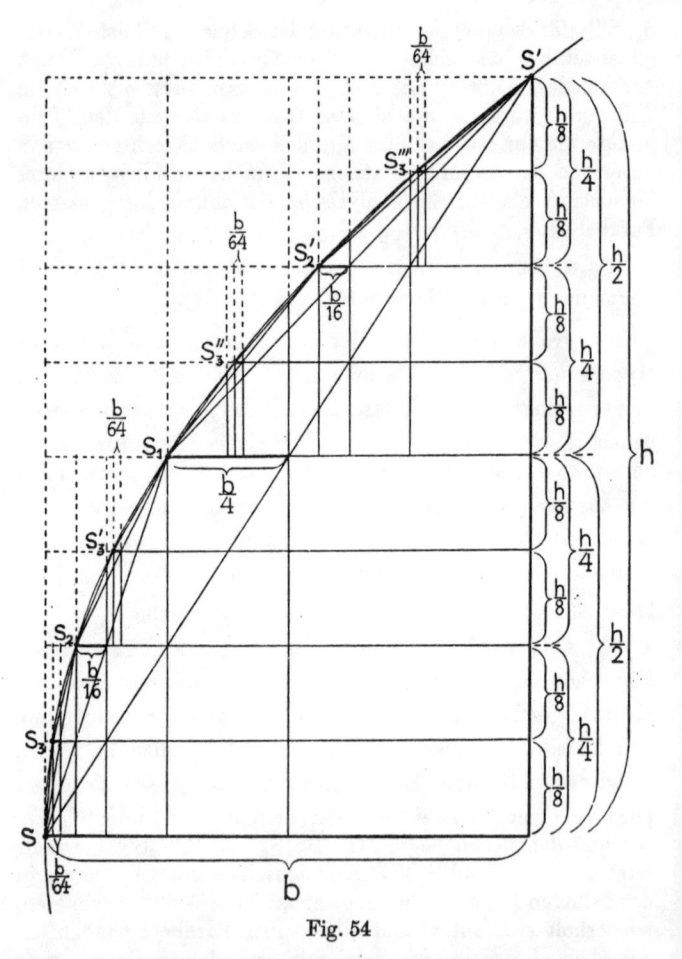

gleich große Teildreiecke, deren je zwei ein „schwarzes Dreieck" zusammensetzen. Jedes Teildreieck hat die Fläche $\left(\frac{b}{16} \cdot \frac{h}{4}\right) : 2$ und alle vier sind $\left(4 \cdot \frac{bh}{64}\right) : 2$ groß. Also $\frac{bh}{32}$. Das aber heißt nichts anderes, als daß die zwei schwarzen Dreiecke zusammen ein Viertel des „schraffierten Dreiecks" $\frac{bh}{8}$ ausmachen.

290

Wenn wir dasselbe Bildungsgesetz weiter anwenden und die $\frac{h}{4}$ in der Figur halbieren, gewinnen wir durch vier neue Durchmesser vier neue Parabelsegmentscheitel S_3, S'_3, S''_3, S'''_3. Damit aber vier „Ausschöpfungsdreiecke", die zusammen acht Teildreiecke der Basis $\frac{b}{64}$ bilden. Ihre Gesamtfläche ist also $8\left(\frac{b}{64} \cdot \frac{h}{8}\right) : 2$ oder $4 \cdot \frac{bh}{512} = \frac{bh}{128}$. Das heißt jedoch wieder nichts anderes, als daß unsere neuen vier „Exhaustionsdreiecke" zusammen ein $\frac{1}{4}$ mal so groß sind als die zwei „schwarzen Dreiecke", deren Fläche $\frac{bh}{32}$ betrug. Ohne auf die berauschenden Folgerungen einzugehen, die wir noch in bunter Vielfalt aus unserer Figur gewinnen könnten, ziehen wir jetzt für unser spezielleres Problem die Schlüsse. Wir fanden zwingend, daß unsere „Ausschöpfung", unter der Bedingung fortgesetzter Halbierung von h und der daraus sich ergebenden Durchmesserziehung und Dreiecksbildung, eine fallende Reihe liefert, die wir vorläufig in Worten anschreiben wollen: Großes Dreieck ist viermal so groß wie geschrafftes. Geschrafftes viermal so groß wie zwei schwarze. Zwei schwarze viermal so groß wie vier Dreiecke der Scheitel S_3, S'_3, S''_3, S'''_3 usw. ins Unendliche. Wenn wir nun das „große Dreieck" als Einheit nehmen, was wir ohne weiteres dürfen, dann lautet die Reihe: Fläche des Parabelsegments ist gleich $1 + \frac{1}{4} + \frac{1}{16} + \frac{1}{64} + \ldots$, weil in dieser Reihe jedes Glied $\frac{1}{4}$ des vorhergehenden darstellt. Nun soll noch, wie wir schon erwähnten, das Ergebnis der Summierung dieser unendlichen Reihe mit dem tatsächlichen Flächeninhalt des „großen Dreiecks" multipliziert werden. Also Schlußergebnis:

$$\text{Parabelsegment} =$$
$$= \text{Großes Dreieck} \times \left(1 + \frac{1}{4} + \frac{1}{16} + \frac{1}{64} + \ldots\right)$$

Jetzt erübrigt nur noch, zu erfahren, wie groß die Summe der fallenden Reihe für unendlich viele Glieder wird. Vorgreifend wollen wir verraten, daß sie nach der Formel $S_\infty = \frac{a}{1-q}$ zu bilden ist, wobei a das „Anfangsglied" und q den „Quotienten" oder die Verkleinerungszahl bedeutet. Anfangsglied bei uns

ist 1, Verkleinerungszahl $\frac{1}{4}$, also ist $S_\infty = \frac{1}{1-\frac{1}{4}} = \frac{1}{\frac{3}{4}} = \frac{4}{3}$. Mit
dieser Erkenntnis ist alles geleistet. Das Parabelhalbsegment
hat rational und genau $\frac{4}{3}$ oder $1\frac{1}{3}$ der Fläche des großen Dreiecks. Wenn wir nun die punktierten Linien dazunehmen, dann
erhalten wir ein Rechteck mit den Seiten b und h, das doppelt
so groß ist wie das große Dreieck, also die Fläche 2 hat. Wenn
wir schließlich fragen, wie sich das Parabelhalbsegment zum
Rechteck verhält, ergibt sich als Antwort: Eben wie $\frac{4}{3}$: 2 oder
wie $\frac{2}{3}$: 1. Das aber heißt wieder nichts anderes, als daß das
Parabelhalbsegment zwei Drittel des Rechtecks aus seiner
Halbsehne und des durch diese Halbsehne abgeschnittenen
Achsenstückes ist[1]). Bevor wir diesen Ausflug in die berauschend herrlichen Gefilde klassisch griechischer Proportionengeometrie verlassen, fügen wir noch bei, daß das erste Dreieck
durchaus kein rechtwinkliges sein muß. Wir hätten auch irgendein schief abgeschnittenes Segment, etwa das geschraffte
Dreieck, als Ausgangsdreieck wählen können und korrekterweise sogar wählen müssen, um vollste Allgemeinheit zu erreichen. Wenn wir dies aber wirklich getan hätten, dann hätten
wir noch gefunden, daß die durch gegenüberliegende Eckpunkte eines Parallelogramms laufende Parabel auch ein
schiefwinkliges Parallelogramm im Verhältnis $\frac{2}{3}$ zu $\frac{1}{3}$ teilt und
daß alle weiteren Exhaustionsdreiecke zusammen stets $\frac{1}{4}$ mal
so groß sind als das Ausgangsdreieck, dessen Basis die Abschnittsehne und dessen Scheitel der richtige Scheitel des betreffenden Ausgangssegments ist. Unsere orthogonale (rechtwinklige) Darstellung des Segments war nur eine Erleichterung
der Beweisführung und Demonstration und eine vorgreifende
Rücksichtsnahme auf die Bestätigung des archimedischen Ergebnisses im Cartesischen Koordinatensystem mittels Integralrechnung.

---

[1]) Analytisch gesprochen ist es das Rechteck aus den Koordinaten des Parabelpunktes, in dem die Sehne die Parabel schneidet.

Dreißigstes Kapitel

Reihen

Wir müssen uns aber jetzt wieder der Lehre von den Reihen zuwenden und fügen noch eine kurze Erwähnung eines anderen Unterschiedes von Reihen bei. Es gibt Reihen, die additiv wachsen oder subtraktiv abnehmen. Etwa:

$$1 \pm 3 \pm 5 \pm 7 \pm 9 \pm \ldots\ldots \text{ oder}$$
$$500 \pm 496 \pm 492 \pm 488 \pm \ldots\ldots$$

Die erste Reihe nimmt per Glied um je 2 zu, die zweite um je 4 ab. Solche Reihen heißen arithmetische. Wenn dagegen die Reihen durch Multiplikation zunehmen und man das nächstfolgende Glied dadurch erhält, daß man das gegebene Glied mit einem stets gleichbleibenden Faktor multipliziert (oder durch einen konstanten Divisor dividiert), spricht man von einer geometrischen Reihe. Etwa:

$$1 \pm 3 \pm 9 \pm 27 \pm 81 \pm \ldots\ldots \text{ usw. oder}$$
$$1 \pm \frac{1}{4} \pm \frac{1}{16} \pm \frac{1}{64} \pm \frac{1}{256} \pm \ldots\ldots \text{ usw.}$$

Allgemein geschrieben lautet die arithmetische Reihe:

$$a \pm (a+d) \pm (a+2d) \pm (a+3d) \pm \ldots\ldots \pm (a+nd) \text{ oder}$$
$$a \pm (a-d) \pm (a-2d) \pm (a-3d) \pm \ldots\ldots \pm (a-nd),$$

die geometrische dagegen:

$$a \pm aq \pm aq^2 \pm aq^3 \pm \ldots\ldots \pm aq^{n-1} \text{ oder}$$
$$a \pm a\frac{1}{q} \pm a\frac{1}{q^2} \pm a\frac{1}{q^3} \pm \ldots\ldots \pm a\frac{1}{q^{n-1}}$$

Auch hier verzichten wir auf Ableitungen und erwähnen nur, daß man diese Reihen auch „Progressionen" nennt und daß a, das natürlich durchaus nicht 1 sein muß, das „Anfangsglied" heißt. Bei der arithmetischen Progression heißt die Zuwachs- oder Verkleinerungsziffer d die „Differenz", bei der geometrischen Progression bezeichnet man das q oder das $\frac{1}{q}$ als den „Quotienten".

Uns interessiert in erster Linie die Summe einer solchen Reihe. Für die arithmetische Reihe lautet die Summenformel, wenn das Anfangsglied a_1, die Differenz d und die Anzahl der Glieder n gegeben sind

$$s_n = \left[a_1 + \frac{d(n-1)}{2}\right] \cdot n.$$

Unendliche Summen arithmetischer Progressionen gibt es nicht, das heißt, sie liefern alle als Summe unendlich, da jede arithmetische Reihe divergent ist. Folglich muß das n, wenn man eine sinnvolle Aufgabe stellen will, stets als endliche Zahl gegeben werden. Rechnen wir als Beispiel die Summe der ersten 9 geraden Zahlen, also

$$2 + 4 + 6 + 8 + 10 + 12 + 14 + 16 + 18 = ?$$

Anfangsglied ist $a_1 = 2$, Differenz ist $d = 2$ und Gliedzahl ist $n = 9$. Also

$$s_n = \left[2 + \frac{2(9-1)}{2}\right] \cdot 9 = [2 + 8)] \cdot 9 = 90,$$

was unsere Formel ausgezeichnet bestätigt.

Für die geometrische Progression gilt die Summenformel:

$$S_n = \frac{q^n - 1}{q - 1} \cdot a_1.$$

Würden wir also die Summe der ersten 6 Glieder der Progression

$$3 + 15 + \ldots$$

suchen, so wüßten wir, daß $a_1 = 3$, $q = 5$ und $n = 6$. Also:

$$S_6 = \frac{5^6 - 1}{5 - 1} \cdot 3 = \frac{15625 - 1}{4} \cdot 3 = 3906 \cdot 3 = 11.718,$$

was durch Addition von

$$3 + 15 + 75 + 375 + 1875 + 9375 = 11.718$$

leicht zu kontrollieren ist.

Nun wollen wir einmal eine geometrische Progression untersuchen, deren „Quotient" ein Bruch ist. Wir weisen darauf hin, daß gerade diese geometrischen Reihen, die zunehmend fallen und daher eigentlich nicht „Progressionen", sondern „Degressionen" heißen sollten, in der ganzen Mathematik eine ungeheure Rolle spielen. Allgemein geschrieben, haben sie für die Gliederanzahl n die Form:

$$\sum_{0}^{n-1} a \cdot \frac{1}{q^\nu} = a + a\frac{1}{q} + a\frac{1}{q^2} + \ldots + a\frac{1}{q^{n-1}}$$

Nach allem, was wir bisher hörten, dürfte es bei dieser Art von Reihe auch einen Sinn haben, nach der Summe von unendlich vielen Gliedern zu fragen. Wir stellen uns daher das Problem, nach welchem Grenzwert eine solche Reihe „konvergiert", zu welcher Summe sie hinstrebt. Für eine solche Reihe gilt die Formel

$S_\infty = \frac{a}{1-q}$, wobei q hier der Einfachheit halber für $\frac{1}{q}$ gesetzt ist, damit wir keinen Doppelbruch erhalten. Wir können also schreiben:

$$S_\infty = \frac{a}{1-q} \text{ unter der Bedingung } |q| < 1,$$

was ja nichts anderes ausdrückt, als daß hier der „Quotient" ein echter Bruch ist. Nach dieser neuen Formel wollen wir nun zuerst die Archimedische Reihe für das Parabelsegment untersuchen. Sie hatte die Form

$$1 + \frac{1}{4} + \frac{1}{16} + \frac{1}{64} + \frac{1}{256} + \frac{1}{1024} + \ldots$$

Hier ist das Anfangsglied a gleich 1. Der „Quotient" ist $\frac{1}{4}$, da jedes folgende Glied ein Viertel des vorhergegangenen ist (oder jedes Glied mit $\frac{1}{4}$ multipliziert werden muß, um das nächste Glied zu ergeben). Die Summe muß also für unendlich viele Glieder nach

$$S_\infty = \frac{a}{1-q} = \frac{1}{1-\frac{1}{4}} \text{ konvergieren.}$$

Nun ist $\frac{1}{1-\frac{1}{4}}$ gleich $\frac{1}{\frac{3}{4}} = \frac{4}{3}$, was wir vorhin schon als Resultat behaupteten.

Hätten wir etwa die Reihe

$$1 + \frac{1}{2} + \frac{1}{4} + \frac{1}{8} + \ldots$$

vor uns, so wissen wir jetzt sofort, daß ihre unendliche Summe

$S_\infty = \dfrac{1}{1-\frac{1}{2}} = \dfrac{1}{\frac{1}{2}} = 2$. Eine andere Reihe

$$\frac{1}{3} + \frac{1}{9} + \frac{1}{27} + \frac{1}{81} + \ldots\ldots$$

hat dagegen die unendliche Summe $S_\infty = \dfrac{\frac{1}{3}}{1-\frac{1}{3}} = \dfrac{\frac{1}{3}}{\frac{2}{3}} = \dfrac{1}{2}$.

Allgemein kann man unter Benutzung unserer Formel behaupten, daß unter der Bedingung $|x| < 1$ jede Reihe der Form $1 + x + x^2 + x^3 + x^4 + x^5 + \ldots$ die unendliche Summe $\dfrac{1}{1-x}$ hat, was ebenfalls von weittragender Bedeutung ist.

Man wird aus diesen wenigen Beispielen schon zur Erkenntnis gekommen sein, daß in der Berechnung von unendlichen Summen konvergenter Reihen ein ausgesprochen infinitesimales Prinzip steckt, das uns in den Stand setzt, auch allerlei geometrische Probleme zu lösen. Sobald wir etwa imstande sind, irgendeine Figur, und sei sie auch krummlinig begrenzt, in eine Unendlichkeit von Figuren zu zerlegen, deren Flächeninhalte sich in die Form einer fallenden geometrischen Reihe ordnen lassen, ist die Quadratur ohne Zuhilfenahme der Integralrechnung durchzuführen. Wir sahen ja schon ein Beispiel dieser Art bei Archimedes. Und wir sind nicht berechtigt, den ungeheuren Scharfsinn der letzten Schüler des Archimedes, wie etwa eines Galilei oder Viviani, irgendwie geringschätzig zu betrachten, die in der Exhaustionsmethode geradezu Unglaubliches leisteten. Daran ändert es natürlich nichts, daß speziell Viviani, ein Freund des großen Leibniz, die Tragik erleben mußte, auf der Höhe seines Schaffens durch die Wunder des Infinitesimalkalküls um alle Früchte seiner Mühen betrogen und rettungslos vom mathematischen Thron gestoßen worden zu sein. Wir Epigonen aber wollen uns jetzt endgültig in den Besitz der reifen Frucht setzen.

Einunddreißigstes Kapitel

Technik der Differentialrechnung

Da wir die Grundlagen unserer Kunst so gewissenhaft beleuchteten, ist es jetzt unser Recht, den Algorithmus der höheren Mathematik rein formal abzuleiten. Und wir stellen für die Differentialrechnung die sogenannte Leibnizsche Gleichung als Fundamentalsatz an die Spitze. Diese lautet: Der Differentialquotient $= \frac{dy}{dx} = y' = f'(x) = \frac{f(x+dx)-f(x)}{dx}$. Im Wesen bringt uns diese Gleichung nichts anderes als eine andere Schreibweise für etwas, was wir schon rechnerisch erforschten. Wir bildeten ja seinerzeit den Differentialquotienten in der Art, daß wir von der, durch den Zuwachs dx entstandenen neuen Funktion $(y + dy) = f(x + dx)$ die ursprüngliche Funktion $y = f(x)$ abzogen. Also

$$\begin{aligned} y + dy &= f(x+dx) \\ -y &= -f(x) \\ \hline dy &= f(x+dx) - f(x). \end{aligned}$$

Wenn wir nun auf beiden Seiten der Gleichung durch dx dividieren, erhalten wir tatsächlich

$$\frac{dy}{dx} = \frac{f(x+dx)-f(x)}{dx}$$

Nun darf $\frac{dy}{dx}$ bekanntlich auch $f'(x)$ oder y' geschrieben werden. Folglich besteht unsere erste Gleichung zu Recht.

Nun müssen wir aufrichtig sein und sagen, daß die „Leibniz-Gleichung" erst eine Art von Schale ist, aus der wir für jeden Einzelfall den Kern herausklauben müssen. Und das ist nicht immer so leicht. Wenn man aber systematisch verfährt, kann man gleichsam Grundrechenregeln für die Differentiierung ableiten, die auch jede komplizierte Differentialrechnung der Behandlung zugänglich machen, als ob es sich etwa um eine Multiplikation oder Division handelte. Zuerst werden wir, da ja in den Funktionen stets Potenzen von x vorkommen, ein allgemeines Gesetz für die Differentiierung einer Potenz zu

gewinnen trachten. Beginnen wir mit dem einfachsten Fall der ersten Potenz. Etwa:
$$y = x + 6.$$
Dann ist $y + dy = (x' + dx) + 6$ und der Differentialquotient nach der Leibniz-Formel
$$\frac{dy}{dx} = \frac{(x+dx)+6-(x+6)}{dx} = \frac{x+dx+6-x-6}{dx} = \frac{dx}{dx} = 1.$$

Dabei soll schon bemerkt werden, daß alle additiven oder subtraktiven Konstanten (in unserem Falle $+6$) bei der Differentiierung einfach verschwinden. Den zwingenden Grund dafür werden wir später einsehen. Nun die zweite Potenz:
$$y = x^2 - 7.$$
Nach der Leibniz-Formel ist dann:
$$\frac{dy}{dx} = \frac{(x+dx)^2 - 7 - (x^2 - 7)}{dx} =$$
$$= \frac{x^2 + 2xdx + (dx)^2 - 7 - x^2 + 7}{dx} = \frac{2xdx + (dx)^2}{dx}.$$

Auch hier ist die Konstante (subtraktiv!) einfach verschwunden. Zurückgeblieben ist ein verwickelterer Ausdruck, in dem $(dx)^2$, also eine „Kleinheit zweiter Ordnung", vorkommt. Diese werden wir aus schon oft erörterten Gründen einfach vernachlässigen und erhalten dann
$$\frac{dy}{dx} = \frac{2xdx}{dx} = 2x.$$

Wir könnten nun mühsam von Potenz zu Potenz im Wege der sogenannten „vollständigen Induktion" hinaufkrabbeln. Als versierte Mathematiker verachten wir solche Umwege, da uns der binomische Lehrsatz in den Stand setzt, die Angelegenheit allgemein zu lösen. Wir hätten also $y = x^n + a$ zu differentiieren.

Da die Konstante ohnedies nach der Struktur der Leibniz-Formel verschwinden muß, lassen wir sie fort und betrachten nur mehr die Funktion
$$y = x^n.$$
Anwachsen des x um dx erzeugt die Funktion
$$y + dy = (x + dx)^n.$$

Und der Differentialquotient muß nach der Leibniz-Formel lauten:

$$\frac{dy}{dx} = \frac{(x + dx)^n - x^n}{dx}$$

Wenn wir nun das Binom $(x + dx)^n$ nach dem binomischen Lehrsatz entwickeln, erhalten wir:

$$\frac{dy}{dx} = \frac{\left[x^n + \binom{n}{1}x^{n-1}dx + \binom{n}{2}x^{n-2}(dx)^2 + \binom{n}{3}x^{n-3}(dx)^3 + \ldots\right] - x^n}{dx}$$

Wie man sieht, wird sich das x^n stets fortheben, so daß bleibt:

$$\frac{dy}{dx} = \frac{\binom{n}{1}x^{n-1}dx + \binom{n}{2}x^{n-2}(dx)^2 + \binom{n}{3}x^{n-3}(dx)^3 + \ldots}{dx}$$

Nun sieht man aber weiter, daß auf jeden Fall in der Entwicklung des Binoms schon im dritten Glied (nach Fortfallen von x^n im zweiten Glied) das dx in einer höheren Potenz als in der ersten vorkommen muß. Das folgt aus der Struktur des binomischen Satzes. Nun ist $(dx)^2$ schon eine Kleinheit zweiter Ordnung. Multiplikation mit einer Kleinheit zweiter Ordnung gibt aber wieder Kleinheit zweiter Ordnung, falls mit endlichen Werten multipliziert wird. Noch mehr gilt dies von den weiteren Gliedern, die gar Kleinheiten dritter, vierter usw. Ordnung als Faktoren enthalten. Folglich ist für die Differentiierung nur das erste Glied zu verwenden, alle anderen sind als zu vernachlässigende Kleinheiten höherer Ordnung fortzulassen. Es bleibt also:

$$\frac{dy}{dx} = \frac{\binom{n}{1}x^{n-1}dx}{dx} = \binom{n}{1}x^{n-1} = nx^{n-1}$$

Hier haben wir also direkt die allgemeine Formel zur Differentiierung einer Potenz erhalten. Sie lautet

$$f'(x^n) = n\,x^{n-1}$$

Wie prächtig der Algorithmus stimmt, kann etwa an $y = x$, $y = x^2$ und an einer Konstanten nachgeprüft werden. Für $y = x$ ergibt sich $y' = 1 \cdot x^{1-1} = 1 \cdot x^0 = 1 \cdot 1 = 1$, für $y = x^2$

folgt $y' = 2\,x^{2-1} = 2\,x^1 = 2\,x$ und für eine Konstante, die man als $y = a\,x^0$ schreiben darf, resultiert $y' = a \cdot 0 \cdot x^{0-1} = a \cdot 0 \cdot x^{-1} = 0$. Sonach wäre etwa der Differentialquotient für $y = x^{16}$ gleich $\dfrac{dy}{dx} = y' = 16\,x^{16-1} = 16\,x^{15}$. Man merkt, daß es eine Eigentümlichkeit der Differentialrechnung ist, die Potenz um eins zu erniedrigen. Der Vollständigkeit halber bemerken wir noch, daß unsere Formel nicht bloß für positive ganze, sondern ebenso für negative und gebrochene Exponenten gilt, so daß etwa der Differentialquotient für $y = x^{\frac{1}{2}} = \sqrt{x}$ lautet:

$$\frac{dy}{dx} = \frac{1}{2} x^{\frac{1}{2}-1} = \frac{1}{2} x^{-\frac{1}{2}} = \frac{1}{2} \cdot \frac{1}{x^{\frac{1}{2}}} = \frac{1}{2} \cdot \frac{1}{\sqrt{x}} = \frac{1}{2\sqrt{x}}$$

oder der für $y = x^{-3}$ die Form $\dfrac{dy}{dx} = -3\,x^{-3-1} = -3\,x^{-4} = -\dfrac{3}{x^4}$ hat. Daß hier, beim negativen Potenzanzeiger, sich die Potenz erhöht statt erniedrigt, ist nur eine scheinbare Ausnahme. Denn ein negativer Potenzanzeiger bedeutet einen Bruch, und ein Bruch wird kleiner, wenn die Potenz steigt. Aus diesem „Verkleinern" der vorgelegten Funktion durch Differentiation sowie aus dem Umstand, daß die Differentiation einen Quotienten als Grundlage nimmt, könnte man schließen, daß sie zu den lytischen, lösenden Operationen gehört. Das Integral dagegen ist eine Art von Summe und erhöht, wie wir sehen werden, den Exponenten der Funktion und damit den Funktionswert. Daher gehörte die Integralrechnung zu den aufbauenden, thetischen Rechnungsarten. Wir wollen sie auch so behandeln. Ein Hauptgegengrund gegen solche Einreihung ist allerdings der Umstand, daß der Differentialquotient wie die Summe und das Produkt stets leicht und eindeutig zu bilden ist, während die Auswertung des Integrals strukturell mit Division und Wurzelziehen dadurch Verwandschaft zeigt, daß sie eine gewisse Unsicherheit, Mehrdeutigkeit und die Notwendigkeit des Probierens mit sich führt.

Der aufmerksame Leser dürfte bemerkt haben, daß bei unseren bisherigen Differentialrechnungen die willkürliche Veränderliche x stets ohne Koeffizienten auftrat. Bei der zwangsläufigen Veränderlichen y ist das so gut wie selbstverständlich. Denn wir differentiieren erst, wenn wir die Funktion auf die explizite (ausgewickelte) Form y = f (x) gebracht haben. Gar nicht selbstverständlich ist diese Koeffizientenlosigkeit bei den x-Potenzen. Im Gegenteil: Die x-Potenzen treten sogar in der Regel mit Koeffizienten auf. Da nun weiter die Koeffizienten nichts anderes sind als multiplikative Konstanten, muß sofort nachgeprüft werden, ob multiplikative konstante Größen ebenso verschwinden wie additive und subtraktive. Wir versuchen also die Funktion

$$y = 3x^2 + 19$$

zu differentiieren. Nach der Leibniz-Formel ist

$$\frac{dy}{dx} = \frac{3(x+dx)^2 + 19 - (3x^2 + 19)}{dx}, \text{ also}$$

$$= \frac{3[x^2 + 2xdx + (dx)^2] + 19 - 3x^2 - 19}{dx} =$$

$$= \frac{3x^2 + 3 \cdot 2xdx + 3(dx)^2 + 19 - 3x^2 - 19}{dx} =$$

$$= \frac{3 \cdot 2xdx + 3(dx)^2}{dx}$$

und nach Vernachlässigung der Kleinheit zweiter Ordnung $3(dx)^2$ ist

$$\frac{dy}{dx} = \frac{3 \cdot 2xdx}{dx} = 3 \cdot 2x = 6x.$$

Wir sehen daraus, daß multiplikative Konstanten als Koeffizienten beim Differentialquotienten stehenbleiben. Wir hätten nämlich dasselbe Resultat erhalten, wenn wir die Funktion $y = 3(x^2) + 19$ getrennt differentiiert hätten, und zwar in der Weise, daß wir zuerst den Differentialquotienten von x^2 gesucht und dann mit 3 multipliziert hätten. Der Differentialquotient von x^2 ist $2x$ und dies mal 3 ist $3 \cdot 2x = 6x$. Die additive Konstante 19 verschwindet auf jeden Fall.

Nun untersuchen wir bloß noch die Möglichkeit, daß in einer Funktion mehrere Potenzen von x vorkommen. Wenn wir dies erfolgreich geleistet haben, sind wir schon imstande, alle sogenannten ganzen rationalen Funktionen und außerdem alle Funktionen mit gebrochenem und negativem Potenzanzeiger zu differentiieren, sofern sie die Form

$$y = ax^n \pm bx^{n-1} \pm cx^{n-2} \pm \ldots\ldots \text{usw.}$$

aufweisen. Wie gesagt, darf das n dabei auch ein Bruch oder eine negative Zahl sein.

Wir versuchen also, die Funktion

$$y = 4x^3 - 7x^2 + 9x - 26$$

in gewohnter Weise zu behandeln.

$$\frac{dy}{dx} = \frac{4(x+dx)^3 - 7(x+dx)^2 + 9(x+dx) - 26 - (4x^3 - 7x^2 + 9x - 26)}{dx} =$$

$$= \frac{4[x^3 + 3x^2 dx + 3x(dx)^2 + (dx)^3] - 7[x^2 + 2xdx + (dx)^2] + 9(x+dx) - 26 - (4x^3 - 7x^2 + 9x - 26)}{dx} =$$

$$= \frac{4x^3 + 4\cdot 3x^2 dx + 4\cdot 3x(dx)^2 + 4(dx)^3 - 7x^2 - 7\cdot 2xdx - 7(dx)^2 + 9x + 9dx - 26 - 4x^3 + 7x^2 - 9x + 26}{dx} =$$

und nach Weglassung aller Kleinheiten höherer Ordnung bzw. Addition und Subtraktion:

$$= \frac{4\cdot 3x^2 dx - 7\cdot 2xdx + 9dx}{dx} = 12x^2 - 14x + 9.$$

Dasselbe Ergebnis hätten wir erhalten, wenn wir gliedweise differentiiert hätten. Denn der Differentialquotient von $4x^3$ ist $4\cdot 3x^2 = 12x^2$, der von $-7x^2$ ist gleich $-7\cdot 2x = -14x$ und der von $9x$ ist $9\cdot 1\cdot x^0 = 9$. Die Konstante (-26) fällt natürlich weg. Also wissen wir jetzt, daß der Differentialquotient einer Summe gleich ist der Summe der Differentialquotienten der einzelnen Summanden[1]).

---

[1]) „Summe" ist hier stets als „arithmetische Summe" aufgefaßt, schließt also die Subtraktion in sich, die man als Addition von Gliedern mit negativen Koeffizienten auffassen kann.

Zur Warnung sei nachdrücklichst angemerkt, daß man bei Differentiation eines Produktes oder eines Quotienten, etwa $y = (x^2 + 3x + 1)(5x - 16)$ oder $y = \frac{2x^2 - 7}{3x + 9}$ durchaus nicht analog verfahren darf. In diesen Fällen gelten eigene Formeln, die jedoch über unseren Rahmen hinausgehen. Wir dürfen aber, wo es möglich ist, stets versuchen, vor der Differentiierung auszumultiplizieren oder auszudividieren, da wir dadurch eine unseren Kenntnissen zugängliche ganze Funktion erhalten können.

Nun, da wir eigentlich rechnerisch alles erledigt haben, was wir von der Differentialrechnung wissen müssen, ist es Zeit, die geometrische Deutung des Differentialquotienten zu geben, aus der ein großes Anwendungsgebiet unseres Algorithmus, nämlich die Bestimmung der Maxima und Minima, der Höchst- und Mindestwerte, oder, wie man auch sagt, der Extremwerte, sich ergibt. Wir wissen, daß der Differentialquotient nichts anderes ist als das Verhältnis des infinitesimalen (besser: des beliebig kleinen) Ordinatenzuwachses zum beliebig kleinen Abszissenzuwachs. Anders ausgedrückt: Wie verhält sich der Ordinatenzuwachs zum Abszissenzuwachs, wenn irgendein x um einen beliebig kleinen Betrag wächst? (s. Fig. 55).

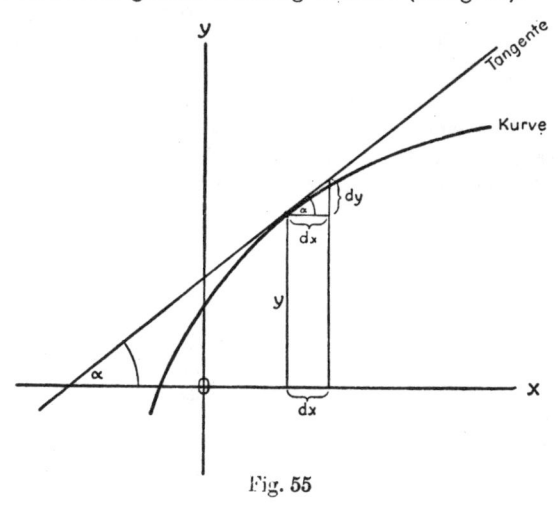

Fig. 55

Da ds bekanntlich nichts anderes ist als ein Stück der Tangente, so kann ich dieses Stück verlängern, bis es die x-Achse schneidet. Der Winkel, unter dem die Tangente aber die Abszissenachse schneidet, ist gleich mit dem Winkel zwischen ds und dx, da der eine Schenkel (ds und dessen Verlängerung) identisch sind, während der andere Schenkel dx voraussetzungsgemäß mit der x-Achse parallel ist. Wenn ich nun weiter den Differentialquotienten $\frac{dy}{dx}$ als trigonometrische Funktion auffasse, dann muß ich zugeben, daß das Verhältnis zwischen der dem Winkel gegenüberliegenden und der dem Winkel anliegenden Kathete nichts anderes ist als die Tangensfunktion des Winkels α. Der ziffernmäßige Wert des Differentialquotienten ist also an jeder Stelle der Kurve gleich dem Wert der Tangensfunktion des Winkels, die die Tangente dieses Punktes mit der durchwegs als positiv gedachten Abszissenachse bildet. Daraus ergibt sich die ungeheuer wichtige Folgerung, daß die analytische Gleichung einer Kurve die Punktkoordinaten jedes Kurvenpunktes zu errechnen gestattet, während der Differentialquotient aus dieser analytischen Gleichung (Funktion) gleichsam das allgemeine Gesetz des Kurvenverlaufes, das heißt ihrer jeweiligen Tangentenneigung in sich enthält. Wir brauchen in die Funktion bloß eine beliebige Zahl für x einzusetzen und wissen dadurch sofort das y, das heißt, wir wissen, wo der betreffende Kurvenpunkt liegt. Wenn wir jedoch in das x des Differentialquotienten dieser Funktion denselben Wert einsetzen, wissen wir überdies, welche Neigung die Tangente an diesem Punkt der Kurve hat. Wir werden diese Zauberei, die uns gestattet, ohne die Kurve zu sehen, eine Tangente zu zeichnen, an einem konkreten Beispiel demonstrieren. Eine Parabel $\frac{x^2}{10} + 3$ soll für den Punkt x = 4 bestimmt werden.

Für x = 4 ist y = $\frac{16}{10} + 3 = \frac{46}{10} = 4.6$. Der Punkt P hat also die Koordinaten x = 4, y = 4.6. Differentiieren wir die Funktion $y = \frac{x^2}{10} + 3$, so erhalten wir $\frac{dy}{dx} = \frac{1}{10} \cdot 2x = \frac{x}{5}$ als Differentialquotienten. Bei x = 4 ist also der Wert der Tangensfunktion des von der Tangente in diesem Punkt P mit der Abszissenachse gebildeten Winkels gleich $\frac{4}{5}$ oder 0.8. Diesem

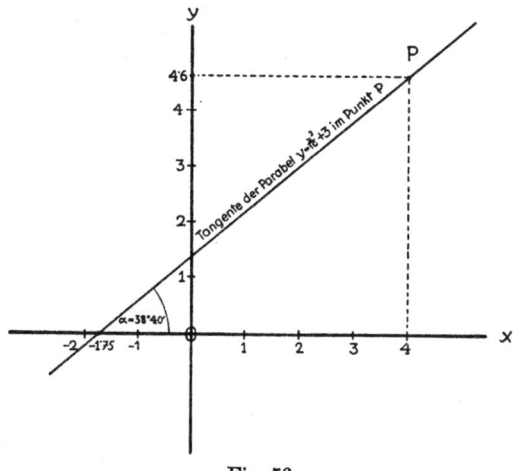

Fig. 56

Wert entspricht ein Winkel von etwa 38 Grad 40 Minuten. Die Tangente hat also die in der Zeichnung gezeigte Lage. Würden wir jetzt die ganze Parabel zeichnen, müßte die Tangente haargenau an der richtigen Stelle in richtiger Art der Parabel anliegen.

Zweiunddreißigstes Kapitel

Maxima und Minima

Diese Eigenschaft des Differentialquotienten war historisch die Ursache seiner Entdeckung. Sein Stammbaum liegt gleichsam bei den „Tangentenproblemen", die besonders im siebzehnten Jahrhundert seit Descartes zunehmend genauer beachtet und durchforscht wurden. Der Grund für dieses Interesse war unter anderem folgender: Jeder irgendwie gesetzmäßige Verlauf eines Ereignisses oder der Zusammenhang von Größenbeziehungen läßt sich durch eine Funktion und dadurch wieder durch eine Kurve ausdrücken. Nun kann innerhalb eines zu untersuchenden Teiles (Bereiches) dieser Kurve die Frage wichtig werden, an welcher Stelle diese Kurve (und damit die Funktion) den höchsten oder den tiefsten Punkt (Wert) erreicht. Man nennt diese Extremwerte Maxima und Minima, Ausdrücke, die wohl jedem irgendwoher geläufig sind (s. Fig. 57).

Aus der Zeichnung ist ohne weiteres zu ersehen, daß das Kurvenstück zwischen x_1 und x_2 sowohl ein Maximum als ein Minimum hat. Nun wird es weiter jedem klar sein, daß die Tangente sowohl im höchsten als im tiefsten Punkt unseres Kurvenstückes horizontal verläuft, das heißt mit der Achse-x parallel ist. Wir brauchen uns die Kurve ja bloß als gebogenes Blechband vorzustellen, an das ein Lineal anzulegen ist. Oder noch besser, wir stellen das Blechband auf den Tisch, ohne seine sonstige Lage zu ändern. Sicher berührt es den horizontalen Tisch mit dem tiefsten Punkt. Denn wäre ein tieferer

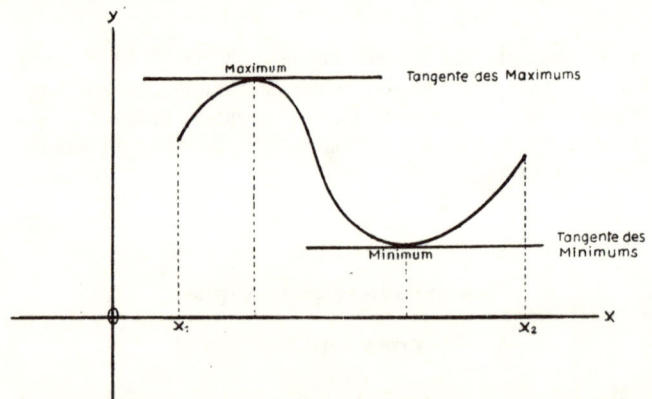

Fig. 57

Punkt vorhanden, dann müßte er in die Tischplatte eindringen. Nun kommt der große Kunstgriff Leibnizens, den er in der berühmten Abhandlung „Über Maxima und Minima usw." zugleich mit dem Algorithmus der Differentialrechnung im Jahre 1684 in den „Acta Eruditorum", der von ihm gegründeten ersten wissenschaftlichen Zeitschrift Deutschlands, veröffentlichte. Wenn, so wird geschlossen, der Differentialquotient den

Wert der trigonometrischen Tangensfunktion hat, dann muß er an den Stellen, wo die Tangente parallel zur x-Achse läuft, also überhaupt keine Neigung zur Abszisse hat, den Wert Null annehmen. Denn der Tangens von 0 Graden ist, wie wir schon wissen, gleich 0. Wir setzen also, um ein Maximum oder Minimum zu entdecken, in einer genialen Umkehrung den Differentialquotienten $\frac{dy}{dx} = f'(x) = 0$ und berechnen aus der dadurch entstandenen Gleichung mit einer Unbekannten den Wert für das x. An dieser x-Stelle brauche ich dann bloß die Ordinate bis zur Kurve zu ziehen und muß mit 100%iger Genauigkeit ein Maximum oder ein Minimum treffen.

Wir sagen Maximum „oder" Minimum. Das sieht schwankend und unverläßlich aus. Wir teilen jedoch zur Beruhigung mit, daß schon Leibniz ebenfalls alle Nebenrechnungen und „Kennzeichen" erforscht hat, aus denen man schließen kann, welcher Extremwert im gegebenen Fall vorliegt. Manchmal kann man es auch aus einer zeichnerischen Darstellung der Kurve oder aus offen zutage liegenden Umständen entnehmen. Auf alle Fälle ist diese Analyse für uns nicht aktuell, da sie zu viel Begriffe voraussetzt, die unser Vorhaben überschreiten. Wir werden jedoch frisch und mutig die für die ganze Praxis der Technik und Physik unentbehrliche Berechnung von Extremwerten an einigen interessanten Beispielen zeigen.

Zuerst eine sozusagen klassische Aufgabe: Eine Blechplatte soll zu oben offenen Gefäßen mit quadratischer Grundfläche

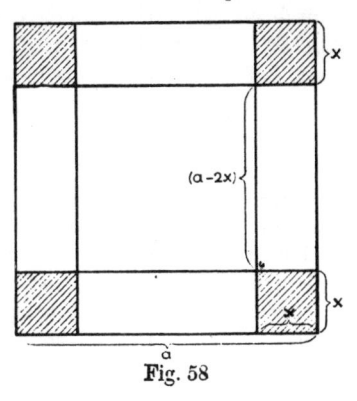

Fig. 58

verarbeitet werden. Auf welche Weise erzielt man Gefäße von möglichst großem Rauminhalt? Da jedes der Gefäße oder der Blechschachteln aus einem Stück Blech gearbeitet und dann verlötet werden soll, muß man die ursprüngliche Blechplatte in quadratische Stücke schneiden, deren jedes das Material für eine Blechschachtel bildet.

Jedes Kind weiß, daß eine Schachtel dadurch zu erzielen ist, daß man an den vier Ecken des Materialquadrates vier kleine Quadrate ausschneidet und die dadurch gebildeten Seitenwände aufwärts klappt. Nun ist es aber durchaus nicht feststehend, wie groß diese (schraffierten) ausgeschnittenen Quadrate sein sollen. Theoretisch könnte ihre Seitenlänge x von 0 bis $\frac{a}{2}$ anwachsen. Bei 0 wären die vier Eckpunkte gleichsam unsere Quadrate, und die Schachtel hätte keine Höhe, da nichts zum Aufwärtsklappen da wäre. Bei $x = \frac{a}{2}$ wieder müßte ich das ganze Blech fortschneiden, und die Schachtel hätte keine Grundfläche. Zwischen diesen beiden Grenzfällen, die zugleich den sogenannten „Bereich" der Aufgabe abstecken, müssen unendlich viele mögliche Schachteln liegen. Begonnen von einer Schachtel, die fast keine Höhe hat, bis zu einer Schachtel, deren Grundfläche ein winzigstes Quadratchen ist und deren Höhe fast $\frac{a}{2}$ beträgt. Wie nun soll ich unter diesen unzähligen möglichen Schachteln gerade die herausfinden, die just das größte Volumen (Kubikinhalt) hat? Wenn es mir zuerst gelingt, durch eine Funktion darzustellen, in welcher Art der Kubikinhalt von der Größe der abgeschnittenen Quadrate abhängt, kann ich durch Einsetzen verschiedener x-Werte zwischen 0 und $\frac{a}{2}$ eine Bildkurve dieser Abhängigkeit zeichnen. Aus der Zeichnung könnte ich ungefähr das „Maximum" ersehen, da ja der höchste Punkt der Kurve innerhalb unseres Bereiches dieses Maximum anzeigt. Ich wüßte den Extremwert aber dadurch doch nur „ungefähr". Genau, so erläuterten wir schon, kann ich ihn nur finden, wenn ich den Punkt suche, an dem die Tangente der Abszissenachse parallel läuft, also arithmetisch gesagt, den x-Wert, an dem der Differentialquotient gleich Null ist. Eine Extremwertaufgabe erfordert somit stets mehrere Operationen. Erstens die Absteckung des Bereiches, innerhalb dessen das Maximum oder Minimum gesucht wird. Zweitens die Aufstellung der Funktion, deren Bildkurve durch höchste oder tiefste Punkte den Extremwert anzeigen soll. Drittens die Bildung des Differentialquotienten dieser Funktion. Viertens die Nullsetzung des Differentialquotienten, wodurch eine Gleichung mit der Unbekannten x entsteht. Fünftens Auflösung dieser Gleichung nach x, womit der Extremwert gefunden ist. Die außerdem noch notwendige Analyse, ob innerhalb des Bereiches überhaupt ein Extremwert existiert, und die Untersuchung, ob der allenfalls vorhandene Extremwert ein Maximum oder ein Minimum ist, ziehen wir, als über unseren Rahmen hinausreichend, nicht in Betracht. Wir wählen deshalb auch nur Beispiele, bei denen sich diese Frage gleichsam von selbst beantwortet.

Nun gehen wir streng nach unseren Handwerksregeln vor. Als Bereich konstatierten wir bereits für unser x die Werte von 0 bis $\frac{a}{2}$. Nun wäre die Funktion aufzustellen. Da wir einen Kubikinhalt suchen, der ein Maximum sein soll, behaupten wir, jeder der möglichen Kubikinhalte heiße y. Dieses y müssen wir nun durch die gegebene Größe a (Seitenlänge des Blechstückes) und das willkürliche x (Seitenlänge eines der auszuschneidenden Quadrate) ausdrücken. Der Kubikinhalt eines derartigen Quaders (rechtwinkliges Prisma mit quadratischer[1]) Grundfläche) ist aber gleich Grundfläche mal Höhe. Die Grundfläche der Schachtel muß die Seitenlänge (a − 2 x) haben, folglich ist die Grundfläche selbst (a − 2 x)² groß. Die jeweilige Höhe der Schachtel ist aber einfach x, da die hinaufgeklappten Teile diese Breite aufweisen. Also ist der Kubikinhalt = y = (a − 2 x)² x oder y = (a² − 4 a x + 4 x²) x, was ausgerechnet und nach fallenden Potenzen von x geordnet die Funktion y = 4 x³ − 4 a x² + a²x liefert. Nun haben wir als nächsten Schritt den Differentialquotienten dieser Funktion zu bilden.

$$y' = \frac{dy}{dx} = 4 \cdot 3 x^2 - 4 \cdot 2 a x + a^2 \cdot 1 \cdot x^0$$
$$= 12 x^2 - 8 a x + a^2 .$$

---

[1]) Allgemein kann die Grundfläche eines Quaders ein beliebiges Rechteck sein. In unserem Falle ist sie ein spezielles Rechteck, nämlich ein Quadrat.

Dieser Differentialquotient ist gleich Null zu setzen. Also:
$$12x^2 - 8ax + a^2 = 0.$$
Nach den Regeln der gemischtquadratischen Gleichung ist zuerst das x zu isolieren. Es ergibt sich, wenn wir zu diesem Behuf die ganze Gleichung durch 12 dividieren:
$$x^2 - \frac{8}{12}ax + \frac{a^2}{12} = 0 \quad \text{oder}$$
$$x^2 - \frac{2a}{3}x + \frac{a^2}{12} = 0.$$
Das a ist eine bekannte „konstante" Größe. Es ist eben die im konkreten Fall gewählte Seitenlänge des quadratischen Materialstückes. Daher behandeln wir das a einfach wie eine konkrete Zahl oder einen Koeffizienten. Nach den Regeln für die Auflösung gemischtquadratischer Gleichungen (S. 246 f.) ergibt sich für x der Wert:
$$x = \frac{2a}{6} \pm \sqrt{\frac{4a^2}{36} - \frac{a^2}{12}}$$
$$= \frac{2a}{6} \pm \sqrt{\frac{4a^2 - 3a^2}{36}}$$
$$= \frac{2a}{6} \pm \sqrt{\frac{a^2}{36}}$$
$$= \frac{2a}{6} \pm \frac{a}{6}$$

Für x ergeben sich also die beiden Werte $\frac{a}{2}$ und $\frac{a}{6}$. Da nun $\frac{a}{2}$ als Wert für x nicht in Betracht kommt, weil er nicht innerhalb des Bereiches liegt, sondern einen Grenzfall des Bereiches, noch dazu einen sinnlosen, darstellt, haben wir gefunden, daß die Schachtel den größten Inhalt hat, wenn die Blechplatte auf allen Seiten um $\frac{a}{6}$ aufgeklappt wird. Das heißt, das Grundquadrat hätte dann $\frac{4a}{6} = \frac{2}{3}a$ Seitenlänge und die Höhe betrage $\frac{a}{6}$. Um uns ein ungefähres Bild zu machen, ob unsere Rechnung stimmt, nehmen wir an, wir hätten eine Blechplatte von 60 cm Seitenlänge. Die Grundfläche der „Schachtel" wäre, falls wir Quadrate der Seitenlänge $\frac{a}{6}$, also 10 cm, ausschneiden,

4 × 4 Dezimeter, also 16 Quadratdezimeter, und die Höhe 1 Dezimeter. Sonach wäre der Kubikinhalt genau 16 Kubikdezimeter oder 16 Liter. Würden wir Quadrate von nur 5 cm Seitenlänge ausschneiden, so wäre die Grundfläche 5 × 5 Dezimeter, also 25 Quadratdezimeter groß. Die Höhe, die hier 5 cm $=\frac{1}{2}$ dm beträgt, ergibt mit 25 dm² multipliziert einen Inhalt von nur $12\frac{1}{2}$ dm³ oder $12\frac{1}{2}$ Liter. Sicherlich also weniger. Würde ich die Quadrate dagegen etwa mit 15 cm Seitenlänge wählen, dann wäre die Grundfläche der Schachtel 3 × 3 Dezimeter = 9 dm² groß, und die Höhe würde 15 cm = 1.5 dm, der Kubikinhalt also 9 · 1.5 = 13.5 dm³ = 13.5 Liter betragen, was ebenfalls kleiner ist als die Schachtel, bei der das x gleich ist $\frac{a}{6}$.

Auf Grund dieser Vorübung wird uns ein zweites, der Statik entnommenes Beispiel schon weit weniger Schwierigkeiten bereiten (s. Fig. 59).

Aus einem kreisrunden Baumstamm ist ein Balken rechteckigen Querschnitts so auszusägen, daß seine Tragfähigkeit bei gegebener Länge ein Maximum (Höchstmaß) darstellt[1].

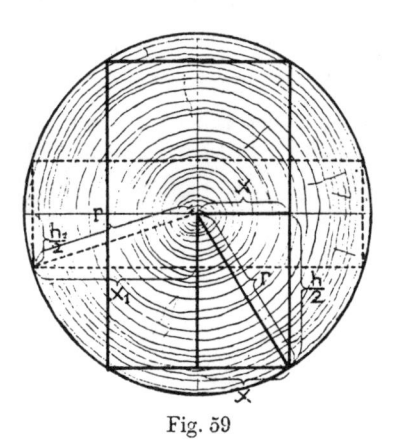

Fig. 59

---

[1] Die durch Strichelung angedeutete Umgrenzung des Balkenquerschnitts deutet eine der unendlich vielen anderen Möglichkeiten des Aussägens an.

Der Halbmesser des Baumstammes ist uns bekannt und heißt r. Ohne weiteren Beweis teilen wir mit, daß uns der Anteil ebenfalls bekannt ist, den Höhe und Breite des Balkenquerschnitts zur Tragfähigkeit beisteuern. Diese „Festigkeit" = F = dem Quadrat der Höhe mal der Breite des Querschnitts. Also $F = h^2 b$. Wenn wir nun die halbe Breite x nennen, dann ist nach dem pythagoräischen Lehrsatz $\left(\frac{h}{2}\right)^2 = r^2 - x^2$ oder $\frac{h^2}{4} = r^2 - x^2$ oder $h^2 = 4r^2 - 4x^2$. Nun soll die „Festigkeit" ein Maximum bilden. Festigkeit = F = $h^2 b$. Da aber, wie wir wissen, $h^2 = 4r^2 - 4x^2$ und $b = 2x$, so ist schließlich $F = y = (4r^2 - 4x^2) \cdot 2x$ oder $y = 8r^2 x - 8x^3$. Nun besitzen wir schon die Funktion. Welcher „Bereich" aber kommt in Betracht? Die Breite (2 x) kann zwischen den Grenzen 0 und 2 r liegen. Das ist aus der Zeichnung klar ersichtlich. Und zwar sind beide Grenzen selbst sinnlos, da bei ihnen der Balken einmal keine Breite, das anderemal keine Höhe hätte. Außerdem stellen wir fest, daß uns nur positive Werte von x interessieren. Denn eine negative Balkenbreite wäre technisch ebenso sinnlos wie ein breite- oder höheloser Balken. Nun bilden wir den Differentialquotienten der Funktion.

$$y' = \frac{dy}{dx} = 8r^2 \cdot 1 \cdot x^0 - 8 \cdot 3 \cdot x^2$$
$$= 8r^2 - 24x^2.$$

Durch Nullsetzung des Differentialquotienten und Auflösung der so entstandenen Gleichung nach x folgt sofort:

$$8r^2 - 24x^2 = 0$$
$$24x^2 = 8r^2$$
$$x^2 = \frac{8}{24}r^2$$
$$x^2 = \frac{1}{3}r^2$$
$$x = \pm \sqrt{\frac{r^2}{3}}$$
$$x = \pm r\sqrt{\frac{1}{3}} = \pm \frac{r}{\sqrt{3}} = \pm \frac{r\sqrt{3}}{3} = \pm \frac{r}{3}\sqrt{3}$$

Da uns nur der Pluswert interessiert, stellen wir fest, daß der Balken die größte Festigkeit hat, wenn die Breite $(\mathfrak{v} = 2\,x)$ den Wert $\frac{2\,r}{3}\sqrt{3}$ des Radius hat. Für einen Radius von 1 dm ergäbe das die Balkenbreite von 1.15470 dm.

Zum Abschluß noch eine Minimumaufgabe. Man kann bekanntlich in ein Quadrat unendlich viele Quadrate einbeschreiben. Welches von diesen einbeschriebenen Quadraten ist das kleinste?

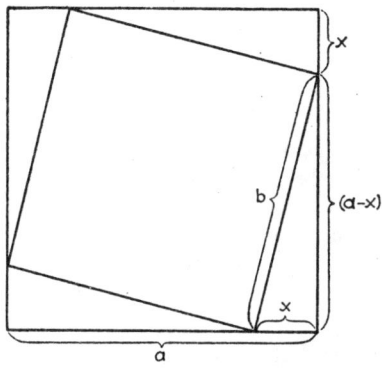

Fig. 60

Als Bereich kommen alle Quadrate in Betracht, bei denen x zwischen 0 und a liegt. Das größte einbeschriebene Quadrat ist sicher vorhanden, wenn $x = 0$. Denn dann ist es ja das große Quadrat selbst. Nun lassen wir x stetig größer werden und das einbeschriebene Quadrat wird immer kleiner. Allerdings nur bis zu einem uns noch unbekannten Punkt auf der Strecke a. Denn hat x schließlich die Länge a erreicht, dann hat sich das einbeschriebene Quadrat gleichsam um 90 Grade gedreht und ist wieder so groß wie das große Quadrat. Nun suchen wir die Funktion. Das einbeschriebene Quadrat habe die Seite b und seine Fläche sei demnach b^2. Diese Fläche soll ein Minimum werden. Also $b^2 = y$. Wie aber drücke ich jetzt b^2 durch x aus, von dem offenbar die Größe des Quadrats abhängt, wie wir bei der „Bereichbestimmung" schon gesehen haben? Nun, wieder kommt uns Pythagoras zu Hilfe. Denn

$b^2 = x^2 + (a - x)^2$, was nach Ausrechnung $b^2 = x^2 + a^2 - 2ax + x^2 = 2x^2 - 2ax + a^2$ ergibt. Die Funktion steht also schon fest:

Fläche des einbeschriebenen Quadrats $= b^2 = y = 2x^2 - 2ax + a^2$. Die Differentiierung der Funktion liefert $y' = 2 \cdot 2x - 2a \cdot 1 \cdot x^0$ oder $y' = \frac{dy}{dx} = 4x - 2a$. Nach altem Rezept wird jetzt der Differentialquotient gleich Null gesetzt und die Gleichung nach x gelöst. Also:

$$4x - 2a = 0$$
$$4x = 2a$$
$$x = \frac{a}{2}.$$

Da die Maximalwerte unseres Bereiches, wie wir erforschten, die Grenzen selbst waren, muß zwischen diesen Grenzen ein Minimum liegen. Wir sahen ja mit eigenen Augen, daß das einbeschriebene Quadrat nach der 0-Grenze von x kleiner und schließlich bei $x = a$ wieder so groß wurde wie bei $x = 0$. Weiter ergibt die Rechnung nur einen Wert für dieses Minimum. Folglich existiert dieses Minimum und liegt symmetrisch genau zwischen 0 und a, nämlich bei $x = \frac{a}{2}$. Wir überlassen es dem Leser, zu prüfen, wie groß das einbeschriebene Quadrat etwa bei $a = 1$ dm wird, wenn ich einmal für x den Minimalwert $\frac{a}{2}$, also 5 cm $= \frac{1}{2}$ dm und dann etwa $x = \frac{a}{4}$ und $x = \frac{3a}{4}$ versuche. Da die Kurve symmetrisch ist, muß man für die beiden letzteren x-Werte gleiche einbeschriebene Quadrate erhalten, die allerdings größer sein müssen als das Minimalquadrat bei $x = \frac{a}{2}$. Die Flächen sind nach der Formel $b^2 = 2x^2 - 2ax + a^2$ zu berechnen. (Auflösung: Beim Minimum ist $b^2 = \frac{a^2}{2}$, bei den beiden anderen x-Werten ist $b^2 = \frac{5}{8}a^2$.)

Dreiunddreißigstes Kapitel

Technik der Integralrechnung

Wir müssen nun wieder dort anknüpfen, wo wir die Erörterung über die Möglichkeit des Integrierens unterbrochen haben. Wir stellten dort fest, daß die Funktion unter dem Integral zum Wert des berechneten Integrals sich genau so verhalte wie ein Differentialquotient zur Funktion, aus der er berechnet wurde. Also $F(x) = \int y' \, dx$ oder $\int f'(x) \, dx$, da ja $dy = f'(x) \, dx$ und die Integration beider Seiten dieser letzten Gleichung $\int dy = \int f'(x) \, dx$ ergibt. Das $\int dy$ ist aber $F(x)$, die sogenannte Stammfunktion, oder einfach y.

Da wir inzwischen die grundlegenden Rechenregeln der Differentialrechnung kennengelernt haben, werden wir zur Gewinnung gewisser Rechenregeln für die Integration vom Bekannten zum Unbekannten fortschreiten. Wir werden einfach eine Funktion differentiieren und dann versuchen, den Differentialquotienten im Wege der Integration wieder in die Stammfunktion zurückzuverwandeln. Bei diesem Versuch werden wir, so hoffen wir wenigstens, das Wesen des Integrationsvorganges, rein rechentechnisch und arithmetisch, durchleuchten können. Besitzen wir aber einmal den Algorithmus der Integration, dann haben wir eigentlich das letzte Ziel unseres Buches erreicht.

Wir wählen also als „Stammfunktion" die Funktion
$$F(x) = y = 2x^3 - 7x^2 + x + 89$$
und bilden ihren Differentialquotienten. Dieser lautet:
$$\frac{dy}{dx} = f'(x) = y' = 2 \cdot 3x^2 - 7 \cdot 2x + 1 \cdot x^0 = 6x^2 - 14x + 1.$$

Schon hier bemerken wir eine fatale Vieldeutigkeit der Integration. Kein Mensch in aller Welt wird nämlich bei einer allfälligen Rückverwandlung des Differentialquotienten in die Stammfunktion (und das ist ja die Integration) imstande sein, anzugeben, wie groß die Konstante war. Man weiß nicht einmal, ob es eine Konstante gegeben hat. Vielleicht waren es sogar mehrere Konstanten oder ein Produkt oder ein Quotient von Konstanten, die beim Differentiieren auf Nimmerwiedersehen verschwunden sind. Wenn man also die Funktion unter dem Integral wirklich als den Differentialquotienten einer uns noch unbekannten Stammfunktion betrachtet, dann kann man logischerweise nicht von **einer** Stammfunktion sprechen. Jedem Differentialquotienten entsprechen unendlich viele Stammfunktionen, aus denen er entstanden sein kann. Und diese Stammfunktionen unterscheiden sich eben durch eine additive oder subtraktive Konstante C. Streng richtig muß ich also schreiben: $F(x) = y = \int f'(x) \pm C$ oder $\int f'(x) + C$, wenn ich es freistelle, dem C auch negative Werte zu erteilen. In dieser Form wird das allgemeine oder unbestimmte Integral auch stets geschrieben, und wenn es nicht so geschrieben wird, ist eben die ganz willkürliche additive Konstante C hinzuzudenken. Wieso diese Konstante beim bestimmten Integral, das wir ja zur wirklichen Ausrechnung benützen, unschädlich wird, und was diese Konstante physisch und geometrisch bedeutet, werden wir später zeigen. Vorläufig lassen wir uns durch diese Konstante nicht stören.

Wir haben also behauptet, die Stammfunktion $F(x)$ oder y müsse gleich sein dem Integral $\int f'(x)\, dx$ oder in unserem konkreten Fall:

$$F(x) = y = \int (6x^2 - 14x + 1)\, dx + C.$$

Praktisch sei bemerkt, daß das dx den „Inhalt" des Integrals stets nach rechts abschließt, so daß niemand im Zweifel sein kann, daß das $+\,C$ außerhalb des Integrals steht. Wir ignorieren jetzt dieses C überhaupt. Und vergleichen die x-Glieder der ursprünglichen Stammfunktion mit den entsprechenden Gliedern unter dem Integral. Zu diesem Zweck schreiben wir sie zuerst untereinander:

x-Potenzen der Stammfunktion: $2x^3 - 7x^2 + x$
x-Potenzen unter dem Integral: $6x^2 - 14x + 1$.

Zuerst merken wir, daß wir, wie beim Differentiieren, auch „gliedweise" integrieren können, soweit es sich um additiv oder subtraktiv verbundene x-Potenzen handelt. Wir stellen das gleich als Regel fest und schreiben

$$\int (6x^2 - 14x + 1)\, dx = \int 6x^2\, dx - \int 14x\, dx + \int 1\, dx.$$

Das Integral einer Summe ist also gleich der Summe der Integrale der Summanden. Zweitens erinnern wir uns, daß das Integral eine Art von Summe infinitesimaler Teile ist. Für eine solche Summe gilt bezüglich der unveränderlichen, also konstanten Faktoren (der Koeffizienten) das distributive Gesetz (Gesetz der bezüglichen Zuteilung). Denn bei jeder Summe $3a + 3(a + h) + 3(a + 2h) + 3(a + 3h) + \ldots$ kann ich schreiben $3[a + (a + h) + (a + 2h) + (a + 3h) + \ldots]$ oder gleich $3\sum_{0}^{n}(a + \nu h)$. Daher dürfen alle multiplikativen Konstanten vor das Integral gesetzt werden, so daß wir auch schreiben könnten:

$\int(6x^2 - 14x + 1)dx = 6\int x^2 dx - 14\int x\,dx + 1\int dx$.

Nun wollen wir aber wieder zur Frage zurückkehren, wie aus der bezüglichen x-Potenz unter dem Integral die entsprechende x-Potenz der Stammfunktion entsteht. Wie also mache ich aus $6x^2$ wieder $2x^3$, aus $14x$ wieder $7x^2$ und aus 1 das x. Das erste, was mir auffällt, ist, daß das Integrieren die Potenz des x um 1 erhöht, was sehr selbstverständlich ist, wenn man bedenkt, daß die x-Potenz durch das Differentiieren um 1 erniedrigt wurde. Also allgemein $\int x^m dx =$ Irgend etwas, irgendein Koeffizient mal x^{m+1}. Wie groß ist nun dieser Koeffizient? Aus $2x^3$ wurde $6x^2$. Aus $6x^2$ soll wieder $2x^3$ werden. Da wir den Vorgang beim x schon kennen, fragen wir nur noch, wie man aus 6 wieder 2 macht. Nun, sehr einfach. Nämlich im Wege einer Division durch 3. Ich habe aber die Stammfunktion nicht vor mir. Sondern nur den Differentialquotienten. Da ich weiter vermute, daß auch die Änderung des Koeffizienten mit der Potenz des x zusammenhängt, da ja auch beim Differentiieren der Koeffizient (sofern er nicht schon vorhanden war) durch die Potenz des x entstand (oder zum Teil entstand), muß ich versuchen, wie ich aus der Potenz des x unter dem Integral den Koeffizienten gewinne. Also aus $6x^2$ soll $2x^3$ werden. Da ich den Potenzanzeiger 2 oben allgemein m nannte, muß ich die 6 durch (m + 1), also 3 dividieren, um den Koeffizienten 2 des $2x^2$ zu erhalten. Wir behaupten somit zusammenfassend, daß $\int x^m$ gleich sei $\frac{1}{m+1}x^{m+1}$. Machen wir gleich die Probe für unsere anderen Potenzen. Welchen Wert hat $\int 14x\,dx$? Hier ist m = 1. Also ist der Wert $\frac{14}{1+1}x^{1+1} = \frac{14}{2}x^2 = 7x^2$, also genau das, was wir erwarteten. Wenn wir uns schließlich für $\int 1\,dx$ interessieren, dann erhalten wir, da $\int 1 \cdot dx = \int x^0\,dx$, wohl $\frac{1}{0+1}x^{0+1} = \frac{1}{1}x^1 = x$, was offensichtlich stimmt. Wir sind also förmlich im Fluge in den Besitz des Algorithmus der gefürchteten Integralrechnung gelangt. Und wir haben damit das Versprechen eingelöst, daß uns der Integralbefehl durchaus nicht schwerer zu befolgen erscheint als irgendein anderer mathematischer Befehl. Dies gilt allerdings nur für ganze rationale algebraische Funktionen. Wir verhehlen darum auch nicht, daß die Integralrechnung verwickelterer Funktionen kein Handwerk mehr ist, sondern eine Kunst. Daß etwa

$$\int_0^x \sqrt{1 + \frac{x^2}{k^2}}\,dx \text{ gleich ist } \frac{x}{2}\sqrt{1 + \frac{x^2}{k^2}} + \frac{k}{2}\log\left(\frac{x}{k} + \sqrt{1 + \frac{x^2}{k^2}}\right)\,{}^{1)}$$

können wir durch unsere einfachen Regeln niemals eruieren. Dazu sind allerlei Kunstgriffe notwendig. Für die Praxis des Rechnens mit Integralen gibt es deshalb eigene Tafelwerke, in denen die Auflösung verschiedenster Formen von Integralen, nach gewissen Gesichtspunkten geordnet, gegeben ist.

Es soll auch weiter nicht verschwiegen werden, daß es Integrale gibt, die überhaupt nicht gelöst werden können. Denn wir können Ausdrücke bilden, die als Differentialquotient einer Stammfunktion nicht existieren. Es ist eben keine Stammfunktion denkbar, die gerade diesen Differentialquotienten hat. Wenn es aber keine Stammfunktion gibt, gibt es auch kein genaues Resultat der Auswertung des Integrals. Höchstens ein angenähertes. Und es sei abschließend bemerkt, daß für die Praxis eine näherungsweise Lösung jedes Integrals mit beliebiger Genauigkeit möglich ist.

Obwohl wir nun eben die bescheidenen Grenzen, in denen sich unsere Kenntnisse bewegen, angedeutet haben, wollen wir gleichwohl nicht die Flinte ins Korn werfen. Wir können nämlich trotz unserer geringen Ausbildung in der Integralrechnung zahllose Aufgaben lösen. Und vor allem beherrschen wir das Prinzip und werden dadurch vieles verstehen, was sonst dem Laien ein unlösbares Rätsel bleibt.

---

[1]) Rektifikation der Parabel $y = \frac{x^2}{2k}$ (aus G. Kowalewski: Einführung in die Infinitesimalrechnung).

Wir wenden uns also wieder dem Problem der Quadratur zu. Es beliebt uns, die Kurve $y = x - x^2$ aufzuzeichnen und die Forderung der Quadratur innerhalb eines gewissen Bereiches zu stellen. Da diese Kurve bei $x = 0$ durch den Koordinatenursprungspunkt geht und bei $x = 1$ schon wieder bezüglich der Ordinate ins Negative übergeht und auch weiter bei wachsendem x im 4. Quadranten bleibt, quadrieren wir bloß das Stück zwischen $x = 0$ und $x = 1$.

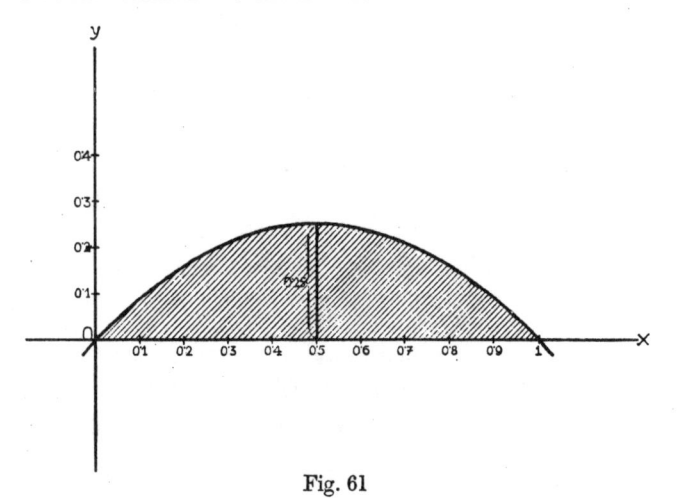

Fig. 61

Wir kombinieren unsere Künste und stellen vorweg durch eine Maximumaufgabe fest, wie groß die höchste Ordinate dieses Kurvenstückes ist. Also für den Bereich $x = 0$ bis $x = 1$ ergibt die Funktion $y = x - x^2$ den Differentialquotienten $y' = f'(x) = \frac{dy}{dx} = 1 - 2x$. Nullsetzung des Differentialquotienten liefert: $1 - 2x = 0$. Auflösung dieser Gleichung: $2x = 1$ oder $x = \frac{1}{2}$. Dieses x liegt sichtlich im geforderten Bereich, da es genau in der Mitte zwischen 0 und 1 anzutreffen ist. Nun kehre ich zur Funktion der Kurve zurück und setze für $x = \frac{1}{2}$ ein. Folglich ist $y = x - x^2 = \frac{1}{2} - \left(\frac{1}{2}\right)^2 = \frac{1}{2} - \frac{1}{4} = \frac{1}{4}$. Die höchste Erhebung unseres Kurvenstückes über die x-Achse ist also $\frac{1}{4}$, was aus der Zeichnung ohne weiteres zu ersehen ist. Ebenso ersieht man, daß dieses „Maximum" bei $x = \frac{1}{2}$ stattfindet.

Nun zur Quadratur. Wir wissen bereits, daß die Quadratur durch ein „bestimmtes", das heißt ein mit Ober- und Untergrenze versehenes Integral geleistet wird. Also in unserem Falle $\int_0^1 (x - x^2)\,dx =\,$? Wie behandeln wir nun das „bestimmte" Integral? Die Anleitung ist sehr einfach. Wir haben zuerst gleichsam eine allgemeine Formel, nämlich das unbestimmte Integral zu berechnen, das uns angibt, nach welchem Gesetz die gegebene Kurve zu quadrieren ist. Also:

$$F(x) = y = \int(x - x^2)\,dx = \int x\,dx - \int x^2\,dx =$$
$$= \frac{1}{1+1} x^{1+1} - \frac{1}{2+1} x^{2+1} = \frac{1}{2} x^2 - \frac{1}{3} x^3 \text{ (dazu überall noch}$$
die Konstante C).

Jetzt ist unsere weitere Aufgabe, die „Grenzen" zu berücksichtigen. Dafür gibt es, etwas oberflächlich gesprochen, eine sehr einfache Regel. Nämlich die Subtraktion des Integrals der unteren Grenze vom Integral der oberen Grenze. Wenn wir allgemein die untere Grenze mit a, die obere mit b bezeichnen, also ein Integral $\int_a^b f'(x)\,dx$ vor uns haben, dann wäre die Lösung des unbestimmten Integrals $f(x) + C$. Nun haben wir $x = a$ und $x = b$ zu setzen und erhalten $\int_a^b f'(x)\,dx =$
$= [f(b) + C] - [f(a) + C]$ oder nach Lösung der Klammern $f(b) + C - f(a) - C = f(b) - f(a)$. Wir sehen, daß bei Ausrechnung des bestimmten Integrals auf jeden Fall die Konstante fortfällt, so daß wir einen eindeutigen Wert erhalten. In unserem Beispiel ist die obere Grenze 1, die untere 0. Da das unbestimmte Integral den Wert $\frac{1}{2} x^2 - \frac{1}{3} x^3 + C$ hatte, haben wir einzusetzen:

$$\left[\frac{1}{2}(1)^2 - \frac{1}{3}(1)^3 + C\right] - \left[\frac{1}{2}(0)^2 - \frac{1}{3}(0)^3 + C\right] =$$
$$= \frac{1}{2} - \frac{1}{3} + C - C = \frac{1}{2} - \frac{1}{3} = \frac{3}{6} - \frac{2}{6} = \frac{1}{6}.$$

Unsere erste Quadratur ist gelungen. Die krummlinig begrenzte schraffierte Fläche hat den Flächeninhalt $\frac{1}{6}$ in der Einheit, die wir für das x auf der Abszisse wählten und die auch Einheit der Ordinate ist. Also, wie man sagt, $\frac{1}{6}$ Quadrateinheiten[1]).

Vierunddreißigstes Kapitel
Mittelwert und bestimmtes Integral

Wir wollen dieses Beispiel aber nicht verlassen, ohne noch auf etwas anderes hinzuweisen. Da die Grundlinie unserer Figur 1 und die Fläche $\frac{1}{6}$ Quadrateinheiten beträgt, ist die Figur einem Rechteck inhaltsgleich, das die Länge 1 und die Höhe $\frac{1}{6}$ hat. Man könnte nun behaupten, da ja unzählige Ordinaten[2]) kleiner, unzählige wieder größer sind als $\frac{1}{6}$, daß dieses $\frac{1}{6}$ die „mittlere Ordinate" oder einen „Mittelwert aller Ordinaten" oder eine „Durchschnittsordinate" darstelle. Dazu müssen wir uns den Begriff des „Mittelwertes" näher ansehen, der im Sprachgebrauch auch „Durchschnitt" genannt wird. Die einfachste Art eines Mittelwertes ist das sogenannte arithmetische Mittel. Es ist auch die Form der Durchschnittsbildung, die schon jedes Kind instinktiv vornimmt. Haben drei Äpfel die Durchmesser 5 cm, 10 cm und 15 cm, dann ist der durchschnittliche Apfel 10 cm im Durchmesser. Oder kaufe ich eine bestimmte Ware einmal um 80, das zweitemal um 90, das drittemal um 95 und das viertemal um 99 Währungseinheiten, dann ist der Durchschnittspreis dieser Ware wohl

---

[1]) Wäre die Ordinate und die Abszisse nicht im gleichen Maßstab dargestellt, dann bedeutete das Integral die Anzahl der „Einheits-Rechtecke", deren Seiten jeweils die Einheiten der Abszisse und der Ordinate sind. Unsere „Quadrateinheit" ist somit ein Sonderfall einer allgemeineren Möglichkeit. Doch beschränken wir uns in diesem Buch auf „Quadrat-Einheiten".

[2]) Natürlich innerhalb des Bereiches.

$\frac{80+90+95+99}{4} = 91$ Währungseinheiten. Allgemein wird das arithmetische Mittel nach der Formel $M_A = \frac{a_1+a_2+a_3+\ldots+a_n}{n}$ gebildet[1]).

Nun ist der Mittelwert („mittlere Ordinate") in unserem Fall nicht aus endlich vielen Einzelwerten von Ordinaten, sondern aus unendlich vielen solcher Einzelwerte gebildet. Müßte also lauten, wenn $y_1, y_2, y_3, y_4 \ldots$ die Ordinaten sind: $M_A = \frac{y_1+y_2+y_3 \ldots y_\infty}{\infty}$, was offensichtlich nicht berechenbar ist. Wenn wir aber diese Mittelwertbestimmung als Infinitesimalaufgabe ansehen, dann können wir zu einem Resultat kommen. Denn die unendliche Summe der Ordinaten ist ja nichts anderes als die zu quadrierende Fläche, und ihr Wert ist deshalb das bestimmte Integral über den verlangten Bereich. Was aber ist der Nenner unseres Mittelwertbruches? Wohl nichts anderes als der Ausdruck für die unendliche Anzahl der Ordinaten. Also gleichsam die Zahlenlinie aller ihrer Fußpunkte. Das aber ist wieder nichts anderes als das Stück der x-Achse, das den Bereich bildet. Unsere infinitesimale Mittelwertformel hätte demnach zu lauten:

$$\frac{\int_a^b f'(x)\,dx}{b-a}$$

Nun wollen wir die Formel an unserem Fall prüfen, bevor wir die ungeheure praktische Bedeutung dieses Integralmittelwertsatzes an einem konkreten Beispiel zeigen. Wir fanden als Integral der Fläche $\int_0^1 (x-x^2)\,dx$ den Wert $\frac{1}{6}$. Dieses $\frac{1}{6}$ bildet also den Zähler. Den Nenner bildet die Differenz der Grenzen $1-0=1$. Folglich beträgt der Mittelwert oder die mittlere Ordinate in unserem Fall $M_A = \frac{\frac{1}{6}}{1} = \frac{1}{6}$.

Fast jeder hat einmal einen sogenannten selbstregistrierenden Apparat gesehen. Es gibt selbstregistrierende Thermo-

---

[1]) Das geometrische Mittel ist die n-te Wurzel aus den miteinander multiplizierten Einzelwerten. Also
$M_G = \sqrt[n]{a_1 \cdot a_2 \cdot a_3 \ldots a_n}$.

meter, Barometer, Hygrometer usw., wie sie jedes Wetterhäuschen in den Großstadtparks besitzt. Um eine Trommel ist ein Millimeterpapier gespannt, dessen Einteilung Bezeichnungen für Tage und Stunden trägt. Und zwar in der Richtung des Umfanges. Der Höhe nach bedeutet die Einteilung Temperaturgrade, Luftdruck, Feuchtigkeitsgehalt der Luft oder anderes. Die Trommel ist mit einem Uhrwerk derart verbunden, daß sie sich genau der Einteilung gemäß dreht, während ein Farbstift wieder genau den Thermometergraden, Barometerständen usw. in seiner Aufwärts- oder Abwärtsbewegung folgt. Da an jedem Zeitpunkt, sei er auch noch so klein, eine Temperatur oder ein Luftdruck oder ein Feuchtigkeitsgehalt der Luft existiert, ist diese Art der Aufzeichnung eine absolut stetige, infinitesimale. Die betreffende Kurve ist demnach stetig und differentiierbar. Nur ist sie derart kompliziert und sprunghaft, daß eine Formel wohl unmöglich für sie in der Praxis aufzustellen ist. Nehmen wir etwa nach einem Monat das Papier von der Trommel, dann sieht die Kurve vielleicht so aus (s. Fig. 62).

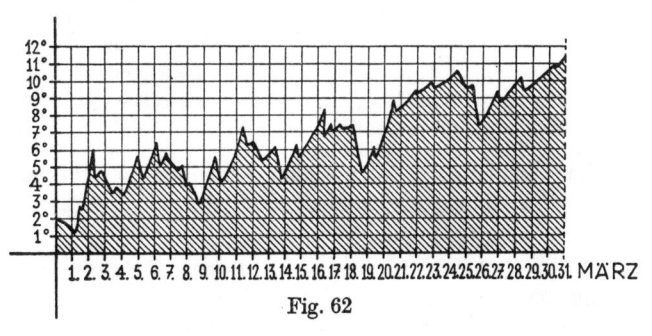

Fig. 62

Nun würde uns die „Durchschnittstemperatur des Monates März" interessieren. Und wir werden jetzt das Kunststück vorzeigen, diese gewünschte Durchschnittstemperatur ohne jede besondere Rechnung, gleichwohl aber als Integralmittelwert, zu bestimmen. Wir kalkulieren folgendermaßen, indem wir alles auf den Kopf stellen: Die Formel der Kurve, aus der wir das bestimmte Integral irgendwie berechnen könnten, ist uns unbekannt und wird uns unbekannt bleiben. Der Wert des

Integrals aber ist ja gleich der Fläche zwischen der Kurve, der Anfangs- und Endordinate des Bereiches und der Abszissenachse. Schneiden wir also munter mit einer präzisen Schere diese Fläche aus, wiegen wir sie auf einer physikalischen Präzisionswaage ab, schneiden wir weiter die Einheitsfläche, die Quadrateinheit aus. Und nun bestimmen wir nach dem Gewicht den Flächeninhalt, also den Wert des Integrals. Wir hätten als Seite der Quadrateinheit etwa den Thermometergrad genommen. Gleich lang mit diesem Grad erscheint auf der x-Achse etwa die für einen Tag beanspruchte Längeneinheit der Abszisse. Nun haben wir nichts mehr zu tun, als die Flächenzahl, die wir durch Wägung ermittelten, durch den „Bereich", also durch (b − a), das ist hier 31 − 0 = 31, zu dividieren. Dadurch erhalten wir haargenau die Durchschnittstemperatur des Monats. Und zwar infinitesimal genau als Durchschnitt der unendlich vielen, im betreffenden Monat vorgekommenen Temperaturen. Bezüglich der „Funktion" wäre noch nachzutragen, daß hier die Temperatur y zwangsläufig von der Zeit x abhängt. Wir hätten, was weiter zu bemerken ist, auch nicht unbedingt die Tage als x-Einheiten wählen müssen. Wir hätten auch so vorgehen können, daß wir den „x-Bereich" vor der Mittelwertbildung einfach in y-Einheiten abgemessen hätten. Zum Schluß schreiben wir unser Kunststück noch mathematisch an:

$$\text{Resultat der Wägung} = \text{n Quadrateinheiten} = \frac{\int_a^b f'(x)\,dx}{b - 0}$$

wobei b in Einheiten zu messen ist, die mit der Seitenlänge der Quadrateinheit gleich groß sind. Dieses Beispiel zeigt uns den ungeheuren Wert rein gedanklicher Operationen. Denn in Wirklichkeit wurde nur gewogen, dividiert und kalkuliert. Von einem wirklichen Integral war keine Spur. Gleichwohl konnten wir die Berechtigung unseres Kunststückes nur aus der Integralrechnung herleiten, da ein Mittelwert aus unendlich vielen Ordinaten ohne Infinitesimalüberlegungen niemals gewonnen hätte werden können.

Bevor wir weitere Quadraturen beginnen, soll auf eine Eigenschaft des bestimmten Integrals eingegangen werden, die besonders Anfängern viel Kopfzerbrechen verursacht. Es handelt sich dabei um das Verschwinden der Integrationskonstanten. Arithmetisch haben wir schon gezeigt, daß die Subtraktion des Integrals der unteren Grenze vom Integral der oberen Grenze die Konstante stets verschwinden lassen muß. Gleichgültig, ob die Konstante des „unbestimmten" Integrals additiv oder subtraktiv beigefügt war. Wäre das unbestimmte Integral $\int f'(x)\,dx$ gewesen, zu dem $+$ oder $-$ C hinzugefügt worden wäre, dann hätte die Ausrechnung des bestimmten Integrals derselben Funktion $\int_a^b f'(x)\,dx$ stets die Form

$$(\int f'(b)\,dx + C) - (\int f'(a)\,dx + C) = f(b) + C - f(a) - C =$$
$$= f(b) - f(a)$$

oder

$$(\int f'(b)\,dx - C) - (\int f'(a)\,dx - C) = f(b) - C - f(a) + C =$$
$$= f(b) - f(a).$$

Geometrisch bedeutet diese Subtraktion nichts anderes als das Abziehen einer Fläche von einer anderen. Allerdings nur im Endresultat. Solange noch die Konstante mitspielt, handelt es sich geometrisch um Abziehen einer Ordinate von einer anderen. Um das aber richtig zu verstehen, müssen wir den Begriff der Differential- und Integralkurve erörtern. Wir wissen, daß jeder Funktion analytisch eine „Bildkurve" entspricht. Wenn wir also etwa in unserem früheren Beispiel eine Funktion $y = x - x^2$ gegeben hatten, dann können wir, wie wir es ja auch taten (Fig. 61), eine Kurve dieser Funktion oder eines bestimmten Bereiches dieser Funktion zeichnen. Wenn wir nun integrieren, erhalten wir

$$F(x) = \int (x - x^2)\,dx \pm C = \frac{x^2}{2} - \frac{x^3}{3} \pm C,$$

also wieder eine Funktion von x, die wir auch zeichnen können. Diese „Stammfunktion" nun ergibt, relativ zur „Ausgangsfunktion" $y = x - x^2$, die sogenannte Integralkurve. Nun wissen wir aber nicht, wie groß das C ist. Wir wissen nicht einmal, ob es positiv oder negativ ist. Es könnte auch 0 sein. Was bedeutet nun analytisch eine additive (subtraktive) Konstante? Wir verraten es gleich: Die Kurve als solche bleibt die gleiche, ändert ihre Form nicht, ob die Konstante dabeisteht oder nicht. Die Konstante bewirkt nur eine Verschiebung der Kurve im Koordinatensystem. Eine beliebige Parabel der Formel $y = \frac{x^2}{4} \pm C$ etwa sieht, je nachdem wie groß C ist, folgendermaßen aus (s. Fig. 63).

Da nun C jeden Wert zwischen $+\infty$ und $-\infty$ annehmen darf, stellt jedes allgemeine oder unbestimmte Integral eine Kurvenschar vor, die gleichsam so dicht aneinanderliegt, daß sie die ganze Fläche bedeckt. Diese Eigenschaft des Integrals hat eine ungeheure Bedeutung in der Physik. Wenn es uns gelingt, für einen Bereich (einer Fläche oder eines Raumes)

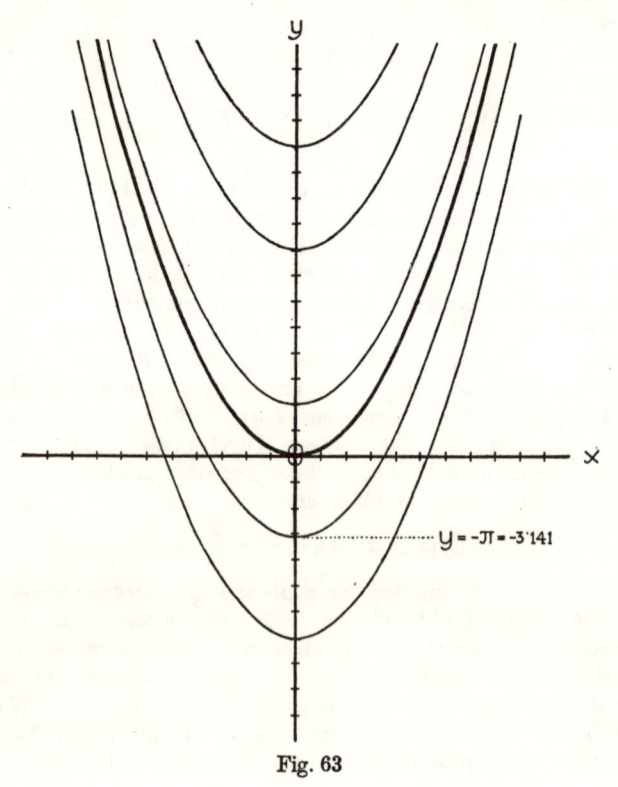

Fig. 63

eine „Differentialgleichung" aufzustellen, dann ist damit der Bereich oder das „Feld" in jedem Punkt bestimmt. Die Differentialgleichung wird nämlich dadurch „gelöst", daß sie integriert wird. Und dieses Integral gibt mir nach Feststellung der Konstanten für jeden Punkt des „Feldes" den Zustand an. Doch dies nur nebenbei. Wir wissen nun, daß es unendlich viele „Integralkurven" gibt, die ansonsten kongruent sind und sich nur lagemäßig durch die Konstante unterscheiden. Wenn wir annähmen, es wäre die Funktion $y' = \frac{x}{2}$ zu integrieren, erhielten wir als Integralkurven alle $F(x) = \int \frac{x}{2} dx \pm C = \frac{x^2}{4} \pm C$. Nun wäre jedes bestimmte Integral $\int_a^b \frac{x}{2} dx$ gleich $\left(\frac{b^2}{4} \pm C\right) - \left(\frac{a^2}{4} \pm C\right) = \frac{b^2}{4} - \frac{a^2}{4}$. Da aber weiter jedes $\frac{x^2}{4} \pm C = F(x) = y$, also die Ordinate der Integralkurve darstellt, ist das allgemeine Integral die allgemeine Ordinate der Integralkurve und das bestimmte Integral die Differenz zweier bestimmter Ordinaten der Integralkurve. Und zwar der Anfangs- und der Endordinate des Integrationsbereiches. Wir wollen dies in einer Zeichnung verdeutlichen, in der zugleich die zu integrierende Funktion $y' = \frac{x}{2}$ und eine beliebige Anzahl von Integralkurven $y = \frac{x^2}{4} \pm C$ sichtbar sind. Integrationsbereich ist der Bereich zwischen a und b (s. Fig. 64).

Wie man leicht merkt, ist die schraffierte, zu berechnende Fläche gleich dem Dreieck $OP_1b - OPa$. Diese Flächendifferenz aber soll gleich sein der zugehörigen Ordinatendifferenz irgendeiner der Integralkurven. Und zwar dem absoluten Betrag dieser Differenz. Wie man aus der Figur klar erkennt, sind diese Ordinatendifferenzen bei sämtlichen Integralkurven gleich, so daß der Wert des bestimmten Integrals tatsächlich unabhängig ist von der Größe der additiven (subtraktiven) Konstante des allgemeinen (unbestimmten) Integrals.

Nun sprachen wir aber auch von einer Differentialkurve. Nehmen wir wieder das erste Beispiel $y = x - x^2$, dessen Integral $F = \frac{x^2}{2} - \frac{x^3}{3} \pm C$ ist. Bei der Maximumaufgabe an derselben Kurve fanden wir noch eine dritte Funktion $\frac{dy}{dx} =$

$= f'(x) = y' = 1 - 2x$, die wir natürlich auch durch eine „Bildkurve" veranschaulichen können. Wir haben also jetzt drei Kurven. Eine Funktionskurve der gegebenen Funktion $y = x - x^2$, eine Integralkurve $F = \frac{x^2}{2} - \frac{x^3}{3} \pm C$ (in unserem Falle wählen wir $C = +1$) und eine Differentialkurve $y' = 1 - 2x$. Wir werden uns für $x = 0.4$ die Ordinaten dieser drei Kurven zeichnen. Natürlich könnte man die ganzen Kurven zeichnen, was der Leser sich auf Millimeterpapier leicht selbst besorgen kann (s. Fig. 65).

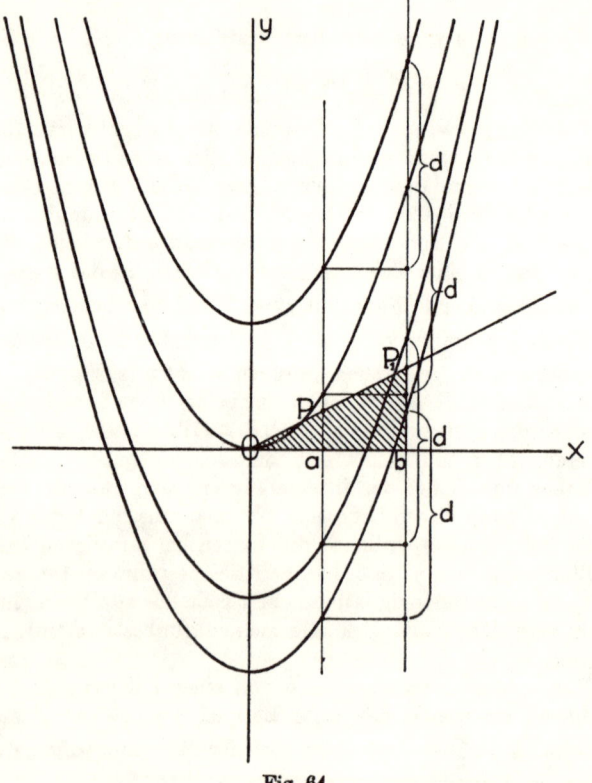

Fig. 64

Am Punkte $x = 0.4$ sind die Ordinaten der drei Kurven $y = 0.24$ (gegebene Kurve), $F = 1.0587$ (Integralkurve) und $y' = 0.2$ (Differentialkurve). Nun versuchen wir einmal, die Differentialkurve zur Integralkurve zu finden. Da $F = \frac{x^2}{2} - \frac{x^3}{3} + 1$, so ist $\frac{dF}{dx} = 2 \cdot \frac{1}{2} x - 3 \cdot \frac{1}{3} x^2 = x - x^2$, was zu unserer Überraschung die Ausgangsfunktion liefert.

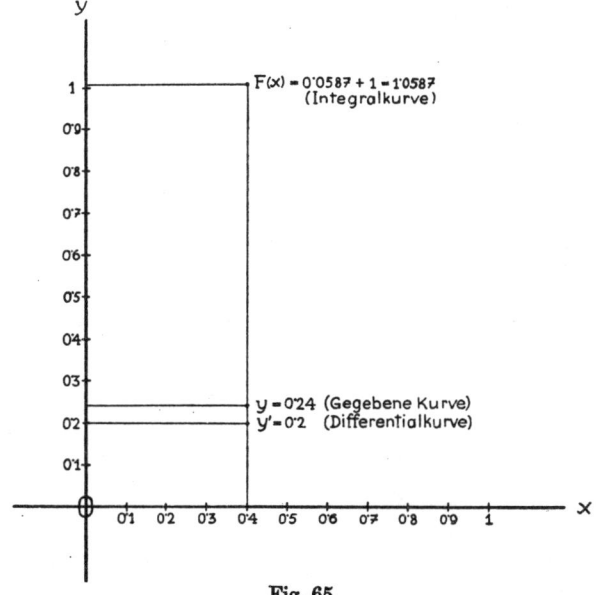

Fig. 65

Nun integrieren wir einmal die Differentialkurve $y' = 1 - 2x$. Das Integral $\int (1 - 2x) dx = \int 1 \cdot dx - \int 2 x \, dx = \frac{1}{0+1} x^{0+1} - 2 \frac{1}{1+1} x^{1+1} = x - x^2$. Wieder erhalten wir die Ausgangsfunktion. Oder ganz genau gesagt, die Ausgangsfunktion mit der Konstanten $C = 0$. Nun liegt das Getriebe offen vor uns: Die integrierte Differentialkurve ergibt die Ausgangskurve. Die integrierte Ausgangskurve ergibt die Integralkurve. Weiter ergibt die differentiierte Integralkurve die Ausgangskurve und die differentiierte Ausgangskurve die Differentialkurve. Würden wir noch die sogenannten höheren Differentialquotienten und die mehrfachen Integrale kennen, dann könnten wir unsere Stufenleiter nach oben und unten bis ins Unendliche fortsetzen bzw. bis dorthin, wo der Differentialquotient verschwindet, was aber nur bei nichtperiodischen Funktionen vorkommt.

Fünfunddreißigstes Kapitel

Weitere Quadratur-Probleme

Nach diesen Feststellungen, die wir leider nicht noch viel weiter führen können, wollen wir einmal den Algorithmus des Integrals an einem Grenzfall erproben. Wir leisten uns den Scherz, die Quadratur des Quadrats zu versuchen. Und zwar mittels der Integralrechnung. Die „Kurve", die unser Quadrat einschließen soll, ist natürlich eine Gerade, parallel der

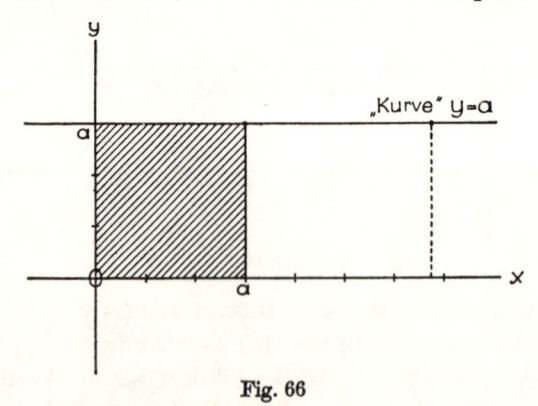

Fig. 66

Abszissenachse. Ihr Abstand von dieser Achse muß die gewünschte Seitenlänge des Quadrats, nämlich a sein.

Die Gleichung dieser Kurve hat zu lauten $y = a$ oder, um ein x einzuschmuggeln, $y = a x^0$. Um ein Quadrat zu erhalten, müssen wir von $x = 0$ bis $x = a$ integrieren. Nun schreiben wir an: $F = \int_0^a a x^0 \, dx = a \int_0^a x^0 \, dx$. Das allgemeine Integral $\int a x^0 \, dx \pm C$ ergibt $F = a \int x^0 \, dx \pm C = a \frac{1}{0+1} x^{0+1} \pm C = a x \pm C$. Das bestimmte Integral muß daher sein: $F = (a \cdot a \pm C) - (a \cdot 0 \pm C) = a^2 - 0 = a^2$, womit wir die Fläche des Quadrats durch Integration erhalten haben. Die Integralkurve ist in unserem Falle eine Gerade der Gleichung $F = a x \pm C$. Wir wollen noch beifügen, daß man auf die gleiche Art auch die Flächenformel des Rechtecks durch Integration gewinnen kann. Wäre nämlich der Integrationsbereich nicht 0 bis a, sondern etwa 0 bis b, dann bliebe das allgemeine Integral bestehen, da ja die Ausgangskurve $y = a x^0$ bestehen bleibt. Das bestimmte Integral aber würde liefern:

$$F = (a \cdot b \pm C) - (a \cdot 0 \pm C) = ab - 0 = ab,$$

was offensichtlich die Formel einer Rechtecksfläche darstellt. Schließlich wird bemerkt, daß die Integralkurve nur an der Stelle $x = a$ einen Wert für ein Quadrat liefern kann. An allen anderen Stellen liefert sie naturgemäß Werte für Rechtecke, deren eine Seite a ist.

Nun wollen wir noch die Aufgabe des großen Archimedes, die Quadratur der „gemeinen Parabel", die er als: Parabelsegment = Einbeschriebenes Dreieck $\times (1 + \frac{1}{4} + \frac{1}{16} + \ldots)$ darstellt, was weiter: Einbeschriebenes Dreieck $\times \frac{4}{3}$ liefert, durch die Integralrechnung nachprüfen. Gewöhnlich wird in der Schule als Formel der Parabel $y^2 = 2px$ gelernt. Nun ist dies durchaus nicht die einfachste Form einer Parabelgleichung, sondern eine sogenannte inverse Funktion. Setzen wir, was wir jederzeit dürfen, den Parabel-Parameter p gleich $\frac{1}{2}$, dann wird aus $y^2 = 2px$ die Gleichung $y^2 = x$ oder $y = \sqrt{x}$. Nach den Regeln der Funktionenlehre und der analytischen Geometrie bedeutet die Vertauschung von x und y in ihren Rollen als abhängige und unabhängige (zwangsläufige und willkürliche) Veränderliche nichts als die Drehung der Kurve im Koordinatensystem um 90 Grade. Die Parabel $y^2 = x$ liegt gleichsam horizontal, die Parabel $x^2 = y$ (oder $y = x^2$) vertikal im Koordinatensystem.

Die eine Kurve im Verhältnis zur anderen heißt „inverse

Fig. 67

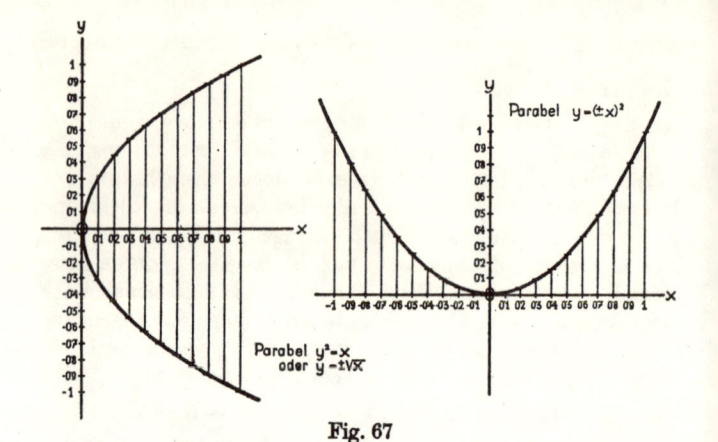

(umgekehrte) Kurve", die Funktionen zueinander heißen „inverse Funktionen". Dies aber nur nebenbei zur Beruhigung allfälliger Skrupel, wenn wir im folgenden die Funktion $y = x^2$ gleichsam als Funktion der Urparabel in Anspruch nehmen.

Im archimedischen Sinne beschrieben wir in ein Parabelsegment S, das eigentlich ein Halbsegment ist, ein Dreieck ein:

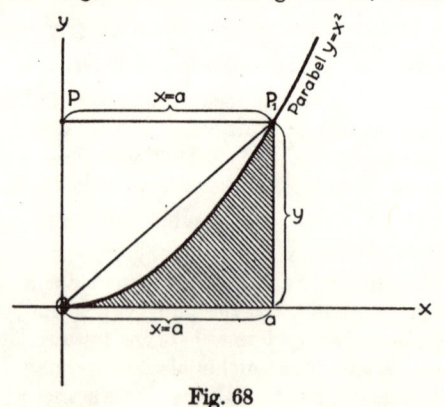

Fig. 68

Der Integralrechnung ist nun in erster Linie das schraffierte Flächenstück zugänglich, das den Integrationsbereich von $x = 0$ bis $x = a$ darstellt. Unsere Funktion der Kurve lautet

332

$y = x^2$, das allgemeine Integral daher $F = \int x^2\,dx \pm C$, was $F = \frac{1}{3} x^3 \pm C$ liefert. Da wir das bestimmte Integral $F_{(0,a)} = \int_0^a x^2\,dx$ auswerten sollen, haben wir anzusetzen:

$$F_{(0,a)} = \left(\frac{1}{3}\,a^3 \pm C\right) - \left(\frac{1}{3}\,0^3 \pm C\right) = \frac{a^3}{3}.$$

Wie groß aber ist jetzt das Parabelhalbsegment? Nun, das können wir leicht durch eine weitere Subtraktion gewinnen. Es ist nämlich das Rechteck, das die Seiten $x = a$ und y hat, minus unserer Quadratur der schraffierten Fläche. Es ist also $ay - \frac{a^3}{3}$. Nun ist nach der Ausgangsfunktion y gleich x^2, also im Falle $x = a$ soviel wie a^2. Folglich ist

$$ay - \frac{a^3}{3} = a \cdot a^2 - \frac{a^3}{3} = a^3 - \frac{a^3}{3} = \frac{3a^3 - a^3}{3} = \frac{2}{3}a^3.$$

Nun hat aber Archimedes seine Quadratur nicht in Einheiten von a, sondern in einbeschriebenen Dreiecken angegeben. Wir müssen also noch ermitteln, wie groß das einbeschriebene Dreieck OPP_1 ist. Es ist ein rechtwinkliger Triangel mit den Katheten y und $x = a$. Seine Fläche ist demnach $\frac{y \cdot a}{2}$ oder, da $y = x^2 = a^2$, so hat es die Fläche $\frac{a^2 \cdot a}{2} = \frac{a^3}{2}$. Nun multipliziert Archimedes dieses Dreieck mit der fallenden geometrischen Progression $\left(1 + \frac{1}{4} + \frac{1}{16} + \frac{1}{64} + \ldots\right)$, deren unendliche Summe nach einer schon erwähnten Formel $s_\infty = \frac{1}{1-q}$ (wobei q in unserem Falle $\frac{1}{4}$ beträgt), $\frac{1}{1-\frac{1}{4}} = \frac{1}{\frac{3}{4}} = \frac{4}{3}$ ergeben muß.

Nun haben wir alles beisammen, was wir brauchen. Nach Archimedes ist die Fläche des Parabelhalbsegmentes gleich dem Dreieck $\frac{a^3}{2}$ mal der Reihensumme $\frac{4}{3}$, also $\frac{a^3}{2} \cdot \frac{4}{3} = \frac{2a^3}{3}$, was genau den Wert ergibt, den wir durch Integration fanden. Und wir wollen uns an dieser Stelle in tiefer Verehrung vor dem erleuchteten Geist Griechenlands im allgemeinen und eines Eudoxus und Archimedes, den ersten Bahnbrechern der Integralrechnung, im besonderen verneigen.

Selbstverständlich ist es auch möglich, mittels der Integralrechnung das Halbsegment der „liegenden" Parabel ($y^2 = x$ oder $y = \sqrt{x}$) direkt zu quadrieren. Wir können an diesem Beispiele sehen, daß unser Algorithmus der Integralrechnung auch auf gebrochene Potenzen sicher und leicht anzuwenden ist. Würden wir also, um Verwechslungen mit der Schreibweise der eben berechneten Quadratur zu vermeiden, den „Bereich" von $x = 0$ bis $x = b$ wählen, dann hätten wir das bestimmte Integral $F = \int\limits_0^b \sqrt{x}\,dx = \int\limits_0^b x^{\frac{1}{2}}\,dx$ auszuwerten. Unser b wäre dann das Stück der Parabelachse vom Hauptscheitel bis zum Schnittpunkt mit der Sehne, die das Segment begrenzt: somit genau dasselbe Stück, das wir in Fig. 54 als b bezeichneten. Nun die Berechnung: Allgemeines Integral von

$$\sqrt{x} = F = \int x^{\frac{1}{2}}\,dx \pm C = \frac{1}{\frac{1}{2}+1} x^{\frac{1}{2}+1} \pm C = \frac{1}{\frac{3}{2}} x^{\frac{3}{2}} \pm C =$$
$$= \frac{2}{3} x^{\frac{3}{2}} \pm C = \frac{2}{3}\sqrt{x^3} \pm C.$$ Setzt man nun die Grenzen 0 und b ein, dann erhält man als bestimmtes Integral:

$$F = \int\limits_0^b x^{\frac{1}{2}}\,dx = \left(\frac{2}{3}\sqrt{b^3} \pm C\right) - \left(\frac{2}{3}\sqrt{0^3} \pm C\right) = \frac{2}{3}\sqrt{b^3}$$

oder $\frac{2}{3} b\sqrt{b}$.

Da nun weiter bei der „liegenden" Parabel b nichts anderes als die Basis des „großen archimedischen Dreiecks" und $\sqrt{b}$ (nach der Parabelgleichung $y = \sqrt{x}$) die Halbsehne, somit die Höhe des „großen Dreiecks" bedeutet, müßten wir im Sinne des Archimedes zuerst das „große Dreieck" aus b und $\sqrt{b}$, also $\frac{b\sqrt{b}}{2}$ bilden und dieses dann mit der Reihensumme $s_\infty = \left(1 + \frac{1}{4} + \frac{1}{16} + \ldots\right) = \frac{4}{3}$ multiplizieren. Wir erhielten dann für das Parabelhalbsegment den Wert $\frac{4}{3} \cdot \frac{b\sqrt{b}}{2} = \frac{2}{3} b\sqrt{b}$, was genau der Wert ist, den wir durch Integration erzielten.

Nun haben wir schon so große Übung im Integralrechnen, daß wir einmal eine einfache Minuspotenz von x, nämlich x^{-1}, oder, was dasselbe ist, $\frac{1}{x}$ in den Kreis unserer Betrachtungen ziehen. Die Gleichung $y = \frac{1}{x}$ stellt eine Hyperbel dar, deren beide Äste mittels geeigneter Reihen von x-Werten leicht in ein Koordinatensystem zu zeichnen sind. Bei $x = 1$ ist y ebenfalls 1, und ein Schnitt mit der y- oder x-Achse ist nicht zu finden. Denn wenn x selbst noch so groß wird, wird y nicht 0. Und wenn $x = $ Null gesetzt wird, wird $y = \frac{1}{0}$, also ein Wert, den wir als ∞ anzusprechen pflegen. Demnach verläuft unsere Kurve mit ihren beiden Ästen im ersten bzw. dritten Quadranten, und die Koordinatenachsen sind, wie man sagt, die Asymptoten der Hyperbel, das heißt Gerade, denen sich die Kurve mehr und mehr nähert, ohne sie je erreichen zu können.

Zuerst noch eine kurze Einschaltung: Kreis, Ellipse, Parabel, Hyperbel sind die sogenannten Kurven zweiter Ordnung, weil ihre Gleichungen quadratische sind. Das x in der ersten Potenz im Nenner darf uns bei der Hyperbel nicht täuschen. Unser $y = \frac{1}{x}$ ist auch eine quadratische Funktion, denn sie ist identisch mit dem „quadratischen" Ausdruck $xy = 1$. Geometrisch betrachtet sind die Kurven zweiter Ordnung Kegelschnitte. Die Art des Schnittes ist aus den folgenden Zeichnungen (s. Fig. 69) zu ersehen.

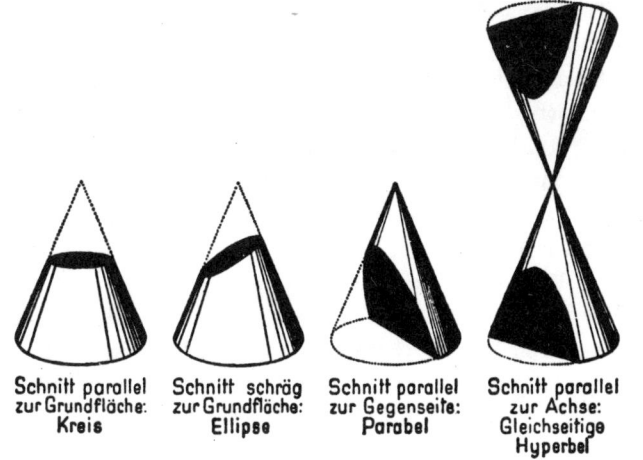

Schnitt parallel zur Grundfläche: **Kreis** — Schnitt schräg zur Grundfläche: **Ellipse** — Schnitt parallel zur Gegenseite: **Parabel** — Schnitt parallel zur Achse: **Gleichseitige Hyperbel**

Fig. 69

Schon die Lage auf dem Kegel muß jedem, der ein geometrisches Gefühl hat, zeigen, daß die Hyperbel stets breiter und breiter wird (ebenso die Parabel), während Kreis und Ellipse „geschlossene krumme Linien" sind.

Wir sehen aber aus der folgenden Zeichnung noch etwas anderes: daß eine Hyperbelquadratur ohne weiteres möglich sein muß.

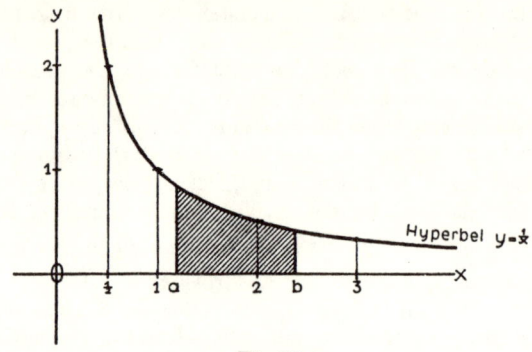

Fig. 70

Etwa das Stück von $x = a$ bis $x = b$ muß sehr leicht zu berechnen sein, da wir ja die Funktion $y = \frac{1}{x}$ kennen, die außerdem noch sehr einfach aussieht. Wie wir es gewohnt sind, bestimmen wir zuerst das allgemeine Integral $F(x) = \int \frac{1}{x} dx = \int x^{-1} dx$. Wir sagten seinerzeit ausdrücklich, daß die Formel $\int x^m dx$ für jedes positive, negative oder gebrochene m gleich sei $\frac{1}{m+1} x^{m+1}$. Nun gilt es, unseren Algorithmus auch hier zu bewähren. Also

$$F(x) = \int x^{-1} dx \pm C = \frac{1}{-1+1} x^{-1+1} \pm C = ?$$

Wir stocken entsetzt. Denn wir erhalten als allgemeines Integral, von dem jedes bestimmte abhängt, den Wert $\frac{1}{0} \cdot x^0 = \frac{1}{0} \cdot 1 = \frac{1}{0}$ oder ∞. So etwas ist uns bisher noch nicht untergekommen. Denn jedes Einsetzen ergäbe von vornherein ein Unding wie etwa

$$(\infty \, b^0 \pm C) - (\infty \, a^0 \pm C) = \infty - \infty = 0,$$

wenn man überhaupt so rechnen darf. Dabei steht die Quadratur sinnfällig schraffiert vor uns. Es gibt also eine Stelle (und es ist die einzige), an der die Formel $\int x^m \, dx = \frac{1}{m+1} x^{m+1}$ nicht angewendet werden darf. Das ist bei x^{-1} oder $\frac{1}{x}$. Daher wird die Formel stets geschrieben $\int x^m \, dx = \frac{1}{m+1} x^{m+1}$ [m $\neq$ — 1], was heißt, m muß ungleich sein — 1 oder m darf nicht den Wert — 1 haben. Das durchstrichene Gleichheitszeichen $\neq$ bedeutet „verschieden von", „ungleich", oder wie man es ausdrücken will.

Nun dürfen wir verraten, daß wir den Leser absichtlich aufs Glatteis geführt haben, um ihn den Schrecken nachfühlen zu lassen, den diese Lücke der Integralrechnung den ersten Entdeckern einjagte. Leibniz war zwar so genial, aus anderen Überlegungen und Forschungen zu wissen, wie man die Lücke schließen könne. Es herrschte damals aber gleichwohl noch große Unsicherheit, und diese Lücke wurde teils als billiger Angriffspunkt gegen die Infinitesimalrechnung benützt, teils als Skandal der Mathematik empfunden.

Wir Epigonen sind in der glücklichen Lage, die Lösung des Rätsels von so vielen Seiten zu kennen, daß wir sie uns direkt genießerisch und dramatisch, wenn nicht gar jongleurhaft, „stellen" können, wie wir wollen. Der Zauberspruch der Kabbala heißt „Logarithmus", den wir aussprechen werden, um Licht zu verbreiten. Und wir wollen auch dieses große Rätsel nicht ungelöst lassen, obgleich wir eigentlich den Zweck des Buches schon erreicht und den Leser vom Einmaleins bis zum Integral geführt haben.

Nur noch ein Wort über die „Rektifikation". Wir sagten schon, daß auch die Kurvenlänge durch Integration, nämlich durch $\int ds = \int \sqrt{(dx)^2 + (dy)^2}$ bestimmbar sei. Leider können wir praktische Fälle kaum vorführen, da bei den Rektifikationen stets so komplizierte Integrale auftreten, daß sie für uns unberechenbar sind. Um aber doch ein Beispiel wenigstens anzuführen, teilen wir bloß mit, daß etwa die Länge eines Stückes der Parabel $y = kx^2$ vom Punkt $x = 0$ bis zu einem beliebigen Punkt $x = x$ den Wert des Integrals $\int_0^x \sqrt{1 + 4k^2x^2} \, dx$

beträgt. Nach zahlreichen, teils sehr kühnen Zwischenoperationen ergibt sich als Wert des Integrals die monströse Formel:
Parabelstück $= s = \frac{1}{2} x \sqrt{1 + 4 k^2 x^2} + \frac{1}{4k} \cdot \log(\sqrt{1 + 4 k^2 x^2} + 2 kx)$, wobei das k eine willkürliche positive oder negative, ganze oder gebrochene, rationale oder irrationale Konstante bedeuten kann.

Sechsunddreißigstes Kapitel

Logarithmen

Wenn wir von der Höhe, die wir schon erklommen haben, zurückblicken und eine Heerschau der Rechnungsoperationen halten, dann finden wir:

Thetische Operationen:	Lytische Operationen:
1. Addition	Subtraktion
2. Multiplikation	Division
3. Potenzierung	Radizierung (Wurzel)
4. —	—
5. Integration	Differentiation.

Warum aber ist Nr. 4 unserer Zusammenstellung unbesetzt? Die Antwort ist einfach: Weil eben unter Nr. 4 das Logarithmieren oder der Logarithmus Platz finden soll. Zuerst eine Worterklärung. Logarithmus hat nicht etwa mit Algorithmus sprachlich etwas zu tun. Wir wissen ja, daß Algorithmus nichts ist als eine Verballhornung des arabischen Namens Alchwarizmi. Logarithmus dagegen kommt vom Worte „logos arithmos", was soviel bedeuten soll wie „richtiges Verhältnis". Gefunden wurden die Logarithmen von Michael Stifel und Sir John Napier (auch Neper).

Nun aber werden wir nicht mit historischen Reminiszenzen die Zeit vertrödeln, so interessant sie auch sein mögen, sondern wir werden die letzte Stufe, die wir zu steigen haben, ebenso mutig und sicher überwinden wie alles Bisherige.

Es ist einleuchtend, daß aus der Potenz zwei verschiedene Typen von Funktionen hervorgehen können. Der erste Typus ist der, mit dem wir bisher ausschließlich operiert haben. Nämlich irgendein y ist irgendein x zur n-ten Potenz, wobei n eine Konstante ist. Wir lernten x^0, x^1, x^2, x^3, $x^4 \ldots x^n$ kennen. Es sind dies alles sogenannte Potenz-Funktionen. Und die Gegenoperation dazu war die Wurzel. Wenn $x^n = y$, so war eben $x = \sqrt[n]{y}$. Natürlich ist dabei auch die Inversion (Umkehrfunktion, inverse Funktion) möglich. Wir könnten auch schreiben $y^n = x$ oder $y = \sqrt[n]{x}$. Nun ist es aber auch denkbar, daß der Potenzexponent nicht konstant ist, sondern daß die willkürlich Veränderliche im Exponenten steht. Also etwa $y = a^x$. Die Frage lautet dann nicht: „Was erhalte ich, wenn ich einen willkürlichen x-Wert mit der Konstanten n potenziere?", sondern: „Was erhalte ich, wenn ich die Konstante a zu einer willkürlichen Potenz x erhebe?" Man nennt diese Funktion, bei der eine Veränderliche im Exponenten steht, die Exponential-Funktion. Um aber die Sache ganz deutlich zu machen, wählen wir ein Beispiel. Beidemal erhalte die willkürliche Veränderliche x die Werte 1, 2, 3 und 4. Die Konstante sei in beiden Fällen 5. Dann ergibt die Potenzfunktion $y = x^n$ für $n = 5$ die Werte $y = 1^5 = 1$, $y = 2^5 = 32$, $y = 3^5 = 243$ und $y = 4^5 = 1024$. Die Exponentialfunktion $y = a^x$ dagegen ergibt für $a = 5$ die Werte $y = 5^1 = 5$, $y = 5^2 = 25$, $y = 5^3 = 125$ und $y = 5^4 = 625$. Es ist nun klar, daß wir aus $y = x^n$ etwa bei $y = 1024$ und bekanntem $n = 5$ für x den Wert $\sqrt[5]{1024} = 5$ hätten errechnen können, da ja $y = x^5 = 1024$ vorausgesetzt war. Bei der Exponentialfunktion $y = a^x$ lautet die Frage nach der Gegenoperation ganz anders. Nämlich: „Zu welcher Potenz muß ich die bekannte Konstante $a = 5$ erheben, um etwa $y = 125$ zu erhalten?" Es nützt uns auch nichts, wenn wir $\sqrt[x]{125} = 5$ hinschreiben. Denn ein Ziehen einer x-ten Wurzel ist durch keine uns bekannte Operation vollziehbar. Höchstens könnten wir bei ganz einfachen Verhältnissen durch Probieren das Resultat finden. Aber man versuche nur etwa herauszufinden, zu welcher Potenz man 10 erheben müßte, um 2 zu erhalten, und man wird sich der vollen Hilflosigkeit dem Problem der Exponentialfunktion gegenüber bewußt werden, soweit es sich um deren lytisches Gegenstück handelt.

Also noch einmal: Wenn $y = a^x$, soll gesucht werden, wie groß x bei bekanntem a und bekanntem y ist. Diese lytische Gegenoperation der Exponentialfunktion nun heißt „Logarithmus". Wenn $y = a^x$, dann ist x der Logarithmus von y, bezogen auf die konstante Basis a. Geschrieben $x = {}^a\log y$. Auch diese Funktion ist wie jede umkehrbar, und wir können als logarithmische Funktion die Funktion $y = {}^a\log x$ anschreiben, wobei jedoch jetzt die Frage lautet, zu welcher Potenz y wir die Konstante a erheben müssen, um ein willkürlich gewähltes x zu erhalten. Also etwa: Zu welcher Potenz y muß man die Konstante 10 erheben, um für x den von uns gewählten Wert 2 zu erhalten? Oder analytisch: Welche Ordinate entspricht bei der Funktion $y = {}^{10}\log x$ einem Abszissenwert $x = 2$? Wir verraten, daß y in unserem Falle 0.30103... wäre, wodurch wir alles wüßten, was uns interessiert. Denn

$$0.30103\ldots = {}^{10}\log 2 \text{ oder } 10^{0.30103}\ldots = 2.$$

Wir ergänzen also unsere Tabelle und behaupten:

Thetische Operationen:	Lytische Operationen:
1. Addition $(a + b + c \ldots)$	Subtraktion $(a - b - c \ldots)$
2. Multiplikation $(a \cdot b \cdot c \ldots)$	Division $(a : b \ldots)$
3. Potenzierung (a^n)	Radizierung $(\sqrt[n]{a})$
4. Exponentialfunktion (a^x)	Logarithmus $({}^a\log x)$
5. Integration $\int f'(x)\,dx$	Differentiation $\left[\frac{dy}{dx} = y' = f'(x)\right]$

Nun kennen wir aber erst den Operationsbefehl des Logarithmus und durchaus noch nicht das Verfahren, also nicht den „Algorithmus des Logarithmus".

Um diesen zu gewinnen, müssen wir vorweg auf zweierlei aufmerksam machen: Die Logarithmen sind im allgemeinen, wenn es sich nicht um Logarithmen von Potenzen der Basis handelt, Irrationalzahlen. Die Art ihrer Berechnung ist schwierig und würde über unseren Rahmen hinausführen. Wir sind aber in der glücklichen Lage, schon um billiges Geld sogenannte

Logarithmentafeln erstehen zu können, die die Logarithmen fast aller praktisch in Betracht kommenden Zahlen enthalten. Darüber hinaus sogar noch die Logarithmen der Winkelfunktionen. Was diese Arbeit, die uns unerschrockene Rechner dreier Jahrhunderte abgenommen haben, bedeutet, ist gar nicht zu ermessen. Denn erst die Verwendung von Logarithmen setzt uns in den Stand, kompliziertere Potenzierungen und Wurzeln überhaupt berechnen zu können. Das „überhaupt" ist so zu verstehen, daß die direkte Berechnung solcher Wurzeln und Potenzen sonst ungeheuerste Mühe verursachte.

Es obliegt uns nicht, Einrichtung und Gebrauch von Logarithmentafeln zu erläutern. Wir weisen nur darauf hin, daß es durch die Logarithmen gelingt, die Multiplikation in Addition, die Division in Subtraktion, die Potenzierung in Multiplikation und das Wurzelziehen in Division zu verwandeln; also sowohl die thetischen als die lytischen Operationen der zweiten und dritten Stufe je um eine Stufe herabzusetzen.

Als Basis eines sogenannten Logarithmensystems, das heißt als Konstante, darf prinzipiell jede beliebige Zahl verwendet werden. Praktisch sind ausschließlich die Zahl 10 als Basis der sogenannten gemeinen oder Briggsschen Logarithmen und die Zahl e (2.7182818 ...) als Basis der sogenannten natürlichen oder Neperschen Logarithmen im Gebrauch. Die Bezeichnung $^{10}\log x$ ist ungebräuchlich. Man schreibt einfach log x und meint damit den Logarithmus mit der Basis 10. Für den Neperschen Logarithmus schreibt man entweder $^e\log x$ oder ln x oder l x. Die Bezeichnung ln x bedeutet „logarithmus naturalis" (natürlicher Logarithmus). Wir werden für $^{10}\log x$ stets log x und für den natürlichen der Deutlichkeit halber $^e\log x$ schreiben. Für Logarithmen überhaupt, wo es auf die Basis nicht ankommt, schreiben wir $^a\log x$, wobei a irgendeine Konstante sein kann.

. Natürlich heischt es das Gesetz der Gleichung, daß eine Gleichung sich auch nicht ändert, wenn man auf beiden Seiten logarithmiert. Ist c = d, dann ist $^a\log c = {^a\log d}$, und ist $^a\log c = {^a\log d}$, dann ist auch c = d. Den zweiten Vorgang nennt man das Aufsuchen des Numerus (der „Zahl", das heißt der logarithmierten Zahl) oder das Entlogarithmieren (Delogarithmieren).

Als sogenannte logarithmische Grundeigenschaft bezeichnet man die Beziehung
$$^a\log(c \cdot d) = {^a\log c} + {^a\log d},$$
also die Tatsache, daß der Logarithmus eines Produktes die Summe der Logarithmen der Faktoren ist. Diese „Grundeigenschaft" wollen wir ableiten. Wenn uns etwa zwei Logarithmen der Basis a gegeben sind und daher $^a\log b = B$ und $^a\log c = C$ ist, dann ist nach der Entstehungsweise der Logarithmen (Exponentialfunktion!) sicherlich $b = a^B$ und $c = a^C$. Denn der Logarithmus ist ja nichts als die Potenz, zu der ich die Basis a erheben muß, um den Numerus (b oder c) zu erhalten. Wenn aber $b = a^B$ und $c = a^C$, dann ist sicher $b \cdot c = a^B \cdot a^C = a^{B+C}$. Betrachte ich nun diese Gleichung $bc = a^{B+C}$ näher, dann kann ich daraus einen neuen Logarithmus der Basis a gewinnen. Nämlich $^a\log b \cdot c = B + C$. Denn $B + C$ ist der Exponent, zu dem ich a erheben muß, um $b \cdot c$ zu erhalten, also der Logarithmus von $b \cdot c$. Nun setze ich endlich, da $B = {^a\log b}$ und $C = {^a\log c}$, was wir als Voraussetzung an den Anfang stellten, diese Werte in die Gleichung $^a\log bc = B + C$ ein und erhalte die „logarithmische Eigenschaft":

1. $^a\log(b \cdot c) = {^a\log b} + {^a\log c}$.

Denkende Leser werden sofort sehen, daß es sich hier um eine Auswirkung der Rechnungsregeln mit Potenzanzeigern handelt, was ja nicht verwunderlich ist, da der Logarithmus aus der Potenzierung mit dem Exponenten x entstanden ist.

Die übrigen Rechenregeln des Logarithmus schreiben wir ohne Ableitung hin:

2. $^a\log\frac{c}{d} = {^a\log c} - {^a\log d}$ (logarithmische Division)

3. $^a\log c^d = d \cdot {^a\log c}$ (logarithmische Potenzierung)

4. $^a\log \sqrt[d]{c} = \frac{1}{d} {^a\log c}$ (logarithmische Radizierung).

Die vierte Regel folgt eigentlich direkt aus der dritten, da $^a\log \sqrt[d]{c} = {^a\log c^{\frac{1}{d}}}$, was auch nach Regel drei als $\frac{1}{d} {^a\log c}$ zu berechnen wäre.

Nach dieser flüchtigen Orientierung über Logarithmen überhaupt, die fleißige Leser durch Studium und Übungen aus guten Logarithmentafeln, in denen stets ausführliche Gebrauchsanweisungen enthalten sind, ergänzen mögen, wenden wir uns jetzt dem Zentrum der höheren Mathematik zu, der Achse, um die sich Differentialrechnung und Integralrechnung gleichsam dreht, nämlich der Basis e der natürlichen Logarithmen. Daß auch für e-Logarithmen alle Regeln, die wir eben aufstellten, Geltung besitzen, bedarf deshalb keiner näheren Erklärung, weil wir ja forderten, daß das a (die Basis) jede beliebige Zahl, also auch e, sein könne und sein dürfe. Es ist deshalb $^\bullet$log (a · b) natürlich auch gleich $^\bullet$log a + $^\bullet$log b usw.

Scheinbar abrupt stellen wir uns folgendes Problem: Irgendein Wert, den wir ruhig mit dem einfachsten, also mit 1, annehmen können, solle um eine denkbar winzige Größe wachsen. Also etwa um einen winzigsten Teil von 1, um $\frac{1}{n}$, wobei n der Annahme gemäß ungemein riesengroß ist. Nun soll dieses Gewachsene „organisch" weiterwachsen. Das heißt, es soll sich auf dieselbe Art weiterentwickeln. Und so fort ins Unbegrenzte. Die Frage lautet nun, bis zu welchem Wert der Wert 1 in dieser Art anwachsen wird. Auf den ersten Blick sollte man denken, er werde sich zu unendlichem Wert steigern. Dem ist aber durchaus nicht so, ebensowenig wie jede unendliche Aneinanderfügung von Ordinaten eine unendliche Fläche ergeben muß. Wir sahen das schon bei der Quadratur. Oder auch bei „konvergierenden" Reihen. Auch die Archimedische Reihe $\left(1 + \frac{1}{4} + \frac{1}{16} + \frac{1}{64} + \ldots\right)$ fügt unendlich viele „Etwas" zusammen und ergibt gleichwohl bloß $s_\infty =$ $= \frac{1}{1-\frac{1}{4}} = \frac{1}{\frac{3}{4}} = \frac{4}{3} = 1\frac{1}{3}$ als Gesamtsumme. Ähnlich verhält es sich mit der „Leibniz-Reihe" und mit allen fallenden geometrischen Reihen überhaupt. Sehen wir nun scharf zu, was aus unserem wachsenden Eins wird. Noch einmal: Die Eins soll gleich am Beginn das denkbar kleinste Wachstum erfahren. Gleichsam als Entschädigung für diese Beschränkung erlauben wir ihm aber ein Wachstum in unbegrenzt vielen Steigerungsstufen. „Wachse und mehre dich und erfülle die Erde", rufen wir unserem Eins zu.

Wenn also 1 um $\frac{1}{n}$ wächst, wobei $\frac{1}{n}$ beliebig klein ist, dann

entsteht daraus $\left(1 + \frac{1}{n}\right)$, das wir vorläufig a nennen wollen. Nun soll das a wieder in gleicher Art wachsen. Das heißt, a soll sich neuerlich um den beliebig kleinsten Teil seiner selbst vermehren, also um $\frac{a}{n}$. Dadurch entsteht $\left(a + \frac{a}{n}\right)$, das wir b nennen wollen. Gehen wir weiter, so entsteht jetzt $\left(b + \frac{b}{n}\right)$ usw. Nun wollen wir einmal zusehen, was sich da ergibt. Wir forderten, daß $\left(1 + \frac{1}{n}\right)$ gleich a war. Daher wird aus $\left(a + \frac{a}{n}\right) =$
$= \frac{an+a}{n} = a\frac{n+1}{n} = a\left(\frac{n}{n} + \frac{1}{n}\right) = a\left(1 + \frac{1}{n}\right)$ sofort $\left(1 + \frac{1}{n}\right)\left(1 + \frac{1}{n}\right) = \left(1 + \frac{1}{n}\right)^2$, wenn man für a wieder $\left(1 + \frac{1}{n}\right)$ einsetzt. Der zweite Ausdruck $\left(b + \frac{b}{n}\right)$ ist aber gleich $\frac{bn+b}{n} =$
$= b\frac{n+1}{n} = b\left(\frac{n}{n} + \frac{1}{n}\right) = b\left(1 + \frac{1}{n}\right)$. Wenn man wieder berücksichtigt, daß wir mit b nichts anderes bezeichneten als $\left(a + \frac{a}{n}\right)$ und daß dieses $\left(a + \frac{a}{n}\right)$ sich eben als $\left(1 + \frac{1}{n}\right)^2$ ergab, dann ist $b \cdot \left(1 + \frac{1}{n}\right) = \left(1 + \frac{1}{n}\right)^2 \cdot \left(1 + \frac{1}{n}\right) = \left(1 + \frac{1}{n}\right)^3$. Da wir diese Rechnung beliebig weit fortsetzen können und nunmehr wissen, daß das „organische Wachstum" beim ersten Schritt $\left(1 + \frac{1}{n}\right)$, beim zweiten Schritt $\left(1 + \frac{1}{n}\right)^2$, beim dritten Schritt $\left(1 + \frac{1}{n}\right)^3$ ergibt, und daß unser „Bildungsgesetz" unzweifelhaft die Fortsetzung dieser Beziehung fordert, dann darf man ruhig schließen, daß der Wert des unmerklich um $\frac{1}{n}$ gewachsenen Eins nach n Schritten den Wert $\left(1 + \frac{1}{n}\right)^n$ erhält. Nehme ich nun dieses n beliebig groß an, dann darf ich das Binom $\left(1 + \frac{1}{n}\right)^n$ nach dem binomischen Satz entwickeln. Und zwar ist, da alle Potenzen von 1 wieder 1 ergeben, also fortgelassen werden können, wo sie als Faktor auftreten:

$$\left(1 + \frac{1}{n}\right)^n = 1^n + \binom{n}{1}\left(\frac{1}{n}\right)^1 + \binom{n}{2}\left(\frac{1}{n}\right)^2 + \binom{n}{3}\left(\frac{1}{n}\right)^3 +$$
$$+ \binom{n}{4}\left(\frac{1}{n}\right)^4 + \ldots$$
$$= 1 + \frac{n}{1!} \cdot \frac{1}{n} + \frac{n(n-1)}{2!} \cdot \frac{1}{n^2} + \frac{n(n-1)(n-2)}{3!} \cdot \frac{1}{n^3} +$$
$$+ \frac{n(n-1)(n-2)(n-3)}{4!} \cdot \frac{1}{n^4} + \ldots$$

Wenn man nun das n beliebig riesengroß annimmt, dann spielen dagegen alle endlichen Subtrahenden (Abzugsposten) 1, 2, 3 usw. keine Rolle und dürfen vernachlässigt werden. Denn ein gleichsam unendlich großes n ändert sich nicht, wenn man 1, 2, 3 usw. davon abzieht. Also darf ich ruhig für (n — 1) oder (n — 2) oder (n — 3) usw. einfach n setzen. Dadurch erhält unsere Binomialreihe, die jetzt zur unendlichen fallenden Reihe wird, die Form:

$$\left(1 + \frac{1}{n}\right)^n = 1 + \frac{n}{1!} \cdot \frac{1}{n} + \frac{n \cdot n}{2!} \cdot \frac{1}{n^2} + \frac{n \cdot n \cdot n}{3!} \cdot \frac{1}{n^3} +$$

$$+ \frac{n \cdot n \cdot n \cdot n}{4!} \cdot \frac{1}{n^4} + \ldots$$

$$= 1 + \frac{1}{1!} + \frac{1}{2!} + \frac{1}{3!} + \frac{1}{4!} + \ldots + \frac{1}{n!}$$

Ausgerechnet erhält man für diese Reihe den Wert

$$\left(1 + \frac{1}{n}\right)^n = 1 + 1 + \frac{1}{2} + \frac{1}{6} + \frac{1}{24} + \frac{1}{120} + \ldots$$

Nun interessiert uns die Summe, die eine unendliche Gliederzahl dieser Reihe liefert. Sicher wird die Summe größer sein als 2, da ja schon die ersten zwei Glieder zusammen 2 ergeben. Wenn wir weiter bedenken, daß nach Fortlassung unseres ersten Gliedes unsere Reihe $\left(1 + \frac{1}{2} + \frac{1}{6} + \frac{1}{24} + \frac{1}{120} + \ldots\right)$ lauten würde, können wir sie mit einer sogenannten „Majorante" oder „majoranten Reihe" vergleichen, deren unendliche Summe wir berechnen können, weil sie eine fallende geometrische Reihe ist. Es wäre die Reihe $\left(1 + \frac{1}{2} + \frac{1}{4} + \frac{1}{8} + \frac{1}{16} + \ldots\right)$. Diese Reihe ist offensichtlich eine „majorante", das heißt gliedweise größere (übertreffende) Reihe unserer ersten. Es gehört nämlich zum Charakter der Majorante, daß jedes einzelne Glied der „Majorante" höchstens gleich, aber in der Regel größer ist als das analoge Glied der zu prüfenden Reihe. Also:

Zu prüfende Reihe: $1 + \dfrac{1}{2} + \dfrac{1}{6} + \dfrac{1}{24} + \dfrac{1}{120} + \ldots$

Majorante Reihe: $1 + \dfrac{1}{2} + \dfrac{1}{4} + \dfrac{1}{8} + \dfrac{1}{16} + \ldots$

Eine einfache Überlegung ergibt, daß aus der Definition der Majorante ihre unendliche Summe (wie übrigens jede Summe von n ihrer Glieder) größer sein muß als die Reihensumme der zu prüfenden Reihe. Nun ist in unserem Fall die Summe der majoranten Reihe $s_\infty = \dfrac{1}{1-\frac{1}{2}} = \dfrac{1}{\frac{1}{2}} = 2$. Da wir aber bei der zu prüfenden Reihe die erste 1 fortließen, muß ich sie beim endgültigen Vergleich auch zur Majorante addieren. Also erhalte ich: s_∞ der Majorante $+ 1$ ist auf jeden Fall größer als die Summe der geprüften Reihe $+ 1$. Da (s_∞ der Majorante $+ 1$) gleich 3 ist, so ist auf jeden Fall 3 größer als $\left(1+\dfrac{1}{n}\right)^n$ für $\lim n = \infty$. Also, und das wollten wir ermitteln, liegt der Wert für $\left(1+\dfrac{1}{n}\right)^n$ dann zwischen 2 und 3, wenn man n beliebig groß wählt.

Durch Ausrechnung einer hinreichend großen Anzahl von Gliedern der Binomialreihe finden wir als Wert für $\left(1+\dfrac{1}{n}\right)^n$ die Zahl 2.71828182845904 ...

Diese Zahl ist wie die Kreiszahl π eine Irrationalzahl und wird seit Euler auf der ganzen Welt mit „e" bezeichnet. Sie ist aus Gründen, die wir gleich erkennen werden, die wichtigste Zahl der ganzen Mathematik.

Wieder ohne Angabe unserer Ziele wollen wir uns die Aufgabe stellen, die Exponentialfunktion der Zahl e in eine Reihe zu entwickeln. Wir schreiben also die sicherlich richtigen Gleichungen an:

$$e = \left(1+\dfrac{1}{n}\right)^n$$

$$e^x = \left[\left(1+\dfrac{1}{n}\right)^n\right]^x$$

wobei n selbstredend stets als beliebig riesengroß betrachtet wird. Da nun nach den Regeln der Potenzrechnung der Ausdruck $\left[\left(1+\frac{1}{n}\right)^n\right]^x$ gleichbedeutend ist mit $\left(1+\frac{1}{n}\right)^{nx}$, so sind wir wieder in der Lage, eine „binomische Reihe" aufzustellen:

$$\left(1+\frac{1}{n}\right)^{nx} = 1^{nx} + \binom{nx}{1}\left(\frac{1}{n}\right)^1 + \binom{nx}{2}\left(\frac{1}{n}\right)^2 + \binom{nx}{3}\left(\frac{1}{n}\right)^3 + \cdots$$
$$= 1 + \frac{nx}{1!} \cdot \frac{1}{n} + \frac{nx(nx-1)}{2!} \cdot \frac{1}{n^2} +$$
$$+ \frac{nx(nx-1)(nx-2)}{3!} \cdot \frac{1}{n^3} + \cdots$$

Nach einer ähnlichen Überlegung wie früher nehmen wir an, daß bei endlichem x auch nx durch die Multiplikation mit dem riesengroßen, über alle Grenzen geforderten n so groß wird, daß wir die Subtrahenden einfach vernachlässigen dürfen. Dann erhalten wir:

$$\left(1+\frac{1}{n}\right)^{nx} = 1 + \frac{nx}{1!} \cdot \frac{1}{n} + \frac{n^2 x^2}{2!} \cdot \frac{1}{n^2} + \frac{n^3 x^3}{3!} \cdot \frac{1}{n^3} + \cdots$$
$$= 1 + \frac{x}{1!} + \frac{x^2}{2!} + \frac{x^3}{3!} + \cdots$$

Diese Reihe heißt die Exponentialreihe. Nun kehren wir zur ursprünglichen Gleichung zurück und stellen fest, daß

$$e^x = 1 + \frac{x}{1!} + \frac{x^2}{2!} + \frac{x^3}{3!} + \frac{x^4}{4!} + \cdots + \frac{x^n}{n!}$$

Wir versuchen jetzt, die Exponentialreihe zu differentiieren, was leicht ist, da wir nach den Regeln der Differentialrechnung einfach gliedweise differentiieren dürfen.

Ist also $y = e^x = 1 + \frac{x}{1!} + \frac{x^2}{2!} + \frac{x^3}{3!} + \cdots$, dann ist $\frac{dy}{dx} = y' = \frac{d(e^x)}{dx} = 0 + \frac{1}{1!} + \frac{2x}{2!} + \frac{3x^2}{3!} + \cdots$, was weiter wieder $0 + 1 + \frac{2x}{1 \cdot 2} + \frac{3x^2}{1 \cdot 2 \cdot 3} + \frac{4x^3}{1 \cdot 2 \cdot 3 \cdot 4} + \cdots$ ergibt und nach Ausrechnung die Reihe $1 + \frac{x}{1} + \frac{x^2}{1 \cdot 2} + \frac{x^3}{1 \cdot 2 \cdot 3} + \cdots$ liefert. Das ist aber nichts anderes als die ursprüngliche Exponentialreihe.

Wir sind also auf eine Funktion gestoßen, deren Differentialquotient gleich der Funktion selbst ist. Jetzt wird man begreifen, warum wir die Zahl e als Achse der höheren Mathematik bezeichneten. Denn e^x ist die einzige Funktion, die mit ihrem Differentialquotienten gleich ist. Wenn aber ein Differentialquotient gleich der Stammfunktion ist, dann ist auch das Integral dieses Differentialquotienten der Differentialquotient selbst. Also $\frac{d(e^x)}{dx} = e^x$ und $\int e^x \, dx = e^x \pm C$. Man wird jetzt auch weiter einsehen, welche ungeheure Erleichterung es für die Rechnung bedeutet, wenn es gelingt, eine Größe als e-Potenz darzustellen. Mit diesem Zaubertrick wird in der höheren Mathematik ununterbrochen operiert.

Doch wir müssen, nachdem wir die Basis des natürlichen Logarithmensystems und die Exponentialfunktion dieser Basis erörtert haben, nunmehr zur logarithmischen Funktion zurückkehren, die auf der Basis von e lauten muß:

$$y = {}^e\!\log x.$$

Wenn y der e-te Logarithmus von x ist, dann ist wohl $e^y = x$, was eigentlich bloß eine andere Schreibweise für dieselbe Sache ist. Durch unsere Operation sind die Veränderlichen vertauscht, also die Funktionsbeziehungen umgekehrt worden. Wir haben jetzt:

$$x = e^y$$

mit x als zwangsläufiger und y als willkürlicher Veränderlicher. Nun differentiieren wir einmal diese „inverse" Funktion. Diesmal natürlich „nach y", das heißt mit x im Nenner und y im Zähler. Wir können bei dieser Gelegenheit zum erstenmal den neuen „Zaubertrick" am Werke sehen. Denn e^y ist eine Exponentialfunktion mit der Basis e, hat also wie jede e-Potenz mit veränderlichem Potenzanzeiger als Differentialquotienten „sich selbst", wie man sagt. Also

$$x = e^y$$
$$\frac{dx}{dy} = e^y$$

Sind aber zwei Größen einer dritten gleich, dann sind sie auch untereinander gleich. Folglich ist $\frac{dx}{dy} = x$. Wir wollten aber gar nicht $\frac{dx}{dy}$, sondern $\frac{dy}{dx}$ finden. Auch dieses Problem ist jetzt leicht lösbar. Denn $\frac{dy}{dx}$ ist arithmetisch gesprochen nichts als der reziproke Wert von $\frac{dx}{dy}$, wie etwa $\frac{3}{2}$ der Kehrwert von

$\frac{2}{3}$ ist. Da wir aber eine Gleichung $\frac{dx}{dy} = x$ vor uns haben, müssen wir den Kehrwert auf beiden Seiten bilden, um die Gleichung richtig zu erhalten. Sind nämlich zwei Größen einander gleich, dann müssen auch die Kehrwerte einander gleich sein. Wenn etwa $\frac{6}{2}$ gleich 3 ist, dann ist auch $\frac{2}{6} = \frac{1}{3}$, was offensichtlich stimmt. Nun bilden wir endlich den Kehrwert:

$$\frac{1}{\frac{dx}{dy}} = \frac{1}{x} \text{ oder } \frac{dy}{dx} = \frac{1}{x}.$$

Wir haben also auf langen Wegen das äußerst überraschende Resultat gewonnen, daß der Differentialquotient der Funktion $y = {}^e\log x$ gleich ist $\frac{1}{x}$. Nun ist aber dieses $\frac{1}{x}$ nach den Regeln der Potenzierung nichts anderes als x^{-1}. Einen Differentialquotienten x^{-1} hätten wir aus der Regel der Differentiierung von Potenzen, die nx^{n-1} lautet, nie erhalten können. Denn der Differentialquotient von x^3 war $3x^2$, der von x^2 gleich $2x$, der von x^1 gleich 1, der von x^0 gleich $0 \cdot x^{0-1} = 0 \cdot x^{-1}$, was 0 ergibt, da $x^0 = 1$ ja eine Konstante darstellt, die bei der Differentiation verschwindet. Nach x^0 aber folgt absteigend x^{-1}, was als Differentialquotienten $-1 \cdot x^{-1-1}$, also $-x^{-2}$ liefert. Es ist daher auch kein Wunder, daß wir bei der Integration die Lücke der Regel $\frac{1}{m+1} x^{m+1}$ fanden, wenn x den Exponenten $m = -1$ hatte. Denn wir wissen ja, daß der „Integrand", das heißt der Ausdruck, der unter dem Integral steht, stets als Differentialquotient einer Stammfunktion $F(x)$ betrachtet werden muß, wenn man die Stammfunktion finden soll. Da nun sowohl die Regel $\frac{1}{m+1} x^{m+1}$ bei $x = -1$ versagte und weiter auch in der Differentialrechnung sich keine Funktion fand, die x^{-1} als Differentialquotienten hatte, waren wir in einer verzweifelten Lage und konnten die Hyperbelquadratur der Hyperbel $y = \frac{1}{x} = x^{-1}$ in keiner Weise ausführen.

Jetzt aber ist das Rätsel gelöst. Die Stammfunktion von x^{-1} oder $\frac{1}{x}$ ist $y = {}^e\log x$, da ja y' oder $f'(x)$ dieser Funktion $\frac{dy}{dx} = \frac{1}{x} = x^{-1}$ lautet. Es ist also $F(x) = \int_a^b x^{-1} dx = \int_a^b \frac{1}{x} dx =$
$= \int_a^b y' \, dx$. Und diese gesuchte Funktion y zum Differential-

quotienten y′ ist nichts anderes als y = ᵉlog x. Folglich ist das allgemeine Integral von x^{-1} das Integral F (x) = $\int x^{-1} dx$ = = ᵉlog x ± C. Und das bestimmte Integral lautet:

$$F_{(a\ b)} = \int_a^b x^{-1}\, dx = (\text{ᵉlog b} \pm C) - (\text{ᵉlog a} \pm C) =$$
$$= \text{ᵉlog b} - \text{ᵉlog a}.$$

Infolge der „logarithmischen Eigenschaft" sind hierbei noch Umformungen möglich. Man darf nämlich statt ᵉlog b — ᵉlog a auch ᵉlog $\frac{b}{a}$ schreiben, was wegen Kürzungsmöglichkeit in manchen Fällen das Ergebnis vereinfacht. Wäre nämlich etwa der Integrationsbereich von x = a bis x = a^2 gesucht, so würde das bestimmte Integral ᵉlog a^2 — ᵉlog a lauten, falls a größer als eins wäre. Da aber ᵉlog a^2 — ᵉlog a = ᵉlog $\frac{a^2}{a}$, so ist das bestimmte Integral einfach ᵉlog a. Ebenso wird die Integrationskonstante beim allgemeinen (unbestimmten) Integral aus Einfachheitsgründen gewöhnlich folgendermaßen ausgedrückt: F (x) = $\int x^{-1} dx$ = ᵉlog x + C ist ja gleich ᵉlog x + + ᵉlog c, das heißt, wir betrachten die Konstante, die ja beliebig groß ist, als den Logarithmus irgendeiner Zahl (eines Numerus) c. Nun ist dann, da ᵉlog x + ᵉlog c = ᵉlog xc, das allgemeine Integral, anders geschrieben, einfach ᵉlog cx.

Nun wollen wir noch beifügen, daß man natürlich ein Logarithmensystem in ein anderes umrechnen kann. Wir rechnen zwar in der höheren Mathematik, solange die Rechnung allgemein bleibt, ausschließlich mit e-Logarithmen. Die Gründe dafür sind aus dem Bisherigen klar. Da aber sämtliche Logarithmentafeln mit verschwindenden Ausnahmen nicht die natürlichen, sondern die Zehner-Logarithmen enthalten, sind wir oft gezwungen, die Ergebnisse aus dem e-System ins dekadische umzurechnen. Dazu dient der sogenannte „Modul". Wir bringen die Modulformeln ohne Ableitung. Der Modul ist die Zahl 0.4342944819 ... und wird mit m bezeichnet. Will man nun einen natürlichen Logarithmus in einen dekadischen umrechnen, dann hat man die Formel ᵉlog x = $\frac{1}{m}$ ¹⁰log x zu benützen. Umgekehrt ist ¹⁰log x = m · ᵉlog x. Es sei der Einfachheit halber auch noch der Wert $\frac{1}{m}$ angegeben, der 2.3025850930 ... beträgt. Diese Modulzahlen gelten aber natürlich nur für Relationen von e-Logarithmen und dekadischen Logarithmen, nicht für Umrechnungen aus anderen (praktisch nicht in Betracht kommenden) Logarithmensystemen.

Schließlich wollen wir noch ein Bild der Kurve $y = {}^{e}\log x$, also der sogenannten Logarithmenkurve, anfügen. Da der Logarithmus von 1 in jedem System 0 ist, da ja $e^y = x$ sein muß, das x aber eins sein soll und sich eins als Potenzwert nur ergibt, wenn man irgendeine Basis mit 0 potenziert, so schneidet die Logarithmenkurve die x-Achse bei $x = 1$, $y = 0$. Beim Wert $x = e$ ist $y = 1$, da e^y gleich sein soll x, das x aber gleich sein soll e, also $e^1 = e$ wird. Ähnlich ist bei $x = e^2$ das $y = 2$, bei e^3 das $y = 3$ usw. Allgemein ist in jedem Logarithmensystem der Logarithmus der Basis gleich 1 und der Logarithmus einer Potenz der Basis gleich dem Potenzanzeiger, was ja aus der Definitionsgleichung $y = {}^{a}\log x$, $a^y = x$ klar ist. Also ist der dekadische Logarithmus von 1 gleich 0, von 10 gleich 1, von 1000 gleich 3, von 1,000.000 gleich 6. Von $\frac{1}{10}$ aber -1, von $\frac{1}{1000}$ gleich -3 usw. Für alle, zwischen ganzen Potenzen der Basis liegenden Zahlen ergeben sich als Logarithmen Irrationalzahlen, die selbstverständlich den Logarithmus der nächstniederen Basispotenz enthalten. So ist $^{10}\log 105$ etwa $2.02119\ldots$ Diese 2, die der Logarithmus von $10^2 = 100$ ist, nennt man die „Kennziffer" oder „Charakteristik", den dezimalen Rest aber die „Mantisse" (von mantissa = Rest). Für Näheres wird noch einmal auf die Logarithmenbücher verwiesen.

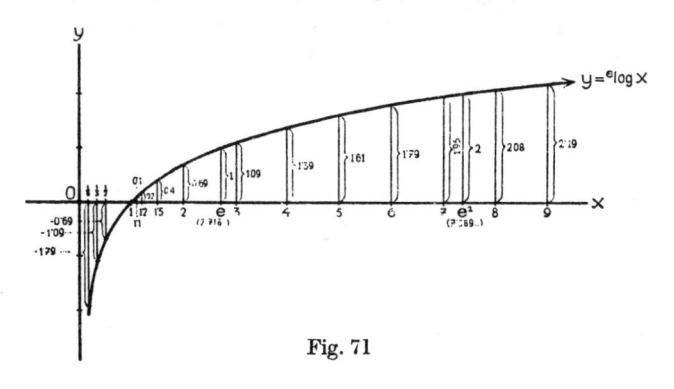

Fig. 71

Siebenunddreißigstes Kapitel

Interpolation, Extrapolation, Schluß

Nun stehen wir beim Aufsuchen von Logarithmen in den Tafeln oft vor dem Problem, Zwischenwerte berechnen zu müssen, da naturgemäß nicht alle Logarithmen aller unendlich vielen Zahlen der Zahlenlinie in den Tafeln enthalten sein können. Dieses Suchen von Zwischenwerten heißt in der Mathematik die „Interpolation" (von interpolare = einschieben, einfügen).
Da dieser Begriff in der Mathematik und Physik, speziell in der mathematischen Statistik von ungeheurer Bedeutung ist, wollen wir ihn kurz erläutern. Auf Näheres einzugehen, verbietet die Schwierigkeit des Problems, dessen Durchdringung förmlich eine Wissenschaft für sich bildet. Die Frage, was ein interpolierter Wert sei, läßt sich arithmetisch und geometrisch beantworten. Arithmetisch ist ein interpolierter Wert eine Zwischenzahl zwischen zwei uns bekannten Zahlen. Aber nicht eine Zwischenzahl schlechthin, sondern eine Zahl an einer bestimmten „Stelle" des Zwischenraumes. Wäre etwa der Logarithmus von 1499 gleich 3.17580 und der Logarithmus von 1500 gleich 3.17609, dann könnte mich etwa der Logarithmus von 1499.5 interessieren, den ich in einer sogenannten „fünfstelligen" Tafel nicht unmittelbar finde. Nach dem Hausverstand sage ich mir, daß 1499.5 genau in der Mitte zwischen 1499 und 1500 liegt, daß also auch der Logarithmus in der Mitte liegen dürfte. Es wäre also der Mittelwert zwischen 3.17580 und 3.17609, der, berechnet und bezüglich der letzten Stelle aufgerundet, den Logarithmus 3.17595 liefern würde. In ähnlicher Art könnte man an anderer Stelle „interpolieren". Etwa für 1499.8 könnte man sich sagen, man müsse eben den „Zwischenraum" zwischen den Logarithmen auch in Zehntel teilen und zum Logarithmus der kleineren Zahl dann acht solcher Zehntel addieren. Der Zwischenraum ist 3.17609 — — 3.17580, also 0.00029, wovon ein Zehntel 0.000029 beträgt. Acht solcher Zehntelzwischenräume ergeben 0.000232, folglich wäre der Logarithmus von 1499.8 gleich dem Logarithmus von 1499 plus acht Zehntelzwischenräumen, was 3.17580 + + 0.000232, also 3.17603 liefert.

In dieser Art erfolgt auch im allgemeinen die Interpolation in den Logarithmentafeln mittels der sogenannten P. P. (Partes proportionales, Proportionalteile), die nichts anderes sind als unsere Zwischenraumszehntel. Dabei ist allerdings etwas sehr Wesentliches vorausgesetzt, was durchaus nicht immer zuzutreffen braucht und bezüglich der Interpolation bei Logarithmen kleinerer Zahlen auch wirklich nicht zutrifft. Es wird nämlich bei dieser Art der proportionalen oder „linearen" Interpolation angenommen, daß der ganze Zwischenraum zwischen den bekannten zwei Zahlen gleichmäßig proportionale Zustände beinhalte. Um dies aber voll deutlich zu machen, wollen wir die geometrische Deutung des Interpolationsbegriffs untersuchen. Analytisch setzen wir für die Zahlen, deren Zwischenwerte gesucht sind, Ordinaten (= Funktionswerte, Ypsilons oder abendländische, faustische Zahlen). Wir nennen Ordinaten, deren lückenlose Zwischenwerte uns noch nicht bekannt sind, „gestreute Ordinaten". Im Augenblick, in dem uns die Kurvengleichung bekannt ist, gibt es keine unbekannte Ordinate mehr. Denn wir können ja für jede „Stelle", die hier nichts anderes ist als das betreffende x oder der Abszissenwert, einsetzen und erhalten so die genaue Ordinate. Analytisch-geometrisch läuft also das Interpolationsproblem auf nichts anderes hinaus, als daß wir zu „gestreuten Ordinaten" irgendeine Kurvengleichung bestimmen sollen, die so geartet ist, daß alle unsere Ordinatenendpunkte gemäß dieser Gleichung in der Kurve liegen (Punkte der Kurve sind). Nun belehrt uns aber schon eine flüchtige Skizze, daß zwischen beliebigen Ordinatenendpunkten unendlich viele Kurven möglich sind, die alle Ordinatenendpunkte verbinden (s. Fig. 72).

Das Problem der Interpolation ist also an sich unlösbar, wenn man nicht gewisse Voraussetzungen macht. Diese werden wir jetzt erörtern. Nehmen wir an, wir hätten bloß zwischen zwei Punkten der noch unbekannten Kurve zu interpolieren (s. Fig. 73).

Wählen wir die sogenannte lineare Interpolation, dann verbinden wir die zwei Punkte einfach durch eine Gerade. Wenn wir nun den Zwischenraum als Summe aller Zwischenraumsteile ansehen und $\Sigma \varDelta x$ nennen, dann ist der Zahlen- oder Ordinatenunterschied entsprechend $\Sigma \varDelta y$. Nun bilden wir

Zwischenraumsteile Δx, die alle gleich sein sollen. Aus der Zeichnung ist ohne weiteres zu entnehmen, daß jedem Δx ein Δy entspricht. Alle Δy aber sind unter der Voraussetzung gleich groß, daß auch die Δx gleich groß sind. Es besteht also die Proportion $\Sigma \Delta x : \Sigma \Delta y = \Delta x : \Delta y$, wobei Δx gleich ist der Summe $\Sigma \Delta x$ dividiert durch die Anzahl der Teilungen. Wurde also in n Teile geteilt, dann ist $\frac{\Sigma \Delta x}{n} = \Delta x$ und entsprechend $\frac{\Sigma \Delta y}{n} = \Delta y$. Diese Art des proportionalen Interpolierens ist aber nur dort statthaft, wo die „Kurve" wirklich als Gerade betrachtet werden darf. Da unsere „lineare" Methode bei den Logarithmen größerer Zahlen verwendet wird, müssen wir uns die Logarithmenkurve ansehen. Sie ist für höhere Zahlen zwar auch keine Gerade, ist einer Geraden so ähnlich, daß der Fehler, den wir durch lineare Interpolation machen, wirklich verschwindend ist. Nun werden in der Praxis und Theorie der Statistik durchaus nicht nur lineare Interpolationen angewendet, sondern man kann auch voraussetzen oder fordern, daß die noch unbekannte Kurvengleichung, die durch alle gegebenen Punkte befriedigt werden soll, die Form eines Polynoms oder einer Parabel n-ter Ordnung aufweise. Die Gleichung würde also lauten:

$$a_0 x^n + a_1 x^{n-1} + a_2 x^{n-2} + \ldots + a_{n-2} x^2 + \\ + a_{n-1} x^1 + a_n x^0 = y.$$

Um aus gegebenen Punkten solche Gleichungen zu finden, sind feine und geistreiche Methoden ausgebildet worden. Ebenso zur Beantwortung der Frage, wie in solchen Fällen auf Grund der einmal gefundenen Gleichung die Interpolation vorgenommen werden muß. Hier sind die Zuwächse von y durchaus nicht mehr proportional den Zwischenraumsteilen, sondern in viel verwickelterer Art von ihnen abhängig. Außerdem spielt es noch eine Rolle, ob die Punkte, die gegeben waren, in gleichen Abständen voneinander lagen oder nicht, ob sie, wie man sagt, äquidistant oder nicht äquidistant waren. Es gibt aber neben der „linearen" und „parabolischen" Interpolation noch andere, viel schwierigere und feinere Arten der Interpolation, die wir nicht einmal andeuten. Und es gelingt, obwohl eigentlich unendlich viele Möglichkeiten der

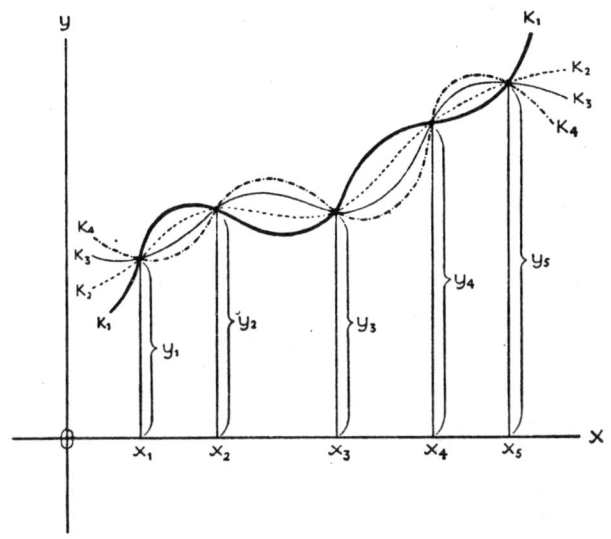

Fig. 72

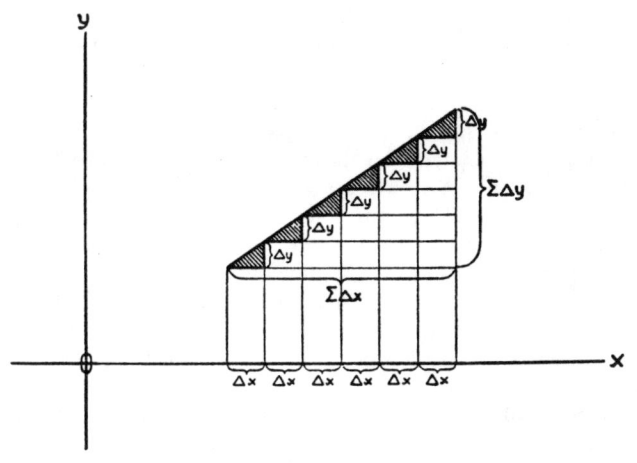

Fig. 73

Interpolation offenstehen, das Problem also gänzlich unbestimmt ist, trotzdem für praktische und wissenschaftliche Zwecke oft sehr präzise Interpolationswerte zu finden.

Damit uns aber die Theorie nicht zu grau wird, wollen wir an praktischen Fällen den Zweck der Interpolation zeigen. In einem Lande fänden alle zehn Jahre Volkszählungen statt. Aus Geldmangel sei einmal ein Termin nicht eingehalten worden. Die Zählungen hätten also etwa 1870, 1880, 1890, 1900, 1910, 1930 stattgefunden und die Resultate $Z_1, Z_2, Z_3, Z_4, Z_5, Z_6$ ergeben. Nun interessiert man sich für die Bevölkerungszahl des Jahres 1885 oder 1907 oder 1914 oder 1921. Ebenso für 1920, in welchem Jahre keine Zählung erfolgte. Wenn wir etwa von Krieg, Seuchen u. dgl. absehen, liegt hier ein Fall der Interpolation vor. Und zwar zum Teil eine Interpolation zwischen nicht äquidistanten (nicht gleichweit voneinander abstehenden) Ordinaten, da einer der Zwischenräume zwanzig Jahre beträgt. Außerdem könnte es uns interessieren, wie sich die Bevölkerungszahl vor 1870, etwa 1860 verhalten habe oder wie sie etwa im Jahre 1940 aussehen wird. Dieses Problem der Gewinnung von Werten (Ordinaten), die über unseren Bereich hinausgehen, heißt das Problem der „Extrapolation". Es fragt im Wesen danach, wie sich eine Funktion, die wir aus Einzelordinaten gewinnen sollen, außerhalb des Bereiches dieser Ordinaten gestalten würde, wenn wir das Gesetz des Bereiches nach beiden Seiten über den Bereich hinaus ausdehnten.

Zweitens ein Beispiel aus der Astronomie: Es sei uns ein Stück einer Kometenbahn durch einzelne Standortsbeobachtungen bekannt. Wir hätten aber die Bahnkurve noch nicht bestimmen können, da nur wenig Beobachtungen vorliegen. Nun können wir, wenn eine gewisse Art des Bahnverlaufs wahrscheinlich ist, im Wege der Interpolation und Extrapolation eine wahrscheinliche Bahn errechnen. Die Beobachtung kann dann zeigen, wieweit unsere Voraussetzungen gestimmt haben. Im Falle eines „Vielkörperproblems", das heißt einer Bahn, die durch merkliche Anziehungskräfte von mehr als einem Körper bestimmt ist, sind wir sogar stets auf derartige Methoden angewiesen, da das „Vielkörperproblem" anders als statistisch bis heute nicht zu lösen ist.

Wir wollen noch beifügen, daß die Begriffe von Interpolation und Extrapolation weit über das Gebiet der Mathematik hinaus Bedeutung besitzen. Unbewußt arbeiten wir selbst im täglichen Leben bei hundert Gelegenheiten mit Interpolationen und Extrapolationen. Politik, Geschichte, Geschäftsleben, Medizin bedienen sich dieser Begriffe und versuchen, zwischen bekannte Erscheinungen Zwischenwerte einzuschieben und den einmal bekannten Verlauf eines Bereiches in die Vergangenheit und in die nur mehr zu prophezeiende Zukunft zu übertragen. Und man sollte die strenge Vorsicht des Mathematikers speziell bezüglich der Extrapolation auch im außermathematischen Leben öfter beherzigen, als es in Wirklichkeit geschieht. Dann würden verderbliche Schlüsse von der Gegenwart auf die Zukunft manchmal vermieden werden.

Wir haben aber jetzt das Thema, das wir uns gestellt hatten, reichlich erschöpft. Und wie wir hoffen und glauben, auch unser Versprechen gehalten, den Leser vom Einmaleins zum Integral zu führen. Wenn sich, besonders in den höheren Gebieten, zunehmend ein sehr unbefriedigender Zustand einstellte, wenn wir fast fortwährend sagen mußten, dies und jenes Problem, diese und jene Lösung überschreite bei weitem unseren Rahmen, dann war — man verzeihe mir — dieser Hinweis auf unsere Unzulänglichkeit gewollt. Klares Erkennen der eigenen Grenzen kann niemals deprimieren. Es wird ehrliche Geister vielmehr anspornen, den Stachel des Nochnichtwissens aus dem Fleische zu ziehen. Und die Erkenntnis des Nichtwissens ist ja weiter auch der einzige Antrieb, den Mangel durch Arbeit auszumerzen. Jeder Mensch, jedes Volk, die ganze Menschheit hat so viel Zukunft vor sich, als sie ungelöste Probleme bei sich trägt und auch wirklich quälend verspürt. Denn Ende des Fortschrittes ist subjektiver Schein und sogenannte Erfüllung ist Erstarrung. Jeder unserer mathematischen Heroen, ob sie nun Pythagoras, Eudoxus, Euklid, Archimedes, Apollonius von Pergä, Alchwarizmi, Kepler, Descartes hießen, wähnte die Entwicklung irgendwie abgeschlossen. Und alle Zeitgenossen wähnten es mit ihren geistigen Führern. Dann aber kam Newton, kamen Leibniz, Euler, Lagrange, Gauß, Riemann, Weierstraß, Minkowski, Hilbert. Und es werden stets wieder andere kommen. Auch in der Mathematik. Wenn wir also bisher nur ein Stückchen in die Mathematik eindrangen, wollen wir trotzdem zu unserem Stolz uns sagen, daß wir Wesentlichstes wenigstens prinzipiell durchforschten und daß wir schon sehr Bedeutsames errangen. Wir wissen nämlich, was es in der Mathematik zu erreichen, zu erlernen, zu durchforschen gibt. Und wir haben dadurch das Wichtigste: Ehrfurcht vor wahrer Geistesgröße, gewonnen. Ein Faustwort sagt: „Wir sind gewohnt, daß die Menschen verhöhnen, was sie nicht verstehen." Wenn wir nun zu diesem Goethewort die „inverse Funktion" bilden, dann werden wir das ausdrücken, was wir als gemeinsamen Gewinn unserer Arbeit betrachten wollen: „Es achtet nur der Mensch, was er versteht." Achtung aber erkennt die geachteten Dinge als wertvoll. Und Wertvollem wird und muß der Einzelne, das Volk, die Menschheit nachstreben. Nicht im Einzelinteresse, sondern zur höheren Ehre Gottes.

Nachwort

Ratschläge für eine Weiterbildung in der Mathematik

von Dr. Walther Neugebauer

Beim Durchlesen des mir vom Verfasser überreichten Manuskriptes des vorliegenden Buches überkam mich ein gewisses Staunen über die Neuartigkeit der Behandlung, die eine Einführung in die Begriffswelt der Mathematik hier erfahren hat. Wer die Reifeprüfung einer Mittelschule abgelegt hat, wirft dann gewöhnlich sofort die gefürchteten Mathematikbücher in den Winkel und dankt Gott, daß nun diese entsetzlichen Quälereien ein Ende haben. Und wenn den Absolventen nicht seine weiteren Studien dazu verhalten, sich mit Mathematik intensiver zu beschäftigen, hat er gar bald alles vergessen. Kaum irgendeinen Beruf aber, und sei es selbst ein Handwerk, gibt es, der nicht irgendwie in einem gewissen Maße eine gewisse Beherrschung und Vertrautheit mit den Grundbegriffen unserer Wissenschaft verlangt. Dann beginnt gewöhnlich das Elend. Der Betroffene muß sich mit Begriffen und eventuell auch einfacheren Formeln herumquälen, deren Sinn und Bedeutung er nicht kennt und deren falsche Anwendung ihm auch noch Schaden bringt. Eine Möglichkeit, das fehlende Wissen nachzuholen, besteht nicht, da die Schulbücher nur auf einen Unterricht durch den Lehrer zugeschnitten sind und Einführungswerke in die Mathematik gewöhnlich eben diese Schulkenntnisse oder zumindest die Beherrschung der Grundgedanken voraussetzen.

Für solche Fälle des Zwiespaltes scheint mir nun das vorliegende Buch sehr geeignet, einen Ausweg zu schaffen. Für sehr viele Leser wird wohl dieses Werk genügen. Doch glaube ich, daß viele nach der Lektüre erst auf den Geschmack kommen werden und dann wünschen, weiter in die Mathematik einzudringen. Für solche Leser will ich hier einige kurze Bemerkungen hinzufügen.

Colerus sagt, die Mathematik sei eine Mausefalle. Man könnte das auch anders ausdrücken. Die Mathematik ist ein Ozean, und wer sich zum ersten Male auf ihn hinauswagt, der bekommt entweder die Seekrankheit und denkt nur mit Entsetzen an seine Tiefen und Weiten, oder er verfällt dem unendlichen Wasser für immer. Wo aber findet er einen sicheren Führer, einen Kompaß, der ihn ungefährdet durch die vielen Gefahren der Weite leiten soll? Wer nur Küstenfahrten unternehmen will, für den werden sicherlich die im Vorwort angeführten Bücher von Scheffers, Kowalewski oder Thompson vollauf genügen. Wer aber auf die hohe See fahren will, der muß zu anderen Hilfsmitteln greifen. Es soll damit aber keineswegs gesagt sein, daß die eben angeführten Werke nicht die Probleme in ihrem ganzen Umfange umfassen, sondern nur darauf hingewiesen werden, daß diese Bücher hauptsächlich für den Naturwissenschaftler und Techniker abgefaßt sind und aus diesem Grunde eben nicht mehr bringen und keine größere Strenge entfalten, als die beiden Berufsarten erfordern.

Wer tiefer eindringen will, muß zu den großen Meistern unserer Wissenschaft pilgern und aus ihren Werken erfahren, wie das Schaffen in der Mathematik vor sich geht. Um aber dorthin gelangen zu können, ist eine gewisse Übersicht und ein entsprechendes Rüstzeug notwendig, das aus Lehrbüchern und zusammenfassenden Darstellungen gewonnen werden muß. Es kann selbstverständlich nicht meine Aufgabe sein, hier eine auch nur halbwegs erschöpfende Zusammenstellung von solchen Werken zu geben, und ich begnüge mich, einiges Studienmaterial für die in diesem Buche behandelten Aufgabenkreise im folgenden anzuführen. Die von mir zitierten Werke erscheinen mir als ein geeignetes Minimum zur Weiterführung der Studien, und der aufmerksame und willige Leser wird dort weitere Literaturangaben und Hinweise finden, die ihn weiter und höher in die Gebiete der Mathematik führen werden. Er wird Problemkreise finden, die ihn mehr als andere gefangennehmen, und vielleicht gelangt er sogar dahin, selbst etwas Neues zu entdecken. Eines aber sei gesagt: Der Weg ist zwar herrlich schön und romantisch, er gestattet Ausblicke, von denen sich das Auge niemals zuvor hätte etwas träumen lassen, er ist aber auch mühsam und dornenvoll, und manchmal scheint es, als müßten die Kräfte erlahmen und als wären wir in die Irre gegangen. Dann aber heißt es, nicht verzagen und immer wieder von neuem suchen und seinen Kräften und der Vernunft und nicht zuletzt dem Instinkt, der Intuition vertrauen, die bei allen unseren Werken ja doch immer zuletzt die sichere und wahre Führerin ist.

LITERATURHINWEIS

Als bestes Werk zur ersten Weiterbildung erscheint mir

Klein, F.: Elementarmathematik vom höheren Standpunkt aus (Leipzig):
  I. Teil: Arithmetik, Algebra und Analysis.
  II. Teil: Geometrie.

Über das Gebiet der Arithmetik und Zahlenlehre unterrichten am besten

Loewy, A.: Lehrbuch der Algebra. I. Grundlagen der Arithmetik (Leipzig 1915). Enthält auch Grundbegriffe der Gruppentheorie.

Pringsheim, A.: Vorlesungen über Zahlen- und Funktionenlehre. I. 1. Reelle Zahlen und Zahlenfolgen (Leipzig 1916).

Stolz, O.: Vorlesungen über allgemeine Arithmetik. I. Allgemeines und Arithmetik der reellen Zahlen (Leipzig 1885).

Perron, O.: Irrationalzahlen (Leipzig 1921).

Sommer, J.: Vorlesungen über Zahlentheorie (Leipzig 1907).

Beck, H.: Einführung in die Axiomatik der Algebra (Leipzig 1926).

In den folgenden Werken sind speziell die ersten Kapitel geeignet, den Begriff der Variabeln und der Funktion klar zum Verständnis zu bringen:

Kowalewski, G.: Die klassischen Probleme der Analysis des Unendlichen (Leipzig 1921).

Stolz, O.: Grundzüge der Differential- und Integralrechnung. I. Reelle Veränderliche und Funktionen (Leipzig).

Carathéodory, C.: Vorlesungen über reelle Funktionen (Leipzig 1927); daselbst finden sich auch die Grundbegriffe der Mengenlehre.

Gute Darstellungen der imaginären und komplexen Zahlen finden sich bei

Stolz, O.: Vorlesungen über allgemeine Arithmetik: II. Arithmetik der komplexen Zahlen (Leipzig 1886). Grundzüge der Differential- und Integralrechnung: II. Complexe Veränderliche und Funktionen (Leipzig).

In den ersten Kapiteln des Werkes von Colerus ist viel von Kombinatorik die Rede. Diese Disziplin ist eine von den anderen Zweigen der Mathematik fast ganz gesonderte, und ihre elementaren Begriffsbildungen finden sich fast in jedem Lehrbuch der Infinitesimalrechnung. Wer sich mit diesem hochinteressanten Zweige der Mathematik weiter beschäftigen will, dem sei das ausführliche, freilich ziemlich schwer verständliche Buch von

Netto, E.: Lehrbuch der Kombinatorik (Leipzig 1901)

empfohlen.

An guten und einer gewissen Strenge genügenden Büchern über die verschiedenen Zweige der Elementargeometrie herrscht in der Literatur nicht gerade Überfluß. Als unseren Zwecken am entsprechendsten seien genannt:

Bohnert, F.: Grundzüge der ebenen Geometrie (Leipzig). Elementare Stereometrie (Leipzig).
Ebene und sphärische Trigonometrie (Leipzig).
Zacharias, M.: Elementargeometrie der Ebene und des Raumes (Leipzig 1929).

Für die Einführung in die analytische Geometrie kommen in Betracht:

Kowalewski, G.: Einführung in die analytische Geometrie (Leipzig 1923).
Clebsch-Lindemann: Vorlesungen über Geometrie I. 1. (Leipzig 1906).
Fischer, P. B.: Koordinatensysteme (Leipzig 1919).

Die Literatur über Differential- und Integralrechnung ist unübersehbar. Von den neueren Werken, die in ihrer Darstellung fast oder überhaupt keinen Gebrauch von der Anschauung machen, soll hier aus leicht begreiflichen Gründen abgesehen werden. Als empfehlenswerte Bücher, die sich auch der Anschauung als Darstellungsmittel bedienen, seien genannt:

Serret-Scheffers: Differential- und Integralrechnung, 3 Bde. (Leipzig).
Stolz, O.: Grundzüge der Differential- und Integralrechnung, 3 Bde. (Leipzig).
Courant, R.: Vorlesungen über Differential- und Integralrechnung, I. (Berlin 1927).
Bisacre-König: Praktische Infinitesimalrechnung (Leipzig 1929).

Die Lehre von den Interpolationen hat sich in den letzten Jahrzehnten zu einer eigenen Wissenschaft entwickelt, und speziell die praktische Seite dieses Problems war Anlaß zu einem umfangreichen und stets wachsenden Schrifttum. Aus der Fülle alles dessen sei nur ein Werk in deutscher Sprache genannt, das einen hinreichenden Überblick über den gesamten Problemkreis gibt:

Runge-König: Vorlesungen über numerisches Rechnen (Berlin 1924).

Von der großen Anzahl der Logarithmenbücher sei für unsere Zwecke nur genannt:

Adam-Waage: Taschenbuch der Logarithmen (fünfstellig), Wien, 1928.

Ein sehr spezielles Kapitel bilden die logischen und erkenntnistheoretischen Grundlagen unserer Wissenschaft. Es existiert sicherlich kein Lehrbuch der Logik oder theoretischen Philosophie, das nicht zu Grundproblemen der Mathematik Stellung nimmt. Hier auch nur die wichtigsten dieser Werke aufzählen zu wollen, wäre ein vergebliches Beginnen. Bei Teubner in Leipzig erschien eine Sammlung von Monographien hervorragender Autoren, von denen folgende genannt seien:

Poincaré, H.: Wissenschaft und Hypothese.
  Wissenschaft und Methode.
  Der Wert der Wissenschaft.
Enriques, F.: Probleme der Wissenschaft, 2 Bde.
  Zur Geschichte der Logik.
Lipps, G. F.: Mythenbildung und Erkenntnis (wichtig!).
Natorp, P.: Die logischen Grundlagen der exakten Wissenschaften

Boutroux, P.: Das Wissenschaftsideal der Mathematiker.

Birkemeier, W.: Über den Bildungswert der Mathematik.

Picard, E.: Das Wissen der Gegenwart in Mathematik und Naturwissenschaft.

Fraenkel, A.: Zehn Vorlesungen zur Grundlegung der Mengenlehre (wichtig!).

Hilbert, D.: Grundlagen der Geometrie (wichtig!).

Strohal, R.: Die Grundbegriffe der reinen Geometrie in ihrem Verhältnis zur Anschauung.

Struik, R.: Die vierte Dimension.

Ferner wären zu nennen:

Hessenberg, G.: Grundlagen der Geometrie (Leipzig 1930).

Pasch-Dehn: Vorlesungen über neuere Geometrie (Leipzig 1926).

Schur, F.: Grundlagen der Geometrie (Leipzig 1909).

Pasch, M.: Mathematik am Ursprung (Leipzig 1927).

Voß, A.: Über das Wesen der Mathematik (Leipzig 1908).

Betsch, Ch.: Fiktionen in der Mathematik (Stuttgart 1926).

Graßmann, H.: Die lineale Ausdehnungslehre (Leipzig 1878).

Für ein volles Verständnis der Entwicklung mathematischer Gedankengänge ist auch der Einblick in den historischen Gang unserer Wissenschaft unerläßlich. Da das große Werk von Cantor und die vielen Spezialabhandlungen hier nicht in Frage kommen, so sei genannt:

Günther-Wieleitner: Geschichte der Mathematik, 2 Bde. (Leipzig 1911/1927).